本書受中國歷史研究院學術出版經費資助

學術出版資助

明清西北築城碑記輯校

張　萍　陸三强　吴孟顯　輯校

中国社会科学出版社

圖書在版編目（CIP）數據

明清西北築城碑記輯校 / 張萍，陸三强，吴孟顯輯校 . —北京：中國社會科學出版社，2022. 5

ISBN 978 - 7 - 5203 - 9472 - 7

Ⅰ. ①明…　Ⅱ. ①張… ②陸…③吴…　Ⅲ. ①城市建設—碑文—匯編—西北地區—明清時代　Ⅳ. ①TU984. 24

中國版本圖書館 CIP 數據核字（2021）第 270696 號

出 版 人　趙劍英
責任編輯　李凱凱
責任校對　朱妍潔
責任印製　王　超

出　　版　中国社会科学出版社
社　　址　北京鼓樓西大街甲 158 號
郵　　編　100720
網　　址　http://www.csspw.cn
發 行 部　010 - 84083685
門 市 部　010 - 84029450
經　　銷　新華書店及其他書店

印　　刷　北京君昇印刷有限公司
裝　　訂　廊坊市廣陽區廣增裝訂廠
版　　次　2022 年 5 月第 1 版
印　　次　2022 年 5 月第 1 次印刷

開　　本　710 × 1000　1/16
印　　張　31. 5
插　　頁　2
字　　數　439 千字
定　　價　168. 00 元

凡購買中國社會科學出版社圖書，如有質量問題請與本社營銷中心聯繫調换
電話：010 - 84083683

中國歷史研究院學術出版資助項目
出版說明

爲了貫徹落實習近平總書記致中國社會科學院中國歷史研究院成立賀信精神，切實履行好統籌指導全國史學研究的職責，中國歷史研究院設立“學術出版資助項目”，面向全國史學界，每年遴選資助出版堅持歷史唯物主義立場、觀點、方法，系統研究中國歷史和文化，深刻把握人類發展歷史規律的高質量史學類學術成果。入選成果經過了同行專家嚴格評審，能够展現當前我國史學相關領域最新研究進展，體現我國史學研究的學術水平。

中國歷史研究院願與全國史學工作者共同努力，把“中國歷史研究院學術出版資助項目”打造成爲中國史學學術成果出版的高端平臺；在傳承、弘揚中國優秀史學傳統的基礎上，加快構建具有中國特色的歷史學學科體系、學術體系、話語體系，推動新時代中國史學繁榮發展，爲實現“兩個一百年”奮斗目標、實現中華民族偉大復興的中國夢貢獻史學智慧。

中國歷史研究院

2020 年 4 月

前　言

築城碑記是城池建築與修葺過程中，各地所建的功德碑與大事記，大多由地方政府邀請當地名人記事。由於碑記多係親歷者所述，記事翔實，内容可靠，史料價值較大，可謂城池修築過程中的第一手資料。築城碑記或摹勒刻石，以碑刻存世；或撰成文章，以文獻保存；對研究中國城池發展史、城鎮形態以及城鎮社會變遷都有極重要的史料價值。

中國自古有修築城池的傳統，城池是城鎮聚落的重要標志，有學者論述，“對中國人的城市觀念來説，城墻一直極爲重要，以致城市和城墻的傳統用詞是合一的，‘城’這個漢字既代表城市，又代表城垣。”[①] 由於城墻對於城市具有保護作用，“在近代的大炮傳入之前，中國的城墻幾乎是堅不可摧的。城墻的堅固性使通過挖掘或轟擊去攻破它的任何嘗試都難以奏效”[②]，因此，中國人歷來重視地方城鎮城墻的修築。但是，築城并非易事，需要大量的財力與人力投入，對於經濟能力較弱的州縣而言往往成爲負擔。主持并實施這一繁雜工程是一件功德無量的事情，撰著碑記，加以褒揚，就成爲各州縣慣例，進而形成大量的築城碑記留存於世。

西北多數地方靠處邊塞，農牧交錯，民族多樣，自古就有築城

---

① 章生道：《城治的形態與結構研究》，［美］施堅雅主編，葉光庭等譯《中華帝國晚期的城市》，中華書局 2000 年版，第 84 頁。

② 章生道：《城治的形態與結構研究》，［美］施堅雅主編，葉光庭等譯《中華帝國晚期的城市》，中華書局 2000 年版，第 85 頁。

的歷史。這一區域的傳統城鎮結構複雜，城鄉關係具有特殊性，在中國城鎮建設史上佔有非常重要的地位。由於城池修築的歷史長，數量多，留存於各地的築城碑記也多於其他地區，目前見諸各地的碑刻立石、地方文獻、州縣志所記的築城碑記共計 270 篇，是研究這一地區城鎮變遷史極寶貴的一手資料。對於這一資料的整理，尚少有人做。

一　明清西北築城碑記的形成與存佚考實

目前所見西北地區最早的築城碑記可上溯到唐代《三受降城碑銘》[①]，該碑是唐中宗景龍二年（708 年）吕温撰，記載了朔方大總管韓國公張仁願於漠北所築三大防禦體系的歷史過程。該碑已佚，碑銘收于北宋姚鉉所著《唐文粹》之中，以後歷代典籍亦有他録，成爲今天研究唐代西北邊疆歷史及軍事歷史地理的重要歷史文獻。後代又有北宋慶曆二年（1042 年）的《慶州大順城記》[②]、金大定二十六年（1186 年）張廷直之《創修縣治築城碑記》[③]。由於西北地區多重視城池修築，民國秦翰才曾述："便是一個平常的村鎮，也往往建有很好的城垣。原來西北自古是邊塞，爲防異族的侵入，攻守之具不能不力求完備。"[④] 因此，這一地區的築城碑記數量仍然不少。然唐宋時代久遠，保存不易，故留存於世者，數量已不多，目前可見大多爲明清民國碑記。

---

① 碑文收于（宋）姚鉉《唐文粹》卷五九，《四部丛刊初编（缩本）》集部 409 册，商務印书馆 1936 年版，第 412 页。

② 碑文收于（宋）吕祖謙編《皇朝文鉴》卷八一，《四部丛刊初编（缩本）》集部 417 册，商務印书馆 1936 年版，第 866 页。

③ 碑文收于（乾隆）《延長縣志》卷十《藝文志》，《中國地方志集成 · 陝西府縣志輯》第 47 册，鳳凰出版社 2007 年版，第 165—166 頁；（嘉慶）《延安府志》卷七五《碑記》，《中國地方志集成 · 陝西府縣志輯》第 44 册，鳳凰出版社 2007 年版，第 504—505 頁。

④ 秦翰才：《左文襄公在西北》八《軍事設施 · 築城》，嶽麓書社 1984 年版，第 168 頁。

明代築城較多，今河西走廊、寧夏、青海等地多爲衛所建置，衛所築城數量大增，各地築城多加記録，且築城往往與衛民相關，是功德無量的事情，因此，大多地方均立碑記事，築城碑記數量不少。入清以後，改衛所爲府縣，各府縣修城也成爲當地重要民生工程，雖清朝在此項投資上較明代有所減少，各地往往靠地方官員自籌經費，或捐廉加修，立碑記事又成爲彰顯清官廉吏的手段。因此，州縣地方往往也加以立碑記事，逐漸形成制度，碑記立石，文字入志，且明清方志保留至今較多，築城碑記很大一部分收入志書當中，也成爲這一資料得以保存的重要方式，使之留存至今。但是，從明清官方記載來看，築城碑與文字記述作爲兩大系統，能够保存至今的仍是少數，很大一部分資料還是由於碑、記保存方式不當，而遭毁佚，數量遠超留存下來的碑或記。

明清時期，西北地區各縣所立築城碑一般均位於各縣城内較顯著的位置，城門附近較多。如陝西省神木縣，明萬曆三十三年(1605 年)，神木道袁諫建修南關石城，立碑于南城門樓，至清中期尚存。乾隆十一年（1746 年），知縣陳天秩再次重修，立碑於北城門樓。[①] 青海省西寧市有兩方築城碑記，一爲明都御史許宗魯撰文《重修西寧衛記》，二爲萬曆四年（1576 年）參議張問仁撰《重修西寧衛城記》，兩碑原來均立於西寧城。寧夏回族自治區由那彦成撰于清嘉慶十六年（1811 年）的《重修固原城碑記》，原碑立于固原州武廟門前臺階北側。這些立於州縣城内的築城碑記主要功能即爲褒揚功績，立威揚善，城門附近人員往來頻繁，觀者較衆，故立碑較多。然而，城池往往是地方政權的標志，歷朝歷代每遇社會動蕩，攻堅克城就成爲奪取政權的目標，城池也就成爲最主要的攻擊與破壞的對象，築城碑多樹立於各縣城内，與城池共存亡，這樣的文化遺産最難保全，因此，在諸多種類的碑石當中，築城碑又是毁佚最

---

① （道光）《神木縣志》卷三《建置志上・城池》，《中國地方志集成・陝西府縣志輯》第 37 册，鳳凰出版社 2007 年版，第 488 頁。

大的一類碑石。

目前根據我們調研求證、田野訪查以及地方檔案館、方志館查閱資料並整理後，共訪得西北築城碑記270方（篇）（參表3），這是綜合各種資料所得，其時各地所撰碑記遠不止此。如乾隆臧應桐纂修《咸陽縣志》記載咸陽歷次修城過程云："城池，舊志稱城昔在杜郵西，明洪武四年縣丞孔文鬱遷今治，有李炳記……嘉靖九年，撫軍劉天和復修，檢討王九思爲記。二十六年，撫軍謝蘭、道台劉志拓東西北三隅四里有奇……今存四門，舊題萬曆丁亥堤圮浸城，知縣樊鎔修築，御史張應詔爲記。崇禎年，知縣張名世重修，江山秀志云'城跨渭岸，屈曲不方，以象斗杓。渭水東流，直橫無際，以象天漢'。第歷年久遠，城身雉堞傾圮。皇清乾隆十四年，知縣臧應桐承修土城，高二丈四尺，周八里五分五釐，炮臺二十座，立雉堞二千三百垛，鋪房八座，豎城門樓七，文昌、奎星樓各二……工完，立石記事，附載藝文中。"[①] 以後"道光十二年，知縣陳堯書重修有碑"[②]。從上面記載，我們至少能够數出咸陽縣由明至清各類築城碑記有6篇之多，而今天能够保留下來的却只有明代李炳、清代臧應桐、陳堯書的3篇築城碑記，這3篇築城碑記有2篇靠《咸陽縣志》保存下來，只有1篇碑石尚存，即道光陳堯書《重修咸陽縣城碑記》，現存於陝西省咸陽市博物館碑亭。咸陽如此，其他州縣也大體相當。

1938年張維撰著《隴右金石録》，著録甘寧青3省明代築城碑記有44方，據之調查，當時尚存碑石21方，佔有據可查築城碑記的一半弱（參表1）。而張維收集到的明代蘭州築城碑記共8方，其時存世之碑有6方。今距張維訪碑之時又過去半個多世紀，而他所訪到的蘭州地區的6方碑石，已無一幸存。有幸張維所記，當時已

---

① （乾隆）《咸陽縣志》卷二《建置・城池》，《中國地方志集成・陝西府縣志輯》第4册，鳳凰出版社2007年版，第330頁。

② 民國《重修咸陽縣志》卷二《建置志・城池》，《中國地方志集成・陝西府縣志輯》第5册，鳳凰出版社2007年版，第144頁。

佚的《修西古城記》碑，於 1989 年 10 月在西固第一小學校墻基中再次發現。原碑本立於西固城東城樓一側，後城樓被拆，碑石丢失。經此發現，即收於西固文化館保存，是爲一大幸事。從目前統計來看，蘭州市所轄市區共有明清以來築城碑記 10 方，存石者只有以上《修西古城記》和收藏于西安碑林博物館的那彦成《重修蘭州城碑記》二方碑石，其餘盡已毁佚，踪迹全無，由此也可見證築城碑記的存世現狀。

表 1　　　　**《隴西金石録》所記築城碑存佚統計**

築城碑	時期	存佚	築城碑	時期	存佚
重修西寧衛城碑	嘉靖	佚	修橋建城樓碑（天水）	萬曆	存
重修西寧衛碑	萬曆	佚	東關城樓記（會寧）	萬曆	存
平羅北門關記	嘉靖	佚	郡城鑿井記（隴西）		佚
增修巴暖三川堡寨山城記	嘉靖	佚	新建北關碑（隴西）	成化	存
鐵柱泉記	嘉靖	佚	重修城垣碑（榆中）	萬曆	存
東長城關記	嘉靖	佚	創建貢馬營碑（榆中）	萬曆	存
重修邊墻記	嘉靖	佚	景泰創建蘆溝堡碑	萬曆	存
修城碑記（民勤）	萬曆	佚	建設水泉堡碑（靖遠）	萬曆	存
西郭關廟碑（民勤）	嘉靖	存	建設幹鹽池堡碑（靖遠）	成化	佚
海原石城碑	成化	佚	大岔口堡記（蘭州）	正統	存
新修外城碑（固原）	萬曆	存	金城關記（蘭州）	正統	佚
改建州城碑（涇川）	隆慶	存	哨馬營記（蘭州）	正統	存
增修東城記（涇川）	成化	佚	城新城記（蘭州）	成化	存
重修州城記	嘉靖	佚	重修金城關記（蘭州）	嘉靖	佚
復修城郭碑（寧縣）	嘉靖	存	修西古城記（蘭州）	弘治	存
莊浪南門樓碑	嘉靖	佚	三眼井堡碑（蘭州）	萬曆	存
增修外城記（静寧）	成化	佚	永泰城碑銘（蘭州）	萬曆	存
創修東關記（静寧）	嘉靖	佚	南門城樓碑（臨夏）	嘉靖	佚
復古南門碑（華亭）	嘉靖	佚	靖遠建衛碑（靖遠）	正統	存
城壕注水記（平凉）	嘉靖	佚	鎮原營碑（靖遠）		存

续表

築城碑	時期	存佚	築城碑	時期	存佚
通渭建城碑	成化	佚	建設打喇赤堡碑（靖遠）	成化	存
重修城郭記（徽縣）	嘉靖	存	建設永安堡碑（靖遠）	隆慶	存

資料來源：張維：《隴西金石録》，國家圖書館善本部金石組編《明清石刻文獻全編三》，北京圖書館出版社2003年版，第609—776頁。

目前明清至民國西北地區可以肯定有築城碑尚存於世者只有32方。當然，部分偏遠山區、村堡之内也有可能尚存極少數此類碑石，爲筆者目力未及，但這部分内容只能以個位數估計，少之又少。目前此類碑石存世者，占全部築城碑記的12%左右，即便遺留下來的32方碑石（參表2），多數也都歷經坎坷，存之不易。對於此類碑石的保護，如不加大力度，這部分遺產將再難存活，尤其有些村堡内尚有部分存碑，遠未得到當地政府的重視與保護。

表2 **現存明清西北築城碑石統計**

省	縣（市）	時間	碑記	現存
陝西	西安市	民國十六年	陝西新城記	陝西省西安碑林博物館
		道光二十三年	重修臨潼縣城碑記	臨潼區華清小學大門内東側
	咸陽市	道光十三年	重修咸陽縣城碑記	咸陽市博物館
	禮泉縣	咸豐八年	禮泉縣大寒村東堡創修關帝廟記	禮泉縣新鄉大寒村
	三原縣	道光二十六年	清重修城樓碑記	三原縣馬額鎮鄧家村
	澄城縣	同治七年	重修崖畔古寨碑記	澄城縣趙莊鎮崖畔寨
	華陰市	乾隆十六年	修築華陰城垣碑記	華陰市西嶽廟
	漢中市	嘉慶二十年	漢中府修補城垣内外土城磚城段落丈尺記	漢中市博物館
	沔　縣	道光二十二年	修築沔縣城垣河堤碑	沔縣武侯祠
	安康市	嘉慶四年	重修興安府舊城碑記	安康市舊城東大街老地委院内
		嘉慶十六年	重修興安府雙城記	安康市舊城東大街老地委院内
		嘉慶六年	衡口堡記	安康市舊城東大街老地委院内
	旬陽縣	嘉慶二年	洵陽縣創修蜀河石堡記	旬陽縣蜀河鎮

续表

省	縣	時間	碑記	現存
甘肅	蘭州市	嘉慶十七年	重修蘭州城碑記	陝西省西安碑林博物館
		弘治年間	修西古城記	蘭州市西固文化館
	天水市	嘉慶元年	城門碑記	天水城隍廟二樓走廊南壁
		嘉慶二十三年	公修堡寨碑記	天水社棠鎮新堡村
	環　縣	咸豐四年	環縣重修城垣記	慶陽市環縣博物館
		嘉靖元年	固原東路創修白馬城碑	環縣蘆灣鄉境内白馬故城西墻外
		嘉靖元年	白馬城四至暨題名碑	環縣蘆灣鄉境内白馬故城西墻外
	慶城縣	明代	城防地理圖序碑	慶陽市慶城縣博物館
	隴南市	道光二十九年	重建階州城碑記	隴南市武都區博物館
	康　縣	光緒八年	建修白馬關城垣碑記	康縣雲臺鎮白馬關古城門洞内壁
	靈臺縣	民國二十三年	重修靈臺記	碑鑲靈臺縣博物館碑林走廊墻壁
		民國二十三年	靈臺縣城沿革考碑記	碑鑲靈臺縣博物館碑林走廊墻壁
	臨潭縣	明洪武十二年	築洮城工峻碑記	臨潭縣新城隍廟内
	岷　縣	明洪武十四年	岷州衛建城碑	岷縣博物館
	舟曲縣	光緒八年	重修西固城垣碑記	縣城關鎮北關村二郎廟内
寧夏	固原市	嘉慶十七年	重修固原城碑記	寧夏固原市博物館
		景泰二年	重修鎮戎城碑記	寧夏固原市博物館
青海	樂都縣	道光二十三年	碾邑會景樓記	青海省樂都縣碾伯鎮東關村
新疆	塔城市	光緒十七年	重建綏靖城碑	塔城地區文物保護管理所

二　現存明清西北築城碑記的數量統計與基本特徵

目前調查所得270篇明清民國西北築城碑記，按分類統計，分佈最多的省份爲陝西省，143篇；甘肅次之，97篇；青海11篇；寧夏13篇；新疆6篇。如按時代與區域統計，明代127篇，陝西60篇，甘肅、寧夏、青海67篇；清代132篇，陝西79篇，甘肅、寧夏、青海、新疆53篇；民國11篇。（參表3）那麽，明清西北築城碑記又有哪些基本特徵呢？

表3　**明清西北築城碑記分期統計**

省	市	明代	清代	民國	總計
陝西	西安市	2	5	1	8
	咸陽市	11	12	1	24
	渭南市	12	8		20
	銅川市	1			
	寶雞市	1	7		8
	商洛市	6	2	1	9
	延安市	6	7	1	14
	榆林市	8	16		21
	漢中市	8	10		18
	安康市	5	12		17
	小計	60	79	3	143
甘肅	蘭州市	9	3	0	12
	定西市	8	1	1	10
	白銀市	8	3		11
	平涼市	8	3	4	15
	慶陽市	5	7		12
	天水市	6	7		13
	隴南市	1	2		3
	臨縣回族自治州	2	2		4
	甘南藏族自治州	1	1		2
	武威市	2	1		3
	張掖市	5	3		8
	酒泉市		4		4
	小計	55	37	5	97
青海		5	6		11
寧夏		7	4	2	13
新疆			6		6
合計		127	132	11	270

資料來源：主要依據西北各地博物館藏石、各地碑刻資料集、明清以來西北各省府州縣方志所記材料統計、整理而成。

（一）明代西北築城碑記的特色

明代西北築城碑記當中，甘肅、寧夏、青海三省（區）相加，數量較多，且有特色。這一區域在明代主要以衛所建置爲主，多數城池修築與衛所營堡構建相始終。在現存的明代碑記中，很大一部分是衛所營堡築城碑記。如萬曆年間馬自强撰文的《固原鎮新修外城碑記略》、同期崔鏞撰著的《磚修榆林鎮城記》、嘉靖年間許宗魯撰著的《重修西寧衛記》、萬曆四年（1576 年）張問仁的《重修西寧衛城記》，這些鎮衛碑記載了城池修築的一般規模、基本結構與背景信息。而蘭州市區及周邊保存下來大量營堡修築的碑記，包括修築金城關關城、西古城、哨馬營、大岔口堡、三眼井堡、永泰城等長城附近的關城與堡城，詳細記載了城堡的修築時間、過程、當地的地理環境與軍事地位，是難得的明代軍衛研究的一手資料。

有些衛所營堡的築城碑記不僅記録了修築城池的具體過程，還非常翔實地記載了當地軍衛體制與人員構成的變動過程。明張世烈《重修靖邊營城池記》載：

> 延安府北三百里有曰靖邊營者，即漢朔方郡，秦所取匈奴河南地也。晋唐之世，皆不可考。宋范希文知延州時，曾牧馬於此，故城西一里許有范老關，迄今遺址尚在。我成祖文皇帝正位燕京，永樂初，即命守臣建兹城垣，以衛人民，且以爲鄜延藩蔽，命名靖邊營，靖邊之名自此始。其初止一城，周圍三里許。成化間，分巡憲僉陳公以生齒之聚日繁，乃更拓一南關居之，然垣墻門禁僅足以呅止盜賊，罔克以爲虜衆禦，乃諜者知之。嘉靖乙巳秋即大舉入寇，黎明薄關南城下攻之，圍李總兵琦于小墩兒山三日。城已内岌岌然，會援至，始解去。兵備須公懲鑒往轍，請於撫台報新軍若干名，慮居集無所，遂因關而築新軍營，周圍亦一里許。歲嘉靖乙卯，本兵議軍伍缺甚，許各邊報勇壯者克之，名爲家丁。時武清趙公適分巡西路事，

奉命報之，得三百有五十，於新軍營外更築一城以居之，名爲家丁營，周圍亦二里有奇，此靖邊連環有四城矣。顧創始者慮不悉於草昧之初，繼至者恐叢怨於版築之際，雖歲加修葺，竟罔功第。城在極邊，連袂虜穴，識者深用爲憂……①

這篇碑記記録了榆林衛靖邊營城修築的整個過程。從中可以看到：第一，靖邊營城是明代新建營堡，始建於永樂初年，位於宋范仲俺所建“范老關”西一里許，靖邊營之名也由此産生。第二，城經四次拓修。初建之時規模很小，“周圍三里許”。至成化年間，由於“生齒日繁”，“乃更拓一南關居之”，但垣墻門禁都非常簡單，此爲該城的第一次拓修。嘉靖二十四年（1545 年），由於蒙古軍隊大舉入侵，於是徵集新軍，“慮居集無所，遂因關而築新軍營，周圍亦一里許”，此爲該城的第二次拓修。十年之後，嘉靖三十四年（1555 年）靖邊營城進行了第三次拓修，“於新軍營外更築一城”，“周圍亦二里有奇”，到此爲止，靖邊營城形成“連環有四城矣”。隆慶六年（1572 年）靖邊營城又進行了第四次拓修，也就是張世烈重點記述的這次修城過程。此次修城實則是將以往的四城連在一起，進一步加固，“其城高以尺記，得三拾有六，闊得高之半，周圍以里記，得六里零貳百步。每半里添一敵臺，共十有柒座。臺各有屋一間，爲守者棲止，共十有柒間。城門洞四，俱磚石爲之，門各護以鐵葉。城樓四，南北各三間轉五，東西各一間轉三。又於城西南之小墩兒山、東南之鍾禮寺山、北之塘梁山相其要害，各設墩臺，共四座，上各有屋三間。凡若此類，皆昔無而創有者。”

如果我們再從明代九邊構築的大背景來看，靖邊營城的拓築過程，實際上也是榆林衛發展過程的最直接寫照。營城修築與屯軍變化互爲始終。永樂年間初建營城，其時九邊防綫重在甘肅、寧夏，延綏鎮非其重點，此時的延綏鎮駐地在綏德州城，偏居内里。因此，

① 原文參見本書所收相關碑記，下同。

永樂築城，營城規模并不大，只有三里許。而正統以後，經“土木之變”，蒙古部落南下，佔據鄂爾多斯地區，延綏鎮的軍事地位提高，鎮衛駐地移居榆林城，榆林鎮開始發展。至成化年間在沿鄂爾多斯南緣長城一綫形成新的防綫，此一綫分佈有營堡36座，其中21座建於此時。[①] 靖邊營雖建置較早，亦於此時加强防範，將周邊新增人户拓入城池保護範圍之内，因此，成化年間帶來它的第二次拓修。此次拓南關以安置周圍人户，在時間上與榆林鎮的發展相一致。嘉靖二十四年（1545 年），榆林鎮加强邊備，靖邊營招募新兵若干，爲安置新兵，于南關外拓修新城，體現出榆林鎮軍事防禦力量的加强，軍事地位愈加重要。嘉靖三十四年（1555 年）再拓一城，具體原因碑記説得極爲明白，新軍營外所築一城，名爲家丁營。顯然，這是明代陝邊軍衛屯軍的一次重大變化。衆所周知，明後期衛所軍衛盤剥嚴重，造成各衛軍兵逃逸，形成“軍伍缺甚”的局面，不得不從當地另行招募，靖邊營的“家丁營”就是在這一背景下形成的。《重修靖邊營城池記》將榆林鎮軍兵的這種變化，記載得非常詳細，時間上明確到嘉靖三十四年，對我們研究九邊防衛體系變化提供了非常重要的參考資料。

明代西北地方州縣築城碑也十分有特色，保留下來的多數是明中期的碑記，拓城記最多，有些州縣且有連續的拓修碑記，不僅反映各州縣在不同時期拓修城池的過程，而且每每反映城池各區域人口與經濟發展特徵。如甘肅静寧縣存有明成化四年（1468 年）伍福撰著的《增修外城記》、嘉靖十五年（1536 年）兵備僉事樊鵬撰著的《創修東關記》，記録了静寧縣内外城結構的來龍去脉，東西南北關外人口的情況，以及外城、東關興修的過程，既能看出城池盈縮與人口發展的狀況，也能够瞭解到内外城居民結構的變化。涇州爲平凉府轄縣，存有明成化十三年（1477 年）閻鉦撰著的《增修東城

① 參見張萍《明代陝北蒙漢邊界區軍事城鎮的商業化》，《民族研究》2003 年第 6 期，第 78—79 頁。

記》、嘉靖年間趙時春撰文的《增修西城記》、隆慶年間右參政吕時中的《分守關西道改建涇州記》，三方碑記保留了涇州城池形成的大體經過以及本州的人口、賦役與社會情形，其他如甘肅秦州、陝西三原、禮泉、藍田均存有這樣的連續性碑記内容。中國古代没有截然對於城鎮與鄉村的概念劃分，鎮的類型也多種多樣，對城鎮人口規模與職業分區幾乎没有記載，因此，這對研究中國古代城鎮性質形成很大障礙，築城碑記所記録的這方面資料在很大程度上可以補以上文獻記載之不足，是歷史城鎮地理研究非常實貴的一手資料。

（二）清代西北築城碑記的特色

清代西北築城碑記從數量上，略多於明代，由於此時西北地區多數不再是邊防重地，州縣設置取代了明代的衛所建置，各州縣經濟與社會管理整齊劃一。因此，各縣的修城記也很整齊。與明代相比，時代特徵也很明顯。

明代西北地方許多區域以衛所爲主，衛所軍士承擔了主要的修城任務，成化、嘉靖年間陝邊四鎮甚至專設有修築城堡官員，《量復城堡官員疏》有記："修築城堡，官員設參政一員，於慶陽駐扎；參議一員，於綏德駐扎，專一修築兩府四衛城堡。"但是，入清以後，裁撤衛所，設置州縣，劃一地方行政管理，那種軍政合一的地方體制不復存在，自然，軍衛給地方城池修築的人力、物力也不再有，各縣修城的方式發生了很大的變化。清代各縣城池修築的資金均由地方自行籌備，與明代相比，西北地區城池修築出現兩個不同的特點。

第一，整個清代，大規模的城池建設工程少了很多。除新疆新設地方州縣重新修了部分城池以外，西北地區其他省份縣級以上城鎮規模、結構、大小基本未動，多數只是在明代城池規模基礎之上略加修葺，城池的底子都是繼承明代的。也可以説，明代爲清至民國奠定了最基本的城池結構基礎。如慶陽府《修郡城記》載：康熙、乾隆、嘉慶三朝都曾修城，原因都是因爲歲久日傾圮。許多州縣經過明末"兵火以後，日就圮塌，城垣雉堞，十壞二三；敵樓湮消，僅存其址；水口崩頽，不歸故道"。修葺就成了各縣的主要任務，清初各縣官員的主要工作是將城池建設恢復到從前的水準，與明代的大規模城池建設相比，用力要少很多。

第二，清代西北地區各州縣修城，資金籌措是一大問題，各縣資金來源皆有不同，也反映各縣的經濟能力與社會習尚，歸納起來大抵不外乎兩種。

（1）政府出資維修城池。清代國家基本没有固定撥給地方州縣的城池維修經費，故一般政府出資修城較少，但在一些經濟條件差又急需修城的州縣，由政府出資修葺的情况還是有的。據《皇清修西寧城碑記》記載，雍正年間西寧修城，即由官方出資，歷時近三年完成的。那彦成撰《重修固原城碑記》記嘉慶年間固原縣城池修葺，因"時州苦亢旱，民艱於食"，故申請官方賑濟，以工代賑得以完成。清代陝西榆林府城，自康熙年間，至晚清共有 10 次修整，其中有 2 次爲官修。乾隆十一年（1746 年），"知縣陳天秩請帑重修"。[①] 光緒元年（1875 年）西河水氾濫，冲毁西城根，據《再修榆林西城》記："劉總鎮亟將邊地瘠苦情形詳陳左爵帥與譚中丞，請帑助工"。這樣的案例還有一些，但在修城總量上不佔多數。

（2）紳商民户捐資修城。清代西北地區城池修築，邑人捐助是主要形式。三原縣"乾隆十一年，城東隅坍二百一丈四尺，邑人李道生、胡瑛捐貲重修。二十六年，城東西南又坍，邑人王楠、李郁、崔世祥、張懿等三十人捐修"[②]。榆林府城乾隆十一年（1746 年）六月，"雨壞土牛一十七段，捐資補葺，立碑北城門樓，并建修西城泄水洞。乾隆二十六年（1761 年），雨損城垣，知縣吴棐龍捐修。嘉

① （道光）《榆林府志》卷五《建置志・城池》，《中國地方志集成・陝西府縣志輯》第 38 册，鳳凰出版社 2007 年版，第 198—199 頁。

② （乾隆）《三原縣志》卷二《建置・城池》，《中國地方志集成・陝西府縣志輯》第 8 册，鳳凰出版社 2007 年版，第 262 頁。

慶五年，雨圮西南城墻，知縣王文奎捐修”。[1] 三次修城均爲捐修。

道光二十六年（1846 年）三原縣鄧家堡修城樓，記録了合堡人捐助的具體銀錢細目，是一個比較典型的捐資修城的文本。捐助類型大體可分二種。第一種爲官僚士紳的捐助，這些捐助銀兩較多，每人多在十兩以上（參表 4）。第二種爲社灶商號的捐助，一般銀錢較少，每號一至三兩。從這一記録可以看出，鄧家堡是三原縣較富裕的村堡，文風較盛，官紳士民較衆，且經濟勢力較大。鄧家堡作爲村堡，捐銀商號大體有 23 家（參表 5），這在西北地區還是不少的，作爲村堡應該屬於商業經濟較好的鄉村了，只是商號大多屬小規模商業實體，商業資本比較弱。但這些資料對於我們瞭解明清時期地方經濟狀况已提供了重要參考，也是研究社會歷史的一手資料。

表 4 **鄧家堡官紳捐修城池銀兩統計**

官紳	姓名	捐助銀兩	官紳	姓名	捐助銀兩
翰林（現官太傅）	卓秉恬	六兩	候銓户部郎中	張培	二十四兩
進士湖南直隸郴州	朱儸	十六兩	候補兵馬司吏目	賀維傑	十二兩
山西崞縣知縣	朱悦	八兩	江西安福知縣	朱惋	八兩
威遠恩進士	林指升	五兩	候銓吏部主政	黄登賢	四兩
候補州右堂	潘廷錫	十二兩	監生	寇禮端	十兩
監生	黄天縊	二兩四分	監生	劉恒予	二兩四分
監生	謝清	六兩	生員	劉瑗	二兩四分
	劉釗	四兩	生員	朱墀	二兩
	萬邦清	三兩二分		田學萬	二兩六錢
募化	鄧學講、劉吉	募化銀五十兩	募化	鄧世韜	銀二十四兩

[1] （道光）《榆林府志》卷五《建置志・城池》，《中國地方志集成・陝西府縣志輯》第 38 册，鳳凰出版社 2007 年版，第 198—199 頁。

表5　　鄧家堡社灶商號捐修城池銀兩統計

社灶商號	捐助銀兩	社灶商號	捐助銀兩	社灶商號	捐助銀兩
同春梘	十六兩	濟美灶	十六兩	利川灶	十六兩
源溋井	十兩	豐亨梘	十六兩	鴻門灶	四兩
恒生號	二兩四分	世德號	二兩	敬盛號	二兩
尚義號	二兩	新順號	一兩	益太號	一兩二分
奎聚號	一兩	萬典廠	五兩	世太廠	二兩四分
全典號	二兩四分	曾和益	二兩四分	永豐號	二兩四分
萬順號	三兩二分	太順號	一兩二分	劉萬典	二兩四分
扶榮號	二兩四分	恒豐號	二兩四分		

三　明清西北築城碑記的史料價值

明清西北築城碑記是西北區域歷史研究當中非常寶貴的一批文獻資料，其史料價值不言而喻。

第一，築城碑記作爲城市史研究中的一手資料，均爲當事人、親歷者所撰，於我們考訂原委，認知史實具有重要幫助，它提供的一些信息往往爲正史、地方志所不載。

清代臧應桐《重修咸陽城碑記》記録了本縣修城的過程，從洪武四年（1371 年）遷縣、嘉靖二十六年（1547 年）拓修與崇禎年間再修都有追述。遷縣經過可與明代李炳《皇明咸陽遷縣記》相互印證。嘉靖二十六年拓修是咸陽縣城結構最終形成時期，而“乾隆十年，欽使會同督撫，查勘全秦城垣，酌定興修緩急。咸陽在次急修之列”。這段記載我們在其他文獻中看不到，《咸陽縣志》所記内容也是依賴它所寫，另外，從它的描述過程，我們還可以瞭解到，陝西在乾隆十年之時，曾做過一次全面的城垣調查，將各縣城池存毁情況詳細劃分等級，咸陽被列在“次急修”範圍之内。因此，一直到乾隆十三年（1748 年）才上報通過，用司農錢以工代賑的方式修城。這一記載對於我們分析其他州縣的城池修築歷史也有幫助。

第二，築城碑記針對城池修築的過程、動用人力、工程耗時、銷銀數量等内容記録最詳，這部分資料還有助於我們對於當地社會與經濟發展的理解。清初慶陽府《修郡城記》記録了本郡順治十五年（1658 年）修城的過程，其中詳細記録了“自四月初七日始，至九月初九日告成。新築南門樓二座，重修東門樓一座，西門樓一座，敵樓八座，窩鋪二十四座，補修城垛七十九堵。水口則自下而上，層累數百尺，始復舊觀。計用木植、磚瓦銀一千四百三十八兩零，工匠四萬二千六百零，工價銀一千三百一十四兩零”。這樣的修城清單在清代的文獻中已很難看到，根據這份清單我們可以進行順治時期慶陽府城的復原研究，這是對城市歷史剖面的一個基礎性研究。然而其中更難能可貴的還有對修城規模與動用人力的記録。從以上記録不難看出，當時慶陽府修城的規模非常可觀，動用工匠達四萬餘人，而且此次修城除基本補修外，又在原城基礎之上有所增築，如南門原無城樓，此次增建二座，使原城池不僅恢復舊觀，比明朝時又有改進。順治時期西北多數府縣經濟的恢復還遠遠達不到明中期水準，而慶陽府能够調用如此數量的人力、物力，不僅將城池恢復到明代水準，且有過之，顯示出這一時期慶陽府的内在經濟實力，即在經歷明末戰争以後，順治時期慶陽府的經濟、人口水準已然改觀，社會經濟進入平穩發展時期。很顯然，這樣的資料已不囿於城市歷史地理研究，對於我們把握當地經濟發展的時間軸也有一定幫助。

第三，明清西北築城碑記類型較多，除一般州縣築城碑外，衛所城鎮、營堡、關城、驛城都有碑記留存，今天我們研究各種類型的城池特徵，都可以找到相關的記録。如陝西白水縣有明嘉靖二十一年（1542 年）張齡作《創修秦山巡檢司城記》，是對巡檢司城池結構的一種很好的記録；禮泉縣有《奉文分修店張驛城垣記》，可以幫助我們復原驛城結構；蘭州以北有《金城關記》《重修金城關記》，是對長城關城的翔實記録。其他堡城、寨城、鎮城、廳城，無不詳備，對這部分資料的解讀，能够讓我們更清晰地把握明清各類型城池的基本選址、特徵及其在社會組織結構中的定位。

第四，人口結構與城市職能分區的記述是研究城鎮形態非常典型的文獻資料。築城碑記多記述本縣修城原委，而明代擴城較多，這些新拓之區多數因人口增加，外無保障，進而加構。碑記不僅記述人口擴張的大致規模，而且往往强調人口的區域結構，這無疑爲我們提供了城鎮職能分區的第一手資料，也是理解明清西北城鎮内涵的寶貴材料。

明清三原縣是關中乃至西北地方的經濟中心[①]，經濟地位重要，商業繁榮。馬理稱："蓋三原天下商旅所集，凡四方及諸邊服用率取給於此，故三原顯名於天下，雖狄虜亦窺伺焉，三原固則虜南向志灰。夫關中之城亦多矣，君子謂三原斯城所保爲大。"由於縣城經濟地位特殊，嘉靖年間，北邊蒙古還曾派遣奸細入境，"窺我會城及三原，官絡繹獲之"。這些信息在現有的地方志中很少記載，有賴馬理《三原縣創修清河新城及重隍記》得以保存，成爲今天研究明代西北經濟社會以及陝邊軍衛建設當中非常重要的史料，歷來受到學者重視。馬理《三原縣創修清河新城及重隍記》《重修河北新城記》兩方碑記是對明代三原北城拓修的直接記録，兩篇都記録了三原北城拓修的過程，强調三原北城是在南城的基礎之上拓展的。南城修築較早，爲元時舊城，北城跨清河，位於清河以北。清河以北本無城，自明朝建立以來，人口增加，經濟繁榮，以至"其北居民與南等，自國初迄今，多縉紳髦士家"，《重修河北新城記》亦記"三原古焦獲地，今縣治在龍橋鎮古黄白城西，清水南，元時所遷築也，有縣學及諸公署在焉。其水北民與南等，公卿大夫士多於南，無城"。這些都告知我們，三原縣城南爲老城，縣署等公共機關多居此，老城舊户較多，而城北人口至嘉靖年間與城南人口在規模上業已相當，且多爲"縉紳髦士家"或"公卿大夫士"，這一帶往往是富人集中

---

① 張萍：《地域環境与市場空间：明清陝西區域市場的歷史地理學研究》，商務印書館 2006 年版，第 70 頁。

的居住區。這樣關於城鎮功能分區的記録我們在正史或方志中是很難見到的。

中國古代没有今天所謂的"城市"概念，而城市史研究很關鍵的問題就是有關城市的界定問題，其中城市人口與職業構成是衡量城市内涵的基本依據，目前各種文獻資料中有關傳統時期城市人口與職能分區的資料少之又少，碑記中所留下的珠絲馬迹，對於我們理解當時的城市結構是非常重要的，這部分資料非常寶貴。

總之，明清西北築城碑記是一批極寶貴的文獻資料，其中可挖掘的内容很多，對城鎮形態復原、經濟發展、職能結構研究都有很大幫助。部分地方經濟、人口、商號的記録對於我們研究經濟地理、人口地理也有輔助作用，對之加以整理，發揮文獻的科學研究價值，是可以成爲歷史地理學者的研究利器的。

四　明清西北築城碑記的文本問題與校正

築城碑記文獻的史料價值不容置疑，但是，我們在利用的過程中也需要注意它的科學性，不論碑石文本還是文献文本，都存在着很多文字問題，

第一，關於碑石文本問題。築城碑留存於世不多，但問題不少。歸納起來應有以下兩個問題。

（1）碑陰文字問題：清道光十三年（1833年）縣令陳堯書撰書立石的《重修咸陽縣城碑記》是目前咸陽縣築城碑記僅存的一方碑石，現收藏於咸陽市博物館。道光《續修咸陽縣志》（陳堯書纂修）卷首《記》、民國《重修咸陽縣志》（劉安國監修，吴廷錫、馮光裕纂）卷二《建置志・城池》中都收録此文。《咸陽碑石》（陝西省古籍整理辦公室主持，張鴻傑主編，三秦出版社1990年版）亦收録此碑。然而在衆多的咸陽碑刻史料中，都是只録碑陽，不著碑陰，而碑陰文字爲我們保留了大量地方鄉紳、鋪户商號捐資内容，是研究

社會經濟史非常重要的歷史資料。本次整理是首次全文收録該碑内容的整理文獻。

（2）碑泐文字問題：《重修臨潼縣城碑記》是一方築城碑，現存西安臨潼華清小學大門内東側。該碑爲清劉建韶撰，王鴻飛書，立石于道光二十三年（1843 年），目前雖字迹尚清晰，但破損較大。首、趺不存，僅餘上半部，殘高 80 釐米、寬 81 釐米。該碑又收於光緒《臨潼縣續志》（清安守和修，楊彦修纂）上卷《建置·附文》。這樣，兩者校勘，既可補碑石之缺，又可校志文之誤。此次輯校，文本既利用了碑石文字，完整復原了原碑之確切内容。由於碑石與方志文本存在差異，校注中亦進行了注釋。

第二，關於文獻文本問題。由於築城碑記類文獻原碑毁佚較多，我們今天能看到的多數不是碑石文字，而是保存於地方志或個人文集中的文獻資料，這種從原碑到紙質文獻的轉化，所帶來的資料損耗、品質下降也是不可避免的。其存在問題主要集中在以下三個方面。

（1）版本差距問題。碑記文字多收於地方志當中，多種版本并存，各版本文字都有差距，這些碑記文字如不經校正，很可能導致誤讀。如明管律所撰《鐵柱泉記》，碑原在寧夏靈武市東，今佚。碑記保存在明清至民國的地方志中，前後有九種之多①，本次輯校全部進行了校對。

（2）全本與節略本問題。方志文獻中的築城碑記很多是節略本，但文中往往并不注明。明王徵所撰《清北創建温恭毅公繕城祠碑記》

---

①　碑文收於楊守禮修，管律等纂（嘉靖）《寧夏新志》卷三《寧夏後衛》，明嘉靖十九年（1540 年）刻本。又收于楊壽纂修（萬曆）《朔方新志》卷四，明萬曆刻本；汪繹辰編（乾隆）《銀川小志·古迹》，舊鈔本；張金城修、楊浣雨纂（乾隆）《寧夏府志》卷一九《藝文二》，清乾隆四十五年（1780 年）刻本；許容等修，李迪等纂（乾隆）《甘肅通志》卷四七《藝文·記》，乾隆元年（1736 年）刻本；楊芳燦修，郭楷纂（嘉慶）《靈州志迹》卷四《藝文志第十六（下）》，清嘉慶三年（1798 年）刻本；佚名纂（光緒）《花馬池志迹·藝文志》，清光緒三十三年（1907 年）鈔本；馬福祥等修，王之臣纂民國《朔方道志》卷二五《藝文志二》，民國十五年（1926 年）鉛印本；陳步瀛撰修民國《鹽池縣志》卷十《藝文志》，1949 年鉛印本。

原碑已佚，乾隆年間劉紹攽纂修《三原縣志》收有碑文；光緒焦雲龍修、賀瑞麟纂《三原縣新志》又收有節略本，多數學者引用該文均依據以上二種方志文獻，其實該兩處收文均非全本，民國王宣義編《王徵墨迹四文箋釋》收録了王徵所著全文，其間差距非常之大，縣志所收往往整句、整段删節，節略文字前後甚至矛盾。我們只有在正確地處理了上述問題，才能保證準確地使用碑記文獻。

（3）錯字問題：雕版印刷，錯字難免，這是方志碑記内容錯誤最多的部分，很多碑文關鍵字缺失，直接影響到我們對於歷史的理解。如：明代陝西藍田縣明御史李東撰有一篇修城記文，原碑已佚，碑文最早保存在隆慶《藍田縣志》（李東纂修，李進思續纂）（下）中，名《王侯修理記》。該文又收於雍正《藍田縣志》（郭顯賢原本，李元升增修，李大捷增纂）卷之三《文集》；光緒《藍田縣志·附藍田縣文征録》（吕懋勳修，袁廷俊纂）卷一；民國《續修藍田縣志》（郝兆先修，牛兆濂纂）卷二十《文徵録》。光緒《藍田縣志》、民國《續修藍田縣志》題目皆作“王大令修理記”，實爲一文。隆慶《藍田縣志》最早出，但其中“府吏”“胥吏”之“吏”字全部誤刻爲“史”。這種錯誤幾乎各文本都或多或少存在。

凡　　例

一、《明清西北築城碑記輯校》輯録明代以來、民國以前，陝西、甘肅、寧夏、青海、新疆等地各級城鎮修築城池之碑記文獻資料，共270篇。

二、所收包括能訪得的現存碑石、拓片，亦包括原石已佚但前人著作、方志中收録的有關修築城池的碑記，以及少量關於修築城池的疏奏、序銘等文獻。

三、所録碑記均按現行行政區劃編排，部分市縣名稱有變，會在括弧中注明清代州縣名稱，如陝西省西安市臨潼區（臨潼縣）、咸陽市旬邑縣（三水縣），甘肅省定西市臨洮縣（狄道縣）等。每個市縣所列碑記按時代先後排列。

四、編排内容主體爲碑記文獻資料，每篇碑記有：題、説明、録文、注釋（校勘）四部分。少量的原碑照片或拓片圖版附在正文后。

五、説明内容包括：題名、朝代、撰者、書者、刊石者，刻立時間或撰寫時間，立碑地點，存佚情況、現存放地及搬遷經過，形制、紋飾、行款、書體、漫漶程度。

六、碑題均依原題，無原題者，概括碑文擬定。

七、碑記録文文字以原碑或原碑拓片爲準，碑記不存亦無拓片的以撰者文集、其他著述或地方志所收録者爲準；前人著録與原石有異文，以原石爲準；原石文字字迹不清或缺失的，按前人著録補全，在校勘記中説明；録文文字校勘依據在“説明”中交代；校勘記附在注釋中，不另出校記。

八、本書採用繁體字，碑記録文盡可能遵照原字録入，明顯的異體字、碑別字、俗體字、缺筆避諱字盡量以規範的正體録入，不出校記。個別通假字、古體字未改。

九、碑記中明顯的錯字、掉字，録文時改正；衍文、脱行亦改正；殘缺及漫漶無法識别的字加□，缺幾字加幾個□；無法確定殘缺字數者，以……代替。

十、録文標點，只用逗號、句號、頓號、冒號、分號、書名號等標點符號，不用嘆號。

十一、説明中的計量單位、數位採用國家頒佈的標準，録文中則依舊。

十二、碑記於方志中作節略本者只作标注，不作校正。

目　録

陝　西

甘　肅

青　海

寧　夏

新　疆

陕　　西

一　西安市

西安市區（咸寧縣）

陝西新城記

民國石敬亭製，宋伯魯書。

碑立於民國十六年（1927 年），現存西安市碑林博物館。首、趺不存，僅餘上半部，殘高 80 釐米、寬 81 釐米，碑文 15 行。字迹清晰可讀。

據原碑録入。

［録文］

陝西省政府主席石敬亭製

省政府政治顧問宋伯魯書

歲丁卯六月，敬亭以馮總司令之命來主陝西省政府之席。久之，軍民和洽，區宇乂安，乃取革故鼎新之義，易所居紅城曰“新城”，門曰“自新”。因述始末興廢之故，以示後。曰：嘗聞諸故老云城本明代秦王府地，前清曰皇城者，以唐大内在此也。城周八九里，繚以周垣。自前清時鞠爲茂草，中有太湖石一，高尋丈。秦府集萃軒前物也，其上有爪痕，相傳爲楊妃手迹。云民國初造，荒蕪如故。

自馮總司令督陝軍，悦其地宏敞，闢爲講武場。屏其菑翳而平其灌栵，中架若干楹，將率居之，以發號出令。其旁偏裨居之，又其旁爲周廬數百間，甓之椽之，不圬不斫，密如方罫，燦若星羅，皆所以處貔貅之士。期間空曠，則以時教戰陣、練步伐。每當茄鼓俶發，浩浩乎如山嶽之傾摧，風雲之騰欝，觀者神爲之奪而氣爲之旺。雖古程不識、李臨淮不是過也。故老之言如此厥後。馮督東去，劉督因之，然皇城之名卒未改也。及十六年于總司令來，始更名曰紅城。于去而敬亭來承乏，始疑其名，欲易之而未果。會府中人亦多有言之者，且曰：《大學》云"在親民，在止於至善"。又云"苟日新，日日新，又日新"。吾輩處維新之世，爲革新之舉，其應革之端不一。即其新之事，亦不一本此而力行之。吾見久之而新吾陝西矣，又久之而新吾中國矣。所謂"新民止至善"者，至此始充滿，無欠缺、無遺憾。而吾總司令之始願以酬，而中山先生之大願亦畢矣。豈不盛哉。若然蓋以名吾之城，蓋以名吾城之門，敬亭既韙其言，用以新吾城及門矣。益思此後責任之重，而又不欲没總司令肇造此城之功。故急起而書之。

民國十六年十一月　建

臨潼區（臨潼縣）

重修臨潼縣城碑記

（清）劉建韶撰，王鴻飛書。

碑立於道光二十三年（1843年），現存臨潼華清小學大門内東側。首、趺不存，僅餘上半部，殘高80釐米、寬81釐米，碑文15行。字迹清晰可讀。

碑文亦收於安守和修，楊彦修纂：（光緒）《臨潼縣續志》上卷《建置·附文》，光緒十六年（1890年）刻本。

據原碑録入。

［録文］

臨潼西接終南，南走藍田，北俯渭水，東控鴻門。自唐以來即爲衝要，固不可無高城深池以資捍衛。而縣治距省僅五十里，計程爲第一站，冠蓋輿馬，絡繹輻輳，自關以東[①]，至西口外，靡有能越此而達者。即當太平無事之日，亦未可以頹垣斷壕爲行旅病，貽東道羞。余於道光二十年由韓城奉調入簾，往還經過，均廡驛館。見城之西南隅[②]，持畚者、舉鍤者[③]、束版而築者，喁喁然[④]，丁丁然，聲相和也，以爲當不日成之矣。逾年再過此，而工猶未竣。又逾年，爲道光二十二年九月[⑤]，余調補斯邑。甫任事[⑥]，即集工局紳士而詢之，紳告余曰[⑦]："工始於道光二十年二月十三日，至次年七月以兵差過境而暫輟。"余曰："是未可輟也。"重爲勾稽簿籍，登城勘估。蓋前任賈公芳林[⑧]，倡捐錢千串，邑之富紳捐錢三萬七千六百餘串，除已交已用外，尚餘未交錢四千餘串。前署任潘公政舉，續勸捐銀一千九百餘兩。工之未竣者，東西南門洞[⑨]，東西南北四城樓及魁星、元武二樓、垛墻一半。而其已修者，又或因雨塌溜，未可以仍舊貫。余因急請於上憲，將未交捐項，催收齊全，擇期本年二月初十日動工續修[⑩]，十二月初三日告竣。董其事者，前任賈公芳林[⑪]，後因病未到者，捐職守備周成也，前後協會勸捐[⑫]。前後協同，勸捐督修者，典史陸藝也。四城門上，查照舊志所載，各嵌石匾一，南

---

① 以來即爲衝要……自：碑泐，據（光緒）《臨潼縣續志》補。

② 事之日……均廡驛館見：碑泐，據（光緒）《臨潼縣續志》補。廡（yù）：同"寓"，寄居之意。

③ 持畚者舉鍤者：（光緒）《臨潼縣續志》作"持畚舉鍤者"。畚：鋤，鍬之意。

④ 喁喁然：隨聲附和，小聲説話。

⑤ 道光二十二年：1842 年。

⑥ 丁然聲相和也……余調補斯邑甫：碑泐，據（光緒）《臨潼縣續志》補。

⑦ 紳：（光緒）《臨潼縣續志》作"紳士"。

⑧ 光二十年二月十三日……蓋前任：碑泐，據（光緒）《臨潼縣續志》補。

⑨ 餘串除已交已用外……東西：碑泐，據（光緒）《臨潼縣續志》補。

⑩ 而其已修者……擇期本年二月初十：碑泐，據（光緒）《臨潼縣續志》補。

⑪ 公芳林：原碑無，據前後文意補。

⑫ 董其事者……前後協會勸捐：（光緒）《臨潼縣續志》無。

曰枕驪，北曰帶渭[①]，前任賈公所題也。西曰永豐[②]，東曰集鳳，余所題也。余又題四城樓木匾九，東之外曰關輔要衝，西之外曰鎬豐屏翰，東之内曰八達通衢，西之内曰萬年保障，以縣舊名萬年故云。南之外曰天設金湯[③]，湯池在城南也。北之外曰自然鎖鑰，門雖設而常閉也；北之内曰鎮静坎方，南之内曰高承離照；南郭之外曰郭外山光，郭門迤西，晴嵐送翠，夕照沈紅[④]，驪山勝景也。城东长一百九十八丈五尺，西厂一百……不等，磚垛一千五百六十四各，每个高五尺，长五……[⑤]四城樓外，南門月城上，蓋敵樓一座。東南城角，魁星六角樓一座。北城樓建元武廟三間，東西南馬道三坡[⑥]，周圍水道三十五道，炮臺十七座。工畢[⑦]，請於上憲委員驗焉，委員曰："善哉，可以資捍衛矣。"是可不爲行旅病，不貽東道羞矣[⑧]。是役也，城工之外尚有餘資[⑨]，以八千一百餘串修考院，以一千三百餘串修演武廳，以二百二十餘串修倉厫。余以關帝廟、城隍廟、迎春亭均年久漸圮[⑩]，須一律修整[⑪]。且賈公既倡之於前，余不可無以善其後。因捐錢五百串以補不足焉。

劉建韶撰。時教諭趙桂芬、高遇龍，訓導慕丕顯，城守營卞得陞，典史陸藝董工，紳士、守備周萬成，同知宋致魁，生員趙連城，監生宣進禮張廼紀、于大成、李克珏、靳大章。[⑫]

---

① 前後協同……北曰帶渭：碑泐，據（光緒）《臨潼縣續志》補。

② 前任賈公所題也西曰永豐：碑泐，據（光緒）《臨潼縣續志》補。

③ 外曰關輔要衝……南之外曰天：碑泐，據（光緒）《臨潼縣續志》補。

④ 設而常閉也……夕照沈紅：碑泐，據（光緒）《臨潼縣續志》補。

⑤ 城东长……长五：（光緒）《臨潼縣續志》無。録文中的"……"爲碑泐。

⑥ 四城樓外……東西南：碑泐，據（光緒）《臨潼縣續志》補。（光緒）《臨潼縣續志》"四城樓外"在"驪山勝景也"後。

⑦ 工畢：（光緒）《臨潼縣續志》"工畢"接前"炮臺十七座"。下泐至"行旅病"。

⑧ 貽……羞：使……蒙受屈辱。

⑨ 城：（光緒）《臨潼縣續志》無。

⑩ 餘資……城隍廟迎春亭：碑泐，據（光緒）《臨潼縣續志》補。漸圮：（光緒）《臨潼縣續志》作"漸就傾圮"。

⑪ 修整：（光緒）《臨潼縣續志》作"整齊"。

⑫ 於前……靳大章：碑泐，據（光緒）《臨潼縣續志》補。

賜进士出身知臨[①]
道光二十三岁[②]

藍田縣

王侯修理記[③]

（明）御史李東撰。

原碑已佚。

碑文收於李東纂修，李進思續纂：（隆慶）《藍田縣志》下，隆慶五年（1571年）續修刻本。又收於郭顯賢原本、李元升增修，李大捷增纂：（雍正）《藍田縣志》卷之三《文集》，清鈔本；吕懋勳修，袁廷俊纂：（光緒）《藍田縣志・附藍田縣文徵録》卷一，光緒元年（1875年）刻本；民國郝兆先修，牛兆濂纂：民國《續修藍田縣志》卷二十《文徵録》，民國三十年（1941年）鉛印本。

録文以（隆慶）《藍田縣志》爲底本。

[録文]

余嘗於治邑而得治天下之道，何者？邑小天下大，治邑者之於天下[④]，特在引伸觸□，擴而克之之間而已，其道無二也[⑤]。治天下者，以天下爲家，以京師爲室，以四海爲藩籬，以宰執、六官、百執事爲服役奔走之屬。然則治邑者不有則於是乎？邑有屬，其家也有治；有城與池，其室也；有疆界[⑥]，其潘籬也；有士、有民、有府史[⑦]、里胥，譬則宰執、六官、百執事之□也。故家不可不理，室不

---

① 賜进士出身知臨：下缺。（光緒）《臨潼縣續志》無。
② 道光二十三岁：下缺。（光緒）《臨潼縣續志》無。
③ 王侯修理記：（光緒）《藍田縣志》、民國《續修藍田縣志》皆作"王大令修理記"。
④ 治：民國《續修藍田縣志》無。
⑤ 其：（雍正）《藍田縣志》作"莫"。
⑥ 疆界：（光緒）《藍田縣志》、民國《續修藍田縣志》作"界域"。
⑦ 史：（雍正）《藍田縣志》、（光緒）《藍田縣志》、民國《續修藍田縣志》作"吏"。

可不治，藩籬不可不清肅，士民胥史不可不處以道也[①]。夫如是，則治邑者於興作之功可但已乎？吾邑之城之制，舊甚小故，廟宇、公署、廨舍之□皆在其中，勢不能不小就焉，若此者，百餘年於兹矣。嘉靖甲申夏，余奉命出按南服，假道家山省丘隴入其城[②]，則城無舊制，加大三之二，增東西二門。次謁廟至學，次拜邑侯至縣，次及親戚故舊。無弗訪里巷，悉由無弗至者[③]；次又答過客之禮，至所改藩臬二司，皆縱觀焉[④]；但見一水環流，諸凡改色。曰："是皆邑侯之力之更作也。而民力是繇，在聖人必重，在《春秋》必書[⑤]，是誠不可不書也。"無何，果邑博李君輩率吾友余、黄、程、安四數人[⑥]，持所謂邑侯修理狀，徵言以書。余曰："是誠不可不書也。"按狀知城高三丈有奇，池深二丈、闊一丈有奇，周圍記五里有奇[⑦]。城比建教場演武，有亭。移城隍廟於城東隅僧會司之右，移明倫堂於文廟之東，即城隍廟舊址。堂之後爲饌堂，左右爲兩齋，齋之後爲號房，各若干楹。前有儀門、有庠門各三楹。廟後建名宦鄉賢祠，左右爲倉庫，各一所，即明倫堂舊址。廟之西爲射圃觀德亭，中門各三楹，大門一楹，規畫詳備。其縣治大略仿是增置，於舊亦三之二也[⑧]。夫高城深池即易之，所謂重門擊柝，以待暴客，蓋取諸"豫，坤下震上"[⑨]、"豫，利建侯行師"。故《彖》曰："豫之時，義大矣哉。"《象》曰："雷出，地奮。"[⑩] 先王以作樂崇德是也。公宇廨舍即易之，所謂上棟下宇，以待風雨，蓋取諸"大壯：乾下震

① 胥史：似應爲"胥吏"之誤。

② 丘：（光緒）《藍田縣志》、民國《續修藍田縣志》作"邱"。

③ 由：（雍正）《藍田縣志》、（光緒）《藍田縣志》、民國《續修藍田縣志》作"曲"。

④ 藩臬：指藩司和臬司。明清兩代的布政使和按察使的併称。

⑤ （光緒）《藍田縣志》、民國《續修藍田縣志》从此以下，至"徵言以書"缺。

⑥ 輩：（雍正）《藍田縣志》作"董"。

⑦ 記：（雍正）《藍田縣志》、（光緒）《藍田縣志》、民國《續修藍田縣志》作"計"，当是。

⑧ 置：（光緒）《藍田縣志》、民國《續修藍田縣志》作"制"。

⑨ 坤下震上：《易經》將本卦命名爲"豫"，"豫"的意思是愉快喜悅。

⑩ 地：（雍正）《藍田縣志》缺。

上，大壯利貞”，故《彖》曰：“正大而天地之情可見矣。”《象》曰：“雷在天上，君子以非禮弗履是也。”《易》，聖人之制作，本於卦，而君子之制作當準夫《易》。是故，家理，智之周也；室治，義之利也；清肅，德之武也；宜民宜人，禮之達也。治周[1]，則用和而治。所由興義利則體立而治，所由正德武則勢尊而治，所由嚴禮達分定而治之，本所由立矣。夫是之興作，以之君子，於此可以觀政與教矣。政教舉，治道得，天下不足治矣。故曰：“於治邑而得治天下之道，余於邑侯有取焉”。邑侯姓王氏，名科，進卿字，河南涉縣人，以進士出宰邑博；教諭祥符李君維禨，訓導西蜀宫君、澤州都君；吾友：余曰棟，黄曰金，程曰霓，安曰世譽，皆來徵余言爲記者。余監察御史，邑人李東記之也。

增修甕城記

（明）副使渭南人秦鄰晋撰。

原碑已佚。

碑文收於郭顯賢原本、李元升增修，李大捷等增纂：（雍正）《藍田縣志》卷三《文集》，清鈔本。

［録文］

是縣無甕城舊矣，而有之蓋自王公云。城北門直衝驪山，故北地漸高，而門以外頗下，每暴雨，水衝入城，且此門與閱武場子午向，堪輿家謂操戈窺市，故民多剁指刎頸者，爲患匪輕。公自下車以來[2]，每矚目關心，且曰：“不一勞者不永逸。往往事涉幻妄，即譚者托空言以駭聽，人未嘗受實禍，而地方無所損，其孰樂乎增益？”今北門之患若此，有司者憚拮据，力而不能使民不罹于禍，奚取父母爲乎？即不得已而動約椓之役[3]，若勞民傷財，患未必除，且

① 治：民國《續修藍田縣志》作“智”。

② 下車：官吏到任。

③ 椓（zhuó）：敲、錘之意。約椓即動工的意思。

益之害，區區所願不有也，乃蠲吉而作[①]。其磚石、諸應用之物俱捐奉取辦，更爲設處以濟不足。至取城上積荒之荆棘爲燒磚具，尤人人思慮所不及者；其夫役取諸衙役，令其閑曠者輪班分界而任之；又以罪人應杖者，許贖以役。先是經營不遺餘力，甫數旬而報成。門西向，啓閉以時，門上有樓高數仞，堞與城高卑相當，内外俱以磚，而堅固巍峩，言言仡仡[②]，與輞川玉峰相惟矣。是役也，不請上官，不費積貯[③]，不煩里甲。惟公明于燭照，精于石畫，蓋念切爲民，而心計才力足以副之，故民不勞而事集，財不費而功成也。此城直一隅耳，數年來如城四面頽圮者，修葺一新，若吕公祠，若學宫，皆蔚然改觀，業已有冢宰孫公、大司徒張公各記在碑，無容贅矣。《春秋》有城必書，有築必書，紀盛事也。余渭人，谓上接壤藍田不百里，而近號形觀之地。聞其事，方謂侈譚，乃孝廉謝君以狀來請余記，余因而嘆賞者久之。近世爲令者十九圖自便，而慢視邑務，即有所作用，率粉飾目前，未嘗爲永久計，豈盡安於頽廢而不欲功自己出，名由己垂哉？以上之人，動輒生心，易興物議，故巧者避之而不肯爲，懦者畏之而不敢爲，惟坐待徵書，及瓜而去耳[④]。公以家視邑無鉅細，毅然身任之，今且以三年績，兩臺使者各登上考，而主爵者以最語聞。王言赫赫，褒册其行事得民獲上如公者，可謂不負所學，而旦夕内徵，邑民喜懼交集，恐失怙恃[⑤]，其居常愛戴可知。子服景伯曰：“城保于德”，以公之德，當與此城俱永。昔蘇眉山爲杭復六井，議作長堤，使潮不入市，杭人名曰蘇公堤。此城成，藍民永頼，則曰王公城，垂休遠矣。

---

① 蠲（juān）吉：齋戒沐浴，選擇吉日。

② 仡仡：同屹屹，高聳貌。

③ 積貯：積累的財富。

④ 及瓜而去：即及瓜而代，“瓜代”指官吏到任期滿由他人接替。

⑤ 怙恃：依賴，依靠。

重修藍田縣城碑記

（清）胡元煐撰。

原碑已佚。

碑文收於吕懋勳修，袁廷俊纂：（光緒）《藍田縣志・附藍田縣文徵録》卷一，光緒元年（1875 年）刻本。又收於郝兆先修，牛兆濂纂：民國《續修藍田縣志》卷二十《文徵録》，民國三十年（1941 年）鉛印本。

録文以（光緒）《藍田縣志・附藍田縣文徵録》爲底本。

［録文］

道光甲午春[①]，余莅斯士，閲城垣傾圮過甚，亟思修葺。下衆議不果行，旋調入闈理分校，歸舉試事，匆匆歲暮，而城工之議遂寢。越明年，乙未春[②]，集紳士議，咸有難色，并以鄉貢寥落，請先修青泥渠、文昌廟暨南北街道各工，余允其請。以三月朔興工，首渠工，次廟工，次南北街道工。訖六月，以次告竣，私冀城工可徐圖也[③]。詎意七月二日[④]，天降猛雨，冲没七盤坡等處二十八村莊，淹斃男婦大小四百五名口，漂失房屋牲畜無等[⑤]。余捐廉撫恤，兼捐給復地畝工本錢，交請免民屯更糧，日勞勞於履勘清丈間[⑥]，而城工之議又寢。當是時，歲比不登，饑民攘竊，東街鋪户王懷欣不戒於盗，居民恐，余修城之志益决。弗詢弗謀，倡捐一千二百金修北門城樓，并磚墻一百七十丈，費不足則稱貸益之。工未訖功，又以歲歉救飢，集捐銀萬五千金，親歷四百八十七村莊，散給一萬五千七百七十八户。兼奉檄堵禦商蝗，創建劉猛將軍廟，竭四十五日之力，沿鄉搜查，并無飛蝗竄入。自春

① 道光甲午：道光十四年，1834 年。
② 乙未：道光十五年，1835 年。
③ 徐圖：慢慢從容謀劃。
④ 詎：豈，難道之意。詎意：怎麼想到會。
⑤ 等：（光緒）《藍田縣志》作“筭”，民國《續修藍田縣志》作“算”。
⑥ 清丈：謂詳細地測量土地。

徂秋，刻無暇晷[1]，而城工之議又寢。至九月，廟工告成，人和年豐，爰定修城之議，廣諭勸捐，復自捐銀二千金，集捐一萬八千餘金，分段興修，共補築坍塌城垣六百五十八丈六尺，垛墻九百丈，馬道坡四道，城樓六座，卡房四座。始于道光十六年九月[2]，訖工於道光十七年八月，并恐歲修不繼，因干（于）縣治公費項下，每年撥出大錢二百五十千文，以爲隨時粘補之資，交輪年里衛，按段報估。核修餘存者，發商生息。設統計無需動用，即一并發商生息，將見日積日多。不特修葺，易以爲力，即城身可全用磚矣。顧興修造于殷富之地易，而興修造于瘠苦之區難。以玉山連年荒歉，晨烟冷落之鄉，一旦城社告成，焕然改觀，不知費幾許圖度，受幾許勞動，即木頭竹屑、斷瓦殘磚，無一非手[3]口耳目心思之所寄也，然則後之處斯城而樂樂利利者，其亦毋忘修造之艱，遇有損缺而即爲補葺歟。爰爲之記。

周至縣（盩厔縣）

盩厔縣修城記

（清）齊國佷撰。

原碑已佚。

碑文收於楊儀：（乾隆）《盩厔縣志》卷十一《藝文》，乾隆五十八年（1793 年）補刻本。

［録文］

周設司空，掌邦土而隸疆分野，建侯以理之。凡都鄙、井里、城郭專責之州牧、郡伯。至日觀雲物，吉月讀律令，農隙講武事，歲用三日役，以修舉弗備，此申畫郊圻、慎固封守，所以奠民生而康四海

---

① 暇晷：没有一點空閑的時間。晷：日影，指時光。

② 道光十六年：1836 年。

③ 民國《續修藍田縣志》“無一非手”後有“足”字。

也。《易》曰：城復於隍[①]，示戒也；《詩》曰：維翰維屏[②]，志慶也。盩厔界岐、豐間，阻山帶河，東連省會，西接鳳郿，南通陳倉、秦嶺，爲蜀漢孔道，北濱渭河，山林澤藪之區，三輔内一巨邑也。自兵燹後，縣治日就荒墮。順治己亥[③]，臨安駱公來莅兹土，甫下車，慨然以修舉廢墜爲念，不期年而事治民和。又憮然哀鴻集膠庠建矣，得無有盗弄潢池，變出非常者乎？爰築我城，鑿我池，乃糾工集衆，增卑培薄；補備缺略，疏廣濟渠，以灌民田，引水注壕，月餘工竣，較宿昔高深，倍爲可恃。至康熙元年秋[④]，霪雨爲虐，城垛門闉傾圮過半。公鰓然憂之，爲無以寧我民、固我圉也。於是請於上臺，謀於通國，取材于山林，易物於陶冶。計日程工，量工授直。令士民之公而勤者董其事，如邑紳衿司直、楊返正、楊伸、傳崇禮等，義民張大義等，各率迪不怠，庶民趨事恐後，不待鼛鼓時聞而績用告成。繚匝墉垣若干丈，壘陴若干堵，城門、城樓如前制，望櫓、窩鋪咸備。工力之費，事同創建，始於某年某月，成於某年某月，於是無事可以安居，有事可以捍患禦敵矣。良法美意可謂兼之，不可不志之貞珉，以垂不朽。

盩厔縣修城記

（清）章泰撰。

原碑已佚。

碑文收於楊儀纂：（乾隆）《盩厔縣志》卷十一《藝文》，乾隆五十八年（1793 年）補刻本。

［録文］

甚矣，夫締造之難也，不得其術將徒勞而罔功，不要其終必苟

---

① 城復於隍：語出《周易・泰》，意爲城墻倒覆於壕溝。

② 維翰維屏：語出《詩經・大雅・板》“大邦維屏，大宗維翰，懷德維寧，宗子維城”。意爲諸侯是國家的屏障，大宗是國家的主幹，懷德是國家平安的保證，同姓是國家的城壘。

③ 順治己亥：順治十六年，1659 年。

④ 康熙元年：1662 年。

完而易敗，若是者近不越數載，遠亦不過十年。是乃盜虛聲、牟睫效者之所爲，而非士君子牖户綢繆、永固苞桑之至計也。如我盩邑，修城之役始以己未仲秋[1]，召集民夫八百餘名，繕完補葺，乃十日之内僅逾百丈。會淫雨連綿，不但新築者崩瀉無存，并舊峙者亦淋漓殆盡。推厥由來，則以計户派夫，勢同烏合；老弱冒濫，朝暮踐更；日高登陴，未晡星散。其間工之堅脆，力之勤惰，正自無從稽察，以至於此。余即稔知此弊，乃集邑人而告之曰："今者城工彌鉅，用力彌艱，若不爲一勞永逸之圖，恐終貽九牧十羊之誚。兹願與吾民約：工不限日，役不定人；計堡分工，建標畫界；勤者自知惜日，惰者聽其愆期；後有坍頹，按圖拘役；與其蹈復隍之轍，無寧建不拔之基，悉聽吾民自爲之計，余長吏不與聞焉。"斯令一頒，萬衆懽舞，知責有專屬，力無旁貸。杵聲雷動，鍤影雲屯，鼛鼓不鳴[2]，崇墉矗起，既堅既疾，不息不偷，蓋未及三旬而環城八百九十餘丈之工已報竣矣。然而百雉雖新，四關盡圮，磚石朽泐，樓櫓傾攲，東西僅存，南北久廢，頹垣敗壁，鎖鑰奚資。若夫塗飾目前，因仍敝陋，究竟虛縻物力，何能鞏固嚴疆。於是鳩集工師，量功程日。盡墮故壘，鼎建新基。重門洞深，堅甓鱗甃。規圓矢棘，環抱翼張。其上爲四望高樓，可以潜機覘敵。樓下則重簷軒敞，可以饗士誓師。其月城之前別建小屋三楹，則近揖郊廛，俯臨隍水，可以蓋藏甲仗，控扼外垣。又念苦雨宵鉦，嚴霜曉柝，凡兹邏卒，靡所止居。因而環視四周，見有敵臺二十三座，基址稍寬，可供棲息。乃遂因其廣狹，制爲周廬，俾風雨不侵，暄寒可隔，埤堄相望，刁斗聲聞。又城北舊有小亭，翼然高峙，歲月既久，傾圮無餘，余爲修復而更新之，顏之曰："觀稼下視水田錯繡秔稻，垂黃白烏翻飛渭川澄練"，春秋暇日，余將登斯亭而勸吾民之力穡焉。是役也，工鉅費繁，不克錙銖，悉記約略。籌之大都，瓦石、瓴甋之可以枚計者，四十八

---

① 己未：乾隆四年，1739 年。

② 鼛（gāo）鼓：古代於役事開始以及結束時敲擊的大鼓，明代以後也用於民間喜慶典禮和軍事行動。

萬九千；材木板蓆之可以根片計者，二萬四千七百；金鐵、油漆、蔴枲、黝堊之可以斤計者四萬二千五百；日用工匠九十名，其夫役即以新募城兵三百人充之，不復徵召民夫，前後共歷三月，始克告成。廩給犒賚之資日費七八金不等，蓋至是而始知版築雖勞民力，猶衆擎而易集，不若經營獨瘁余，長吏且苦漏卮之不繼矣。猶幸民懷勸相尚，不致徒勞而罔功，庶幾守固金湯，或可免苟完而易敗。然則余心雖瘁，余志獲酬，而又何憾焉。至隍水舊從駱谷東來，西南注壕，分流北繞以入於渭，歲久堙塞，僅存涓流，城工之暇，亦爲疏濬深廣，壕邊環植楊柳，壕内徧種芙蕖，其有茭蒲茈芡可謂民利者，悉仍其舊。遥想數年之後，碧樹葱蘢，鶯聲睍睆，紅英翠蓋，弄影清流，致足樂也。但未知風塵勞吏，彼時更在何處耳，念締造之艱難，悵吾生之役役，登城四顧，不勝感慨繫之。

重修盩厔縣城記

（清）鄒儒撰。

原碑已佚。

碑文收於楊儀纂：（乾隆）《盩厔縣志》卷十一《藝文》，乾隆五十八年（1793 年）補刻本。

[録文]

盩厔舊有終南、宜壽、恒州、清平軍等城，載在《通志》，今皆莫可考矣。又山曲曰盩，水曲曰厔，疑盩之城或在山水之間。今一望平蕪，似非向時舊址。滄桑改易，陵谷變遷，於此可益信也。然兹城之建，不知始自何代。惟志在前明嘉靖間，知縣李春芳、黎元修之。又載本朝順治、康熙間，知縣駱鍾麟、章泰修之，他亦無可考。但自康熙初至今，相距數十年中，經淫雨之冲崩，雪霜之剥落，山成斗大，非復向之屹屹崇墉，大可懼也。雍正間，奉檄估修，沁州楊公僅將坍塌之垛墻估費六百八十金，而櫓樓洞門概遺未入，費用不足，以致遷延未及舉興。予念邑近南山，旁通漢蜀，明季時城垣破壞，以致翻天鷂、李公子之徒出没剽掠，爲邑大害。因爲未雨綢繆之計，以作苞桑永固之基，適奉撫憲，嚴檄督催，遂毅然自任，先於藩庫借銀六百八十兩，以作工料之費，仍於養廉内扣還。復捐銀五百金以佐夫役之工食，大興召募，起工於秋中，告竣於冬月。所用人夫、木植、甎瓴、灰油、麻鐵、丹堊之屬，瑣碎猥雜，别紀其數於碑陰，惟將修築之歲月并舊城之名號，謹鎸於石，以俟後賢之考訂云。

二 咸陽市

秦都區（咸陽縣）

皇明咸陽遷縣記

（明）李炳撰。

原碑已佚。

碑文收於張應詔纂：（萬曆）《咸陽縣新志》後卷《文籍志第八》，萬曆十九年（1591 年）刻本。

［録文］

夫咸陽，古雍州之域，陸海之地，爲九州之冠，實天下之大郡也。在星屬東井之區①，在土爲秦之分野。據形勢實險固，左挾崤函②，右控隴蜀，乃周秦漢唐近郊之邑也。其縣治去長安不五十里，原隰壯麗③，山川被貫，九嵕峙其北④，渭水流其南，此其故址也。蓋千載之下，兵

---

① 東井：二十八宿中的井宿（在雙子星座），古代作爲雍州的分星。與東井相對應的地面，作爲秦的屬地。這就是中國古代的星野概念，在天叫分星，在地叫分野。

② 崤函：崤山和函谷。崤山，在河南洛寧縣北。函谷，在河南靈寶縣境，爲戰國時秦國的東部關隘。漢武帝時，移函谷于秦關以東三百里，在今河南新安縣東北。

③ 原隰：原，高平之地；隰，低濕之地。

④ 九嵕：指九嵕山。古人把數峰聚在一起的山稱嵕。九嵕言其峰聚之多也。

燹廢墜，城廓薦更，其爲縣也，數不一耳。迄今有元失馭，天下紛紛，民之流亡於兵凶者，十去八九矣。迄天朝龍興，戡定暴亂，削平華夷，統一天下，制禮作樂，設官分職，令有司以任牧民，相與共理天下者也。夫牧民之任，尤以爲難在國家遴選賢才，以膺是任，得其人則政教修明，否其人則有乖治體。洪武二年六月①，縣丞孔侯文鬱，受命來典是縣。其縣則井邑丘墟，人民遁迹，姑于東原之阪②，就民居以爲縣，始爲政也。恤鰥寡，勸耕織，易風俗，屏奸諛，明治體。不期年，則民復業者數百焉。訟簡賦均，學者游于門，此皆侯之善政也。民力方蘇，值旱而饑，捐己禄以濟之，此侯之德也。當要衝供給繁夥，應酬無缺，此侯之能幹也。處高原磅礴之間，役凋瘵之民③，負輜重以輸運，悉無怨言，此侯之善撫字也。考其地則肥饒，風俗匪純，人民多侈，不務耕稼，在古謂之難治，侯治之猶反掌，人莫能及也。嗚呼，縣邑之治，僻居村野，避驛道以故歲月，實非所宜也。侯一日公餘，謀諸耆老曰：欲相土遷邑，以復故址，恐勞民力，未果爲，然吾日憂之。耆老咸曰：遷邑之利以便民，立縣治以闡政教，建館舍以迎使命，創倉庫以積糧儲，此皆急務也，願從之。遂自洪武四年二月吉日鳩工④。於是金石土木之工，一時咸舉。築城浚濠以固邑，跨渭措橋以濟衆。立縣庭公廨于城西北，文廟、城隍廟于東北。建三皇廟于城西南，驛舍于城北，倉庫于城南。子庶百工，不日則高堂大廈、廟宇巍峨，民居繚繞，美哉輪奂，燦然一新，工成乃洪武四年三月也。嗟夫，凡縣之設官，每四餘皆鈌⑤，惟侯獨署，尤以爲難。若非侯之才能□謹，豈能如是哉？侯任斯職也，上不負國朝之選，下不失生民之望，於斯可謂至矣。後之宰斯職者，必取法於斯爾。縣邑之民，咸誦德而不忘，故録事迹，請予爲縣邑之記。予雖不敏，遂强爲文以記歲月云。

---

① 洪武二年：1369 年。

② 東原之阪：這裏指縣城東郊的東耳村，今屬陝西省咸陽市渭城區渭陽街道辦事處。

③ 瘵：病。

④ 洪武四年：1371 年。

⑤ 鈌：同“缺”。缺損。

重修咸陽城碑記

（清）邑令臧應桐撰[①]。

原碑已佚。

碑文收於臧應桐纂修：（乾隆）《咸陽縣志》卷十七《藝文·記》，乾隆十六年（1751年）刻本。又收於劉安國監修，吴廷錫、馮光裕纂：民國《重修咸陽縣志》卷二《建置志·城池》，民國二十一年（1932年）鉛印本。

録文以（乾隆）《咸陽縣志》爲底本。

［録文］

咸原隸京兆，爲西北支邑首衝，控巴蜀而扼甘凉，右輔關門鎖鑰也。王公設險，城臨渭河。舊志稱在杜郵西，明洪武四年遷今治。嘉靖二十六年[②]，拓東西北三隅，計廣逾九里[③]，雄跨渭岸，屈曲不方，以象斗杓。渭水東流，直横無際，以象天漢，捍外而衛中，金湯甲他邑焉。第自崇禎季年書興修，一閲百餘歲無舉墜者。夫亦以本朝重惜民力，司空興作，未聞煩苦我編氓，而守兹土者[④]，遂念版章萬國，亦不欲以藐兹一方之役，瀆告司農，此遷延到今也。乾隆十年[⑤]，欽使會同督撫，查勘全秦城垣，酌定興修緩急，咸陽在次急修之列。乾隆十三年戊辰[⑥]，適當積歉。撫憲陳公仰體聖意，寓賑於工，奏請急修，有旨報可。余捧檄，即以司農錢，取材於山林，程料於陶冶，揆日經始，招集流亡，計日程工，計工授值。邑丞席君紹芊[⑦]、尉吴君澐、學博徐君有經、太學竇鑄分勞董役，杵聲雷動，

① 臧應桐，字望青，漢軍正紅旗舉人，乾隆十一年，自城固調任咸陽令，在任七年。

② 嘉靖二十六年：1547年。

③ 九：民國《重修咸陽縣志》作“八”。

④ 土：民國《重修咸陽縣志》作“士”。

⑤ 乾隆十年：1745年。

⑥ 乾隆十三年：1748年。

⑦ 席紹芊：字思南，江南吴縣廩貢，乾隆十二年（1747年）任咸陽縣丞，後署同官縣掾。

鍤影雲屯，鼛鼓不鳴，崇墉矗起。或隨故壘而鼎建，或拉積朽而翼張，周環計里如前，高三仞，基厚二尋加半，頂寬一丈有奇，望櫓七[①]，洞門九，邏卒戍鋪八，炮位臺二十，文昌奎樓各二，登城馬道七，水溝三十六。夫役工作日計萬人，用司農錢共一萬九千四十兩。肇工於十四年春正月[②]，至次歲四月而績用告成。都人士忭舞曰[③]：我侯爲百年舉墜，賴工存活者亦不少，是用勒諸貞珉，以垂不朽。夫吾思内帑金錢不惜巨萬[④]，皇仁浩蕩，利賴我咸民也。體國經野，政在養民，大中丞德意也。疇其食德，忘諸至勞，犯曉登陴，戴星晚食，寮寀諸君[⑤]，克勤勩事之力也。即或以踵事加修[⑥]，棄捐俸米，此亦長官循分事，何嘉績之有哉。惟是登城四矚，河流灌漭，雉堞連霄，因依地利，上應天垣，不特爲咸人士設險固圉，規萬年樂利。亦將有名賢偉士，代鍾於五陵六岡之間，孝家忠國，拔地倚天，以黼黻聖明之治者[⑦]。是役也，其掾之券矣[⑧]，殆不可以不書也。爰志其歲月，昭示來兹，俾有稽考，以章諸石。

乾隆十五年庚午秋七月上澣穀旦[⑨]。

重修咸陽縣城碑記

（清）陳堯書撰[⑩]，郭均書，南應選篆額，仇文法刻石。

道光十三年（1833 年）立。

---

① 望櫓：櫓，本大盾牌。望櫓，這裏指瞭望、防禦、偵察的高臺。

② 十四年：乾隆十四年，1749 年。

③ 忭舞：忭，歡喜；舞，歡慶。

④ 内帑（tǎng）：指府庫裏的錢財。

⑤ 寮寀：官舍，引申爲官員的代稱。

⑥ 踵事：繼續前人的事業。

⑦ 黼黻：古代泛指禮服上所繡的華美花紋，借指華麗的辭藻。

⑧ 掾：古同“操”，民國本作“操”。

⑨ 乾隆十五年：1750 年。上澣：农历每月上旬的休息日或泛指上旬。穀旦：良辰之意。民國《重修咸陽縣志》無此句。

⑩ 陳堯書：順天大興監生，道光八年至十五年（1828—1835 年）三任咸陽令。

碑原立於咸阳縣周四王廟，後移文廟嵌於東壁，文廟改建爲咸陽博物館，即拆藏館内。碑圓首龜趺。首高110釐米，寬93釐米，厚25釐米。碑身高254釐米，寬90釐米，厚24釐米。龜趺高50釐米。通高414釐米，碑身上榫高7釐米，厚21釐米。圭額高43釐米，寬27釐米。額陰刻篆書“重修咸陽縣城碑記”八字。字徑寬6釐米、高9釐米。額兩旁及頂部飾蟠螭紋，下部有浮雕花飾。楷書14行，滿行46字，共469字。字徑5釐米。保存完好，文字清晰。

碑文又收於陳堯書纂修：（道光）《續修咸陽縣志》卷首《記》，道光十六年（1836年）刻本；劉安國監修，吴廷錫、馮光裕纂：民國《重修咸陽縣志》卷二《建置志・城池》，民國二十一年（1932年）鉛印本，有部分録文。

據原碑録入。

［録文］

咸陽去京兆五十里，東達京畿，西通巴塞，羽檄輦輸[①]，晝夜交馳，無不取道於此。則咸爲西北首衝，而咸之城固秦中一大保障也。乾隆十四年，前臧令尹重修後[②]，越八十餘載矣。吴蔗薌刺史宰斯邑，時議捐修，工未及半，值調任，事遂寢。道光八年冬[③]，予承乏兹土，詢悉由來，躊躇者久之。適年不屢豐，未忍以土木擾。去歲，雨暘時若[④]，百穀順成，爰集邑紳，商義舉期。未浹旬[⑤]，輸錢三萬六千九百餘緡。予甚喜，急公好義，吾邑不乏其人也。因亟擇誠謹介潔者董其事，陶司甂瓿[⑥]，工選木石，一時築砌并舉，或全建新壘，或增修舊垣。又於城之東南二隅，分建奎樓，以補文星。工成之日，登陴四眺，河水環流，雉堞整齊，樓臺聳固，洵金湯之形勝

---

① 羽檄輦輸：檄，古代以木簡爲書，長尺二寸，用徵召也，其有急事，則加以鳥羽插之，示速急也。羽檄即羽書，徵調軍隊的文書上插鳥羽，表示緊急，必須速遞。輦輸，運遞的車輛。

② 臧令尹：即前注臧應桐。乾隆十六年重修咸陽縣志。

③ 道光八年：1828年。

④ 暘：日出；晴日。

⑤ 未浹旬：浹，周遍；旬，十日。未浹旬，意未滿十日。

⑥ 甂瓿：指大磚塊。

也歟。是役也，十二年閏九月肇工，十三年九月竣事[①]。予捐廉爲佽[②]，固司牧者分内事。所賴諸君子，慷慨不惜財，督率不辭瘁，以相與有成焉。今國家承平日久，家裕户饒，士庶沐浴皇仁，曉然大義，未敢以一方之保障，上费帑金，此意可嘉，此風近古也。是爲記。其在事、捐貲、出力姓氏及度支條目，皆載於碑陰。俾循名核實，有所稽考云。[③]

道光癸巳初冬[④]，知咸陽縣事榕城陳堯書撰文，龍門郭均書丹，督工孝廉方正南應選篆額。

教諭慶陽李芳、訓導榆林劉濟、縣丞山陰陸世烈、典史廣東蕭乃陵、城守營靖遠劉鳳彩。

督工紳士武舉吴清璽、監生魏來賢、庠生馮傑。

富平仇文法刻。

碑阴：

特調咸陽縣正堂加五級又隨帶軍功加二級紀録十四次捐廉銀壹仟叁伯兩，議叙九品銜廩生程一敬捐銀壹萬壹仟壹伯壹拾兩[⑤]，議叙正八品銜增貢生李洛生捐銀壹萬壹仟捌伯柒拾兩，議叙正八品銜附生劉調元捐銀四仟零壹拾伍兩，附貢生史廷元捐銀叁仟伍百叁拾伍兩，孝廉方正六品銜尚應選捐銀五佰兩，武舉吴清爾捐銀貳伯兩，生員馮傑捐銀貳伯兩，監生魏來賢捐銀貳伯兩，監生□文尉捐銀壹伯陸拾柒兩貳錢壹分，監生王正春捐銀壹拾貳兩捌錢陸分，生員王先遇捐銀壹拾貳兩捌錢陸分，柏連舉捐銀一拾貳兩捌錢六分，李天有捐銀拾兩，錢行捐銀柒伯柒拾陸兩柒錢叁分，當行捐銀伍伯壹拾肆兩肆錢玖分，鹽商吴連興捐銀伍拾壹兩肆錢伍分。

光裕鹽店捐銀叁拾玖兩肆錢叁分，轉鹽商六家捐銀貳伯伍拾肆

① 十二年，十三年：道光十二年，1832 年；道光十三年，1833 年。
② 佽（cì）：幫助。
③ （道光）《續修咸陽縣志》至此，下文缺。
④ 道光癸巳：道光十三年，1833 年。
⑤ 伯：通“佰”。下同。

兩，粟店捐銀贰伯伍拾两零壹钱陸分，油行捐銀贰伯壹拾贰两壹钱陸分，乾菜行捐銀壹伯陸拾柒两贰钱，鍋行捐銀壹伯貳拾捌兩貳錢陸分，花行捐銀壹伯貳拾捌兩貳錢陸分，碳行陝西廠捐銀壹伯零貳兩玖錢陸分，碳行山西廠捐銀肆拾捌兩貳錢叁分，西酒店捐銀壹伯壹拾伍兩貳錢陸分，布鋪捐銀壹伯壹拾伍兩柒錢陸分，斗行捐銀壹伯零柒錢玖分，油坊捐銀玖拾陸兩肆錢柒分，估衣鋪捐銀玖拾陸兩肆錢柒分，酒行捐銀玖拾兩零肆分，木廠捐銀柒拾柒兩壹錢柒分。

衆京貨鋪捐銀柒拾兩零柒錢肆分，青器鋪捐銀柒拾兩零柒錢肆分，鏵行捐銀陸拾柒兩伍錢叁分，川如銀號捐銀肆拾叁兩柒錢叁分，興盛隆銀號捐銀肆拾叁兩柒錢叁分，興順公號捐銀叁拾玖兩捌錢柒分，隆盛銀號捐銀叁拾捌兩伍錢玖分，磁器鋪捐銀叁拾捌兩伍錢玖分，焕興元號捐銀貳拾壹兩捌錢陸分，西煙店六家捐銀貳拾兩零伍錢捌分，衆小煙鋪捐銀拾陸兩，油簍鋪捐銀拾貳兩捌錢陸分。

興平市（興平縣）

重修興平縣城碑記

（清）邑令龔衡齡撰。

原碑已佚。

碑文收於王廷珪修，張元際、馮光裕纂：民國《重修校訂興平縣志》卷七《藝文志》，民國十二年（1923 年）鉛印本。

[録文]

興邑，故始平也。城之建築，不詳自昉。度縣治移徙，當在金元間。南北舊有月城，明增築東西兩厢，如鳥斯翼。考雍州分鶉首之野，雖方隅，亦占星文之應，城之形勢宜之。乾隆十八年[①]，前劉

① 乾隆十八年：1753 年。

令尹重修，迄今閱百稔，城闉半就坍圮，而東西厢尤甚。余抵任相度，念及今不庀，後益難繼，顧以費繁，躊躇久之。夫有城、有池，國體也。鑿斯築斯，王政也。郡有興作，例得請司農金。顧國家承平日久，民則口分世業，官則食税被租，得其當以報之。裨一方保障，無費天府泉刀度，亦義不容辭，情弗獲已者也。會丙午[①]，歲不登，民告歉。關輔牧民諸君持捐富濟貧議，余亦求其所以小補者。爰與邑士君子謀之，衆謂此邦風氣近古。曩歲春秋不給，富者以錢、粟出貸親戚，周恤窮乏，恒尚義無吝色。蓋恃此，各保其户，各贍其鄉，而饉歉得以無害者，百數十年來，沿而無改。以民濟民，聽民自爲，可無庸長吏督也。師捐富濟貧之意，而不必相襲，莫如樂助城工之爲便，顧猶有疑於同民之事，必待時和年豐而舉之。若三時有害，雖哿矣富人[②]，而私誼既相爲周恤，公事復有所誅求，將兩利也，轉以兩妨，而似非安富，且大役之興，窮民得取食焉。若蕞爾邑，七里之城，三里之郭，敝而改爲之，所用物力多而土工少。操畚挶者[③]，不能盡一邑困乏之民，亦於貧少濟。然而爲一事，必有一事之益；謀一利，即有一弊之因。毋謂少補不足以圖功，毋謂同力不足以集事。惟是慮善而動，不爲苛求，得人共助，無所朘削[④]，去其兩妨也，斯獲其兩利。蓋衆心同，而事始克舉焉。爰擇孟陬之吉肇工，越十月既望竣事。宕城樓而高之，築砌舊垣雉堞，魚鱗東西厢，并增新壘。重修之後，未敢謂金湯永固也，而《春秋》城陋而惡之譏，在今日庶幾免矣。登斯陴也，居高眺遠，縣之治，北枕高原，而峙九嵕；南襟灃渭，而屏終南；東迎華岳，以藹紫氣青門之瑞；西聯岐鳳，以錫碧雞金馬之祥。右輔雄風，宛然在目。而井鬼分躔[⑤]，星文協應，於以卜此，後富庶化成，人才鼎出也，豈不懿

---

① 丙午：乾隆五十一年，1786年。

② 哿（gě）：表示稱許的意思。

③ 畚挶：盛土和抬土的工具。泛指土建工具。

④ 朘削：剋扣，剥削、盤剥。

⑤ 躔：指天體的運行。

哉。是役凡用資一萬數千餘緡，余捐廉爲佽，餘藉衆力任之。無苛派，無侵蝕，無繁費，於捐富濟貧之本意，有兩利也，而無相妨。蓋得邑進士楊發枝總其事，而迄用有成。夫興之士民，樂於好義奉公也久矣，貨出於地無倍，入貲富耀於鄉，少萬金産而輸將素急於隣封，年雖歉，不忍逋賦，凡諸義舉，都人士率量力爲之。前李潤堂司馬宰此土，倡修文廟宫墻，鳩貲凡三千緡，工竣之日，僉願以爲名，事因阻於陳告。比者年未順成，里閈誼敦任恤[1]，而斯城完繕，猶克以餘力成之。此意可嘉，此風近古也。是爲記。

三原縣

三原縣創修清河新城及重隍記

(明) 马理撰[2]。

碑原立於三原縣北關城東門内之謝公祠中，今佚。

碑文收於馬理:《谿田文集》卷三《記》，道光二十年（1840年）惜陰軒叢書本。又節略收於焦雲龍修，賀瑞麟纂:（光緒）《三原縣新志》卷之二《建置志第二・縣城》，光緒六年（1880年）刻本。

録文以馬理《谿田文集》爲底本。

［録文］

三原，今縣治有城，在清河南。元至元時，自東原下舊縣徙此，其城蓋徙時築也。清水出耀州石門山，其陰爲三水，其陽東泉爲清水源，其西泉爲淳化冶水源。清水東南流數十里，濁水自東出爲清

---

① 里閈：指里門，代指鄉里。"任恤"，指誠信并給人以幫助同情。

② 馬理（1474—1556年）：字伯循，號谿田，三原（今陝西三原縣）人。明弘治十年（1497年）舉人，正德甲戌年（1514年）進士。曾任吏部稽勳主事、稽勳員外郎、南京通政司右通政、稽考功郎中光禄卿等職。學識、文章聞名全國，當時學者都將他與宋代關中學派代表人物張載相提并論。

水，又東南流百里至中原村，其西望冶水爲西原；其東抵濁水，爲中原；濁水東抵趙氏河，又抵唐獻陵，東斷原所爲東原，蓋三原所由名也。清水又南流，至三原護軍城東，又南爲耀州巳杜，爲吾原義河毛坊、毛坊里杜寨。杜寨三面皆巨谿，義河南爲鬼谷，北爲石堡。巳杜有懸崖石洞數十可居，蓋毛氏兄弟建忠時居人避兵所也，杜寨前其立柵處云。清水又東南流至湯杜，蓋湯孫亳王所居，今訛爲楊杜里矣，有峨山竇氏裔居此。又南至第五村，漢第五倫裔所居。又南爲閆村，三原社倉所也。又南爲谷口，元義士李子敬裔居此。子敬創立學古書院，延師教士，以忠信招商，三原之人材與商旅集，由斯人也。東爲濁水谷口，唐長孫文德后冢在此，元冀國公郝天挺塋祠俱在此。又東則舊縣遺址在焉，西爲堯門山、荆山，荆山今爲嵯峨山矣。又西爲冶水谷口，冶谷南爲鼎州，昔黄帝鑄鼎所也。清、濁二谷，南爲焦穫。《詩》曰“整居焦穫”即此，今訛爲焦吴里、焦吴村。理聞諸王端毅公云，清水自谷口南流，至豆村折而西，經涇陽孟店鎮，西爲靖川，唐李衛公莊在此。清水又折而南，至吾原留芳里。冶水自鼎州來，至荆山巽隅入焉。清水又東南，過張御史塋，東又過張孝莊塋、王端毅公、康僖公塋。東至龍橋，其南爲今縣治城，即前云元時所徙築城也。城肖鍾形，北阻河，河深十丈餘，岩險可據守。其北居民與南等，自國初迄今，多縉紳髦士家，然無城，民自昔至今患焉。弘治末，河套虜蠢，王端毅公謀於當路築此城，未果。正德間，關東、蜀川盗起，套虜復蠢，王康僖公復謀築於當路，移有檄矣。時榆次王令任事，爲庶民所沮，弗果城。後虜入山西平陽，窺關中。關中守巡率兵東禦於河，三原士夫胥約理，復謀築于當路，亦移有檄矣。時寧陽閻令任事，爲涇陽田盧兹土人所沮，又弗果城。嘉靖丙午[①]，虜奸細人入境，窺我會城及三原，官絡繹獲之，知侵盗有期，三原人士謀築益劇，然未敢白也。時畹溪謝公保厘我土，急移檄督築此城，乃先主之，以府官申之，以守巡

① 嘉靖丙午：嘉靖二十五年，1546 年。

有沮者輒令刑以徇。時王令任事，遂令處夫役度基趾，分工舉事，同日并作，蓋閱月而城畢。又二十餘日，而城上女墻、樓堞、外重隍舉畢。城周三千步許，崇二丈五尺，下闊三丈許，女墻崇七尺，上有垛口，南北東西共設四門，門各有樓。東門樓爲壯麗，設敵臺凡二十七所，重隍各闊二丈五尺，深如之。女墻垛口凡一千五百餘口，設神機火器數如之。南城今增葺，高厚如新城，外浚重隍，深廣如之南。西關外復令築城，西環民居。東樓城外重隍深廣如前，諸垛口各設神機火器，如前兩城設。於是虜聞之驚愕，昔南侵謀遂索索然寢矣。蓋三原天下商旅所集，凡四方及諸邊服用率取給於此，故三原顯名於天下，雖狄虜亦窺伺焉，三原固則虜南向志灰。夫關中之城亦多矣，君子謂三原斯城所保爲大，不其然耶。城成，民悦而歌曰："嗟雙城兮重隍，岩岩兮湯湯；交相翼輔兮宛鴛與鴦，神機設兮雷電斯莊；一夫發兮萬夫莫當，胡虜聞兮魂驚膽喪，吾民眠兮永無夜尨。"歌已。商人亦悦而歌曰："原昔有人兮可因可宗，謀忠交信兮心與面同，貨泉可詭兮有始有終，集吾遠人兮給如蟻蜂，忽聞虜患兮懼失所憑，今環金湯兮憂慮頓空，誰實爲之兮念唯謝公"，歌已。士夫咸悦而有歌，其略曰："嗟吾原兮商旅雲依，百貨叢兮四方攸歸，世資服用兮虜亦睥睨，肆我先明兮謨謀孔諧，保障時營兮屢作屢尼，天啓溪公兮言恤我哀，金湯時環兮永脱我危，吾原既固兮胡將焉窺，陸海天府兮爰斯免災，嘆兹謝功兮吾民永懷。"於是原民既礱石以紀事，又建祠以報公功云。公名蘭，字與德，號畹溪，嘉靖丙戌進士[①]，由監察御史歷副都御史，山西代郡人也。王令名鳴凰，保定宛縣人，王令去，進士富順、甘令茹繼之，爰徵記曁碑以順輿情云。

---

① 嘉靖丙戌：嘉靖五年，1526 年。

重修河北新城記

（明）马理撰。

原碑已佚。

碑文收於劉紹攽纂修：（乾隆）《三原縣志》卷十四《藝文三》，乾隆四十八年（1783 年）刻本；又節略收於焦雲龍修，賀瑞麟纂：（光緒）《三原縣新志》卷之二《建置志第二・縣城》，光緒六年（1880 年）刻本。

録文以（乾隆）《三原縣志》爲底本。

［録文］

三原古焦穫地，今縣治在龍橋鎮古黄白城西、清水南，元時所遷築也，有縣學及諸公署在焉。其水北民與南等，公卿大夫士多於南，無城。嘉靖丙午，北虜犯塞，窺三原。於是巡撫謝公檄我完縣，葺舊城於水南，創新城於水北，皆重隍，原人賴以無恐，其事詳理《新城記》中。伊時事棘僝功速，甫五載而城隍坍塌淺矣。辛亥[1]，巡按姚公至，視之患焉。曰："三原爲關中要邑，集四方商賈重貨，昏曉貿易，故虜思内侵，朶頤在此。此無險，虜易而至，則關以西，三川南北無寧所矣。"乃移檄至縣，俾貳守劉侯申令行事。貳守至，乃登臨，察所損淤，拓舊模，擬新式，立表幟焉。復責成我馬宰，宰爰度地，計工分役，宣力役，用夫千五百有奇，夫分工一尺有奇，蓋役諸新城，居民糧自備，肇工於辛亥八月望日，至九月十有二日底績。於是卑者高，薄者厚，淺者深矣。計磚甃城，上下水道四十餘所，女墻垛口一千六百有奇，墻垛舊版築土壚，雨易粉，今以磚坯疊砌，麥秸泥墁糯汁和石灰塈之，固矣。蓋留芳、焦吴二里附郭民，應避患者之所營也，亦於是月底績。嗚呼，是役也，豈易營者哉。昔宏治間，王端毅公嘗圖之，民弗從，弗克城。正德間王康僖公嘗圖之，撫按從，令

① 辛亥：嘉靖三十年，1551 年。

從，民弗從，弗克城。嘉靖初康僖公暨理儕復圖之，撫按從，藩臬從，守從，令從，民弗從，弗克城，至是六十年矣，謝公始創建，姚公繼之。嗚呼，斯豈易營者哉。蓋君子知幾，凡民不見利不趨，不見害不避，夫趨避有時，上之人乘其時而使之，又道以驅之，斯子來而忘其勞矣。城之葺也，邊人有過者曰："吾鄙，虜出没，有樊城，虜望，望弗邇。況此腹裏岩險如是，虜敢覬覦而深入之耶。"有諜者曰："虜前此實有盜心，屢形諸言，聞城此且厚備，知威悉，心灰矣。"嗚呼，要害之地險設而患息，則斯城之創、之葺也，豈一邑之計哉，所保廣矣，廣矣。是故民於謝公既構堂而建祠，於姚公復豎碑志遺愛焉。姚公名一元，字惟貞，號畫溪，登嘉靖甲辰進士[①]，浙江長興人。貳守名體仁，字元甫，號北盤，山西交城人。馬宰名斯臧，字遠謀，號穎谷，河南鈞州人。分工者爲三原縣丞王朝相、主簿曹豸、典史冉誥，其備諸使令者，則義官張淮云。

清北創建温恭毅公繕城祠碑記[②]

（明）王徵撰[③]。

原碑已佚。

碑文收於王宣義編：《王徵墨迹四文箋釋》，載《上智編譯館館刊》民國三十六年（1947年）第二卷第六期。又收入劉紹攽纂修：（乾隆）《三原縣志》卷十四《藝文三》，乾隆四十八年（1783年）刻本；焦雲龍修，賀瑞麟纂：（光緒）《三原縣新志》卷之二《建置志第二·縣城》有節略文，光緒六年（1880年）刻本。

録文以《王徵墨迹四文箋釋》爲底本。

---

① 嘉靖甲辰：嘉靖二十三年，1544年。

② （乾隆）《三原縣志》作"温恭毅繕城祠記"，節略録文。

③ 王徵（1571—1644年）：字良甫，號葵心，又號了一道人、了一子、支離叟。明西安府涇陽縣魯橋鎮人。天啓、崇禎年間，任直隸廣平府推官、南直隸揚州府推官及山東按察司僉事等職。從政後留心經世致用之學，後以經算教授鄉里，致力於傳授西方學術，爲最早的陝籍天主教徒之一。

［録文］

邑治必有城。城惟一，制也。原之初，厥城亦惟一。乃今南北對峙，判焉爲兩者何？則以清、冶二水匯流而東，横衝其中故也。歲濬月削，滋深滋闊，勢若太極中判，而兩儀不得不爲之分割。然城在河以南者，實四方財貨輻輳區，且制臺、中丞、御史臺、諸藩臬道府行旌，往往駐節焉。而聖廟、學宫、倉庫、衙宇、胥在内，又縣大夫朝夕聽政所也。城故不圮，即圮旋補築之無難耳。北城既胖焉，越在河之北岸。其中土著居民聚廬而處者，雖數百千萬之衆，與士大夫家鱗次櫛比乎。第縣治既在南，商贾既在南，冠带轮蹄往来应酬既在南，则當事者之精神思慮無不急在南。[①] 而北或膜外視之，其勢也，亦情之所易至也。以故樓櫓漸傾，城日頹壞，漠然罔聞，恬不爲怪。久之，垣獻池凸，鬱成萊蒿，跛羊可牧，蹊徑交交。又久之，高者就平，雉飞无縱，城基断續，面面皆風。斯時也。[②] 承平日久，狃以爲常。築凿之謀，大家相忘。[③]

少保温恭毅先生偶家居[④]，念此城名僅有而實弗存也[⑤]。穆然深思，謂保障無資，一旦有警，將奚所恃而無恐。爰謀之縣大夫與諸紳士父老議城事。或曰："是役也衆。"先生曰："我能衆。"曰："費恐不資。"曰："吾能費。城者所以保吾衆而善藏厥費者也。既欲城民，不衆不費，胡能城？從古有天成之城，地涌之城乎哉？"曰："費大而以衆動也，恐人將以利己爲口實。"先生曰："嘻，天下皆己也。凡此同城之衆，林林總總，百千萬家，謂非一家之人也與哉？獨我一家之人也與哉？果爲己也耶？人即不謂己也，實自愧；果不獨爲己耶，即人謂利己也，庸何傷？"或又曰："今天下九塞晏然，八方平定，正夜户不閉時也，無故而興不急之役，姑無問費且

---

① 第縣治……則：（乾隆）《三原縣志》無。思：（乾隆）《三原縣志》無。

② 漠然罔闻……斯時也：（乾隆）《三原縣志》無。

③ 築凿之謀，大家相忘：（乾隆）《三原縣志》無。

④ 少保温恭毅：（乾隆）《三原縣志》作"温少保"。

⑤ 此：（乾隆）《三原縣志》作"北"。

若何，衆實謂勞我也，將奈何?”先生曰：“圖久安之，不得不暫勞之矣。天下寧有不一勞而能久佚者哉？吾聞之，計小而害大，道謀者寡成。未雨徹桑，鳥且能然。如必渴而始井也，井能渴及也耶？此城不成，吾心之誠不能一日寧。”輒毅然捐金倡義[①]，董率區畫，爲之重築北城，并補南城，以固其圉。

工肇於萬歷癸巳[②]，不數月而四門重闕、樓櫓焕然，崇墉言言，雉堞雲連，屹然稱金湯矣。方築鑿時，果有借此以事評彈者，先生不之恤也。繕城之工，必欲告成而後已。[③] 既告厥成，先生之心方寧，顧不自以爲功，即當日之人，或亦未甚德其功。

迨至崇正戊辰[④]，關中大饑，流寇紛起，擄聚日繁。千騎萬侶，眈眈焦獲之原，環馳城之郊且數次[⑤]。惟時，鄉村猝無堡寨，蹂躪焚掠之慘，不忍見聞。郭外之氓叟稚婦，逃而求入者踵相囑也[⑥]。當事者與諸紳士父老議[⑦]：“賊衆不遠，恐得以隙乘之也”，門拒不内。余謂：“城所以衛民也，奈何拒吾赤子而委之賊？且賊尚遠，未遽乘也；即乘，吾力能拒之。”議者又云：“城内無百日糧，驟内多人，以耗吾食，非計。可令挾芻粟者入，弗挾者毋得入。”余又謂：“均赤子也，奈何遂拒其饑者而委之賊[⑧]？况賊風雨飄忽，必不肯爲百日攻。”當事者是余言，遂大開城門縱之入，諸見阻他門者，亦轉徙而入，可數萬計。遂擇其精壯者，亦派爲守城之夫，諸紳嬰城，指麾士民，咸登陴力守，一時城頭數百千人，賊遂逡巡咋舌退。

於是，諸紳士父老輩俯城興思，咸聚而嘆曰：“天乎，設非今日城守之嚴，吾輩不知當作何狀。設非當年預築此城，即欲爲今日之

---

① 議城事……輒毅然：(乾隆)《三原縣志》無。

② 萬歷癸巳：萬歷即萬曆，萬曆二十一年，1593 年。

③ 方築鑿時……而後已：(乾隆)《三原縣志》無。

④ 崇正戊辰：崇正避雍正諱，崇禎元年，1628 年。

⑤ 環馳城之郊且數次：(乾隆)《三原縣志》作“環馳北城之郊且數次”。

⑥ 逃：(乾隆)《三原縣志》作“跳”。

⑦ 者：(乾隆)《三原縣志》無。

⑧ 遂：(乾隆)《三原縣志》作“逆”。

守，何可得。作此城者，何其流澤之無窮也。今既飲水而知源，安可忘恩而不報[①]。其亟建一耑祠，以報此繕城之功德也可?”佥曰：“可哉，可哉!”[②] 於是醵金易地[③]，庀財鳩工，不數月而祠以告竣。人心感服之深，翕應之速，可概見矣。祠凡六楹，遺像如生，群拜群祝，惟城之宗。

乃先生及門之士張玉芝、來舒吾諸文學十數輩咸請徵[④]，言以文麗牲之石[⑤]。徵素不文，且不喜爲贊媚過實之文[⑥]，而獨於先生之德之功，則喜談而樂道之，與諸紳士父老有同情焉。蓋居恒私嘆[⑦]：士大夫居鄉，必有一段不朽功德，利賴一鄉，令鄉之人久久感頌不忘，稱曰鄉先生，始不虛耳。不然，身都貴顯，鄉之人毫無所利賴，或徒擁富厚、廣田宅，日夜爲子若孫圖百年便利[⑧]，於鄉之人，若秦越不相關也[⑨]。甚或睚眦凌轢[⑩]、恣逞其所欲得爲[⑪]，反貽害於閭里，令鄉之人心非巷議、腹誹背詛[⑫]，敢怒而不敢言，此即求免於一時之呰詈且不能，矧能聲施後世[⑬]。歿已數十年，猶然令鄉之人追思俎豆無已時哉？如先生者，真可百世不朽已。[⑭]

猶憶向者偕諸紳士守城日，玉芝張君建議於北城外相距數十武，可築關城一座，一則爲大城犄角，一則爲附近居民清野守保計。條畫區當，策甚善也。當事者首肯，諸士紳父老亦無不心是之者，惜

---

① 可：（乾隆）《三原縣志》作“忍”。

② 佥曰可哉可哉：（乾隆）《三原縣志》無。

③ 醵：缺，據（乾隆）《三原縣志》補。

④ 乃先生及門之士張玉芝、來舒吾諸文學十數輩咸請徵：（乾隆）《三原縣志》作“及門之士咸請徵”。

⑤ 麗牲：指古代祭祀時將所用的牲口系在石碑上。借指碑石。

⑥ 喜：（乾隆）《三原縣志》作“善”。

⑦ 與諸紳士……蓋：（乾隆）《三原縣志》無。

⑧ 百年：（乾隆）《三原縣志》作“百千年”。

⑨ 若：（乾隆）《三原縣志》作“輒”。

⑩ 凌轢：亦作陵轢。傾軋，欺壓。

⑪ 得爲：（乾隆）《三原縣志》作“爲得爲”。

⑫ 腹誹背詛：誹，説別人壞話；詛，咒駡，詛咒。意指内心痛恨，怒不敢言。

⑬ 矧：副詞，表示更進一層，相當於“何況”。

⑭ 此后文字（乾隆）《三原縣志》無。

無毅然首事之人，迄今猶懸道傍之謀。益思先生愛人之真，見事之徹，獨斷獨行之力，真古大臣先憂後樂襟度，非區區尋常士大夫所克仿佛于萬一也。倘先生一聞人言，便引築怨之嫌乎，其何得有今日。徵常讀西儒《真福實指》，所指真福八端之一，有曰："爲義而被窘難者，乃真福，爲其已得天上國也。"如先生之真，已永享天上之福矣，笑游帝庭，寧獨人間之廟貌也與哉。夫祠者思也，所以思前而事後也。今而後謁先生之祠者，爲封疆之臣，則思其所守；爲邦之簪紳衿裾，則思其所立；見鄉之人追念鄉先達功德彌久而彌殷也，則各思所爲不朽。是則建祠者之意，諒亦先生睠念桑土，來歆來嘗之意也。

因述其繕城始末如此，而繫之以銘。銘曰：

于都先生，處爲真儒。出爲名臣，學窮三酉。志在三立，體惟一仁。朝著忠清，家傳孝友。乘史詳陳，玆所特祀。恩深桑梓，土徹未陰。睠念浚隍，獨廑衣袽。睅目荆榛，乃昌大義。乃協群策，乃捐多金。畚杵登登，壺簞翼翼。睨者狺狺，纂怨弗恤。遭讒罔懈，工竣乃忻。垂數十年，功德巍巍，漸忘所因。倏遭流寇，掠我鄙野，逼我城闉。仗此崇垣，全活大衆，百千萬人。爰感遺澤，建此端祠，俎豆惟寅。仰瞻先生，在帝左右，展矣明鉒。崇廟巖巖，擊鼓坎坎，萬舞侁侁。先生臨格，闔城豫樂，薦旨祈歆。豐我禾黍，固我藩垣，永絶氛塵。準墉虎踞，龍橋蛇承，並表嶙峋。銘此貞珉，千秋萬年，尸祝長新。

東關修城始末記[①]

（清）王霖撰。

原碑已佚。

碑文收於焦雲龍修，賀瑞麟纂：（光緒）《三原縣新志》卷之二

---

① 本記只在縣城建置中進行了節録。

《建置志第二·縣城》，光緒六年（1880）刻本。

［録文］

明季饑饉，盜賊蜂起。東關舊無城，居人不堪其擾，生員王一棟同趙希獻、張電發謀築城，集鍰六千有奇[①]，經始崇正八年[②]，自內城沿清涯，高三十五尺，袤亘六百六十餘丈[③]。時鄰村大族李某等於城北隅爭開便門，以通往來，拒不可，致相鬥毆，李以八百金賄閔學道，誣以因公科斂，除名下府獄，欲斃之。賴太守曹璜營救得免，學道疽發背死。王一棟因發遣，間道至都，下伏鑕[④]。上書，敕下督撫，委户令張泗源鞫[⑤]，得實，置李於法，一棟等冤始白。

重修城樓碑記

（清）道光二十六年（1846 年）立石，撰者不詳。

碑現存三原縣馬額鄉鄧家村。碑石灰岩質，圓首、方額、座趺。通高 220 釐米，寬 76 釐米，厚 16 釐米。碑額篆書"皇清"二字，額文兩側浮雕二龍戲珠，碑身周邊陰刻幾何邊欄。碑文正書，六行，滿行 48 字。

據原碑録入。

［録文］

蓋聞建城必設樓者，所以衛人民也，亦所以助風氣。吾堡自前輩創修城垣以來，百三十年，城多倒塌，樓亦傾摧，咸欲補葺，獨力難成。有善士鄧學講等，經商蜀地，敬造緣簿，竭力募化，加以營運，積金數百有餘。爰於道光二十五年九月經始[⑥]，因舊制而更新之，於二十六年六月落成。南樓供魁星帝君，東樓供文昌帝君、福

① 鍰（huán）：古代衡名。這裏指資金。

② 崇正八年：即崇禎八年，1635 年。

③ 袤亘：縱長，横貫。

④ 鑕：古代腰斬用的墊座。

⑤ 鞫（jū）：審訊犯人。

⑥ 道光二十五年：1845 年。

禄財神，兩樓并峙，焕然改觀，將見佑我人文，庇我蒼生。城垣固而人民安，風氣盛而禮教興，固賴諸聖人德，实則皆一人之所助也。堡人以爲募化艱辛，欲名垂不朽，故刻志於右，并刊助緣姓名以貽久遠，其亦不没人善之意云爾。

里人邑庠生鄧一經書丹。

助緣人：翰林卓秉恬（現官太傅）捐銀六兩，候銓户部郎中張培捐銀二十四兩，進士湖南直隸郴州朱僵捐銀十六兩，候補兵馬司吏目賀維傑捐銀十二兩，山西崞縣知縣朱悦捐銀八兩，江西安福知縣朱惋捐銀八兩，威遠恩進士林指升捐銀五兩，候銓吏部主政黄登賢捐銀四兩，候補州右堂潘廷錫捐銀十二兩，監生寇禮端捐銀十兩，監生黄天谥捐銀二兩四分，監生劉恒予捐銀二兩四分，監生謝清捐銀六兩。生員劉瑗捐銀二兩四分，同春梘助銀十六兩，濟美灶助銀十六兩，源瀊井助銀十兩，豐亨梘助銀十六兩，利川灶助銀十六兩，劉釗助銀四兩，鴻門灶助銀四兩，恒生號助銀二兩四分，世德號助銀二兩，敬盛號助銀二兩，尚義號助銀二兩，新順號助銀一兩，益太號助銀一兩二分，奎聚號助銀一兩。生員朱墀助銀二兩，萬典廠助銀五兩，世太廠助銀二兩四分，全典號助銀二兩四分，曾和益助銀二兩四分，永豐號助銀二兩四分，萬順號助銀三兩二分，太順號助銀一兩二分，劉萬典助銀二兩四分，扶榮號助銀二兩四分，恒豐號助銀二兩四分，萬邦清助銀三兩二分，田學萬助銀二兩六錢。

首事人：安緒、鄧天福、魚在藻、鄧明春。

募化人鄧學講、劉吉募化銀五十兩，鄧世韜募化銀二十四兩。

督工人：鄧振安、劉和、鄧世魁、鄧士位、安紳、鄧世德、魚在藻、鄧成德、劉祥、鄧明倫、魚爾文、鄧啓隆、鄧玉康、鄧克恭、鄧士全、鄧克勉、魚振灃、鄧玉鳳、鄧啓泰、鄧世裕、鄧士寅、魚家麟、劉大榮。

木匠李度。

泥水匠李振基、許玉堂，土工惠澤玉、王發財。

畫匠姚克慎。

石工杜廣慶。

道光二十六年荷月榖旦閤堡公立。

禮泉縣（醴泉縣）

醴泉縣增築外（城）建立常市記[①]

（明）成化十一年（1475 年）陝西提學副使伍福撰。

原碑已佚。

碑文收於夾璋纂修：（嘉靖）《醴泉縣志》卷四，嘉靖十四年（1535 年）刻本。又收於（明）何景明：《雍大記》卷三十四，嘉靖刻本；蔣驥昌修，孫星衍纂：乾隆《醴泉縣志》卷十一《金石》，乾隆四十九年刻本；張道芷等修，曹驥觀等纂：民國《續修醴泉縣志稿》卷四《建置志·城郭附》節略録文，民國二十四年鉛印本。

録文以（嘉靖）《醴泉縣志》爲底本。

［録文］

醴泉，本漢谷口縣地。後魏置池陽護軍，尋改寧彝縣[②]。隋文帝時，以縣境有漢醴泉宫，故更寧彝曰醴泉，其城即古仲橋城也。歷代城制相因，廣狹無稽。元季兵興，守城宣武將軍河南等處行樞密院副樞王也速迭兒因舊修築土城[③]，纔周二里許。我朝太祖高皇帝削平僭亂[④]，洪武二年春，太傅徐公兵至，元將遁走，邑民歸附。是時草昧，干戈甫定，居人鮮少，縣治城埤皆踵前迹[⑤]，歷永樂抵今六朝，景運弘開，百有餘年，重熙累洽，天下四方養息日繁。是邑密

---

① （乾隆）《禮泉縣志》作“禮泉縣增築外建立常市碑”。

② 彝：民國《續修醴泉縣志稿》作“夷”。

③ 副樞王也速迭兒：（嘉靖）《雍大記》作“副樞密王也速迭兒”，（乾隆）《醴泉縣志》及民國《續修醴泉縣志稿》作“副也先速迭兒”。

④ 太祖高皇帝削平僭亂：（乾隆）《醴泉縣志》、民國《續修醴泉縣志稿》無。

⑤ 皆：（嘉靖）《雍大記》作“後”。

邇關輔，神皋奥區[①]，厥土夷曠，尤號富庶。城中民居殆不可容[②]，乃析城外，節比鱗次，四民生業，日增月益[③]。成化初，邊烽忽驚[④]，連歲用兵不息。邑當要衝，盗竊間作，居常靡寧。时山右大同撒俊来知縣事，深以爲患，速白巡撫陜西都堂項公，增築東西南三面城外[⑤]，北則循舊城[⑥]，阻小水河之險[⑦]。巡撫公然其言，俊遂量功[⑧]，命日具餱糧，平版幹，稱畚築，程土物，議遠邇，均力役，肇工於四年秋[⑨]，衆咸歡，趋事罔後，日往勞而督之。不數月，崇墉言言[⑩]，自址至堞二丈八尺有咫，址廣三丈[⑪]，環袤六里有奇，壕二十尺闊倍之[⑫]，四門皆以陶磚結甃，圜空設關鑰，旦啓夕閉，復屋門上以謹候望。是役慮不愆素敏以成功，大爲巡撫諸公旌賞。自是盗賊無竊發之警[⑬]，居民獲安土之休[⑭]，視舊城卑隘不侔矣。嗚呼，自古王公設險以固國，重門擊柝以待暴客。城池爲民社，計久矣。俊之此舉，捍寇難，衛人民，保障一方，信非厲民妄作者，可不知所重哉。爲政而不知所重，是宜民怨興也。稽之《春秋》，諸國爲城之役不一也，有譏其非時厲民者矣，有興攘夷狄能使民者矣[⑮]。以今觀之，俊能使其民樂於從役，有功是邑[⑯]，不負朝廷命吏之意，書法固

① 神皋：此爲肥沃的土地之意。奥區：指腹地、深處。

② 民居：（乾隆）《醴泉縣志》、民國《續修醴泉縣志稿》作“居民”。

③ 益：（乾隆）《醴泉縣志》、民國《續修醴泉縣志稿》作“盛”。

④ 驚：（乾隆）《醴泉縣志》、民國《續修醴泉縣志稿》作“警”。

⑤ 巡撫陜西都堂項公：（嘉靖）《雍大記》作“巡撫陜西都臺頂厶”。城外：（嘉靖）《雍大記》作“外城”，（乾隆）《醴泉縣志》民國《續修醴泉縣志稿》無“外”字。

⑥ 循：（乾隆）《禮泉縣志》、民國《續修醴泉縣志稿》作“修”。

⑦ 水：（嘉靖）《雍大記》作“小”。

⑧ 功：（乾隆）《醴泉縣志》、民國《續修醴泉縣志稿》作“工”。

⑨ 四年：成化四年，1468 年。

⑩ 言言：（乾隆）《醴泉縣志》、民國《續修醴泉縣志稿》作“岌岌”。

⑪ 址廣三丈：（嘉靖）《雍大記》作“址廣謹三丈”。

⑫ 二十尺：民國《續修醴泉縣志稿》作“深二丈”。

⑬ 警：民國《續修醴泉縣志稿》作“驚”。

⑭ 民：（乾隆）《醴泉縣志》民國《續修醴泉縣志稿》作“人”。安土：（嘉靖）《雍大記》作“按堵”。

⑮ 興攘夷狄：（乾隆）《醴泉縣志》、民國《續修醴泉縣志稿》作“與其安攘”。

⑯ 是：民國《續修醴泉縣志稿》作“斯”。

在所與抑。俊敬慎練達，興廢起墜尤多，不獨城也，又立爲常市，貿遷有無，以足民用，則一邑之民均蒙其惠。於是咸赴都堂陳公，告立勒石，已許而未建也。玆其九載秩盈，父老諸生具其迹業，恐歲遠無聞，相率請行臺[1]，懇祈一言，以壽諸石，予善其請，故摭其事而書之，以示悠久云。

時成化十一年歲次乙未夏六月癸未吉日撰[2]。

醴泉縣姚侯大工聿就碑[3]

（明）韓朝江撰，萬曆六年知縣姚烛大立碑。

原碑已佚。

碑文收於蔣騏昌修，孫星衍纂：（乾隆）《醴泉縣志》卷十一《金石》，乾隆四十九年（1784年）刻本。又收於張道芷、胡銘荃修，曹驥觀纂：民國《續修醴泉縣志稿》卷四《建置志・城郭》，民國二十四年（1935年）鉛印本。

録文以（乾隆）《醴泉縣志》爲底本。

［録文］

夫隆城浚隍，百爲振修，微特扞外患、備觀美，而實風氣之所裨也。醴，邊省區要，曩有内垣完固，士庶咸稱利之，不徒恃其保障已也。嘉靖間，主者惑於超躋之艱，盡爲墮棄地址，鬻爲民舍[4]，外垣雖存，殊狹矮他郡，圮頽甚夥，倏然有警[5]，何以禦之？而諸公宇亦漸各撓敝，歲屢用葺，苦民無休已時，迄今三十餘稔。士每垂羽雲霄[6]，敫豪日以告竭，孰非坐此，凡道出於斯者，罔不惜之。尹斯邑者，遞相懼其工作繁重，莫敢任事。甚有臺司允其赴陳，特札

---

① 請：（乾隆）《醴泉縣志》、民國《續修醴泉縣志稿》作"詣"。

② 成化十一年：1475年。（乾隆）《醴泉縣志》、民國《續修醴泉縣志稿》無此句。

③ 聿：書寫。

④ 鬻：民國《續修醴泉縣志稿》作"□"。

⑤ 警：民國《續修醴泉縣志稿》作"驚"。

⑥ 垂羽雲霄：喻仕途顯達。

畀理，土牒丏止[①]。萬曆甲戌夏[②]，邑侯姚公筮仕於醴，睹而嘆曰："嘻，來何暮，厥邑其蹇也乎，我將新之。"是時懿爲規模，較置於中，特以上命未逮焉。邑人悉喻公意，憾遘公晚，以勢不及大復内垣也，惟欣然候役公事耳。丙子秋[③]，巡撫陝西鈞陽董公駕守西陲，經閲斯土，面檄公繕之。符慰公懷，即怡然柄事，遷城左右十餘家，約官地而償之。遂絜其基址，均其人力，籌其衆費，寬其成期，民偕奮然争先，未盈期而事集矣。城崇廣咸倍昔，門始皆有樓，敵臺四十五座，每近門兩臺，胥裼之以磚，四隅獨峨然層起，因其所向而題之以匾，餘亦盡俾有亭，疏城水道九十有奇，陟道凡五。造火炮者十，居設門内，各重百斤。城南拱學，建魁星，祠閣衝霄，雋贊宏深，蓋緣其久蹈科第，冀返昌運，昉於公而義起者也[④]。其於環堞，更砌章飾，廟學公已先此而周旋之矣。嗣恢其縣治堂，易名曰"仰奭堂"。治外豎坊，名曰"三秦谷口"。徙鐘鼓於縣左，峻其臺而室之。諸府、司、院、行署舊極卑陋，公乃拓改燿奕。移唐太宗故祠於近郛[⑤]，息民遠祀之擾。演武場離向背學，嫌於武，尚文也，而易之正西。然殫精竭思，增有創無，宜所通變，靡往不周。至是外内焕然丕新，赫焉聳麗，景色殊異[⑥]，風氣淵含，驚目快心。父老杖策聚觀者，咸拊手嘆嗟，以爲今昔始此睹，何其完且美哉。醴其大有興乎，而往不足言矣。民歌之曰：姚城以千載之下，如或見公也。是役也，較諸所費，萬金不啻，而公上不取公，下不費民，於是罪應贖報輸縣庾者半，發於興作者半，何嘗外有所費，此工之所以告成若神也。夫來令醴者，歷代相承多矣，入遴名宦者，惟五人耳。求如今，舉盡不夷於公焉，而公之勳庸，疊著於斯，玆皆可以明臣節，翊國事，爲民造福，功在社稷，誠不偉歟？公名燭，字光

① 特札畀理，土牒丏止：畀，给予。丏，遮蔽。
② 萬曆甲戌：萬曆二年，1574 年。
③ 丙子：萬歷四年，1576 年。
④ 昉：起始、起源。
⑤ 郛：城圈外围的大城，即郭城。
⑥ 殊：民國《續修醴泉縣志稿》作"珠"。

旦，别號左峰，河南襄城人，以壁經舉乙卯鄉試[①]。其他異政種種，炳乎史册，卓哉盛矣，已昭口碑，不復并述。

姚侯修城大功落成碑

（明）萬曆七年教諭程子洛撰，司訓張應登書。

碑原立於縣學署前，今佚。

碑文收於張道芷、胡銘荃修，曹驥觀纂：民國《續修醴泉縣志稿》卷四《建置志・城郭》，民國二十四年（1935年）鉛印本。

[録文]

嘗考先王建邦設都，中立廟社宫室，外則設險以環圍之。非直壯一方形勢，而實所以重民事也。醴在漢爲谷口縣，後改襲無常，在隋始更今名，迄今因之。乃陝三輔腹背，肅、夏咽喉要地也。歲久浸湮，百務廢弛。宫室城郭止存舊址而已，識者嘆之。先是嘗貽臺司之憂，移檄畀理，而當事者難之，竟無成績。萬曆甲戌歲[②]，我邑侯姚君來知醴事。始至大懼，城池頽圮，垣墉無賴，慨然有興作心，以民不可遽使也。于是課農桑，均賦税，除奸猾，旌禮讓。越明年，境内大治，民知易使。既而繕城之檄又下，遂召父老進之曰："咨爾邑城，荒敝極矣。邦無是險，誰與爲守？甚非妥民意也。今與二三子鼎之，可乎？"衆咸唯唯稱快，莫不歡呼鼓舞于道，惟恐謀□不果也。于是星焉柄事，差日鳩工，廢舊益新，平板幹、程土物，壯者杵、少者負。百爾執事，并手偕作，工善吏勤，晨夜展力，僅五旬而大功遂就緒矣。詩咏靈臺，其有以夫，但見百雉言言，岩然天險，增其崇廣，砌以磚垛，其規模較昔殆倍焉。且考稽奇勝，肇造榭宇，四門始建層樓，而勒其名：東曰陽和，西曰永安，南北則又曰迎恩、永平。四隅俱置飛樓，隨其方位而題之。城門内各鑄大

---

① 乙卯：嘉靖三十四年，1555年。

② 萬曆甲戌：萬曆二年，1574年。

炮二，以耀武威。城南又置魁星樓，面臨芹泮學前[①]。遷民居數家，闢通衢直抵城下坊，名魁街，以疏暢文脉。然棟楹聳翠，金碧輝煌。臺閣掩映，樓櫓森列，皆前所未有也。我公爲醴民，慮不其詳且淵乎？至是外警不作，居民安堵，峻環而秀，泔帶而深，足垂億萬載不拔之休，而增重三秦之形勝者，在是矣。嗣是廟學更新，煒然改觀；縣治重恢，煥然壯麗，而諸公館，亦無不頓整章飾。至若築鐘樓，司晨昏之限；移漏澤，貽枯骨之安。演武場遷於西垌，文皇祠建於南郊，此又我公竭目勞心，新有創無次第，而理者皆有所取爾也，豈獨城哉。嘻，公之若役，爲民社計尚矣。而固成之速者，良有本焉。蓋緣我公清操大節，恩信孚於群黎渥矣，如辯馬生冤獄，察奸吏假票，皆其大者。而民之子來趨事，信有自乎。由是臺院褒之，藩臬褒之，軍門董、石二公咸褒之，僉曰：是真能父母斯民者也。由是耕者頌之，商賈頌之，爲士、爲大夫者悉頌之，僉曰：偉哉，我姚青天之懋績也，卓乎榮歟。公政之暇，携二三僚屬逍遥臺榭之間，第見民，欣欣相告曰：吾侯庶幾其暇豫歟。於是從之者如歸市，環輿後先，臨軒左右，宛然家人父子之相親也，其一體景象爲何如？嗚呼，世之居民，上享厚禄多矣。求如我公軫民利病，戚然於懷者，未一見焉。至於興作一節，尤人所難，求如我公，不日而集，國不費、民不擾者又邈乎無聞。猗與我公，真我明一代之循良，而爲千古之人豪哉。公諱燭，字光旦，左峰其别號也。河南古襄世家，爲時名彦，以壁經領乙卯鄉薦。曾祖諱修，石州訓。祖諱文，邳州訓，俱以明經遇時選拔。父翁諱汝稷，中辛卯亞魁，授山東高苑知縣，以清白傳家，實誕我公，天性純篤，具温恭愷悌之懿。其所設施，當必有銘鼎彝、垂汗青者，不直醴□朽云。是役也，起於乙亥二月[②]，終於三月。我公職

① 芹泮：語出《詩經·魯頌·泮水》"思樂泮水，薄采其芹"。泮水之邊有泮宫，爲魯國學宫，據説讀書人若中了秀才，要到孔廟祭拜，從大成門邊泮池中采芹菜插於帽上，才算得上真正的讀書人。後人以此指入學，或指考中秀才成爲縣學生員。

② 乙亥：萬曆三年，1575 年。

總督調，其縣簿則南陽越公民賢，縣典則沁州張公應鸞，協謀贊襄，咸與有勞。儒學司訓、鎮原張公應登，清水于公雲龍遘逢盛際，樂觀厥成。時閣學生員陳士新等感公德化宏功，欲勒以垂悠久。余叨末屬，顧寡昧，不能文，但幸覩公之功，樂公之志有成，而喜爲後人訓也，故勉爲之記。

重修醴泉縣城垣記

（清）乾隆十五年立，知縣官燿亮撰。

原碑已佚。

碑文收於蔣騏昌修，孫星衍纂：（乾隆）《醴泉縣志》卷十三《藝文》，乾隆四十九年（1784 年）刻本。又收於官燿亮修、陳我義：（乾隆）《醴泉縣續志》卷之下《續纂》，乾隆十六年（1751 年）刻 1940 年鈔本；張道芷、胡銘荃修，曹驥觀纂：民國《續修醴泉縣志稿》卷四《建置志・城郭》，民國二十四年（1935 年）鉛印本。

録文以（乾隆）《醴泉縣志》爲底本。

[録文]

伊古以來，凡有興作而不求民力者，世所罕觀[1]。故《春秋》謹之城郎城，向所由書也。若夫工程浩大，經費繁多，不惟不于民力求之，且適所以養之。且於其需養之時，而乳哺、而饜沃之，其恩之汪濊，爲何如矣。我皇上御極之十年，命少司農三公入關中，偕大中丞陳公，相州縣城垣之應修者，列爲等凡幾，醴泉縣等第三，固弗之亟也。十三年[2]，三輔饑，皇上發帑開倉賑蓋數十萬，大憲猶舉以工代賑之議，檄予領帑銀一萬三千一百餘兩，飭予視事，毋兹忽焉。予則相厥工程，其何以速底于成不怠，而俾兹災黎温飽。乃周環上下，視基傾土，泐磚薛暴[3]、木顛瓦裂，不可爲理。于是築其

① 觀：民國《續修醴泉縣志稿》作“覯”。

② 十三年：乾隆十三年，1748 年。

③ 泐磚薛暴：磚石開裂。薛：草名。指磚石開裂後附草暴露。

基，去其土之泐者，東以版。版毋許過三寸。以次乘之，高過於人用夯，其上用杵，每一版成，椎試之，入三四寸許。三閱月板成，命陶人摶埴甀瓬，建睥睨，長三百一十有六。雉垣之長，視之券正北、西北二城門。正北門擴其舊寬倍之，建五城門、城樓四，溜下飛甍畫棟[1]，寬三分。其四雉之長而度之，用一深，以雉夾窗，每十有三左右。副屋三隅，立罘罳[2]，制減于城樓三之二。東南隅罘罳號文昌，三重六阿。其北號奎星，復屋置更房十有五，俾守者夜栖。七閱月工胥成，歲亦尋熟。醴之民不諭在工者俱甦，余之事畢矣。夫城者，衛也，所以衛人之身也。常則望衡收族，無竊賊之虞；變則選壯登陴，有捍禦之效。皆聖天子之恩也。匪獨其身有衛，其心亦有衛焉。古曰衆志成城，此之謂也。仁者人也，心者郛也。孝慈有恭即垣墉，蓋瓦級磚宗桷也[3]。今聖天子憫爾災，奠爾生，并卑爾寧居。爾乃不遑幹止，入無子弟之修，外鮮醇謹之譽，無乃負恩乎？當余視事時，日夜干爾之城上，望城中之烟户，欲其同歸於善久矣。今之日君生之、天生之，爾之性自生之，交進于善，最易可虛，峙此崇墉之設，而不自善其所衛焉。雖然醴之人能自善其性者，則已多矣，余特因工之成申命焉。以見養且教之有專責云爾。

乾隆十五年十月朔記。[4]

知縣張鳳岐重修城工落成碑

（清）邑人宋伯魯撰并書，光緒十九年（1893 年）知縣張鳳岐立。

原碑已佚。

碑文收於張道芷、胡銘荃修，曹驥观纂：民國《续修醴泉縣志

---

① 甍：屋脊。

② 罘罳：古代設在宮門外或城角的屏，上有孔，形似網，用以守望和防禦。

③ 宗桷：宗，大木。桷，细木。

④ 乾隆十五年：1750 年。民國《續修醴泉縣志稿》無。

稿》卷四《建置志・城郭》，民國二十四年（1935 年）鉛印本。

［録文］

醴泉故城，創自元季。今城，明洪武徙治者也。成化間知縣撒俊、萬曆間知縣姚燭稍稍增築。國朝乾隆中，知縣事宫侯燿亮者，實因舊制恢擴之。城周凡九里三分，隍深二丈，樓櫓百物皆具。更歷五朝，傾陁相迭，花門之變[①]，賊薄地下，倉皇完葺，幸得不陷，豈人事哉，其天意乎。乃者大茀韜精，野無烽燧，暘雨應期，百姓勤本業，家給户足。招提、蘭若、淫祠之紛紜，賽會、香火、演劇無益之財費，窮麗極物，家則户率，而高墉成徑路，粉堞鞠茂草，民鮮戒虞。而上弛鎖鑰，非玩承平，蔽長竿乎。松滋熊公患焉，請諸大府，醵金於殷羡。自癸未二月經始[②]，迄於甲申秋[③]，工未半屬熊侯量移，事遂寢。婺源余公僅一載，未皇暇也。丙戌冬[④]，洛陽張侯來，以前貲不給，復取三鄉堡户等第而分任之。村寨八百，可任者五百餘，得緡錢一萬二千二十三貫五百十六；益之以雜儲，共得緡錢一萬四千七十貫七百十六。遴紳右分主四鎮歛納，建總局於城内，妙選忠練，司會計、督工匠，視前法加密焉。乃丈雉堵、考廣袤、經樠望、營睥睨，增構正北、西北兩戍樓，營房、炮臺、門闌諸所毁圮咸新之。始丁亥正月[⑤]，至戊子十二月[⑥]，再易寒暑，乃罷。凡水土之工十九，陶之工十三，木工、金工十二，丹漆又殺焉。先後用財共緍錢二萬九千四十八貫五百五十六，贏餘二百兩，以一分孳之商，歲取其子，而時其補苴。越四年，通州顧侯來，復增建炮臺二十六、警房十四，用緡錢七百一十三貫八百十三。而城工之事戳矣。夫醴泉控百二之衝，據形勝之地，屏蔽終南，負扆塞門，

---

① 花門之變：清同治年間回民起義。花門：山名，在居延海北三百里，唐初於此設堡寨，天寶時爲回紇所占，後因以“花門”指代回紇。

② 癸未：光緒九年，1883 年。

③ 甲申：光緒十年，1884 年。

④ 丙戌：光緒十二年，1886 年。

⑤ 丁亥：光緒十三年，1887 年。

⑥ 戊子：光緒十四年，1888 年。

道殽函驛，隴蜀關中有事，則四戰之區也。故圖度不豫，不足以應變；人力不舉，不可以談天。以三賢侯瀝精發慮，復遲至十五年之久而始蕆事，不可謂豫，不可謂舉乎。今我顧侯莅醴且五年，政簡刑清，民無菜色，方修明庠序，革簿從忠，錢鎛趙於厹伐，肺腑固於金湯，高深云乎哉。

奉文分修店張驛城垣記

（清）邑人張毓秀撰。

原碑已佚。

碑文收於張道芷、胡銘荃修，曹驥观纂：民國《续修醴泉縣志稿》卷十三《藝文二》，民國二十四年（1935 年）鉛印本。

［録文］

店張驛，茂陵所屬鎮也。居民繁庶，商賈雲集，行旅往來信宿於此，誠西北通衢。但歷年甚多，城垣半圮，城門無存。兼因兵燹以後，店舍房居剥落殆盡。今大兵西征，需餉甚急，轉運至此，去咸已遠，望醴尚遥，車輛馬匹，安紮無地，其患害非淺鮮也。現奉撫憲札，飭令興、醴、咸三縣合力共修。即差委員軍民李分府玉總理其成，秉公酌派，醴邑分修□百□十□丈并西城門樓一座。邑侯趙公元圃告諭閤邑商民，竭力捐助，使邑紳晁養性、羅清和、王文燿督工催辦。今已告竣，約費錢□千□百□十緡。兩月之間雄關屹立，雉堞鞏固，規模重整，氣象一新，洵一時盛事也。爰刻諸石，以垂不朽云。

禮泉縣大寒村東堡創修關帝廟記

（清）咸豐八年（1858 年）立。撰者不详。

碑石現存禮泉縣新鄉大寒村。碑石灰岩質，螭首，方額、方座，通高 141 釐米，寬 63 釐米，厚 17 釐米；座長 13 釐米，寬 68 釐米，高4釐米，碑額正書“皇清”2字。碑首浮雕二龍戲珠，碑身兩側飾綫刻菊花紋。碑文19行，滿行36字。

據原碑録入。

［録文］

昔聖人以神道設教，而廟宇始□，延及於今，無論通都大邑，即區區鄉村，所在皆有。原其故，所以妥神靈，亦所以補風氣也。我村向在東西路北，西距縣路百步之遥，因遭水災，城池傾圮，後移路南，距路三四十步。西靠縣路城北坎艮之際，地勢有歉，合堡人等，欲修一廟宇，以爲小補。苦無資財，付之長嘆而已。道光初年，有勞逢太之母許氏，頂神療病四方，男女信從，樂於施捨。合堡舍地半畝，創修大殿三間，中有關帝聖像，又有聖母三位。後又買地半畝，中修棬棚三間，左有藥王，右有馬王、牛王尊像，前修山門一間，黝堊丹刻，雖不甚工而廟貌巍巍，亦爲壯觀。第恐前有作者，後無述人，則風雨漂摇，何以歷久。又于廟内栽柏樹十數株，異日長大，可資補修之費。今功告竣，謹立石碑，以記事之始終，更將首事人名鎸於其右，庶此廟與此村并垂不朽云。

陳生泰募化銀三兩二錢，陳瑞、陳得典、陳懷、陳貴、高喻義。生員高惠吉撰并書。

衆弟子陳門郭氏等咸豐八年歲次戊午正月立①。

旬邑縣（三水縣）

創修城池記

（明）郡人李錦撰。

原碑已佚。

碑文收於林逢泰修，文倬天纂：（康熙）《三水縣志》卷之四

① 咸豐八年：1858年。

《藝文上》，康熙十六年（1677 年）刻本。又收於朱廷模、葛德新修，孫星衍纂：(乾隆)《三水縣志》卷三，據乾隆五十年（1785 年）刻本傳鈔本；姜桐岡修，郭四维纂：(同治)《三水縣志》卷之九，同治十一年（1872 年）刻本。

録文以（康熙）《三水縣志》爲底本。

［録文］

三水，古豳谷也。山環水繞，地形完美。周人基此以開王業，秦、漢、隋、唐皆爲近畿大邑。此蓋圖志之可考者也。有元至正十有八年[①]，移置淳化縣，始廢，明因之。成化丁酉[②]，居民思復故邑，上陳制下，仍立三水爲縣，從民便也。壇社、廟學、官署、廨舍悉如成邑，惟城池、門堞則歷十有餘祀，經兩尹而未及建焉。越丁未[③]，新樂馬侯奉命來知縣事，將期月[④]，紀綱粗布。重念城池爲保民之具，王政之所不廢，且知民可使而力可爲也。乃謀及有衆，相土度工，經劃財用，從事土木。壯者借其力，富者勸其財。工惟其巧，農適其閑，程以日計者若干，以工計者若干，泉以緡計者又若干。城之制周圍五里五分有奇，暨高三丈，闊減丈之尺。上樹以堞，城之下浚而爲壕，深丈有五尺。東西溪水，復依壕而注之。四面咸闢一門[⑤]，門之制以土爲胎，則甕以石；以木爲骨，則護以鐵，圖永固也。門之上各建一樓，表瞻望也。功始於成化丁未十月，迄於弘治戊申三月[⑥]。落成之日，官民胥慶[⑦]，巍然爲一邑之保障，真可以捍敵而禦侮矣。然是役也，地勢崇卑，率因舊址。戒事成功，悉仿周制。就利避害，咨謀僉同。及慰勞督勸、則盡公之力，而人不與焉。嗟，功成而民不勞，費裕而民

① 至正十八年：1358 年。
② 成化丁酉：成化十三年，1477 年。
③ 丁未：成化二十三年，1487 年。
④ 期月：一整月。
⑤ 一：(乾隆)《三水縣志》作“以”。
⑥ 弘治戊申：弘治元年，1488 年。
⑦ 胥：全，都。

不怨。侯之賢勞其至矣。今季春[①]，侯以築城之役，雖涉份内，而邑之新復亦當托之金石[②]，以昭示後人也。乃走書敝廬，丐文以記之。余惟昔孔子之作《春秋》也，一城垣之築必書於策，雖以勞民爲重，而下陽虎牢[③]，亦明其有不可不築者。蓋古者聖人之垂訓，必兼盛衰而立法，世不大同。官天下者，既不可得；家天下者，亦必以城郭溝池爲固。故世之欲禦患保民者，亦不可不以設險守國爲重務也。我國家以文運綏太平，百有餘年，申飭儆守而於城池之備，蓋惓惓焉。其亦古人保民致治之至圖也。今馬侯筮仕之初[④]，獨能以此爲務，亦可謂深知爲政之體矣，不亦可嘉乎。侯名宗仁，字本元，世爲新樂望族。祖諱謹，正統間，由監察御史累遷都憲，出撫河南，風裁著於天下，至今人慕之。然則侯之爲政，其亦有所自耶。或曰："馬侯之爲縣也未三載，引西溪之水通流縣城，人獲灌溉之利。完逋負之税[⑤]，致其復業，户有增羡之美。扶善刈强，興廢起墮。善政纍纍，下安而上獲，已膺旌勞之榮，是皆可紀者也，豈獨城池爲然哉?"余曰："墮淚之碑，循良之傳，事固各有專主也。余非隱人之善者，特不敢諛且濫焉。"或曰："唯。"遂書此爲《創修城池記》。

淳化縣

北關堡碑記

（明）賈克忠撰。

原碑已佚。

---

① 季春：春季的最後一個月，農曆三月。

② 復亦當：（乾隆）《三水縣志》作"當亦"。

③ 虎牢：古邑名。春秋鄭地。相傳周穆王獲虎爲柙畜於此，故名。城建在山上，形勢險要，爲軍事重鎮。

④ 筮仕：古人將出外做官，先占卦問吉凶。後稱初次做官。

⑤ 逋負：拖欠。

碑文收於張如錦纂修：(康熙)《淳化縣志》卷之八《藝文志·碑記》，康熙四十一年（1702年）刻本；又收於萬廷樹修、洪亮吉纂：(乾隆)《淳化縣志》卷二十三《金石》，乾隆四十九年（1784年）刻本。

録文以（康熙)《淳化縣志》爲底本。

[録文]

蓋聞大《易》垂守國之訓，《周官》嚴掌固之防，險阻之重，所從來遠矣。故清晏之時，猶必謹烽堠慎鈴柝[①]，况抱鼓數驚，可不墉壑以自固哉。七八年間，米師、青犢雲擾域中，郡邑之望風瓦解者，歲屢見告。豈必人無嬰城之志，士鮮奮臂之呼？良由平居不惜管蒯[②]，輒蹈渠丘之迹耳[③]。淳邑列萬壑中，守禦單弱，不啻黑子孤懸，所恃以捍衛者，非雉堞莫賴。幸遇東海趙侶鶴先生綰符兹土，甫下車，增卑倍薄，建闍樹柵，四壁屹然，有金城之固矣。公復切輔車脣齒之慮，屬官民而告之曰：内陴固而外無藩垣，爾民其何以自蔽？况北之險逾於南[④]，北之齒更繁於南，盍共矢乃力，以各垣一方。民信公之愛下以誠也，費之欲以衛吾財，勞之欲以休吾力，其何煩之敢憚。居民姚來用、姜士昌等相與率作，斂貲購地，是救是度，百堵俄興。就工於十有一月之七日，告成於正月二十有二日，三閱月而竣。所費九十六緡有奇，得之間架者十之八九，得之人工者十之二三。民樂於輸而速於成，非皆體公之心以爲心耶。是役也，不惟樹郭外之屏翰，并以壯内城之藩籬，公之德與帶礪而并永矣。余嘉其績而恐後人之忘所自也，於是乎記。

崇禎九年五月日。

---

① 柝：古代報更人敲擊的木梆。

② 管蒯：類似於粗布的織品。

③ 渠丘：復姓，以邑爲氏。其地在今山東膠縣西南。戰國時爲楚所滅。

④ 於：(乾隆)《淳化縣志》無。

長武縣

建長武縣治碑記

（明）知長武縣事鄖西梁道凝撰并立。

原碑已佚。

碑文收於沈錫榮修，王錫璋、魚獻珍纂：（宣統）《長武縣志》卷四，宣統二年（1910 年）刻本。

[**録文**]

嗟夫，邑之興廢顧有時哉？長武縣在商周時，爲豳壤地。漢置縣，名鶉觚。後魏改淺水、宜禄。宋仍其舊名。由金歷元裁改縣治。國朝之設宜禄驛，屬邠州，地當西、鳳、平、慶交會區。四鄙多山阻[①]，爲盜藪，居民患之。先時總督楊邃庵公親建，復會歲大祲，不果。嘉靖間，寇掠帑解，設邠涇兵憲以鎮之，尋裁革。環宜禄居，編民九里。去州治瘉遠，官艱征督，民難輸役。後乃移州二守駐扎，以分董之，九里徭役悉隸焉，民始稍稍稱便。第以官偏而勢難專制[②]，權分而事多掣肘，且一羊二牧，民亦告煩。萬曆辛巳[③]，撫臺萬安蕭公防秋固原，按院内江龔公巡歷關西道，宜禄九里民遮道訴，乞復縣治。二公停車久之，原相地形，詳察事勢，謂“縣允宜復也”。列疏以聞，命下復議，牒諸司府道，僉謀同，乃復旨。癸未春[④]，蒙上諭允，賜名長武。越三月，余以丁外艱，服闋謁選[⑤]，甫投牒銓部[⑥]，即疏名下，請以今官授之。時有關中客京師者愛余曰：“宜禄一鎮，甫爾議縣，矧饑饉之後，瘡痍未起，於兹奉檄而往，縣

① 四鄙：四境。

② 第：但；且。

③ 萬曆辛巳：萬曆九年，1581 年。

④ 癸未：萬曆十一年，1583 年。

⑤ 服闋：守父母喪三年期滿。謁選：官吏到銓部應選。

⑥ 銓部：即吏部。

治成與否，未可必即成，亦未可歲月計也。”余曰：“有是哉，天下事顧可諉乎哉[①]?”遂赴議部[②]，領新符，治裝入關，時夏六月也。莅任緩賦，期塞弊穴，逾兩月而民可使也。相時辨土，鳩工聚材，若縣治、學宫、壇廟、公署、城垣、倉舍等三十餘所工料之費，岑撫臺任邱李公、按臺祁陽陳公，發帑銀二千五百兩，隨值支用。各議請各配徒囚百餘名，協力修築，是以期年之内，民不勞而工作告成。兹縣敷政宣化所也，鼓樓、儀門、牧愛堂、六房科，仍分署廳之舊而式廓之，增建親民坊於鼓樓之外。坊之右旌善亭、左申明亭各一楹。儀門外，東則土地祠，西則監囚所，内則吏典公廨，在土地祠之後。牧愛堂東連官庫，西連幕廳儀仗所。復有思補堂，西則知縣宅，又西則典史宅。蓋止此輪涣美而體統，以尊纖悉圖，而規制具備。獄訟質成，征輸者趨赴，執役而事事者惟所止。經始於萬曆癸未之秋八月[③]，訖工於萬曆甲申之夏六月也[④]。嗟夫。此一邑也，昔奚以廢？今奚以興？竊意九里區區當孔道，星軺絡繹[⑤]，膏脂易竭，則體欲富之心，以副朝廷分職之意。使長武之興，千百祀如一日[⑥]，蓋不能不爲將來司牧者致望也。

明萬曆十二年甲申夏六月吉旦。知長武縣事、鄖西梁道凝撰。立石。

乾縣（乾州）

乾州修建城池四門記

（明）王楨撰。

---

① 諉：推諉。
② 議部：即禮部。
③ 萬曆癸未：萬曆十一年，1583年。
④ 萬曆甲申：萬曆十二年，1584年。
⑤ 星軺絡繹：朝廷的使官往來不斷。星軺，指使者的車子。
⑥ 祀：指年。

碑原立於東門月城亭內，已佚。

碑文收於續儉、田屏軒修，范紫東纂：民國《乾縣新志》卷十四《文徵志》，民國三十年（1941 年）鉛印本。

［録文］

乾州城者，唐之奉天城也。德宗用桑道茂之諫，高大其城，以備不虞。後鑾輿回長安，歷宋元迄今，城門□鮮，遂空其四隅。故其城大勢雖壯，中多磷蝕。門垣矮陋，隍覆夷壞[①]，使人有患盜捍衛之難。甲辰秋[②]，方伯杏里王公以路通邊衝[③]，防守其地，登城躡門，俯仰者久之，乃慨然嘆曰："城殘故矣。"《詩》曰："無俾城壞，無獨斯畏。"《易》曰："重門擊柝，以待暴客。"言城所當修備，須在預也。且門者城之喉，樓者門之冕也。修城宜自門始。乃諄屬官吏，計費度工，經猷拓創。使財出公帑，力借民隙。又曰："事無巨細，人存則舉。往往修之者，上侵下漁，費倍而效寡，無怪乎蠹深而城壞也。於是主守數易，付託實艱。"乙巳春[④]，適正庵李君來典郡，新政嚴明，凡所廢墜，毅然肩之。遂行城履隍，感嘆圮頹，曰："城荒至此，保障曷恃？一勞永逸之務，莫大於此。況動支有命，拓創有軌，誠不欲仍貫爲也。"用計費不足，償以贖金。恢廓台砌，崇壯樓楹。礪鍛磚石、木植器用，皆規劃排辦，特簡武功典史張大錫專董其役。撙溢均勞，獎勤黜惰，使人無玩意，工罔耗財。是役也，肇於北門。北門峻，乃移作西門，東南二門相繼新之。徹朽剜蝕，築虛植傾，疏淺浚壅，完齾隆痹[⑤]，匪棘匪紓，越三月而工遂成。遠而望之，樓櫓峻崇，城塹截如，偵邏有據，奸梗潛奪，真足以起壯大觀，聿新往勩者矣。然計之則費省，要之則工倍。所謂事無巨細，人存則舉也。夫乾之爲水，出城則甘，中多城苦，惟城

---

① 隍：無水的护城壕。

② 甲辰：永樂二十二年，1424 年。

③ 方伯：明清时对布政使的称呼。

④ 乙巳：洪熙元年，1425 年。

⑤ 齾（yà）：缺齿。比喻器物損缺。

北隅稍甘焉。人緣艱於汲飲，城益寂寞。州守李君又覽而嘆曰："水無地不足者，而固若此，卒有外警，關鎖扃閉，則乘障瞭陴之士，渴溪救哉。"遂卜穿數井，人人歡悦。兹工也，杏李王公倡之，正庵李君成之。董役以趨事者，典史張大錫也。且《春秋》之義，城築必書，時寮佐父老，因僉議刻珉，以紀實詔來，樹之東門月城亭焉。蓋以張城池大修之本也。或曰："城以域民，功莫爲逾。"孟子乃曰："固國不以山谷之險。"何也？龍塘子曰："蓋恐專恃夫地也。且非天則悖，非地不固，非人不守。故先王論治，内外本末，交飭具修。設險雖固，人心是輯。"故曰："地利不如人和也。"李君是舉，才裕於任大，功先於域民，政熙衆孚，動而弗擾，觀者稱績，聆者頌能，嘉美並彰，克守是著。吾固有嘉於正庵。且異後者之永嗣也。

龜城説（一）

（清）劉志芬撰。

碑文收於周銘旂纂修：（光緒）《乾州志稿·别録卷之二·文録》，光緒十年（1884 年）刻本；又收於續儉、田屏軒修，范紫東纂：民國《乾縣新志》卷十四《文徵志》，民國三十年（1941 年）鉛印本。

録文以（光緒）《乾州志稿》爲底本。

［録文］

乾城取象元武①，人知始自桑道茂，及叩其義而皆茫然也。按張衡《靈憲》云："蒼龍連蜷於左，白虎猛據於右，朱雀奮翼於前，靈龜圈眷於後。謂中宫軒轅之後也。"《石氏星經》："北方黑帝其精元武，爲七宿。斗爲龍蛇蟠結之象，牛，蛇象，女，龜象。虚危壁皆龜蛇蟠虬之象。司冬、司水、司北嶽、司北方、司介虫三百六十。"褚石農云："虚、危如龜，而螣蛇在虚危度之下，位西北，其

① 元武：當爲玄武，避清康熙玄燁諱，改玄爲元。

色玄，神有鱗甲，見武象焉，故謂之元武。宋真宗避祖諱，改爲真武。今世所奉真武像，實北方玄冥水神也。”二説雖微有不同，其爲水宿則一。蓋嘗以山川形勢論之，蜿蜒起伏，磅礴奔輳，鬱鬱葱葱，靈秀所鍾，乃有崇墉盤踞其中。此魏伯陽所謂“玄武龜蛇蟠虯相扶者也”。桑氏謂：“奉天有天子氣者”[①]，以此，俗以水星臺（元帝廟）爲龜蛇紐結之處，蓋其大略如此。司馬用衆篇，歷沛、歷氾，兼舍環龜，謂環陣如龜也。夫城者，國之藩；陣者，軍之垣。深溝固壘，利用禦寇，此城之象乎陣法也。北齊盧辨《大戴禮注》：“明堂九室，法龜文也。明堂圖，以茅蓋屋，上圓下方。”《禮統》云：“神龜之象，上圓法天，下方法地。”明堂，爲天子巡狩之堂。桑氏所謂高其垣堞，爲王者居，使可容萬乘者，蓋取乎此。此城之象乎明堂也。且奉天者何？奉乾陵也。陵位乎乾，而城即因乎陵。乾爲天，天生水，取其相生之義，亦所以培養王氣也。門有六何也？《雜阿含經》云：“有龜被野干（人名）所包，藏六而不出。”注謂：“首尾及四足凡六也。”《星經》：“天龜六星在尾南漢中，故城門象之。若夫望北向之雲山，嚴北門之鎖鑰。”則又六壬所謂[②]：壬起螣蛇，癸起玄龜，壬爲陽水，以螣蛇之雄配；癸爲陰水，以玄龜之雌配者也。桑氏之術亦奥矣乎。

龜城説（二）

民國史贊修。

文收於續儉、田屏軒修，范紫東纂：民國《乾縣新志》卷十四《文徵志》，民國三十年（1941 年）鉛印本。

---

① 桑氏：指桑道茂，唐時方士。大曆中游京師，善太一遁甲五行災異之説，據傳言事無不中。唐代宗時，待詔翰林。建中初，神策軍修奉天城，道茂請高其垣墻，大爲制度，德宗不之省。及朱泚之亂，帝倉卒出幸，至奉天，方思道茂之言。時道茂已卒，命祭之。

② 六壬：中國古代宫廷占術的一種。與太乙、遁甲合稱爲三式。壬通根於亥，亥屬於乾卦，乾卦爲八卦之首，其次亥爲水，爲萬物之源，用亥是突出“源”字，而奇門、太乙均參考六壬而來，因此六壬被稱爲三式之首。

[録文]

《易》有河圖洛書，宋邵康節言系龜形①。《書》云："昆命於元龜。"又曰："龜筮協從。"《詩》云："考卜唯王，宅是鎬京，唯龜正之，武王成之。"《禮》云："麟鳳龜龍，謂之四靈。"《中庸》云："見乎蓍龜。"説者謂桑道茂言有天子王氣，築龜形以鎮懾之。適德宗幸奉天，而暗應其奧術也。修觀一陰一陽之謂道，兩儀生四象，四象生八卦。乾位於西北，爲長安屏障。桑氏之學術，實本聖神相傳之靈機與正氣，有以發明之，而相度其地勢，計劃耳。德宗之幸，亦會逢其適焉。

永壽縣

新造城池記

（清）張焜撰。

原碑已佚。

碑文收於蔣基纂：（嘉慶）《永壽縣志餘》卷二《藝文》，嘉慶元年（1796 年）刻本。

[録文]

永壽縣，古豳國地。於秦爲内史，於漢爲右扶風，晋屬新平，後魏爲廣壽，後周爲永壽，而唐因之，宋屬醴州，元徙縣于麻亭鎮，屬乾州，而明又因之。自明末，闖逆煽焰，七肆焚掠，城郭傾頽向之。宰是邑者見無城可守，無社可憑，因結寨于虎頭山，與一二百姓聊以圖存。我皇清剪除群寇，蕩平中原。所在生靈，無不樂故土而登□，秖□獨我。永壽歷二十餘年來，尚未見有一成一旅之效。焜於康熙六年六月朔八日承乏兹土②，蹙然憫之，遂慨然有興復縣治之意。古人相其陰陽，觀其流泉。□虎頭山，論之磽薄福促，信不可一朝居也。且

① 邵康節：名雍，字堯夫，謚號康節。宋朝時著名卜士。

② 康熙六年：1667 年。

從來有城郭，然後有人民；有人民，然後有生理；有生理，然後有滋養；有滋養，然後有教訓；有教訓，然後成治化。以不毛不沃、無籓無箭之虎頭山，安可一日居哉？爰有貢生趙連熙、生員王業盛、蔣繼業、傅大任等，知余意而呈請捐造焉。余即日申詳各寶，遂蒙其請，具各捐助以爲士民。倡焜因笥□（谷）蕭然，俸資無幾，遂率僕歸，盡括家中所有。不足則貸於親朋，不足則變及産業，乃得三千金，攜至以助此工。於是感而願捐者，則有儒學訓導、任名世典、史傳斌醫、官胥慎英，貢生趙連熙、生員王業盛等上下同心，官民協力，乃相形勢而得吉土焉。虎巔峙於右，龍峰□於左，川源繞於前，烈山屏於後。四方崒嵂，中央坦□□若架上金盤之像。識者謂有旺氣在也，而其間之秀峰瑞嶂，如拱者、如抱者、如揖者、如列屏者、如布幾者、如環帶者，無不磊磊屹屹，争獻妍以貢媚焉。異哉，此地而忽開若是之生百乎。因嘆前人著眼之未及，而一旦□□草萊以城焉。嗚呼，此亦山水之遇也。夫方中既定，遂募土工，未嘗用本縣一民夫也。約費四千四百餘金，未嘗動朝廷一分文也。大西門一，小西門一，門皆西向者，取諸迎財源也。不開南北東門者，避凶砂也[①]。城樓石額題“金盤城”者，取諸像金盤也，亦金湯盤固之意也。城踞兩山之凹，取其藏粟也。墻立高坡之上，據險之意也。城僅寬三里者，取諸易守也。盡路通三邊，無事而爲有事之防也。孔道不於城中而於城外者，恐車馬往來，不欲擾民也。建城樓二、角樓四、窩鋪三十七、垛口九百一十二、墩台二十六，所以壯形勢，補固禦也。城内建縣官衙門，大堂一重，捲篷一重，各房科十二間；頭門三間，二門三間，賓館一重，土地祠一重，二堂一重，宅舍四重；厨房兩間，磨房三，書房一重，監房六間，倉厫二重；儒學宅舍二重，厨房二間，書房一間，馬房一間，驛馬、廄房五十二間，所以出治宜猶者在此，敷教善俗者在此。浴錢穀、理薄書、斷刑獄、接嘉賓、通皇華者，亦無不在此也。計城之興工也，

① 砂：疑“殺”之誤。

於康熙八年三月初八日[①]；城之落城也，於康熙九年六月二十七日[②]。督工勤敏者有趙君連熙、傅生大任、白生成衫、凌生雲鍾、生文炳，而其中視公事若私事，縣是若家事者，則王生業盛、蔣生繼業也。按是記以冗長未載，新志玆覆際之，猶想見當日締造之艱，經營之密，未叚記城内各公署，尤明補足□考據爰則訂而積登之。

重修城垣大堂安家橋記

（清）知縣劉大炳撰。

原碑已佚。

碑文收於鄭德樞修，趙奇齡纂：（光緒）《永壽縣志》卷九《藝文類·碑》，光緒十四年（1888 年）刻本。

［録文］

永壽爲古豳國，爰衆爰有，召康詠之。今以秦西片壤，又值兵燹旱荒之餘，財寡力單，莫此爲甚。官斯土者，正宜教稼穡重桑麻，以裕衣食之源而收富庶之效。奚暇興土木哉？然城以衛民，堂以臨民，橋以濟民，由此觀之，三者亦不爲無補。初，光緒七年辛巳秋七月[③]，署令記君佩，奉左爵相命補修斯城，未竟，卸事去。越明年壬午夏四月[④]，余下車承斯役，是年冬十一月告成。除挑運水土由防勇協力外，動帑銀伍千柒百柒十兩有奇。城成後二年，邑紳趙奇齡等謂："大堂者，聽政之所，民望繫焉。今頹壞數十稘矣[⑤]，如之何弗建？"余曰："然"。始事於甲申二月十三日[⑥]，竣事於四月，都用銀伍百兩有奇，顧保障崇矣，輪奐美矣。居者得所，如行者何？距城五十里之土橋，

① 康熙八年：1669 年。
② 康熙九年：1670 年。
③ 辛巳：光緒七年，1881 年。
④ 壬午：光緒八年，1882 年。
⑤ 稘：古同"期"，周年。
⑥ 甲申：光緒十年，1884 年。

爲關隴往來要道。九年秋[①]，陰雨連綿，土經衝刷，此橋一傾，行旅即難飛越。因與防營任鎮軍正時會勘捐修，去橋西十數武築之[②]。功起於構堂之後十二日，訖功略同。挑水運土仍資勇力，工作和雇弗勞里氓，約用銀叁百兩。三者既成，邑紳屬余爲文以記之。余思夫公劉之館豳也，其止基於此與否？志無明證。但見今日者，城踞山之北，非即陟則在巘乎[③]？堂面嶺之西，非即度其夕陽乎？橋跨邑之東南，以土填溝，以洞洩水，則又不必涉渭爲亂。居然皇過二澗之中分矣。繼至今，吾永邑人其惟重農桑、敦禮義。暇則完爾鎮堡，治爾田廬。徒杠輿梁，歲月毋弛。庶幾繁庶溥長，於以復《豳風・七月》之舊，而百廢從此俱興。此尤司牧者區區之願也。乃合而志之於石，俾後來者覽焉。

三　渭南市

臨渭區（渭南縣）

重修縣城記

（明）邑人薛騰蛟撰。

原碑已佚。

碑文收於岳冠華纂修：（雍正）《渭南縣志》卷十三《藝文志》，雍正十年（1732 年）刻本。又收於何耿繩修，姚景衡纂：（道光）《重輯渭南縣志》卷七《考・建制・城池》，道光九年（1829 年）刻本；嚴書麐修，焦聯甲纂：（光緒）《新續渭南縣志》卷十上《藝文志》，光緒十八年（1892 年）刻本。

録文以（雍正）《渭南縣志》爲底本。

---

① 九年：光緒九年，1883 年。

② 數武：武，量詞，古代六尺爲步，半步爲武，泛指脚步。數武，不遠處，没有多遠。

③ 巘（yǎn）：山頂，大山上的小山。

［録文］

嘉靖乙卯冬十二月壬寅[①]，地震。關河之間夷城以十數，渭南爲甚。明年，知縣李君希雒始創爲城。西北維舊址，東辟十丈，南辟十丈，北自涌泉以東辟四丈，厥基三丈，厥崇二丈七尺，爲臺門三、飛樓三。已乃議磚睥睨[②]，城敵臺，砌水道，會被徵，輟。嗣是以來十又五年[③]，不復增修，漸就頹圮，將無以禦侮，識者憂之。隆慶元年九月[④]，狄，殲石州，關中西北邊狄。於是巡撫都御史楊公巍乃始下令督修州縣城池，諭以禍福。會遷去，不果。明年，總督軍務侍郎王公崇古、巡撫都御史張公祉復申前議，下其事於兵備副使范公懋和，范公下府縣議，丈尺度高卑，揣厚薄，計工役，估財用。又逾年，厥有定程。知縣梁君許乃始布令鳩工[⑤]，用田賦，出夫萬人，立百夫長，百人隸之，以縣丞董道南、主簿郭賓興、典史梁選、教諭傳禄分督之，梁君統莅之。增高培薄，厥崇三丈，四面齊同，基廣四丈，顛廣二丈，磚之。增角樓四，敵臺十二，睥睨、水道悉以磚，其費取諸修城之版。闕塹一丈五尺，廣倍之，城垣周回七里三百二十四步。工始於隆慶三年八月[⑥]，訖於明年二月。薛騰蛟曰："城工之畢也。"梁君招河南按察使孫君一正、四川按察副使南君軒與余登焉，雄偉險固，屹然關中之巨防也。余三人咸歸功於梁君，梁君曰："始予之經營也，登城而望，見東南隅阜高於城且逼[⑦]，乃令取土於東南隅，城稍增於他處。又見西南隅亦有微阜，爲取平焉。守以人和，庶其永賴也。"夫梁君又曰："予顧見湭水且嚙城[⑧]，可築堤以衛之，不乃浚河使北注。"他日，百夫長張輔忠等請刻石記事。余爲記其梗概如此。

---

① 嘉靖乙卯：嘉靖三十四年，1555 年。

② 睥睨（pì nì）：古代城墻上的矮墻。

③ 又：（光緒）《新修渭南縣志》作"有"。

④ 隆慶元年：1567 年。

⑤ 鳩工：聚集工匠之意。

⑥ 隆慶三年：1569 年。

⑦ 阜：本義土山，這裏指山。

⑧ 嚙（niè）：侵蝕。

華州區（華州）

重修州城記

（明）楊孟芳撰。

原碑已佚。

碑文收於李可久等修，張光孝纂：（隆慶）《華州志》卷之四《建置志》，光緒八年（1882年）合刻華州志本。

［録文］

嘉靖乙卯冬抄[①]，關中地震，華郡城垣盡塌，疆域一荒墟矣。行部者馳疏上聞，且速郡邑長吏。越明年春，當考績天下庶官時，泰谷朱公尹新蔡，治行卓越。太宰即簡擢吾華太守，用賢以圖治也。公遄抵華，會上官催促築城。攝郡者追呼役，逃移者已過半矣。公悚然憂惻曰："民病未蘇，饟餽耗乏，可興是大工乎？以致遺民顛憊播越[②]，城成將誰守乎？"亟布檄招撫曰："嗟嗟流民爾，盍來歸乎哉？復爾業，力爾田，予即停爾役，賑爾食，請蠲爾徭税。"聞者感泣，相携以還。公遂因貌飭形發倉，庚勸富室，區畫大賑，吊隱解鬱[③]，轉爲熙祥，和氣絪釀，禾黍漸登，呻吟者息，紛擾者定，翕然有生意矣[④]。公召耆民而諭之曰："聖王聯属四海，設險守國，其城垣修築之役，予豈敢後？"庶民唯命丕作。遴省祭官有行者數人曰[⑤]："爾董役城役循舊，毋逼我民力，毋傷我民田，毋威毋私，以罹汝

① 嘉靖乙卯：嘉靖三十四年，1555年。抄：應爲"杪"，末端。

② 播越：流亡不定。

③ 解鬱：解除憂患。

④ 翕然：安寧、和順。安定的樣子。

⑤ 省祭官：即"省察官"，祭，古"察"字。省察官的職能即"糾察""督察"，與現在的執法監察類的官員相似。明代多設在州縣。

咎。”進祝幣于城隍[①]，神曰：“相力祐民，惟神之庥[②]。”經始於七月吉日，凡所需費咸出計，惜民弗與焉。公乃布德宣惠，明正學，恤窮獨，蘇里甲，减徭均賦。崇德表節，祈禱雨暘，應如影響，且索復經糧及本色花布，或請於上，或酌於己，斡旋利病。凡可以厚民生者，默運博思[③]，不遑食寢[④]。民大悦，曰：“明府興仁人，真父母也，吾輩得以更生再造。奠我鄉井，綏我父老，活我子孫，延我宗祀，蒙受惠賜，何既敢不效力，以報上哉。”於是荷鍤執畚，輻輳子來，且咏來暮之歌，以忘其勞。至十月告成焉。臺隍高深，樓櫓咸備，比舊益固麗矣。四方老稚，觀者如堵，嚴若華嶽之具瞻，福星之在垣也。僉謂余曰：“昔周人築臺速成，民謂臺曰‘靈臺’。文彦博築城構亭[⑤]，民名曰‘潞公軒’。于今頌慕無斁[⑥]，固皆以德也。吾明府宏濟大艱，德被于民，而自成功如此，城謂之‘靈城’可也，謂之‘朱公城’亦可也。吾叟大書于石，永記盛德。”余曰：“俞哉黨人，公言允可書也，因言知心，古人之真心也。古之盛時，上下相愛，治化熙皡[⑦]，不過以心感通而已。兹我朱公一德，潛孚子民[⑧]。而吾黨之民即欲樹功昭德，無忘于公。謂非上下相愛，異世相感之輿情乎？方今君相聖明，使布列守令於郡邑者，簡注循良如我公，則在下亦皆如吾黨之民矣。同體一心，太和無間，其去唐虞之治，又何遠哉。”公名茹，字以彙，蜀瀘大姓，登癸丑進士，泰谷其别號云。公輔器也，柄用顯施[⑨]，日大而隆，參贊化育，名光竹帛亦由是基之。余遂次其梗概，樂道以昭後世，匪直慰今日之民望也。

---

① 祝幣：祭祀時用作祭品的玉帛。

② 庥：庇蔭，保護。

③ 默運：暗中運行。

④ 不遑食寢：没有時間吃飯。形容工作緊張、辛勤。

⑤ 文彦博（1006—1097 年）：字寬夫，號伊叟，汾州介休（今山西介休）人。北宋著名政治家、書法家。天聖五年（1027 年）進士，历仕仁、英、神、哲四朝，官至同平章事（宰相）。

⑥ 無斁：不厭惡，不厭倦。

⑦ 熙皡：和樂；怡然自得。

⑧ 潛孚：暗中信服。

⑨ 柄用：被信任而掌權。

其城制延亘高闊，四門名扁，贊佐寮屬名氏，法得書於碑陰。

富平縣

重修富平縣城記

（清）曹玉珂撰。

原碑已佚。

碑文收於吴六鼇修，胡文銓纂：（乾隆）《富平縣志》卷之八《藝文志》，乾隆四十三年（1778年）刻本；又收入樊增祥、劉琨修，田兆岐纂：（光緒）《富平縣志稿》卷二《建置志・城池附碑文》，光緒十七年（1891年）刻本，有删節。

録文以（乾隆）《富平縣志》爲底本。

［録文］

富平，古雍州地，周屬畿内。按《雍志》曰：迤山直北曰頻山。秦厲公於山陽置頻陽縣，漢高帝於頻陽分置懷德縣，皆屬左輔晋，即懷德故城，改爲富平。富平之名始此。開元間徙富平于義城，今名舊縣者。元至正之亂，邑令張君思道移窑橋寨。據險，明因以爲邑。邑城始於思道，削阜加堞，因阜形不能廣爲，方止三里許。嘉靖中，縣令胡公志夔始陴以磚。關中諸邑，城小而高且固，莫富平若。順治庚子秋[①]，余分符是土。壬寅八月[②]，霪雨如注，旬有六日。會省郡邑及村堡民舍盡圮，而是城没於隍若干丈[③]。余灼於衷，不欲徵役百姓，先捐俸若干兩，紳衿輸貲隨其力，民之尚義者咸以貲助。於是鳩工，肇於壬寅九月，迄於癸卯四月工竣[④]。取甎於陶，

① 順治庚子：順治十七年，1660年。

② 壬寅：康熙元年，1662年。

③ 隍：无水的城壕。

④ 癸卯：康熙二年，1663年。

取灰於石，雉堞櫓樓[①]，咸增其飾。余巡而睇之，仰而嘆曰："昔讀書，見孔子稱季路之宰蒲，曰'忠信而寬'。子貢問之，孔子答以'墻堞完固'。又見宋天使稱萍鄉張令，以爲城郭修葺，張忠定遂薦於朝，心每易之，以爲一睥睨完好耳，奚足煩聖人之美與賢，臣之薦耶。今令是土，爲是事，始知古人之不可及，而初之易焉者之非也。"是時天子軫念殘黎，靳其勞役，各上臺興作自任，不欲氓肆[②]。余仰體聖主大臣之意，兢兢然敢自曰，頻陽之城以頻陽之力爲之耶。惟是分所當爲者竭力以爲，罔限於期[③]，罔計其艱，乃賴紳衿諸民之勇於義輸厥貲，救然陑然[④]。余朝夕躬督，勵勤懲怠，□諭身勸，以一日而集數日之工，不數月，遂以竣事[⑤]。詎謂才可使無徵役百姓哉。李于鱗有言，長吏過自好，欲無受勞民名，又不者，如匪行邁謀[⑥]，與衆爲政，如此必使城自地出然後可。余止賴諸公之勇於義，躬自勤督，罔限罔計而城自地成。若從地出保障哉。百姓忽自有之焉。季路之於蒲，張令之於萍鄉，天時人事不知與今何如？邈哉，古人之不可及也。雖然城之不城令責也，城之成云令勩哉[⑦]。鄉紳諸公與衿庶之勇於義者，不可以不記。

大荔縣（同州府）

重修同州府城記

（清）熊兆麟撰。

---

① 雉堞（zhì dié）：城墻上的矮墻，内側叫宇墻或是女墻，外側叫垛墻或雉堞。

② 氓（méng）：田民，農民之意。肆，勞苦。"不欲氓肆"即不使百姓勞苦之意。

③ 罔：無，没有。

④ 捄：同"救"，救濟的意思。

⑤ 竣事：（光緒）《富平縣志稿》作"告竣"。

⑥ 如匪行邁謀：語出《詩經・小旻》："如匪行邁謀，是用不得於道。"原意是謀劃遠行的計策，真到了路上却不靈驗。

⑦ 勩（yì）：勞苦。

原碑已佚。

碑文收於熊兆麟等纂修：(道光)《大荔縣志·足徵録》卷二《文徵》，道光三十年（1850年）刻本；又收於李恩繼、文廉修，蔣湘南纂：(咸豐)《同州府志·附同州府志文徵録卷中》，咸豐二年(1852年) 刻本。

録文以（道光)《大荔縣志·足徵録》爲底本。

[録文]

同之有城，自漢建安中移臨晋縣治始，府縣志以爲古大荔戎城者，非也。漢以後代爲重鎮，其城之壯闊可知。明嘉靖中縮而小之，至今代未改，然周遭尚七里六分。自乾隆五十一年修後[1]，閲五十年漸圮，未之治。於是知府吉公年、知縣常君瀚倡議捐修，工甫半，而府縣官皆去。兆麟適由鳳翔調任，來踵辨其事。迄工成[2]，乃叙其顛末，俾鎸諸石，兆麟嘗恭讀。乾隆二十八年七月，上諭各省督撫，嗣後將所屬城垣細加查勘，如稍有坍卸，隨時按例保固。仍于每歲年底，繕摺匯奏，仰見純皇，帝慎固封守，以城衛民之至意。況同郡控河山之會，密秦晋之交，論形勝者稱爲關中襟要，志地利者標爲神明奥區，使覘其城而先已有莒之惡[3]，何以壯天府稱守土者歟。國家聖聖相承，官方澄叙[4]，二百年來休養生息，省力役而長子孫，敬公之吏，好義之民，輻輳呼吸，父倡子來。以故不費庫錢，不憚勞瘁，富人良子奔趨恐後，豈有海王命龜之智哉[5]。此固守土之官所當揚抆而鼓舞之者也[6]。工始於道光二十一年閏三月初十日[7]，竣於二十七年四月二十六日。費白金六萬二千八百有奇，築城長一千三

---

① 乾隆五十一年：1786年。

② 工：(咸豐)《同州府志》作“功”。

③ 奥區：腹地，深處。覘（chān）：窺探，偵察。莒：周代諸侯國名，在今山東省莒縣一帶。齊桓公爲公子時，曾到莒國避難，留下“勿忘在莒”的典故，這裏比喻不能忘本。

④ 澄叙：清理整飭之意。

⑤ 海王命龜：命龜，古人占凶吉，必將所卜之事告卜人以龜占之，稱爲命龜。亦泛指灼龜問卜。海王命龜是一種卦象。

⑥ 揚抆：揚抑，褒貶，評説之意。

⑦ 道光二十一年：1841年。

百六十八丈，高三丈五尺，基寬二丈八尺，頂寬一丈八尺。爲炮臺者四十有八，爲門台者六，爲月城台者六，爲城樓月城樓者十有二。東南角奎星樓一[①]，西北角文昌閣一，排墻、宇墻各一[②]，女墻三千一十有六。上城馬道六，披水道六十有二。栅欄門樓一，南城頂龍門一。凡捐輸紳士各爲詳請，議叙有差。

朝邑縣

朝邑縣大慶關創建戍城記

（明）韓邦奇撰[③]。

原碑已佚。

碑文收於韓邦奇：《苑落集》卷三，清鈔本。

［録文］

大慶關新城既成，周圍一千二百步，高二丈五尺，厚下三丈，頂二丈。關士耆老介園子生趙子瓘來問記。夫集事非難，得才爲難，才得而事舉矣。負才者多知要者，鮮才而不知其要，則事□矣。故曰人存則政舉，言得才也。所惡于智者，爲其鑿言不知要也。廣陵之盗，人莫能治，天下以爲難，張綱一至而平之[④]。鯀之才，雖虞廷諸臣亦皆推讓，而卒汨陳其五行，是豈才之不足哉。易曰易簡，而天下之理得矣。然則治平之道易簡而已矣。易簡者，才而知要之謂也。甲辰歸正人數言北敵欲擁衆下平陽，掠蒲阪，渡河西，入關内，人情汹汹。大中丞北村路公相山川，察形勢，謂夏陽以北兩崖山險，

---

① 奎星樓：即“魁星樓”，魁星是漢族神話傳説中主宰文章興衰的神，在儒士學子心目中，魁星具有至高無上的地位。讀書人在魁星樓拜魁星，祈求在科舉中榜上有名。

② 宇墻：城墻顶内側的矮墻叫宇墻。

③ 韓邦奇（1479—1556年）：字汝節，號苑洛，陝西朝邑（今陝西大荔縣朝邑镇）人。正德三年（1508年）進士，官吏部員外郎，嘉靖二十九年（1550年），以南京兵部尚书致仕。

④ 張綱（108—143年）：字文紀，東漢犍爲郡武陽（今四川眉山市彭山縣）人，漢留侯張良七世孫。

敵不能渡。南至潼關，曠然平地，而朝邑大慶關其衝也，謀築城以成之，且慮工大難舉，非得人不足以圖成。察庶僚，惟吾郡二守朱公也，委重馬公至，甫一月西北二工告成，余問諸民，曰功大而□民其苦矣，民曰無苦也，朱使君平易近人，不作刑威，順衆情，布公道，典士庶，父老圖謀議，用人若已，惟善之從。疏食之餘，躬親勸閱，故民忘其勞焉。若公者可謂達易簡之理矣。彼悻悻呶呶者，舞機變，眩智能，中藏私匿，毒痛生民，何益哉。余家食來，既病且懶，未嘗出里門，聞公善而私往觀之，公聞之邀余入坐，曰淳哉朝邑之民，數千人一呼而至，無脱役，無惰工，官不勞而功速成。余駭然而驚，愴然而嘆曰："吾入仕來幾四十年，凡莅乎民者，皆苦民之難治而怨忿之，而公獨歸德於民焉。"異哉斯言，鬼神聽之，予出而問諸士，何朱公之不凶民也，士曰先儒有言，無求取於人，則不尤人，宜公之歸德於民也，公其達易簡矣乎。既而工皆告成，士民又曰，料丁夫，公僉派，先後勞來以□民和，則二尹王君相成之力也，終始給事則本關巡檢黄鑑、高陵典史耿臣，余曰皆實録也。遂書以爲記，朱公諱光霽，句容人；王君諱戟，觀城人。

郃陽縣

修磚城記[①]

(明）韓邦奇撰。

原碑已佚。

碑文收於孫景烈、孟揚撰，席奉乾修：(乾隆)《郃陽縣志》卷之一《建置第二》，乾隆三十四年（1769 年）刻本。又收於李恩繼、文廉修，蔣湘南纂：(咸豐)《同州府志・附同州府志文徵録》卷

① 郃陽縣兩方修城碑記，一爲明韓邦奇撰《修磚城記》，一爲明康姬鼎撰《陳侯修城記》，原碑均佚，該碑記保存於（乾隆)《郃陽縣志・建置志》中，爲删節本，(咸豐)《同州府志》修纂時過録，因此，碑記原貌已無從查考。

中，咸豐二年（1852年）刻本。

録文以（乾隆）《郃陽縣志》爲底本。

［録文］

郃陽故城[①]，故女墻土[②]，歲修歲損，或妨稼穡[③]，民苦之，閲視使者至，則飾以灰，而使者又不時至，日圮。王侯易以磚城，故有損薄者增築之，始堅而可守。郃陽古形勝地也，被山帶河，環以深塹，得人以守，雖數萬之衆環攻歲月，亦末如之何也。《書》曰："申畫郊圻[④]，慎固封守[⑤]，以康四海。"是豈泛然興作已乎。

陳侯修城記

（明）康姬鼎撰。

原碑已佚。

碑文收於孫景烈、孟揚撰，席奉乾修：（乾隆）《郃陽縣志》卷之一《建置第二》，清乾隆三十四年（1769年）刻本；又收於李恩繼、文廉修，蔣湘南纂：（咸豐）《同州府志·附同州府志文徵録》卷中，清咸豐二年（1852年）刻本。

録文以（乾隆）《郃陽縣志》爲底本。

［録文］

晋陽陳公莅郃，值流賊嘯聚，毒此一方民。公却之，民幸獲安堵[⑥]。公更登城巡視，見其圮壞，慨然嘆曰："誰實作民父母，坐視城墉之墮如此耶?"乃更修之，崇五尺規模。雄峙居然，一方保障矣。

---

① 郃陽：古地名。今陝西省合陽縣。
② 女墻：城墻上的矮墻，也稱"女兒墻"。
③ 稼穡：農事的總稱。春耕爲稼，秋收爲穡，即播種與收穫，泛指農業勞動。
④ 郊圻：都邑的疆界；邊境。
⑤ 慎固封守：謹慎堅固封疆之守備。
⑥ 安堵：安定；安居。

韓城縣

重修東門記

(明) 左懋第撰[①]。

原碑已佚。

碑文收於傅應奎修，錢坫等纂：(乾隆)《韓城縣志》卷十一《藝文·記頌》，乾隆四十九年（1784 年）刻本；又收於李恩繼、文廉修，蔣湘南纂：(咸豐)《同州府志·附同州府志文徵録》卷下，咸豐二年（1852 年）刻本。

録文以（乾隆）《韓城縣志》爲底本。

[録文]

憶流賊發難，自萬曆乙卯歲始[②]，嗣後間一入寇。至崇正三年春正月[③]，大肆猖獗，控弦馳馬約千數，直抵韓城下，以預備之嚴，韓得無恙。仗督糧道共借兵，王兵創之，殘除鼠竄，歷四年、五年，毒蔓日滋，無月不報驚[④]，韓民其旰食乎[⑤]。維時城矮堞頹[⑥]，不堪保障。前任諸明公奉兩院明文，酌之鄉士大夫，變易空閑餘地，供繕城之需，而役未終。是年冬，余莅兹土。目擊東、西門之朽敝，韓之憂尚未歇也，且東門生氣所發，關繫縣風運，更宜崇隆[⑦]。于是鳩工庀材，擴舊制而增之高，不三月而竣其事，庶幾扃固鑰嚴[⑧]，可保萬世無恐云。

---

① 左懋第（1601—1645 年）：字仲及，號蘿石，山東萊陽縣（今山東萊陽市）人。崇禎四年（1631 年）中進士，任陝西韓城縣令。

② 萬曆乙卯：萬曆四十三年，1615 年。

③ 崇正三年：崇禎三年，1630 年。

④ 驚：(咸豐)《同州府志》作“警”。

⑤ 旰（gàn）：天色晚之意。

⑥ 維時：斯時；當時。

⑦ 崇隆：亦作“崇巃”。高，高起。

⑧ 扃（jiǒng）：門閂之意。

新西城門樓記[1]

（明）左懋第撰。

原碑已佚。

碑文收於傅應奎修，錢坫等纂：（乾隆）《韓城縣志》卷十一《藝文·記頌》，乾隆四十九年（1784年）刻本；又收於李恩繼、文廉修，蔣湘南纂：（咸豐）《同州府志·附同州府志文徵録》卷下，咸豐二年（1852年）刻本。

録文以（乾隆）《韓城縣志》爲底本。

［録文］

崇正五年壬申冬十有一月[2]，懋第爲韓城令。《大雅》中，溥彼韓者如見焉。登其城，東帶河，南望華山，北望大禹導河積石所至，西望之土，人指巍屼者象山，又南梁山也。《詩》所謂“奕奕梁山，維禹甸之”者耶？癸酉春三月[3]，薦紳先生請新其門，經費一出，逞議所就，民不知亦不勞。令秋八月，成樓屹如。余慨然而嘆曰[4]：“欷韓之民，當禹鑿大山出黄河水，民履倬道厥。”後韓侯治[5]，茲頌韓奕之詩，衿佩風流，想見其人樂，只君子也。後數千百年間，登斯門者，吏不一民，苦樂萬狀。數年間，寇蹂躪民，大可懷會。余來望禹甸，思三代大夫、士與漢循吏，所以治其民者而不得。門暨樓成，父老請更名，因以“望甸”名焉。

修城疏

（清）薛國觀撰。

---

① 新：（咸豐）《同州府志》作“親”。

② 崇正五年：崇禎五年，1632年。

③ 癸酉：崇禎六年，1633年。

④ 曰：（咸豐）《同州府志》無。

⑤ 侯：（咸豐）《同州府志》作“候”，誤。

文收於康行僴、康乃心纂：（康熙）《韓城縣續志》卷之八，康熙四十二年（1703年）刻本。又收於清傅應奎修，錢坫等纂：（乾隆）《韓城縣志》卷九《藝文・奏疏》，乾隆四十九年（1784年）刻本。

録文以（康熙）《韓城縣續志》爲底本。

［録文］

臣邑韓城，古韓侯受封地也。其埶濅水南，纒龍門，北拱黄河，東帶梁奕，西襟中，僅彈丸一土，城周圍四里許，往不俱悉。自嘉靖年間重修，甎石錯雜，城垛土垣仍初，歷年既久，雉堞傾頽。自崇禎三年大寇攻圍之後[①]，地方官紳凛於寇患，乃始議修城，錢糧無出，一時衆議僉同[②]，申請上官議賣城中空閑官地，共得價近四千兩。官紳士民分督管理，庀材鳩工。磚砌四門四城樓，周圍增高三丈許。外面磚砌三尺之上，又共甎砌垛一千四百餘堵，三尺之下，仍舊土墻，其形頗足自固，錢糧用盡，而工止矣。後又兩經大寇，四鄉焚殺，而闔城之内保全者，修城之功居多也。間遇大雨連綿，下土濕軟，上磚頭重，每有壓倒，時費補修。該前任知縣陳箴與衆鄉官謂，倒修不時，殊非常計。因議通行磚砌，約估止再費萬金，乃設處工資。尤爲數年荒寇，鄉民流亡，不敢概加地畝，不敢空役民力。止議照城中見在見任鄉官及鄉官之後，并大家富室，查照糧石力量，并各官階，某一家先捐銀若干，再議將城中房店、院基、門面分别三等，上等仍泒見任見在鄉官及鄉官之後，與大家富室每住房、店房、門面一間，再捐銀若干。至中人之家，議作兩等量行，咸輸萬金，似亦易辧。奈人情遇難可責慕義事，平率多吝惜，更以勢力掣肘，議論參差，而城工於是乎不果。今邊腹多事，綢繆陰雨，至不可遲。誰無身家性命，苟能合衆力以成城，則金湯鞏固[③]，永無

① 崇禎：（乾隆）《韓城縣志》作“崇正”。崇禎三年，1630年。

② 佥同：一致赞同。

③ 金湯：形容城池险固。

他虞，甚無惜小費而忘遠圖也。矧前工業已幾半[1]，因之較省，廢之可惜。近見直省修城，各分修尺丈，不必議捐銀兩者，亦可仿而行之也。臣官階叨冒過分[2]，家業有薄田三頃，任地方官作何議泒，斷不敢稱苦稱難，稍後於人。伏祈敕下該撫按從公酌議，泒修完工，毋累鄉村小民，縣治幸甚。

重修城垣四門樓鋪舍記

（清）孫龍竹撰。

原碑存佚情况不詳。

碑文收於傅應奎修，錢坫纂：（乾隆）《韓城縣志》卷十三《藝文・碑記》，乾隆四十九年（1784 年）刻本；又收於李恩繼、文廉修，蔣湘南纂：（咸豐）《同州府志・附同州府志文徵録》卷下，咸豐二年（1852 年）刻本。

録文以（乾隆）《韓城縣志》爲底本。

［録文］

《易》曰："王公設險，以守其國。"此鑿池築城所繇來[3]，而後世言地脉者，亦遑遑及之。自昔郡邑之興，星羅棋布，司其治者，耑在長吏[4]。苟得其人則拊循之[5]，澤及於斯民，於以修舉廢墜，而人文風氣蒸蒸日上，有不知其所以然者，蓋理之所在，數亦從之也。韓之城其即燕師所完者乎？周室剖封，閱歷凡几。至明季，相國薛公率邑紳出金錢砌以磚，經今百十年間，不無破壞，而門樓鋪舍，風雨漂摇，亦多傾圮。邑侯劉老夫子甫下車，釐剔弊端，罷里長徭役，盡革相沿陋規，清以自持，勤以自勖，公庭讞訊，風行雷動，

① 矧（shěn）：况且。
② 叨冒：贪婪；贪图。
③ 繇：古同"由"。
④ 耑：同"端"。
⑤ 拊循（fǔ xún）：亦作"拊巡"。安撫；撫慰。

頃刻可了數十紙，如龐士元故事[①]。越數月，政通人和，乃議重修城垣及城上樓舍、水槽。公先捐貲爲倡，其餘貲輸之民，而不强之民，民亦樂輸焉。又念東門樓文星所居，更高大之。北門樓，向來卑隘腐朽益甚[②]，拆修一新，愈壯闊之。費不給者，夫子悉解囊錢，無倦色焉。始於戊申冬[③]，竣於己酉夏[④]。飛甍焕彩，雉堞連雲，壯哉崇墉[⑤]，稱維新矣。先是，丙午秋榜無人[⑥]，夫子修城後，顧而樂之，數語紳士曰："兹科，韓邑當多獲雋且掄元[⑦]。"已而登賢書三人、副車一人。余以匪材，謬膺首選，一時咸驚且異。謂夫子深通堪輿家言，而余以爲不然也。昔者漢代循良，雉馴虎渡[⑧]，懋著奇勳，彼豈有異術哉？亦其德澤教化，有以致之而已矣。修城，有司之責也。地脉虚渺，不可憑之事也。乃科第發祥，有若操券，不先不後，適當其會。蓋吏廉則士民樂，士民樂則百物昌，遂地氣發。皇文明之，運與時偕登。微長吏之德澤教化，亦烏能陰爲轉移，捷於影響如此哉。故曰：理之所在，數亦從之也，若夫纘古之人，爲益一方者，厥功具在，無容贅。夫子諱方夏，字震昌，湖廣漢陽人。

芝川鎮城記

（明）韓邦奇撰。

原碑已佚。

碑文收於蘇進修，張士佩纂：（萬曆）《韓城縣志》卷之八《藝文志》，萬曆三十五年（1607 年）刻本。又收於傅應奎修，錢坫等

---

① 龐士元：即龐統（179—214 年），字士元，號鳳雛，漢荆州襄陽人。劉備的重要謀士，與諸葛亮同拜爲軍師中郎將。

② 卑隘：低矮狹窄。

③ 戊申：雍正六年，1728 年。

④ 己酉：雍正七年，1729 年

⑤ 崇墉：高墻；高城。

⑥ 丙午：雍正四年，1726 年。

⑦ 掄元：科舉考試中選第一名。

⑧ 雉馴：謂地方官施行仁政，澤及禽鳥。

纂：（乾隆）《韓城縣志》卷十一《藝文·記頌》，乾隆四十九年（1784年）刻本；李恩繼、文廉修，蔣湘南纂：（咸豐）《同州府志·附同州府志文徵録》卷下，咸豐二年（1852年）刻本。

録文以（萬曆）《韓城縣志》爲底本。

［録文］

夫民可與樂成而不可與慮始，苟安目前而無深長之思，輸將版築之勞[①]，尤人所不欲也。苟上之人，處之無道，感之無素。雖曰逸道，使民亦鮮不怨且亂者，語云："上失其道，民散久矣。"信而後勞其民，未信則以爲厲己也。韓城全候役民[②]，而民樂趨之，其處之有其道，感之有其素，可知矣。嘉靖壬寅以來[③]，北虜跳梁[④]，憑陵郡縣[⑤]，兩掠太原，極其慘毒。歸正人屢言復欲下平陽、掠蒲阪、渡河入陝。韓城隣平陽，止隔一水，芝川巨鎮，東與河距。候乃築城浚隍[⑥]，以遏其衝；沿河築墩臺，以便瞭望；增厚縣城，以圖固守，其役可謂繁且大矣。聞候之始建是役也[⑦]，民之貧寡無力者，欲徂亡[⑧]，候躬至鄉落[⑨]，慰之曰："爾民無懼，且安之，俟縣官處果苦也，亡之未晚，吾弗汝禁。"乃料丁力、度衆寡、計丈數、揣高低。工分三等，上者上其工，中者中其工，下者下其工，人心大悦。且候之治韓城也，簡易是務，不作刑威，門庭無私謁，公禄無過取，平訟獄，作士氣，庸調賦税征派有方，於兹將及三年，仁深澤厚，趋時應變，其處之感之也。固有以結民心矣。昔洛邑之工而庶殷，丕作遼東之役，而民歌浪死，豈非處之感之者異哉。工既告成，士

① 版築：築墻時用兩板相夾，以泥置其中，用杵舂實。
② 候：（咸豐）《同州府志》作"侯"，應是。
③ 嘉靖壬寅：嘉靖二十一年，1542年。
④ 北虜跳梁：（乾隆）《韓城縣志》、（咸豐）《同州府志》作"屢患兵戈"。
⑤ 憑陵：侵凌，进逼。
⑥ 候：（咸豐）《同州府志》作"侯"，應是。浚隍：疏通壕溝。
⑦ 候：（咸豐）《同州府志》作"侯"，應是。`
⑧ 徂：古同"殂"，死亡。
⑨ 候：（咸豐）《同州府志》作"侯"，應是。

大夫耆民咸戴侯也[1]，來問記，侯諱文，貴州都勻人，起家鄉進士。

芝川鎮城門樓記

（明）張士佩撰。

原碑已佚。

碑文收於傅應奎修，錢坫等纂：（乾隆）《韓城縣志》卷十一《藝文·記頌》，乾隆四十九年（1784年）刻本；又收於李恩繼、文廉修，蔣湘南纂：（咸豐）《同州府志·附同州府志文徵録》卷下，咸豐二年（1852年）刻本。

録文以（乾隆）《韓城縣志》爲底本。

［録文］

馬侯始至韓邑，平劇賊，即而修芝川鎮城門樓，工起於隆慶己巳三月[2]，越明年庚午十月，工乃底績[3]。諸父老時顧嘆曰："嗟，壯哉。可以瞭高矣。是百千年防禦計乎。"于是屬張子碑焉。夫是城也，全侯文者，肇築於嘉靖癸卯[4]，馬侯春芳，隆慶丁卯繼修之[5]，增高厚焉。築之時，蓋兵警太原，修則以兵破石州城也。修甫畢，而蛇頭嶺獍盜，結連治户川暨桑坪里諸寇，剽劫秦晋間，植幟屯河壖[6]，垂涎芝鎮，民汹汹不自保。朱丞淵者，請於兵憲，范公亟修城門爲不可犯。計議允，而馬侯至，至即贊范公蕩平賊窟，已乃集鎮之父老諭曰："麗譙崇建[7]，爾鎮遠猷也[8]。顧今荒饉後，百姓困極矣。吾不忍再困也，路側及觀寺計有喬木足構麗譙，構之美木可易

① 耆民：年高有德之民。
② 隆慶己巳：隆慶三年，1569年。
③ 底：引致、到达。績：獲得成功，取得成功。
④ 嘉靖癸卯：嘉靖二十二年，1543年。
⑤ 隆慶丁卯：隆慶元年，1567年。
⑥ 河壖：亦作"河堧"，河邊地。
⑦ 麗譙：華麗的高樓。
⑧ 遠猷：長遠的打算；遠大的謀略。

桷得五百根[①]，又可陶甓得六萬塊，而甓桷餼廩之費尚不敷[②]，吾將如之何？”父老咸應曰：“甓不敷，吾殷人輸之；匠，吾中人餉之；桷，吾中人以下者供之。”侯莞而笑曰：“若是則不更爾勞矣。近鎮有一十八里焉，吾令甲各一人爲助役。”父老拜手稽首曰：“唯唯。”侯遂條畫式矩[③]，命康尉大英烙木督工，四門並作。逾一期乃成南北樓，同四楹高，以尺計廿有六，東西樓楹，若井幹高減[④]，南北僅尺許，皆重簷角檼[⑤]。城基門洞成，砌以甓，望之巍巍奕奕，稱雄城焉。是城也，當初築時一堪與者登麓眺，驚曰：“芝川城塞韓谿口，猶驪龍啣珠，珠將生輝，人文後必萃映，邇歲科第源源。”果符堪輿者之言，人未嘗不嘆是城武備而文蔭也。今侯創樓城視昔峻麗百倍，是益光大其珠，欲顯碩人文爲濟濟繼也。侯之貽我韓者詎特一鎮無虞已哉。侯名佑，字維賢，號順庵，臨清州人，起家鄉貢進士。君子曰，馬侯是工也，經制有章，可以遬垂政模，出納無緇；可以風告官守。故子從父老之請，碑之，而系之銘曰：粵韓之鎮，魏曰少梁。溪之建邑，更名夏陽。在澽之隈，在河之傍。梁山西屏，芝水南纏。全侯爲城，允矣金湯。馬侯爲樓，益大以光。險設罌渡，百世鉅防。士民永賴，載頌載揚。綿綿萬禩，侯惠無疆。

白水縣

肇修東北二郭銘

（明）嘉靖三十年（1551 年）三月，光禄寺卿馬理撰。

文收於王永命纂修：（順治）《白水縣志》下卷《文》，順治四

---

① 桷（jué）：方形的椽子。
② 餼廩：古代官府發給的作爲月薪的糧食。亦泛指薪俸。
③ 條畫：籌劃；謀劃。
④ 井幹：指構木所成的高架。
⑤ 檼（yǐn）：屋棟；脊檁。

年（1647年）初刻本。又收於梁善長纂修：（乾隆）《白水縣志》卷之四《藝文志・銘》，民國十四年（1925年）鉛印本。

録文以（順治）《白水縣志》爲底本。

［録文］

白水邑城，厥方四里。肇於洪武，庚戌三祀[①]。肇城者誰，張侯三同。自是歷年，百八十終。中城廬稀，北關民稠。東關亦然，蜂房以鳩[②]。關有井甘，繘瓶雲集[③]。中城則亡，咸於此汲[④]。有虞閉城，内外俱凶。外無郛郭，内靡飧饔[⑤]。幸值清時，四海晏然。内外蒼生，安居有年。嘉靖癸丑[⑥]，虜蠢朔方。侵及延鄜，宜君有戕。於時胡纛[⑦]，南指蓮岳[⑧]。偶值御史，提兵犄角。以此朔塵，未及彭衙[⑨]。郊民逃匿，喪室與家。於時邑宰，儀封温侯。登城禦寇，被甲執矛。覽民繈負，就城弗容。虜幸弗至[⑩]，民聊困窮[⑪]。侯用焦勞，思城外郭。曰是不城，人何倚著[⑫]。謀及師生，如身厲疹。白諸憲司，撫按俱允，乃興版築，乃濬池隍。自彼北城，亥隅雉翔[⑬]。翔爲方郭，東亦如之。二郭言言[⑭]，五里其基。自是中城，出汲弗怖。二關有郭，敵來守固。城郭無患，民社永吉。賢哉温侯，厥績可述。侯在斯邑，勸農興學。訟平盜息，無告澤渥[⑮]。侯號石臺，名曰伯

---

① 庚戌：洪武三年，1370年。（乾隆）《白水縣志》作“癸丑六祀”，为洪武六年，1373年。

② 蜂：（乾隆）《白水縣志》作“輯”。

③ 繘（jué）：井上汲水的繩索。

④ 汲：從井裏打水。

⑤ 飧饔（sūn yōng）：亦作“飧饔”。古時招待賓客的兩種禮宴。

⑥ 嘉靖癸丑：嘉靖三十二年，1553年。

⑦ 纛（dào）：古代軍隊的大旗。

⑧ 蓮岳：指华山。

⑨ 彭衙：今陝西白水東北。

⑩ 幸弗至：乾隆《白水縣志》作“未遠遁”。

⑪ 聊：（乾隆）《白水縣志》作“咨”。

⑫ 人：（乾隆）《白水縣志》作“氏”。

⑬ 亥隅：西北角。

⑭ 言言：高大貌；茂盛貌。

⑮ 澤渥：恩惠。

仁。民之戴之，若彼二親。侯昔受學，王公浚川。出斯有爲，無忝所傳[①]。

兵憲張公創建外郭去思碑記

(明) 兵部尚書、朝邑韓邦奇撰[②]。

原碑已佚。

碑文收於梁善長纂修：(乾隆)《白水縣志》卷四《藝文志·記》，民國十四年 (1925 年) 鉛印本；又收於李恩繼、文廉修，蔣湘南纂：(咸豐)《同州府志·附同州府志文徵録》卷下，咸豐二年 (1852 年) 刻本。

録文以 (乾隆)《白水縣志》爲底本。

[録文]

白水古馮翊屬邑，吾秦西安東北之極，境接延安。延安，漢上郡地，當北虜之衝，國初設參守，分列要害，後都御史余公子俊奏建延綏鎮城，置總兵、副總、游擊將軍，而參守還布如初[③]，軍號忠勇，虜憚之。二百年來我國家昇平日久，防邊之法少疏。乙未以後[④]，虜漸猖獗。始則掠我邊郡[⑤]，繼則揉我晋陽，既而深入河東、冀南，飲馬横漳，既而薄我都城矣。今乃率衆長驅，猝至中部，去白水纔九十里耳。公聞警馳至，簡校義勇，拒塞險阻。縣故有城，城中居民僅百家，擁衛縣治而已。城東北烟火相望千餘家，蓋城地高渴[⑥]，鑿井雖千尺不及泉。城外有甘井三，公諭縣尹温君，及可與計事者諸生党子鳳、吴子浙、田子珂、田子子治、李子應宿、高子

① 無忝 (wú tiǎn)：不玷辱；不羞愧。

② 韓邦奇：(1479—1556 年)：字汝節，號苑洛，陝西大荔縣人。明代官員。正德三年進士，官吏部員外郎，以疏諭時政，謫平陽通判。

③ 還：(咸豐)《同州府志》作“環”。

④ 乙未：嘉靖十四年，1535 年。

⑤ 郡：(咸豐)《同州府志》作“陲”。

⑥ 地：(咸豐)《同州府志》作“池”。

自下曰："城以衛民，今城中民故若此，城外民乃若此，猝有變，民縱避兵入城，然無水，敵兵七日不退，民無孑遺矣，是茲縣之憂也。城既難恃，城外之民復不可移，必築郭，始可無虞。乃相地形、計徒傭[①]、慮器用、度丈數，以令下於温尹。温尹能勤乃役邑民，邑民懽呼踴躍，子來趨事，月餘而告成。一郭起自故城西北隅，終於東南隅。周五里餘，高二丈，厚二丈，頂削下三之一，上羅女墻，門三，敵樓五。于是白之民群告余，曰："張使君活我民數萬口，子子孫孫永建乃家，百世之澤也。請紀之。"余謂衆曰："汝曹誠白民也，知張公白水之澤耳，關西一路公澤普矣。"衆曰："民愚實少見聞，今始知公，大請并鐫之石。"余乃大書公之科名、籍貫曰："公名翰，乙未進士，浙之仁和人。"因摭一路思論而爲之銘[②]。銘曰：赫赫王監，明明我公。常變得體，寬嚴適中。威而不苛，亂而克鎮。雷電合章，雨露斯潤。公既在此，孰敢越心。殲彼陸梁[③]，蘇我呻吟。臺爲冰壺[④]，堂曰清肅。維公對之[⑤]，有光幽獨。公澤茂只，豈惟白城。永言普化，請觀斯銘。

重修白水縣暗門記

（清）潼關兵備道吕儁孫撰[⑥]。

原碑已佚。

碑文收於梁善長等纂修：（乾隆）《白水縣志》卷之四《藝文志・續記》，民國十四年（1925 年）鉛印本；又收於饒應祺修，馬先登、王守恭纂：（光緒）《同州府續志》卷十五《文徵録卷下》，光緒七年（1881 年）刻本。

---

① 徒傭：受雇用的人。
② 摭一路思論：拾取、摘取他人的言論。
③ 陸梁：秦時，稱五嶺以南之地爲陸梁。
④ 冰壺：冰壺秋月，比喻人品德清白廉潔。
⑤ 公：（咸豐）《同州府志》作"光"。
⑥ 潼關兵備道：（光緒）《同州府續志》作"潼商道"。

録文以（乾隆）《白水縣志》爲底本。

［録文］

《經》曰："王公設險，以守其國。"①《傳》於莒子不設備，則譏之。士君子讀書筮仕，苟可以保民固圉，爲地方規久遠禦災患，必急急焉圖之者，素所樹立使然也。同治歲次己巳孟秋②，安陸李侯廷鈺棒檄至白水，未數月走書告余曰：邑西北秦山，一名馬蘭山，西邐汧隴，東連黄麓，南通同華，北接鄜延，《環慶志》稱，全陝之巨鎮。下爲馬連灘，灘上峰迴崖裂③，名曰暗門。倚峰疊石爲關，不知何時傾圮？明代以回夷出没，險阻多盗，設司城於馬連灘，以嚴防守。又於北山絶頂置墩臺瞭望。末祼城廢，流寇東趨，如入無人之境。國朝乾隆十九年④，知縣梁善長重建一樓於墩臺故址，顔曰：彭衙保障。今亦廢矣。比者，回匪不靖，每於鄜宜入寇，徑趨暗門，東竄鹵掠，同郡患之。延鈺下車即往履勘，舊設司城，地居窪下，難資扼守。乃登岡臨澗，扼山嶺要隘，捲甕爲門，起屋爲樓，上修空心敵臺，外留窗櫺炮眼。守關者駐宿瞭望，可以據高擊遠。臺左東西⑤，繚以城墉十餘丈，右環依山阜⑥，周爲城堞，圍圓八十餘丈，高均如式。工竣派勇守之，鄜宜有警可免寇入，請爲記，泐石以垂久遠⑦。余曰："工費大，當何如？"侯曰："吾節縮廉俸，捐錢五百緡以庀工材⑧，不足亦請命籌補，不敢賦之民也。"余乃喟然嘆曰："侯之心可謂摯矣，侯之力可謂勇矣"。方今寇在北而禦之於南，或禦之於東，若西是赴燕，而理楫適吴而斫輪也。禦寇而不得其要，

---

① 經：即《易經》。語出《易·坎》。

② 歲次：（光緒）《同州府續志》無。己巳：同治八年，1869 年。孟秋：（光緒）《同州府續志》作"秋孟"。

③ 崖：（光緒）《同州府續志》作"岩"。

④ 乾隆十九年：1754 年。

⑤ 左：（光緒）《同州府續志》作"在"。

⑥ 依：（光緒）《同州府續志》作"倚"。

⑦ 泐（lè）：銘刻，用刻刀書寫。

⑧ 庀（pǐ）：具備。（光緒）《同州府續志》作"庇"。

設險而不預其防，是見兔而勿嗾犬[1]，亡羊而忘補牢也。侯以甫下車，惓惓以是爲首務[2]，且自出己資，以捍一邑之災害，而郡城以東，實嘉賴焉。豈獨心之摯、力之勇，抑亦功之崇、利之溥矣。其素所樹立顧何如？然余更欲爲侯進一解曰：一畝之地，必有四至，一邑之地，必有四境。方今賊勢飄忽，熟習徑途，萬一東從郃、韓，西由蒲、富擾入，則非暗門所可制。是必令一邑之内，有暗門之險而險在，無暗門之險而險亦在。修堡寨、飭團練，俾人心有金湯之鞏，守備之法如環無端而後可。吾意侯有心人，必早計及此，奚待余言哉。是役也，以同治己巳九月經始，至庚午二月工竣[3]。邑侯上其事於潼商使者，使者樂觀厥成，遂援筆而書之。

創修秦山巡檢司城記

（明）嘉靖二十一年（1542 年）九月立，張齡撰[4]。

原碑已佚。

碑文收於梁善長纂修：（乾隆）《白水縣志》卷四《藝文志・記》，民國十四年（1925 年）鉛印本。又收於饒應祺等纂修：（光緒）《同州府續志》卷十五《文徵續録下》，光緒七年（1881 年）刻本。

録文以（乾隆）《白水縣志》爲底本。

［録文］

夫秦山，秦巨鎮也。志曰："小秦王行師經此，因道巖而禱之，故曰秦山。"西邐岍頭，會於岐隴；東連黄麓，抵於梁山；南通同華，北接鄜延、環慶，蓋全陝之衝也。粤自大廉封國，以至洪武開基，數於險要，樹設司關，惟兹秦山獨闕。故盜每爲幻作孽，劫奪

---

① 嗾（sǒu）：使狗；發出使狗咬人的聲音。

② 惓惓：深切思念，念念不忘。

③ 庚午：同治九年，1870 年。

④ 張齡：字永年，重慶通判。

無厭，浮淫不止。是故成化時，戡於鄜坊；弘治時，殲於東山；正德時，剿於彭衙；嘉靖初，梟於華州。當是時，邑侯若蓋、韓侯胡，皆民譽也，亦知秦山禍基，而弗懷永圖。嘉靖丁酉秋[①]，侯莅治[②]，越二年己亥[③]，百廢具興。以秦山盗負險阻，憑陵鈔掠，莫知紀極[④]，謀諸鄉大夫耆庶。曰："吾欲城此立司，以爲民防，作何如?"鄉大夫耆庶曰："晋城虎牢，而鄭行成者四公，魯文公城郚而邾[⑤]，難弗莅者數十年[⑥]，春秋兩與之，兹舉民之所庇也。"侯遂蒙犯霜露，上下山原，規畫險要。白于巡撫西溪任公，疏請於朝，引之封域而樹之官，命下曰可。時以連歲凶荒，弗暇及。迨今歲壬寅三月[⑦]，侯以考績，在告撫按諸司，僉謂侯爲可，使民亟檄城此，乃允去。侯遂卜日興事，即秦山之陽，古地名"馬蓮灘"西岡，築城一座，延袤一里三分，南北城門一，各有敵樓。中爲巡司前堂三楹，左右掖房共十間。後宅三楹，左右厨房共六間。堂左文書房三間，大門三間，二門一間。又于北山絶頂置墩臺一座，以瞭望。額設弓手四十名，以備戍守。白水、宜君二縣均僉，除去舊集場四，曰新窯鎮，曰鐵牛河，曰五里頭，曰雷原鎮，并附於此，以和民用。城中官地，每間募民納粟不等，共得粟百石，以需荒賑築城夫，舊議於鄰近鄉村起倩[⑧]，每人日支米一升，侯虞其不足，時值荒歉發賑，乃召受賑者應役，以是用裕而工易辦，民弗之知也。經始於三月壬寅，訖事於五月己酉，終始纔六十又八日。統計工價，飯米止動官銀八十二兩，預備倉米一百一十石。官弗費而民弗擾，其所規畫纖悉曲折，

---

① 嘉靖丁酉：嘉靖十六年，1537 年。

② 侯：（光緒）《同州府續志》"侯"後有"始"字。

③ 己亥：嘉靖十八年，1539 年。

④ 紀極：終極；限度。

⑤ 郚（wú）：春秋紀邑，後屬齊，故城在今山東安丘縣西南；一説，春秋魯邑，在今山東省泗水縣南。邾（zhū）：古國名，在今山東鄒城。

⑥ 莅：至，來。

⑦ 今歲壬寅三月：（光緒）《同州府續志》作"歲壬寅"。壬寅，嘉靖二十一年，1542 年。

⑧ 起倩：車夫。

俱有條理。侯真能使民者哉。事成，鄉大夫耆庶以侯懋樹厥勛[1]，欲謀不朽，乃屬齡志，齡曰："傳有之，惟事事有備無患，聖人内寧必有外憂。小民無良，弄兵山谷。侯用是惕戒不虞，以衛我民，保有厥家，爲吾子子孫孫奕世永利[2]。我民其翊戴侯，罔敢失墜。厥子若孫，惟我侯是念是祝，是不可以無記。"侯姓周名賢，字士希，號復齋，廣西柳州人。起家乙酉進士[3]、教諭，閩之清流，擢尹雲南，以才優調余白水。所至卓有偉績，擬古循吏，并記於此，俾後有所考焉。是役也，始而建白之者，前巡撫西溪任公；繼而督成之者，今巡撫洪溪趙公、巡按東皋周公也；亟於爲民保聚者，分守九畹謝公、分巡樸齋徐公；整饬兵備，潼關莓厓周公、鄜州愛山劉公也。計工論費、商奪財力，則有同州守簡公仲宇、蒲城尹齊公宗道也。至於鳩舉畚鍤、課護章程，中部縣丞任君守榮、本縣典史周君瑄，皆有勞於其事者也。若夫鄉民之有事於斯，例得牽連，書姓名者，具載碑陰，玆不贅及云。

潼關縣（潼關廳）

浚河修北水關記

（清）楊端本撰。

原碑已佚。

碑文收於向淮修，王森文纂：（嘉慶）《續修潼關廳志》卷之下《藝文志第九》，嘉慶二十二年（1817 年）刻本。又收於文廉、李恩济修，蔣湘南纂：（咸豐）《同州府志・附文徵録卷下》，咸豐二年（1852 年）刻本。

録文以（嘉慶）《續修潼關廳志》爲底本。

---

① 樹：（光緒）《同州府續志》作"勤"。

② 奕：（光緒）《同州府續志》作"弈"。

③ 乙酉：嘉靖四年，1525 年。

［録文］

關以潼名，以潼水名。潼水出南山潼谷口，迤邐三十里，由城中行北出，入大河，此南北水關所由建也。水關，明洪武三十年成山侯創建[①]。至正德間，兵憲張公鑰重修，建樓曰鎮河，而制始備。初制兩關竪木柵，俟陰晴啓閉。河三年一疏，故數百年無水患。後制廢弛，沙石壅，河心高於岸。天啓七年大水[②]，水關崩衝，後雖輯弗固。康熙十九年夏[③]，暴雨水滔天，兩岸居民廬舍盡漂，没死者二千餘人，北城水關崩數十丈。是後七八年間，北望曠蕩如墟落[④]。己巳春[⑤]，簡命參藩楊公分守潼商，下車即咨民疾苦，詢興革。閱城，駭然曰："關，秦門户也，予鎖鑰是任，今若此，鎖鑰之謂何?"乃力請督臺葛公、撫臺薩公，兩臺是公。請集藩憲穆公[⑥]、臬憲吴公熟議之[⑦]。公條晰敷陳，簡其工、約其費，務期於成，諸公咸欣然急檄行之。公首倡捐俸若干金，參府洪公捐俸若干金，諸州邑隸潼者，各以地大小蠲有差[⑧]。是秋，司馬卞公莅任，亦慨然捐俸若干金，計猶不足。公曰："自我發之，自我收之，吾總其成焉。然水患不除，奚城之爲，是宜先治河[⑨]。"乃命縣守馮君調夫役[⑩]，分班均其力，乃鳩工庀材，陶甓劈石以從事。公與洪公、卞公日省督之，嚴寒酷暑無間，即一甓一石之用，公必親視，而指畫其宜，不爲旦夕塗餙計[⑪]。于是，庶民子來，群工競力，不數月而河工畢，又數月而城工畢，乃告厥成。于是關疆鞏固，河水患除。潼父老子弟，咸誦公德

---

① 洪武三十年：1397年。
② 天啓七年：1627年。
③ 康熙十九年：1680年。
④ 落：（咸豐）《同州府志》無。
⑤ 己巳：康熙二十八年，1689年。
⑥ 藩憲：藩臺的尊稱，即明清時代的布政使。
⑦ 臬（niè）憲：舊時對按察使的敬稱。
⑧ 蠲（juān）：除去、驅出、去掉。同"捐"。
⑨ 河：（咸豐）《同州府志》作"何"。
⑩ 縣：（咸豐）《同州府志》作"衛"。
⑪ 塗餙（tú shì）：裝飾，塗抹。

不輟。期勒石傳不朽，以記屬余。余謂動天下之大功者，必有毅然不可奪之氣，確然不可移之識，而後大功可成。關城自衝崩以來，一阻於畏難，一阻於退縮。阻於動大工役大，衆而不任勞怨；阻於資費浩繁，而無所措置；故以因循而至委。謝公以精明之識，兼敏練之才，燭始終而熟籌其全，不計己之勞與費，不計人之怨與德，奮以毅然不可奪之氣，故不期年而大功告成，所謂非常之人者不於公而益信哉。昔西門豹爲鄴治十二渠，嘆曰："今父老必患苦，我令父老百世後子孫思我。"渠成而鄴人尸祝之數千[①]，謳思不絶。夫彼特開十二渠耳，孰如公捍千百年之災患，鞏億萬世之封疆，其歌思且當何如耶？古云：睹河洛而思禹功，潼人之思公當與河洛同矣。獨是，公整理殘疆，政教洽民，百廢漸興，其所規畫尚多，未竟之功而乃以憂去，君子又不勝於邑而嘆息矣。功始於康熙二十八年□月，竣於康熙二十九年□月[②]。是役也，費在官而不費於國，用民之力而不用其財。其始而謀，謀而作而成，則參藩楊公懋緒；其協助，則參府洪公雲輔；贊終始，則司馬卞公永寧；至於提調夫役，則衛守馮君俊也。督董效力襄事，則學博馮君元鄉、千戎李君琦尹[③]。君之治也，皆有事茲役，法得并書。是爲序，系之銘，銘曰：河水安瀾兮歸厥川，崇墉仡仡兮固而堅[④]。巖關金湯兮萬斯年，兆民頌兮隴石鎸。嗟，君子之德兮弈世傳[⑤]。

澄城縣

城西北樓創建天王神像記

（清）王用傑撰。

① 尸祝：祭祀。
② 康熙二十九年：1690 年。
③ 千戎：千總，清爲武職中的下級，位次於守備。
④ 仡仡（yì yì）：壯勇，高聳的樣子。
⑤ 弈：（咸豐）《同州府志》無。

原碑已佚。

碑文收於戴治修，洪亮吉、孫星衍等纂：(乾隆)《澄城縣志》卷七《廟屬七下》，乾隆四十九年（1784 年）刻本。

[録文]

按唐史，安西蕃叛，朝廷憂之，異僧不空[1]，建言於朝，以爲可使天兵禦賊。越數日，安西報至，鏖戰時見昆沙門天王像，□賊惶懼[2]，解云悔罪，因命有司建廟設像，□□□□□故無此神，余之肖像也，以玄武既比而設也。按内典[3]，神住西域瞿薩國，與贍部有緣[4]，獨揭勝幢，塹伽婁援修羅，怒折蓮柄，狂搜藕絲，多聞爲方便救護之門，立於西北，非妄也。且玄武既移之坎位，而神之威靈保衛見之彤管，肖像祠之，更非妄也。方賊之殷也，廟既搆，像既飭，而實於其中振漏鼓焉。籌畫分明而窺城者之心遁矣。余首捐奉若干金，共守此城者若□□□□□□□各捐貲贊成。後於六年三月中，土寇復擾城，賴今令姚侯即其巢皼之，人莫不曰侯之明威孔赫，爲百姓禦災捍患而亦有香楮禱神祝釐者[5]，則神人胥慶矣。余自爲之記，嘉姚侯也。亦以見神道設教其方不遠云。侯諱明欽，字四表，江寧人。順治六年五月記。

重修崖畔古寨碑記

（清）同治七年（1868 年）刻立，撰者不詳。

現存澄城縣趙莊鄉崖畔寨，已殘，僅存上部。殘碑寬 122 釐米，高最長處 60 釐米，有花邊。共 22 行，行大部分殘缺，餘字最多者爲

---

① 不空（705—774 年）：又名不空三藏法師，不空大師，或稱不空智，唐玄宗賜號“智藏”。密宗祖師之一，佛學家、翻譯家。原籍北天竺，一説獅子國（今斯里蘭卡）。與善無畏、金剛智并稱開元三大士，與鳩摩羅什、玄奘、真諦并稱中國佛教四大譯經家。

② 惶懼：惶恐。恐懼，惊慌。

③ 内典：佛教的經典稱爲内典。

④ 贍部：佛教經典中所稱的四大洲中的南部洲名，因贍部樹得名，爲人類等居處。

⑤ 香楮：指祭神鬼用的香和紙錢。

19 字。

據原碑録入。

［録文］

崖畔古寨，不知創自何時，修於何人，亦無碑（下缺）關帝神廟，邵家村、翟莊村、王家社田、關則口四社（下缺）一方傳言如是，餘竊疑焉。謂夫帝君者，立廟于郡國之地，致祭于春秋之時，凡在（下缺）朝開國，治教休明，歷年二百，民不知兵，故此寨（下缺）西竄，延及甘省，皆遭蹂躪，而吾澄北鄉，未（下缺）搜糧之所，時往時來，不下十餘次，傷人性（下缺）心恐惶，四社人邀集各村鄉老董其事（下缺）月之終，費錢二千餘緡，城墻厚一丈八（下缺）而居者，有穴而居者，又有露處而待者（下缺）關帝現身，於此伏魔，於此蕩冠，以爲此（下缺）敕授修職郎，前署略陽縣訓導、扶風（下缺）邑儒學生員，國子監大學生敕授登仕郎吏部分缺間選用，分（下缺）城外場地記數八分八厘（下缺）城内場地記數三畝二（下缺）南頭池地記數一畝（下缺）每畝隨糧四升（下缺）

龍飛同治七年，歲在戊辰（下缺）

四　銅川市

銅川市（同官縣）

重修濟陽寨碑記

（明）邑人寇慎撰。

原碑已佚。

碑文收於袁文觀等修：（乾隆）《同官縣志》卷之九《藝文志》，乾隆三十年（1765 年）鈔本。又收於黎錦熙纂，余正東修：民國《同官縣志》卷二《建置沿革志》，民國三十三年（1944 年）鉛印本。

録文以（乾隆）《同官縣志》爲底本。

［録文］

環同皆山也，而濟陽獨聳然秀出，踞邑城上游。古人因其勢而繕修之，壘山塹谷，而寨得以名焉。元末張思道嘗屯兵於此，然舊迹湮没，髣髴僅存者[①]，一井、一亭及城址而已。頃自崇禎己巳[②]，戍卒弄戈，亡命蜂起，延禍七年。乙亥秋[③]，賊數萬壓境，吾同遂拉焉潰決，如振槁葉，焚虜殺掠，白日爲慘，人人股栗。始聚衆决筴，而事濟陽之役矣。時帶守道江右陳公良訓可其事，遂捐俸倡首。容城梁公奏發帑金二百四十兩，以梁明經可賢、馮文學珍、温茂才所聞、劉茂才綿庚、孫茂才世綿董其事。時余方兵冀北，兩兒瑞徵、泰徵捐三十金倡之，而習威遠、孔言捐金四十兩，寇武安遵典捐金三十兩，楊别駕瑜以下亦輸捐有差。於是募役程工，畚鍾如雲，鑱頹削漫，築缺增高，而墉崔然[④]，而雉翼然。復扼其要害，鎖以重門，開二井以備緩急。邑之卜居築室者，争先如鶩；其官署得請，亦草創十數楹，内外略如衙署。一時比閭鱗次，寧婦子，聯親戚，幾幸有寧子者[⑤]，相慶甚歡也。然尚有虞者，西南平岡，漫足奮其馳騁。余方歸里，適邑侯孔公甫臨，借箸僉謀，咸謂惟高臺可制，而艱於貲，余復捐金二百兩，而寇武安亦復以五十金佐之。凡備物酬庸，諸不給者，公恐在焉[⑥]。爲築臺三座，皆崇巄七仞[⑦]，而中一臺巍然傑出，尤爲雄觀。甃雉以甓[⑧]，門以重屏；西南隅繚以崇垣，下抵滿[⑨]，連接層臺，表裏山河，以有此畢工者，公力居多焉。余杖屨而登，見斷崖千仞，幽壑無際；遠近諸山，若旌若蓋，若螺若髻，

---

① 髣髴：同“仿佛”。

② 崇禎己巳：崇禎二年，1629 年。

③ 乙亥：崇禎八年，1635 年。

④ 崔然：高大的樣子。

⑤ 子：民國《同官縣志》作“宇”。

⑥ 恐在：民國《同官縣志》作“悉任”。

⑦ 崇巄：巄，民國《同官縣志》作“窿”。崇巄，高，高起。

⑧ 甃（zhòu）：以磚瓦砌的井壁。甓：磚。

⑨ 滿：民國《同官縣志》作“深溝”。

若渴馬游龍之赴海；幽阜連波，一奮一止，皆拱揖下風，噫嘻，高而險哉。倘亦秦關百二之一乎，因是有用古之思焉[①]。方其剪荆闢榛，伐山開道，以創兹壁壘也，勿論經費不貲，其經畫胼胝[②]，心力與山溪共盡矣[③]。迴首數十年前，荒田野草，倘非今日繕修，將日削歲侵，令後人求其敗瓦頹垣，亦灰飛煙銷而不可得，吁，亦可慨也。夫治亂相等，如晝之必夜，呼之必吸，前人不戒，後人之飾[④]也。後之君子，勿狃安[⑤]襲常，敝屣斯寨，復爲後人追而嘆之，則善矣。是役也，自甲戌迄丁丑[⑥]，首尾者三年，歷事者三公：首事則東魯房公諱思哲，襄中則楚沔蕭公諱叔昌，而底厥成者則闕里孔公諱尚標也。後此督工則有生員寇愔、鄉約王家梁云。

按房公思哲，舊志不載，豈以其爲署篆而逸之歟？明之官師，悉仍其舊，今亦不能援新志之例，列入宦迹，然有此碑，亦可稽以不朽矣。[⑦]

五　寶雞市

寶雞市區（寶雞縣）

修城碑記

（清）寶雞知縣許起鳳撰。

原碑已佚。

---

① 用：民國《同官縣志》作“弔”。

② 胼胝（pián zhī）：老繭。

③ 共：民國《同官縣志》作“俱”。

④ 飾：民國《同官縣志》作“師”。

⑤ 狃安：安於現狀，狃，因襲，拘泥。

⑥ 甲戌：崇禎七年，1634 年。丁丑：崇禎十年，1637 年。

⑦ 按，此段文字似非碑文，民國志用括號注出。

碑文收於許起鳳修，高登科纂：(乾隆)《寶雞縣志》卷二《建置》，乾隆二十九年（1764 年）刻，今據刻本之傳鈔本。

［録文］

歲壬午初秋抵寶治[①]，視事三日，吏以閱城請，循往例也。見其雉堞圮毁，土城崩裂，雖有城一如無城，前人之規制幾不可考矣。余曰："此四衝邑也[②]，城郭不完，如捍收圉何？"因僉衆謀[③]、考舊制，計其不可不修者。周城九百三十五丈，應築八百四十餘雉，增高土城二丈五尺。東、西、南三座磚洞，内外凡六門如之。上三下五，轉角樓臺三座，奎星樓一，鐘樓一，更樓五，更房四，馬道三，栅門三，炮臺八，水道十八。至於計工度材，逐一確估。應需磚塊六十餘萬，瓦片四萬餘葉，石灰六百餘石，鐵葉三萬餘觔，人夫、工匠共六萬餘名。木料、棧板、繩索、鍬錘、水桶、絆籠、葦子、滑車、顔料、獸頭一切等項共費六七百金，統算工程，非六千餘金不可。查乾隆十九年原估册[④]，僅載三千餘金，所以欲行而中止。余再四籌度，事不可緩，而費實不敷，爰爲條陳上稟，恩蒙大憲鈞批[⑤]，情詞愷切，所稟似屬實情。準增至千金，共銀四千二百餘兩。余思工大費廉，加意樽節[⑥]，雇覓人夫，每日一再臨城，親自督勸。而寶邑人民念予勤苦，莫不踴躍從事，争先恐後，不日告成。事竣，又蒙大人親臨，許可。噫！是役也，鳩工庀材，按款給價，因皆出自公帑，然非吾民之急公奉上，其何能觀成之速耶！余不忍没吾民之善，因書其事，鎸諸石而爲之記。

癸未陽月小春日[⑦]，知縣許起鳳書。

---

① 壬午：乾隆二十七年，1762 年。
② 四衝：四方通暢的要地。
③ 僉：全、都，大家、衆人。
④ 乾隆十九年：1754 年。
⑤ 大憲：舊時地方官員對總督或巡撫的稱謂。鈞批：對長官批示的敬稱。
⑥ 樽節：節省，約束。
⑦ 癸未：乾隆二十八年，1763 年。

修風匣城記

（清）寶雞知縣許起鳳撰。

碑文收於許起鳳修，高登科纂：（乾隆）《寶雞縣志》卷二《建置》，乾隆二十九年（1764年）刻，據刻本傳鈔本。

［録文］

風匣城名於何昉乎[①]？寶城形長而微方，臨北阜以望[②]，狀若冶坊之風厢，而北城適當其門户，故名風匣城，或曰甕城也，前人築以禦寇耳。形家之言曰[③]：“三吉六秀[④]，實啓文明。東城巽、卯二峰既建有奎樓[⑤]、鐘樓以增勝，惟北面倚負平陵，可無突兀峰巒以助亥龍[⑥]之秀氣乎？”予然其説。癸未夏，適有修城之舉，諸紳士遂以培高地脉，增修風匣城爲請。予曰：“有其舉之，莫敢廢也。但經費不貲，幸勿累民焉，則善矣。”諸紳士同聲一詞，皆樂引以爲己任，不匝月而功成[⑦]。余思培土木以振人文，堪輿之理，信而有徵，地靈則人傑，行見多士之鵬搏而鵠起者，可指日待也。予其有厚望乎。許起鳳再書。

重修奎樓碑記

（清）寶雞教諭、昌城人李長芳撰。

---

① 昉：起源，開始。

② 阜：土山，山崗。

③ 形家：以相度地形吉凶，爲人選擇宅基、墓地爲業的人。

④ 三吉六秀：堪輿用語，羅盤二十四方位中，亥、震、庚爲三吉方，艮、丙、兑、丁、巽、辛爲六秀方。

⑤ 巽卯：巽，八卦之一，屬風，屬木，方位爲東南。卯，十二地支的第四位。月份二月，方位東方，時辰五至七時稱卯。

⑥ 亥龍：龍即山，亥龍是以十二地支命名的一條來龍，具體方位在正北偏西30度的位置。因亥在五行中屬水，故稱爲水龍。

⑦ 匝：滿。

原碑已佚。

碑文收於許起鳳修，高登科纂：（乾隆）《寶雞縣志》卷九《藝文》，乾隆二十九年（1764 年）鈔本。

［録文］

陳寶學宫所從來矣[①]，桃陵原對雞峰，渭水金流，環左右而映帶焉，亦宇内一大創制也，而學固不以此奇也。國初則有鼎甲劉公，近科則有會魁董公，天下以是奇。陳寶學譬磻溪以釣叟名[②]，非釣叟借靈於磻溪也；金閣以丹仙名，非丹仙借靈於金閣也。然則多士有光於學，與學有光於多士歟？先是邑侯熊公增修明倫堂，因置一魁星樓於其前，爲假以佑學人文思，豈不學而亦佑也？諸士緣兩科不發而竊竊焉[③]，惟奎樓之是咎。噫，士貢樓，樓何貢於士哉。予謬寄一氈與諸士，結社、泚毫、吮墨、剪肝、刻脾，無非欲以文章挽運會[④]。而倘其中有魁、制科者乎，此樓可無毁也。别駕王公來兹署篆者[⑤]，三省刑輕賦萃，民欲也；芟蠹鋤奸[⑥]，袪民惡也；枕干席戈[⑦]，同民患也；懸扁錫帶，鼓民行也；建廟豎碑，廣民祐也。至於殷殷多士，鼎革奎魁[⑧]，見更有超焉者矣。曰前樓在則多士疑，疑則神亦不揚而氣亦不壯，其疇能展班思而着祖鞭也者[⑨]，且杯中疑還當以杯中影解之。于是慨然拆卸，而樓已無完木矣。王公不憚經營以修繕也，捐俸金、聚木石，卜築台基，新建一樓於左，高前樓七尺有零，

---

① 陳寶：神名，即寶雞神。

② 磻溪：在陝西寶雞東南，源出南山，北流入渭。一名璜河。傳説爲周太公望未遇文王時垂釣之處。

③ 兩科：明清的科舉分爲甲、乙兩科，乙科指鄉試，甲科指會試和殿試。

④ 運會：時運、際會，時勢。

⑤ 别駕：官名，漢制，别駕是州刺史的佐吏，也稱别駕從事史。因隨刺史出巡時另乘傳車，故稱别駕。

⑥ 芟：除草，引申爲删除。蠹：喻侵奪或損耗財物的人。

⑦ 枕干：頭枕盾牌。干，盾，泛指兵器。

⑧ 鼎革：鼎和革分别是《易經》中兩個卦象，指改朝换代。奎、魁：星名。奎主文章，魁主文運。

⑨ 疇：誰。着祖鞭：表勤奮、争先之意，即祖鞭先着。

豎儀門二間[①]。夫前樓以衆力湊而目猶仰漢，此樓以獨力任而手可摩空。前樓以終歲計，督責嚴而驅事緩；此樓以一月計子來衆而奏績神意，王喬固自有靈奇耶[②]？何成之速也。陳倉父老競傳鼎甲時，舊有樓閣崢嶸聳出巽地，爲祝融氏所廢。今者廢而復起，豈劉、董諸名公之有靈，欲興多士而光前轍乎。多士勉旃[③]，問文行勿問風氣，果其烟雲滿楮[④]，舞蹈生心。深會王公委婉作人之意，而令科名不絕，即可令此樓長不朽矣。語曰：十年之計在於樹木，百年之計在於樹人。魁樓之建樹，其所以樹人者，精於樹也。

鳳翔縣

改作南門記

（明）進士、鄜縣人劉九經撰。

原碑已佚。

碑文收於韓鏞纂修：（雍正）《鳳翔縣志》卷九《藝文志（中）》，雍正十一年（1733年）刻本。又收於羅鼇修，周方炯、劉震纂：（乾隆）《鳳翔縣志》卷七《藝文志》，乾隆三十二年（1767年）刻本。

録文以（雍正）《鳳翔縣志》爲底本。

［録文］

按《禮》，諸侯之門制，有皋、有應、有路，天子則加庫、加雉[⑤]。然見於《春秋》及《孔子家語》，魯、衛之國亦有庫、有雉，

---

① 儀門：明清官署第二重正門。

② 王喬：下洞八仙之一。

③ 勉旃：努力。多於勸勉時用之。旃，語助，之焉的合音字。

④ 楮：紙的代稱。

⑤ 皋門：古代王宮的外門。應門：古代王宮的正門。路門：古代王宮最裏層的正門。庫門：古傳天子宮室五門中最外之門。雉門：庫門裏的宮門。五門從外到内依次爲：庫門，雉門，皋門，應門，路門。

或謂以褒周公、康叔，非諸侯常制。在《雅》之《綿》[1]，古公亶父徙宅於岐，作爲宫室，門墉得宜應禮。後世原本推功，述而歌之，其辭曰："乃立臯門，臯門有伉。乃立應門，應門將將。"朱氏傳曰："伉，言其高也。將將，言其嚴正也。"則諸侯之門，維高且嚴正。固《詩》人之所善與。自秦罷侯置守，則今之郡乃古諸侯之國，而鳳翔又岐周舊邦也，於全陝當爲壯郡，獨人才出自科第者，邇來盖寥寥焉，何不逮古昔甚乎？説者謂：府治前甕城門，舊南向而今東也；文廟前舊有小南門，而今塞也，以是故耳。歲己酉冬十二月[2]，會安邑楊公[3]、黄岡穆公俱以天子直指使者按部鳳翔，垂意文教，謁廟視學，横經校藝[4]，用作士志。一時士用丕應，咸瞿然顧化[5]，則以前説請，謂改而之舊便。維時憲司南樂李公以行省分守陪從，實贊厥議，皆報曰："可。"而總其役於假守巫山姚公[6]，俾底成之。自三月經始，迄今爲仲秋八月，財不干帑，役不擾民，通力勸相[7]，工競吏勤，凡五閲月而告成。李公以予爲同年進者，又移書徵文爲記[8]。予即不習堪輿家言，間嘗反覆於《綿》之雅矣。盖周公追述先德，告戒成王，其前七章言太王始遷岐周，以開王業；後二章則言文王因之以受天命。故其詩曰："肆不殄厥愠，亦不隕厥問，柞棫拔矣，行道兑矣。昆戎駾矣[9]，維其喙矣。"[10] 又曰："虞芮質厥成，文王蹶厥生。予曰有疏附，予曰有先後，予曰有奔走，予曰有禦侮。"至《文王》一詩，則專述文德用戒於王。其三章曰："世之不

---

① 在雅之綿：指《詩經·大雅·文王之什·綿》，叙述太王由豳地遷往岐山之下，是周人自述開國的史詩之一。

② 己酉：万历三十七年，1609 年。

③ 安邑楊公：楊一魁，山西安邑人，進士。歷任户部右侍郎兼都察院右僉都御史、工部尚書兼都察院右副都御史等職。

④ 横經：横陳經籍。指受業或讀書。

⑤ 瞿然：驚喜的樣子。顧化：謂引起重視，想要依照施行。

⑥ 假守：暫時代理的郡縣長官，（乾隆）《鳳翔縣志》作"倅守"。

⑦ 勸相：勸助，勸勉。

⑧ 移書：官文書的一種，用於平行官署之間。

⑨ 戎：（乾隆）《鳳翔縣志》作"夷"。

⑩ 喙：（乾隆）《鳳翔縣志》作"喙"。

顯，厥猶翼翼。思皇多士，生此王國。王國克生，維周之禎[①]。濟濟多士，文王以寧。”蓋自太王宅岐[②]，肇建門墉，有周風氣漸開。故一代人文丕著，文王得以攸寧。然曰：“世之不顯，則長育作成，非一日矣，《棫樸》不云乎？芃芃棫樸，薪之槱之[③]。濟濟辟王，左右趋之。”言人才盛於棫樸，惟薪槱所用，故辟王在上，多士咸趋之。盖地之美者善養禾，君之仁者善養士。則世以人才歸之風氣，不爲無謂矣。於時，在位鉅公念在容民畜衆計[④]，先興賢育才，聞斯行之，不憚改作，甚盛舉也。記惡可已，竊以爲府治前城門南向，取周行直達俾勿迂[⑤]。文廟前再闢南門，取崇文麗正俾勿壅。推斯義也，豈惟門哉。誰能出不由門，何莫由斯學也？諸士生當岐周聖哲之里，又承二三鉅公改作之盛，知聖賢可學而至，豪傑無待而興，必當一意講明正學，不爲流俗所沉溺。學道愛人，立達與俱。一旦應舉不變塞焉，則取以疏附，而是取以先後，而是取以奔走禦侮也，而是真儒作用與世俗宦達，自别於以禎國寧王[⑥]，視思皇何遜焉。若猶未也，則不特科第稀少，乃見乏才，便令人精舉業，魁名萃集，吾郡以此徼時俗，光寵誇耀閭里則可。然不能濟世務而興太平，焉能爲有？焉能爲亡？夫豈諸君所爲敗而興起[⑦]，仰副在位鉅公者哉。孔子曰：“過而不改，是謂過矣。”科第何過？過在阿世媒利耳。此在心術隱微間，而人不及知者，故戒欺慎獨。聖門屢以致意而嘆，剛者未見也。又曰：“法語之言，能無從乎？改之爲貴。”何以哉？亦曰：“正其誼不謀其利，明其道不計其功。”又説在《孟子》之論大丈夫矣，“是集義所生者，非義襲而取之也”。世固有家修而廷壞者，豈有家壞而能廷修者？率彼周行，以正勿迂，惟在今日。願與

---

① 禎：（乾隆）《鳳翔縣志》作“楨”，避雍正諱。
② 太：（乾隆）《鳳翔縣志》作“大”。
③ 槱：聚積木柴以備燃燒。
④ 鉅公：指王公大臣。
⑤ 周行：大道、大路。
⑥ 禎：（乾隆）《鳳翔縣志》作“楨”，避雍正諱。
⑦ 敗：（乾隆）《鳳翔縣志》作“改”。

君輩共勖而繫之銘。

銘曰：維吾鳳翔，彼阻矣岐[①]。文王生此，多士濟濟。鳳凰鳴矣，于彼朝陽。無競維人，德冠三王。我儀圖之，今胡不然。望不及他，科第聯翩。於昭鉅公，時邁其邦。何以禎國？媿彼思皇。爰究爰度，風氣之故。談言微中，厥亦有素。載闢離明，爰復其處。正焉勿迂，通者勿錮。豈惟門哉？敷時繹思。夫道若路，何莫由斯？聖非絶德，文王我師。翼翼心源，文不在兹。譽髦斯士，無小無大。九鼎十鼓，羅列岐下。今皇神聖，民莫是求。望道未見，誰哉分猷？棫樸薪楢，西土是遒。誰爲詒者，上臣所留。[②]

岐山縣

重修岐山縣城記

（清）咸豐時岐山知縣、貴州人王澤春撰并立。

原碑已佚。

碑文收於胡昇猷修，張殿元纂：（光緒）《岐山縣志》卷八《藝文》，光緒十年（1884 年）刻本；又收於田惟均修，白岫雲纂：民國《岐山縣志》卷九《藝文》，民國二十四年（1935 年）西安西山書局鉛印本。

録文以（光緒）《岐山縣志》本爲底本。

[録文]

皇帝御極之元，詔天下督撫飭屬邑修城垣，資保障，衛民生，德至厚，計至周也。澤春以二年冬承乏[③]。岐邑當秦蜀通衢，徵調往來，羽檄旁午[④]，加以北界麟游，南達寶雞，其間山川阻深，道路叢

---

① 阻：（乾隆）《鳳翔縣志》作“岨”。

② （乾隆）《鳳翔縣志》文末署“萬曆三十七年”。

③ 承乏：承繼暫時無適當人選的職位。

④ 羽檄：於檄文上插雞羽，欲其急行如飛。旁午：交錯，紛繁。

雜，半多客民。偶值偏災，往往出而剽掠，所以撫字而防悍者[1]，至不易。睹兹頹垣，每議興築，顧乃帑藏孔艱[2]，捐輸屢報，民力已竭，有請輒格。其明年，獄訟少息，黍麥大收，民物康阜，里巷安輯。乃按圖籍，延紳耆，進子弟，而告之曰："恃陋而不備，罪之大者也。豫備不虞，善之大者也。邑城郭自嘉慶迄今五十餘年，一切隳敗，寖弛不治，非所以入令出化，交通四方，謹鎖鑰、禦暴客也。將若何?"衆曰："惟命。"于是乃募民出貲財，分俸以助不足。卜日，會徒略基址、表尋丈、具畚興築，計工庀材[3]，擇人之信服而有智計者，勸督而自主之，一不屬吏。城周九百五十四丈，高二丈五尺，寬三丈五尺，上寬一丈五尺。堞高五尺，樓凡四區，舊炮臺四，新增倍之。又以餘力及文昌閣，栅欄、闢道、街橋莫不繕理，復其故常。通費白金二萬五千兩有奇。經始於咸豐三年十月[4]，迄於六年四月卒事。蓋中間屢奉捐輸之令，恐重累吾父老子弟，以故時作時輟，而功成遲遲，如是之久也。噫，土木興作豈易言哉。時余已移醴泉，去岐。今年夏，岐之士民以余與其事也，來請文記焉。嗟乎，爲天子吏，宜無不得行其志矣，而得行其志者蓋少。矧以疲敝之區、當艱虞之會，幸而革陋舉廢，少行吾志焉，非父老子弟力不至此，此吏之所以難也。然謂不得行吾志而遂一切，苟且因循，不少爲吾民計焉，此又治之所以下也。然則奉職守，宣德意，革陋舉廢，所以爲吾民計宜何如也，而豈僅一城已也。故備著其本末，以見岐民之急事趨公、樂輸好義，并告後官斯土者，且以自勵云。至此役最任勞怨、倡捐、督工、樂此不疲者，爲宋封公兑成[5]、郭上舍圻[6]、

① 撫字：撫育愛憐之也。

② 帑藏：官府藏貯貨財之地。

③ 庀：具、準備。

④ 咸豐三年：1853 年。

⑤ 宋封公兑成：宋兑成，號酉山在城，岐山縣人，以廩貢選教職，曾任南鄭縣、武功縣教諭，誥封資政大夫。

⑥ 郭上舍圻：郭圻，字純一，岐山縣人。上舍，清代稱監生爲上舍。

劉副貢錫儒[①]、王茂才煦。其有輸將者、董役者與夫土木瓦石之工，用例得志碑陰，此不著。

重修岐山縣城碑文

（清）知縣河南舉人曾士剛撰。

原碑已佚。

碑文收於田惟均修，白岫雲纂：民國《岐山縣志》卷九《藝文》，民國二十四年（1935年）西安酉山書局鉛印本。

［録文］

時無論古今，地無論都邑，必有能任事之人，而後無不成之事。余以光緒戊戌歲[②]，司榷岐山。夏秋之交，霪雨閱七旬，城垣坍塌過半。父老相聚而言曰："吾祖居於斯，吾父居於斯，今吾又居於斯，恃此數仞之墻以爲安集也久矣。今而傾頹若是，常則無以壯觀瞻，變則無以資保障，可若何？"有請於官者，官則曰："此工不易動也。"有詢於衆者，衆又曰："此費不易籌也。"即余間觀局外，亦慮其等於築室之道謀也。閱三年，余適攝邑篆[③]。下車巡城，雉堞忽甃然新，周垣峻整如故。向之所謂工不易動者，誰實動之？向之所謂費不易籌者，誰實籌之？僉曰："非王君經岡之力不及此[④]。"余曰："噫嘻，王君一布衣耳，身無尺寸之柄[⑤]，家無猗頓之富，竟以一人成此大功，斯已奇矣。"殆叩其經始之初，復力持大局，免四鄉攤捐，勸城内樂輸，得錢八千貫有奇，凡百日而告竣，舉重若輕，應遲而速，尤奇之奇矣。乃嘆天下事之不能成者，獨恨無任事之人耳。苟有任事如王君者，豈尚有不成之事哉。宜其經理公局三十餘

① 劉副貢錫儒：劉錫儒，號月川仁智，岐山縣人，道光癸卯副榜。副貢，科舉時代會試取士分正榜副榜。清代鄉試有副榜，名在副榜的准做貢生，稱副貢、副榜。

② 光緒戊戌：光緒二十四年，1898年。

③ 攝邑篆：攝篆謂代理官職，掌其印信。

④ 經岡：王瀚喆，字經岡，清縣丞。

⑤ 尺寸之柄：尺寸長大小的權力。比喻微小的權力。

年，爲歷來邑宰所倚重，城鄉之稱道者久而弗衰也。至於工詩、善隸、精劍術，尤其末焉者。余莅任年餘矣，愧不能爲斯邑修百廢，而王君竟作古人。爰據已成之迹，書之瑱珉[1]，以爲後來者勸。

重修岐山縣南城門碑記

（清）岐山举人薛成兑撰。

原碑已佚。

碑文收於田惟均修，白岫雲纂：民國《岐山縣志》卷九《藝文》，民國二十四年（1935年）西安西山書局鉛印本。

［録文］

光緒戊戌之夏六月，大雨時行，簷流不斷者月餘，成垣四圍其傾圮殆將過半。訖已亥[2]，甘省饑饉，貧民滋擾岐人，士聞有懼色，咸蹙額相謂曰："鄰省滋事而我城不完，無可憑依，將奈何。"有進士唐君壽甫者，余窗友也，以此議商於余。余曰："君外舅經岡王公，老成練達，近因年耆在家，盍請出任其事？"曰："請已屢矣，而執不允。"遂與余同往勸駕，强而後可。公來縣，遍閱城垣，覓工度量，日夜籌思，規劃略定。乃於是年八月興工重修，凡籌捐、督工，不避怨、不辭勞，七閲月而事竣。經岡與余及壽甫、孟九同登城督工[3]，指南城門言曰："此門樓不久將圮，吾欲即時補修，而饑饉洊臻[4]，財力又覺不支。天若假吾年，俟數歲之後得修此門，庶不負諸君勸吾之苦心也。不然，則他日諸君之責也。"維時秋禾不登，遂停工，而公竟於十一月卒。至乙巳八月城門就傾[5]，果如公言。余述其事於邑侯趙公識塵，趙公以籌捐自任，而命孟九督工，使得成

---

① 珉：似玉的美石。

② 己亥：光緒二十五年，1899年。

③ 孟九：王鼎銘，字孟九，王瀚喆之長子。廩貢生，民國十二年選充省議會議員。

④ 洊：再次。

⑤ 乙巳：光緒三十一年，1905年。

其先人之志。仍命余及宋君藹人玉成其事。兹因工程告迄，孟九謀志顛末，囑余爲文。余不欲没經岡公之勞與富紳慷慨樂輸之美，不揣譾陋作此爲記，或者後之君子當城垣待補之時，覽斯文而踴躍歟。

扶風縣

扶風縣重修城池記[①]

（清）撰者不详。

碑文收於劉瀚芳、陳允錫修，馮文可纂：（順治）《扶風縣志》卷一《建置》，順治十八年（1661 年）刻本。

［録文］

扶邑形勢，其建治也，當山麓水涯之間。西北倚岡阜，勢頗高；東南近漆、漳[②]，形頗低。雖非重關天塹哉，固一小金湯也。使斥堠[③]、儲糗，聚丁壯而緩急之，詎不足保障吾民耶[④]？獨是修治之後復淪於寇，空城蕩蕩，巷無居人，僅一令二丞長處其中耳。壯且儉也，安所用之？雖然倉庫、獄訟所係甚鉅，寧敢忽之？謹遵明文而力爲修繕，庶外患可長弭乎。予以辛卯午月莅扶[⑤]，巡視城郭，磚堞亾去什五[⑥]，土垣傾圮二三。樓櫓、敵臺俱瀕於危，中外無分，竟成坦道。城内居人有室者僅十數户，浮店三二十所，市集寥寥，荒凉殆甚。穿窬之驚，頻年迭見[⑦]，延及官舍者數矣。蓋自劉公東霖修葺以後[⑧]，五十餘年未有起而謀之者，故委敗至此。予惻然心傷，計欲

① 題爲録者所擬。
② 漆：漆水，源出麟游，會入渭。漳：漳水，源出鳳翔，會武水入渭。
③ 斥堠：亦作“斥候”，偵查的人。
④ 詎：何，豈。
⑤ 辛卯：順治八年，1651 年。
⑥ 亾：同“亡”。
⑦ 窬（yú）：門邊小洞。
⑧ 劉公東霖：劉瀚芳，字東霖，順治十六年任扶風知縣。

修理。明年荷奉皇恩[①]，蠲租賜復[②]，民應休息，遷延至甲午[③]，乃估計磚瓦、石灰、木料等費，捐貲預儲。乙未三月起工[④]，歲暮而竣，雉堞依然，樓舍儼然。補其缺，削其平，增其隘峻。内外之防嚴，夜行之禁便，巡哨之警壯。遠邇之觀，城東南隅舊有文昌閣、奎星樓，然委瑣不堪，渝落無狀久矣。予增而新之，俾有儀可象，爲邑人士瞻拜之地。是役也，約計八千餘工，費四百餘金，捐之耗羡者十之七[⑤]，取之折贖者十之三，并未波及各里平民攤泒，亦未開銷朝廷正項分文。而從此居人乃復漸增，市肆乃復漸開，雞犬不驚，安眠無恐，城中頗有起色。敢曰予之保障斯民，亦庶歲可寄同舟共濟之意云耳。挺夫。扶城地勢西北頗高，東南頗下，城中之水俱注東門，下流入漆水，南合漳水東去。每當雨集，泛濫出城，迅不可禦，石塊砂礫，力不能支，往往衝决崩催，咫尺城垣，危若累卵。予因命工甃以大石[⑥]，弭其虩漏，分其去路，緩其急流，僅可支延歲月。若久置不理，恐成大隙。思患、預防亦司土者之責也。挺夫。

六　商洛市

鎮安縣

鎮安縣修城碑序

（明）雍秦撰。

① 荷：承受。

② 蠲（juān）：除去，免去。賜復：以特恩免除賦役。

③ 甲午：順治十一年，1654年。

④ 乙未：順治十二年，1655年。

⑤ 耗羡：舊時官吏徵收賦税，爲彌補損耗，於正額錢糧外多收若干，稱爲耗羡。清代田賦一切附加統稱耗羡。

⑥ 甃：砌。

原碑已佚。

碑文收於何景明纂：(嘉靖)《雍大記》卷三十四，嘉靖刻本。

[録文]

鎮安邑城，歲久寖圮，夷而若伏壟焉，不知經幾令矣，罔有肯新之者。余公鼎來知是邑[1]，嘆曰："城圮若此，倠無警急也，設有警急何以待乎。"輙令邑人爰即故郭，投以剛土，引以金錘，址而乃辟而廣，巔乃增而高，級甎相承，匝而固之，盖爲永久計也，固非欲奢於前人也。又即城闉建三飛樓，盖欲便乎覘望焉。而四望，山之峙、川之流，草樹無窮，雲烟變態，畢獻于兹樓之前，可坐而目也。始公欲成，是邑民咸憂其功巨而難就，公百爾區畫惟法，更作迭休，民不知倦。惟勤民知敏，惟誠民知勸，費不經公家，罰不及私門，忽然而城告成矣。民復雜然歡動，感公之仁，嘉公之才，咸願立碑頌德，昭示無窮。謂予言可信後世焉，干以文予。惟《詩》云："公侯干城"，言人才爲可城也。《傳》云："地利不如人和"，言人心堅於城也。夫二者雖非城也，而隱然有城之險，且險於城焉。盍二者之是取，顧乃城是築耶。雖然重門待暴，設險固國，見於《易》；城郭溝池以爲固，又見於《禮記》，豈皆妄言乎，彼二者固天下之真險也。謂城非真險，則可謂城絶無險，則不可特恃其城之險，固不可急而無真險矣。城之險又兼而有之，豈不益固也哉。况真險非人所易，能築城而守之，人皆可能焉。若是，俞公之新邑城，諒可取矣。設寄以維城之任，意者必不負矣。然公之政事文章，勒諸口碑[2]，兹不具述焉。

鎮修鎮安縣城記

(明) 庠生席正副撰。

---

① 余公鼎：余當爲俞。俞鼎，河南洛陽縣舉人，正德五年任鎮安縣令，縣志有傳。

② 口碑：疑"石碑"之誤。

碑文收於聶燾纂修：（乾隆）《鎮安縣志》卷十《藝文志》，乾隆二十年（1755 年）刻，據刻本之傳鈔本；又收於滕仲黄纂修：民國《鎮安縣志》卷七《藝文》，民國十五年（1926 年）石印本。

録文以（乾隆）《鎮安縣志》本爲底本。

［録文］

鎮安山邑，築土爲城，久且圮，不城矣。丕德五年，洛陽命公來宰是邑[①]，嘆曰："嗟乎，是唯無警也，設有警，奈何。"夏，即故址，投以剛土，隱以金鎚，其乃用而，廣嶺乃贈而，級磚相承，匝而固之，仡仡乎其城篤。又即城間建飛樓三，南走楚蜀，東走商於，西走西安，道路之迂儉，形勢之要害，舉可坐得於樓之上，厥功偉哉，時正福七年也[②]。始公謀，欲興事，懼民志弗協，協且信矣，又從而嗅味之焉。民知急公，故其力可用也，民視公如私，故其心易感也。是役也，費不糜公帑，罰不及私門，氏咸説走，丏曰願有記。余惟重門待暴有形之城，衆志成無形之城，俞公爲令，先定民志，衆志成矣，于城乎何。有坡，周四里，門三：一永慶，一永豐，一永安。垣甃以石，門裹以铁，縱有警，舉無虞。公諱鼎，起家孝廉，有聲。修城其一時勸事者，主簿康森、典吏施茂、教諭李安節、訓導武成河鼎，庠生席正副得書也，故書之正德八年歲次癸酉春三月也[③]。

商南縣

創建縣治記[④]

（明）商南教諭蜀人黄儼撰。

---

① 丕德五年：當爲正德五年，1510 年。命公：當爲俞公。

② 正福七年：當爲正德七年，1512 年。

③ 正德八年：1513 年。

④ 民國《商南縣志》題作"創建縣城記"。

原碑已佚。

碑文收於羅文思纂修：（乾隆）《商南縣志》第十二卷《藝文》，乾隆十三年（1748 年）刻本。又收於羅傳銘修，路炳文纂：民國《商南縣志》卷十一《藝文志》，民國十二年（1923 年）鉛印本。

録文以（乾隆）《商南縣志》爲底本。

［録文］

商南，古雍州域，今隸商郡。面對群山，背負叢嶺，左跨沭河，右環峻阪，誠南北喉襟，諸路管轄也。成化丙申[①]，台憲原公傑特承命持節來平寇。寇平，疏請設巡撫統轄秦楚豫三省，於州之正東而南創建兹邑。越明年，舉大理寺卿吴公道宏以代，後大中承丞余公子俊莅關中[②]，與按察使王公朝遠、副使王公瀛、布政司參議王公瓘前後五六年間[③]，審形度勢，相地經營，頗費苦心。若鳩工、督役、掄材、陶甓諸需政務，則知縣鄭侯瑛主之[④]，夙夜殫力，寢食未遑，庶民子來趨事，至辛酉[⑤]，事咸就理[⑥]。凡築城，周二里有奇，鑿池深六尺，廣一丈，門東曰通知，西曰安仁，南曰育流，北曰鎮遠。層樓崇堞，兵戟森衛。去通知門内十餘武，坐坎向離，爲正堂三楹，崇二丈有四，廣倍崇一丈有四，深殺廣一丈有奇。堂西幕廳三楹，崇殺正堂五尺，廣倍崇一丈有四，深殺廣一丈有奇。堂東庫四楹，崇如幕廳，廣倍一丈[⑦]，深殺廣一丈有六。堂堦下左右建書吏房，房櫃各十，中爲戒石亭。亭前爲儀門，西南置牢獄，正南建鐘鼓樓。堂後二堂三楹，又退食寢室、庖廄、輿儓之處，至雜署壇壝、神祠、倉厫、津梁、鋪路、居民街衢以及封洫之屬，無一不備。于是官民

---

① 成化丙申：成化十二年，1476 年。

② 承：民國《商南縣志》無，疑爲衍文。

③ 布政司：民國《商南縣志》作“布政使”。

④ 鄭瑛：山東德州人，成化十三年任商南縣令。

⑤ 辛酉：當爲丁酉，成化十三年，1477 年。

⑥ 理：民國《商南縣志》無。

⑦ 一：民國《商南縣志》無。

相須，農末相资，遇者不知其爲新治也[①]。邑耆老士夫目擊厥美，請予爲文以記之。予思爲政難而難於得人，使不得其人，事亦苟且焉而已，烏在其爲政乎。今侯治商南，有規矩，有法度，而又能處官事如家事，以故斯邑之成而盡善全美，如此於以保衛生民，於以樂育人材，世世享萬年太平之福也歟[②]，是爲記。

商南縣修築城上内墻記

民國代知事劉大烈撰。

文收於羅傳銘修，路炳文纂：《商南縣志》卷十二《藝文志》，民國十二年（1923 年）鉛印本。

[録文]

商南縣城，固高且峻也。曷爲乎修築内墻，爲避炮彈也。曷爲乎避炮彈，蓋四城逼近，山麓匪來攻時，必依據山勢俯瞰，城中用炮射擊，則守城團警無法以避之，勢必群相逃散，匪得乘隙而入。有内墻焉，則足以避攻者之炮彈，即足以堅守者之心而壯其膽，内墻之關係，豈淺鮮哉。前年春，白匪率黨來攻，先占山勢，俯向城上，轟擊東城，團丁傷斃數名，其餘守城團警見勢不敵，相率而逃，城遂失守。去秋，匪首姚占鼇糾衆圍攻，先用土磚砌成圍墻，在内施放巨炮，愈擊愈烈，匪不敢上城，獲保全。由斯以觀，無内墻之受害，既如彼有内墻之獲益，又如此顧可不汲汲修築哉。傳銘奉檄守斯土，莅斯民，值斯股匪紛擾之時而謀所以保護人民之生命財産者，非修城上内墻不可。商諸紳民，僉曰："是不可以不修也，雖然，工程浩大，款項難籌，是奚以爲?"余乃將四城劃爲四十四段，以全縣四十四保之人，每保派送民夫三十人，衹給口食，概盡義務，各修各段，既可省費，且易成功。僉曰："善"。爰於六年十一月一

① 遇：民國《商南縣志》作"資"。

② 萬年：民國《商南縣志》無。

日，一律興修，版築齊施覺群擎之，易舉金湯鞏固，衆志成城，不滿兼旬，城工告竣。紳民睹内墻之成且速也，顧而樂之曰："吾守城百姓得此屏蔽，是不可以不記也"。余勉而應之曰："'孟子不云乎，地利不如人和。'内墻雖堅且固，烏可恃。可恃者，惟在守之者歟。相與共守者之心堅且固，則斯墻可恃矣。設也，涣散其心，畏葸其志，匪未至則聞警先逃，匪既至則未戰先潰，雖有十百千萬倍於斯墻之堅且固者，又安足恃也哉。吾願後之守斯城者相與共勉斯言，則内墻庶不至虛築，而吾民亦得享永久之保障也。"是爲記。

重修武關碑記

（明）太僕寺卿南鏜撰。

原碑已佚。

碑文收於羅文思纂修：（乾隆）《商南縣志》第十二卷《藝文》，乾隆十三年（1748 年）刻本。又收於羅傳銘修，路炳文纂：民國《商南縣志》卷十一《藝文志》，民國十二年（1923 年）鉛印本。

録文以（乾隆）《商南縣志》爲底本。

［録文］

《易》稱："王公設險，以守其國。"《書》謂："慎固封守，以康四海。"其意以爲君天下者，知險之可恃，故設爲城池、關隘以守國保民，是險之用大矣。武關去省城五百里，在春秋時爲少習，戰國時改武關。其地山環水繞，一夫當關，百夫難敵。岩險聞于天下，猶虞之下湯、鄭之虎牢、蜀之劍嶺，乃秦之門户也。我朝混一南北，四海爲家，關設巡檢司，隸西安府商州。奈何承平日久，官怠其職，城郭不完，關門不謹，因循廢弛非一日矣。正德庚午[①]，山東盜起，横行河北河南地方[②]，生民塗炭，不可勝紀。朝廷憫元元無辜，命將

---

① 正德庚午：正德五年，1510 年。

② 地方：民國《商南縣志》無。

出師，久未獻捷。欽差統制軍務張公、鎮守司設監太監王公、巡撫都御史藍公、都督楊公、巡按御史王公、左布政使洪公、分守參政周公、參議姚公、按察使馮公、副使聶公、都司張公恐盜賊入關，乃委西安左衛指揮同知李君成守其地。君行事老練，夙夜惕厲，不遑寧處，閱視舊城，土疏址平，非居守之長策。乃謀於衆，因其舊而新之，壘磚石、扃門鑰，設重門、吊橋，凡戰守之器無一不具。由是賊知有備而無入關之謀矣。嗚呼，民惟邦本[①]，本固邦寧，設險守國，雖出於君人者之所爲，而興廢補弊之端，尤在於守土者隨時理治而已。武關之險，自非李君重修防範之，豈能消患于未然耶[②]。功既告就，同事者懼無文以示後，咸以記請。予素重李君將略，故不辭而書以歸之，君諱禎，字廷瑞，世爲關中將家云。

山陽縣

新建縣治記

（明）秦府教授陳嘉猷撰。

文收於何樹滋撰修，黄輝增補：（嘉慶）《山陽縣志》卷三《營建志·城池》，嘉慶元年（1796年）刻本

[録文]

山陽，古豐陽也。面山帶流，遠在秦嶺之南，漢江之北。古今建革不一，兼無文獻可徵，天竺山圓覺寺所遺斷碑及民獲古鼎皆有“大元國奉元路商州豐陽縣”等字。後遭兵燹，縣治不存，而四境盡爲荒野。洪武間，司藩臬而守西安者，以商地僻民鮮，改爲商縣，并邑境入焉，統屬西安。逮成化丙申[③]，巡撫荆襄陽城原都憲，偕巡撫陝西眉山余大司馬，會藩臬諸公議，商山抵漢江一帶山林，土地

---

① 惟：民國《商南縣志》作“爲”。
② 耶：民國《商南縣志》作“也”。
③ 成化丙申：成化十二年，1476年。

寬廣，流民耕鑿，流寓日衆，宜設州縣以處之，守令以主之，此山陽之所以復置而縣治之所以新建也。先是，調藍田縣尹平陽趙公信同華陰潼津驛宰孫公傑來宰是邑，而經營創始之，不滿八月而趙公去任。元城楊侯適補是缺，自成化戊戌下車[①]，惓惓以澤民爲心，朝夕不遑，及與幕賓孫同心協力，縣治未修，城郭未築，從而修之築之；文廟未建，學舍未完，從而建之完之；廟祠寺觀與凡布按二司公廨宜豎者，并皆修而豎之。越明年，百廢俱興，還定安集民，無懷土之思、流離之嘆。若楊侯誠可謂能任子民之責，而宜爲關中首稱也。一日遣使賫幣，祈文以記之。余謂：莫難於治邑，尤莫難於新修邑治也。世之吏於民而短於才者，出納錢谷，奔走迎送，力尚弗贍，而動輒得罪於人，何暇修理縣治，安撫流移，而致民如歸忘亡乎。予與楊侯交久，深知爲人政治[②]，最近民情，故其修理百務，非緩非急而民心翕然，若子趨父，不期成而自成，不責備而自備。《詩》云：“豈弟君子，民之父母。”楊侯有焉。

建毓秀門記

（明）应天府尹王鹤撰。

原碑已佚。

碑文收於何樹滋撰修，黄輝增補：（嘉慶）《山陽縣志》卷三《營建志・城池》，嘉慶元年（1796年）刻本。

［録文］

萬曆五年丁丑六月望日[③]，使者至自山陽，授書於余。視之，則邑侯賈君創建毓秀門事也。賈侯加意士類，舉前人所未舉，慮在後日者失其歲月，故屬余記之。余問門所由建，倈者曰：“山陽孺學，自成化丙申後迄今百餘年矣。評事一杜公鸞，鄉進士一史公正，同

① 成化戊戌：成化十四年，1478年。

② 政治：似應爲“正直”。

③ 萬曆五年：1577年。

知一王公聘，此後則寂然也。我侯視事浹歲[①]，懼人才之衰，思有以振興之。謂山陽當楚蜀會，山川靈異莫加焉，而人才不盛者，何哉?蓋形勢隔越，山澤之氣不通耳，兹有所建置以通之，有司職也。乃具其事請諸商洛分守姜公、繼任張公，皆允其説，而毓秀門建焉。”余復訊其狀，使者曰：“邑故有東西通衢，孔廟當衢之北，不能南與山值。侯度其勢，通衢道，自北而南，逼者辟之，礙者疏之，直抵城足。洞其垣爲門，廣通車輿，又爲樓於垣之上，而額其門曰毓秀。乃受山川風氣之靈，一時稱便，輿情胥悦，且是科丙子即得鄉舉[②]，曰白受采[③]，將來士之濟濟者尚多也。”余聞是言，因得悉其故，雖未至山中，而侯所建立，皆在吾目中矣。憶昔侯來長安，與余遇於館舍，言無飾詞，貌若常。自下者，蓋端亮恭慎君子也。《思齊》之詩曰：“古之人無斁，譽髦斯士。”然必己之無斁，斯能令士之有譽也。侯之尊崇學校、樂育人才如此，謂非知所先務耶。使者告以還余報。余遂次其言爲記，以勒石焉。

修護城堤序

（清）邑令何树滋撰。

文收於何樹滋撰修，黄輝增補：（嘉慶）《山陽縣志》卷三《營建志・城池》，嘉慶元年（1796年）刻本。

[録文]

山陽治濱臨豐水，此水發源於鶻嶺以下，大溝小岔之水皆由此出。冬春水則入沙而河常涸，即不涸，亦甚小。夏秋雨集衆水迭出，則水勢汹涌不可抵禦。相傳城未修以前，水趨南街，直出西街，南

---

① 浹：周匝。浹岁即一年。

② 丙子：萬曆四年，1576年。

③ 白受采：《禮記・禮器》載：“甘受和，白受采。忠信之人，可以學禮。”唐孔穎達釋云“受和”“受采”之本意甘爲衆味之本，不偏主一味，故得受五味之和。白是五色之本，不偏主一色，故得受五色之采。以其質素，故能包受衆味及衆采也。

半壁不可居人。修城時估工者于東南隅築石堤一百丈，以爲捍衛計，誠得矣。然屢築屢潰，無寧歲，南關内外水常往來，人甚病之。乾隆五十七年[1]，予莅任兹土，審視形勢，知此堤之緊要，急思補築。而書役士民僉言，前任均經修理，總難穩固，恐不能一勞永逸。予細審前此所潰之處，皆從外崩而非關内潰，知其因根脚不深，水涮沙去，根脚空虚，以致崩潰，實非水冲之過。遂將舊潰六十丈，深其根脚，堅其土牛外皮，砌之以碎石，填之以三合，泥其低者，從而加高。次年，舊堤又壞三十丈，予所補者仍完整如故，益知根脚宜深不宜淺也。今歲春，將潰者逐一補築，舊堤根脚一律加添，深穩其工，俱如前式，不敢苟簡。又因舊堤過短，不足以衛，南關添築一百三十丈，直對城之西角止，其工更加堅實。實東南隅對岸有石嘴長出數丈，逼水北趨，勢可冲堤，因而鑿去之，河遂南徙而靠山。本年水常漲發，概皆順軌安流，新舊之堤，豪無損傷[2]，南關俱各安堵，盛稱便云。是役也，予以衆人之力，代爲經理，若虚應故事，不可持久，寧不大負衆人之望，遂不憚一日三出，逐細照料，其有舛錯者，當加改正，工人遂不敢偷工減料，各工皆可信，其穩固矣。特備紀其始末，以見此工之不易，後之保護斯堤者更加慎重，以永護城池於勿替，所賴豈有窮乎。

修城濠並石橋序

（清）邑令何树滋撰。

文收於何樹滋撰修，黄輝增補：（嘉慶）《山陽縣志》卷三《營建志・城池》，嘉慶元年（1796 年）刻本。

［録文］

有城斯有池，自古爲然。《易》曰：“城復於隍。”言前次鑿隍

① 乾隆五十七年：1792 年。
② 豪：應爲“毫”。

以築城，而城圮壞於隍，復其舊，無城無隍，是以吝夫。有水爲池，無水爲隍，池與隍皆可統言濠，然則有城，詎可無濠哉。山陽城之北面以迄東西皆有濠形，獨南面無，有謂是築城之初未議及與，抑日久水積沙淤失其舊歟，皆無定論。惟是無濠，則外水來時直趨城根，城根多爲所傷。水無歸往，是以直入南門，不特此也，即水不入城，城門積水亦壅而不消，殊非輯寧之道。予見及此，即以修田修堤，余力距城脚以丈八尺挖爲濠。寬二丈深六七尺，即以其土培城脚，并以其土填城内低窪所。自東濠起至西濠止，一律寬深，水出西南而濠遂成，并諭造房需土者俱取於濠，俾濠益加深。不惟外水不復入城，城内積水亦能瀉而不滯，人皆以爲便。有濠不可無橋，于南關正中添修大石橋，俾行人往來無慮阻滯。城之東西各溝，雖有舊形，實多淤塞。東西二關亦須石橋，由此俱修之，未嘗無小補云。

七　漢中市

南鄭區（漢中府）

修城記

（明）知府周東撰[①]。

原碑已佚。

碑文收於王行儉修，余孔捷纂：（乾隆）《南鄭縣志》卷十五《藝文下》，乾隆五十九年（1794 年）刻本；又收於嚴如熤修，鄭炳然等纂：（嘉慶）《漢南續修郡志》卷二十六《藝文中》，嘉慶十九年（1814 年）刻本；郭鳳洲、柴守愚修，劉定鐸等纂民國《續修南

① 周東：直隸河間人，弘治年間任漢中府知府。

鄭縣志》卷七《藝文志上・文》，民國十年（1921年）刻本。

録文以（乾隆）《南鄭縣志》爲底本。

［録文］

茲城不知創於何代，相傳漢以來已有之。考之志云：宋嘉定十二年十一月己亥築[①]，明洪武之三年知府費震重修[②]。迄今百五六十年矣，崩塌圮壞，殆存基址而已。宏治十五年十一月庚子[③]，始令軍民分功修築。民自東門轉北門抵西門止，長共五里二分；軍自西門轉南門抵東門止，長共四里一分。俱寬增一丈，高增五尺。東門磚甃二百三十丈，北門磚甃三百七十丈，東角樓磚甃五十丈，北角樓磚甃四十丈有奇，西門磚甃三十丈有奇，南門磚甃七十丈有奇，南角樓磚甃三十丈，大小子墻磚甃一百三十丈俱有奇[④]。角樓更鋪更易、翻修共五十六座，越十六年癸亥二月而功成[⑤]。用過大磚共一百二十萬有奇，灰六千石有奇，大小椽木以萬計，釘鐵麻枲如山[⑥]，蓋千萬億之貲也[⑦]，而費官銀止於六百七十五兩。荷鍤如雲，揮杵如雨，肩相摩而聲相應，蓋千萬億之工也，而役不及于田夫。由漢及唐，經宋歷元，數千年之基也，而一新於三月之間，殆必有所以本之者矣。《孟子》曰："以佚道使民，雖勞不怨。"《經》曰："百堵皆興，鼛鼓弗勝。"前後經畫營度，可其事者，都御使陳清、周季麟，副使馬懋；夙夜公勤，董其役者，府同知李時衛、掌印指揮王翺；至若一磚一灰一椽一木一夫一匠之所自出，與夫籌始籌終而卒成之者，則本府知府周東也。

---

① 嘉定十二年：1219年。

② 洪武三年：1370年。

③ 宏治十五年：弘治十五年，避乾隆帝諱。1502年。

④ 子墻：院落内的小墻。

⑤ 癸亥：弘治十六年，1503年。

⑥ 枲（xǐ）：大麻的雄株，只開花，不結果實。

⑦ 億：（嘉慶）《漢南續修郡志》缺。貲：（嘉慶）《漢南續修郡志》作"資"。

東城樓新建三神祠碑

（清）順治四年（1647年）陳名夏撰。

碑原在漢中城東門樓上。今佚。

碑文收於王行儉修，余孔捷纂：（乾隆）《南鄭縣志》卷十五《藝文下》，乾隆五十九年（1794年）刻本。又收於嚴如熤修，鄭炳然等纂：（嘉慶）《漢南續修郡志》卷二十七《藝文下》，嘉慶十九年（1814年）刻本；郭鳳洲、柴守愚修，劉定鐸等纂：民國《續修南鄭縣志》卷七《藝文志上·文》，民國十年（1921年）刻本。

録文以（乾隆）《南鄭縣志》爲底本。

［録文］

漢中守城諸公於關忠武廟商兵餉、議戰守，矢天決策，誓保孤城。遂簡别文武，派分信地，各當一面。原、王、于三公得東面焉。及南郊之戰，副戎李公失利，以身殉。參戎王公移守南門，于是東城上下，止原、于二公矣。先是，漢東門外故有忠武廟二所，及賀珍攻城時，遂伏其内以護身，我兵矢石不能近。決水填濠，賊因之以爲利。于是謀所以焚之而未決，請於胡公。公曰："神依於人，焚廟以存人也，不然數萬生靈將就屠，神其安之乎。"于公曰："果神有靈，得保萬全，賊退即建廟於東城頭以圖報。"衆曰："唯唯。"乃整弓矢、備火具，諸健丁奮勇争先，火具齊舉，對壘矢石以待。須臾風起炎發，當就灰燼，賊失其所依，遂大窘。一夕，有卒於恍惚中見空際一赤面長髯大人，衣緋睨立，而刃指賊，移時始没。將士聞之，鼓氣數倍，以爲此忠武顯佑，却敵必矣。于是火器所擊，聲若雷轟，無不命中者，則又以爲祝融氏之助厥威。且馬騰於槽，作足嚙膝長鳴以待，則又以爲馬祖之神效厥靈也。賊雖攻圍閲月，而文武軍民恃以無恐。及援兵至，圍解，逆珍遁去。于公即卜日開地，庀材鳩工，建祠于東城門頭，合三神而立像焉。丹青漆灂之必飭，土木金石之必精。由夏迄冬，越丁亥之春①，始告竣。使人瞻拜於斯者，春秋享祀，無忘昭格之由，則禋祀永而神休揚矣。不然人有功而不賞，英雄不免浩嘆。豈神威孔赫如是而顧忍滅没之耶。且思建此之故，則當日之養兵措餉、勇戰力守、轟轟烈烈、諸文武之功名亦附是不朽矣。後之莅斯土者，其視諸于公。因胡公請記於予，既爲之記，復爲之銘，銘曰："漢水若帶，梁山若礪。三神匡之，厥靈鼎峙。建祠立石，永貞無斁。福我蒸黎，食休千祼。"

東城樓碑記

（清）康熙二十七年（1688 年）漢中府知府滕天綬撰②。

原碑已佚。

碑文收於嚴如熤修，鄭炳然等纂：（嘉慶）《漢南續修郡志》卷二十七《藝文下》，嘉慶十九年（1814 年）刻本。

[録文]

城之有樓，非以飾觀也，所以捍衛一方，上爲朝廷疆宇之守，下爲斯民蕃阜之徵，所關亦甚鉅矣。故廢興成毁，職斯土者與有責焉。康熙二十有五年冬十一月③，予承天子寵命來守是郡。越三日，巡視城垣雉堞，有四樓傾圮大半，即思起而葺之。時天兵初撤，哀鴻甫集，簿書鞅掌④，不遑問經度營表也。今皇恩蠲租，水火遺黎獲有起色，守土之官乃得從事興作於封疆。因而請命於道憲金公，偕郡丞梁文煊⑤、別駕章烶率同南鄭縣令韓維新⑥，捐金覓料，約費不下二百餘金，皆一一取給于俸，餘未嘗索民間一縷一粒。而棟楹、

---

① 丁亥：順治四年，1647 年。

② 滕天綬：字敬巖，三韓人，曾任漢中知府。

③ 康熙二十五年：1686 年。

④ 簿書：官署文書。鞅掌：煩勞。《詩・小雅・北山》："或王事鞅掌。"後謂職事忙碌爲鞅掌。

⑤ 梁文煊：正白旗，奉天府人，監生，以福建福州府羅源知縣升任汉中府郡丞。

⑥ 韓維新：奉天遼陽鑲紅旗人，康熙間任南郑縣令。

梁桷、楯檻之僅存一二者[1]，皆腐朽無用，今盡易以良木矣。蓋瓦級甎之盡殘，今皆焕然其覆庇之矣；丹雘之漫漶不辨者[2]，今皆華彩而軒翔矣。委經歷司張廷佐經始於是歲之十月上句[3]，不兩月而成功。而此樓巍然漢城之表，爲之題扁，其額曰："南國先春。"

夫治民者，莫先于培生氣。萬物之義，成於冬而生於春，東則生氣之所從出也。予之重整斯樓也，殆予以民生聚爲先之意乎。樓成，登其上，遠觀四境，其外則平疇千頃[4]，宛然其盈目也；其内則烟火萬家，歷歷其在望也。終南鬱葱之氣繞於前[5]，漢水淼波之勢環於側。予與二三僚友共坐春臺[6]，願小民歲歲如春，同游化日之長，斯則予作樓經始之初心也。用是勒石，以爲之記。

補修漢中府城摺

（清）董教增撰。

文收於嚴如熤修，鄭炳然等纂：（嘉慶）《漢南續修郡志》卷二十七《藝文下》，嘉慶十九年（1814 年）刻本。

［録文］

爲勘明漢中府城垣，急應修理，并添建砲樓等項緣由，恭摺奏聞，仰祈聖鑒事。

竊照漢中府城垣，多有坍塌段落，經前撫臣方會同將軍臣德，籌議善後事宜，各條内奏明，列入急工在案。嗣經檄飭該管道府委員勘估，因工費繁鉅，屢次駁查，尚未動項興修。臣於上年十一月内前赴留壩、洋縣等處驗收城工，順道漢中，督率該管道府周圍察

---

① 梁桷：指房屋的梁与椽。桷，椽子。楯檻：欄杆。

② 丹雘：油漆用的红色颜料。《書・梓材》："惟其塗丹雘"。

③ 是歲：康熙二十六年，郡守滕天綬捐俸，暨同知梁文煊、南鄭令韓維新、城固令胡一俊、沔縣令董瑞祚重建東西厫房二十三。上句：應爲"上旬"。

④ 平疇：平坦的田地。

⑤ 鬱葱：氣盛貌。

⑥ 春臺：指登眺游玩的勝處。《老子》："衆人熙熙，如享太牢，如登春臺。"

看。該府城爲漢南保障，且系川陝咽喉，急須修理完整，以資捍衛。但查該府城垣，建築年遠，不特城身坍塌過甚，即城根磚石亦多碎裂，雖於乾隆三十三年曾經修補[①]，亦已四十餘年。若通身拆卸，大加修築，工費浩繁。遂與該道府面加商酌，止就其坍塌之處，量加修葺。并查該城上必須添建砲樓，又角臺上亦需改堆房等項，庶足壯形勢而資嚴密。玆據該道府督率委員勘明，坍塌裏外城共六十六段，凑長九百七十五丈六尺五寸；排墻四段，凑長六十四丈八尺；垛墻一百九十六堵，城樓四座，角臺上改修堆房三座，馬道四座，北月城樓一座，以及拆補殘缺垛墻、炮臺、角臺等項，實費工料銀六萬九百五十兩零，由藩司朱轉據道府加結具詳，請奏前來。臣查漢中府城垣系奏明列入急工，此次酌量修葺，據確核實，係撙節辦理[②]。惟添建炮樓等項，例應奏明，請旨遵行。至城垣修費，向例司支商筏畜税及當商生息銀兩。玆查税息二款，不敷動用，應請在於司庫地丁銀内先行借支，飭令及時興修，俟收有税息，即行撥還。

再查漢中府知府嚴如熤，熟諳工程，辦事結實。此項府城，應令該守領銀承辦，一手經理，以專責成。除應需工料銀兩，細數清册，照例另行具題外，所有漢中府城酌量修理，并添建砲樓等項緣由，理合恭摺具奏，伏乞皇上睿鑒。

漢中府修補城垣内外土城磚城段落丈尺記

（清）嘉慶二十年（1815年）漢中知府嚴如熤立。

碑原立于漢中府城内飲馬池南三台閣，現移存于漢中市博物館。碑呈横方形，高66釐米、寬104釐米、厚14釐米。楷書48行，滿行35字。目前保存完好。

據原碑録文。

---

① 乾隆三十三年：1768年。

② 撙節：節制、節約。

［録文］

嘉慶十七年五月[①]，巡撫陝西部院董，奉委漢中府知府嚴如熤承辦補修漢中府城垣，於嘉慶十七年十月六日開工，十八年十二月初八日工竣[②]。修補段落，開列於後：

自東南角外城迤西起，修剥落磚城一段，長十一丈四尺五寸；又一段，長二丈二尺。第二炮臺前，修土胎一段，長十四丈七尺。第三炮臺前，修土胎一段，長十八丈二尺；又修剥落磚城一段，長七丈二尺。第四炮臺前，修剥落磚城一段，長十三丈七尺；又土胎無磚城一段，長十三丈七尺；又剥落磚城一段，長十四丈二尺。第五炮臺前，修土胎無磚城一段，長十九丈七尺。第六炮臺前，修剥落磚城一段，長十四丈四尺；又土胎城一段，長三丈七尺。第七炮臺前，修土胎城一段，長十三丈七尺；又剥落磚城一段，長七丈二尺。修第八炮臺一座，共長五丈一尺；又迤西剥落磚城一段，長一丈二尺。又一段，長十一丈二尺。修第九炮臺一座，共長五丈一尺，又迤西剥落磚城一段，長十六丈七尺。第十炮臺前，土胎無磚城一段，長十七丈二尺；又剥落磚城一段，長六丈七尺。第十一炮臺前，修土胎城一段，長七丈七尺；又剥落磚城一段，長六丈七尺。第十二炮臺前，修剥落磚城一段，長四丈四尺；又一段，長十丈七尺。自南門月城迤西起，修剥落月城一段長七丈；又一段，長三十五丈七尺；又挨月城剥落磚城一段，長二丈七尺。修第一炮臺一座，長五丈一尺。修第四炮臺一座，三面無磚，共長五丈一尺。又迤西修土胎城一段，長十二丈七尺，剥落磚城一段，長二十丈七尺。第五炮臺前，修剥落磚城一段，長五丈二尺。修西南角台一座，周圍剥落長十一丈七尺九寸五分。自西南角迤北起，修剥磚城一段，長五丈二尺。第二炮臺前，修剥落磚城一段，長二十二丈二尺。第三炮臺一座，三面剥落一段，長五丈一尺。又迤北修剥落磚城一段，長

① 嘉慶十七年：1812 年。
② 嘉慶十八年：1813 年。

二十四丈七尺。修第四炮臺一座，長五丈一尺；又迤北修土胎城一段，長二十四丈七尺。第五炮臺前，修剥落磚城一段，長二十四丈七尺。第六炮臺前，修土胎城一段，長十四丈七尺。自西門月城迤北起，修土胎城一段，長五丈七尺。修第四大炮臺一座，南面剥落，長二丈五尺；北面剥落，長四丈五尺。第六炮臺前，修土胎城一段，長十五丈二尺。修剥落磚城一段，長六丈二尺。第七炮臺前，修剥落磚城一段，長二十七丈七尺。修西北角台一座，周圍剥落長十一丈七尺九寸五分。自西北角迤東起，修土胎無磚城一段，長五丈七尺；又剥落磚城一段，長十八丈一尺。第一炮臺前修剥落磚城一段，長十三丈二尺；又土胎城一段，長十四丈七尺。第四炮臺前，修剥落磚城一段，長十四丈七尺；又土胎城一段長十三丈七尺。第五炮臺前，修土胎城一段，長三丈七尺；又剥落磚城一段，長二十五丈二尺。北門月城西面，修土胎月城一段，長十一丈七尺。又剥落月成一段，長十三丈七尺。北門月城洞内，修剥落月城磚城一段，長九尺。自北月城門洞迤東起，修剥落月城一段，長九丈七尺；又一段，長二丈二尺。修東門角台一座，剥落周圍長十一丈七尺九寸五分。自東北角迤南起，剥落磚城一段，長十三丈二尺。第一炮臺前，修剥落磚城一段，長十一丈七尺。第三炮臺前，修剥落磚城一段，長五丈七尺。修第四大炮臺北面剥落一段，長一丈七尺；南面剥落一段，長二丈七尺。又迤南修剥落磚城一段，長十六丈一尺。第六炮臺前，修土胎城一段，長十八丈二尺。第七炮臺前，修土胎城一段，長二十二丈二尺。第九炮臺前，修剥落磚城一段，長三丈七尺；又一段，長四丈以上。共計修無磚土胎城二十段，凑長二百七十一丈；剥落磚城共三十九段，凑長四百四十四丈二尺五寸；二共凑長七百一十五丈二尺五寸。又角炮臺共凑長八十六丈八寸五分，均外皮磚城。補修裏皮土牛坍塌段落，自東門迤北挨門台一段，長十丈；自東南文昌閣迤西起，至第一炮臺止，修一段，長二十四丈。第四炮臺前起至第五炮臺前止，修一段，長六十四丈。自西門迤北，第七炮臺前起，至西北角台止，修一段，長二十八丈。自西北角台迤東起，至第二炮臺前止，修一段，長六十三丈九尺。自四炮臺起，至第六炮臺止，修一段，長六十丈五尺。東北角台前，修一段，長十丈以上。裏皮土牛，共修築七段，湊長三百六十丈四尺；連前内外城身，共六十六段，湊長九百七十五丈六尺五寸。炮臺大小八座，共修砌長四十二丈。角台三座，共修砌長三十五丈三尺八寸五分。以上補修段落工程，應以嘉慶十八年十二月初八日工竣之日起，限保固三十年。城樓角樓，例係保固十年。其補修硐樓八座，不入保固限内，謹記。

嘉慶二十年二月日道銜漢中府知府嚴如熤立[①]。

城固縣

修理城垣記

（明）正德八年（1513年）黄九峰撰。

碑原在城固縣南門口，現已佚。

碑文收於王穆修纂：（康熙）《城固縣志》卷九，康熙五十六年（1717年）刻本。又收於嚴如熤修，鄭炳然等纂：（嘉慶）《漢南續修郡志》卷二十六《藝文中》，嘉慶十九年（1814年）刻本。

録文以康熙《城固縣志》爲底本。

［録文］

城固在漢之東北隅[②]，薄垣高僅尋許[③]，三面爲門，而闕其北，無濠塹溝壘以限其外[④]。幸海内太平，百餘年不見兵革之事[⑤]，百姓

---

① 嘉慶二十年：1815年。

② 漢：（嘉慶）《漢南續修郡志》作“漢中”。

③ 尋：古長度單位。八尺爲一尋。《詩・魯頌・閟宫》：“是斷是度，是尋是尺。”後來凡物之長、廣、高都叫尋。

④ 濠：（嘉慶）《漢南續修郡志》作“壕”。

⑤ 兵革：（嘉慶）《漢南續修郡志》作“干戈鬬争”。

飽食暖衣[①]，出租賦力役以供其上，盜賊希少[②]，夜户不閉[③]，不復以修戎器、戒不虞爲意。自正德己巳[④]，蜀郡盜起，鄰於漢中，人始知警。然猶幸北地遠[⑤]，無所爲備。其七年壬申[⑥]，盜猝至[⑦]，邑人於是大恐[⑧]，争先奔潰，投匿林藪，而又顧戀鄉土，哭泣道路，聲震山谷。盜尋西去，邑人亦歸其家，然驚禽駭獸，漫無可恃，訛言累興[⑨]，寢食失常。當是時，都御使即墨藍公璋撫臨其地[⑩]，以爲誠得一廉幹之士而用之[⑪]，城我邑，又何患哉[⑫]。于是分巡任丘邊君進曰[⑬]："通判周盛，此其人也。"公因命[⑭]，周君既至，與百姓約曰："若苦盜乎[⑮]？"曰："然。""出汝力、保汝生，若何[⑯]？"衆稽首謝曰[⑰]："謹奉命。"[⑱] 乃經始於是年三月[⑲]，越明年癸酉七月告成事[⑳]。凡城周圍以里計者七[㉑]，高以丈計者三[㉒]，闊减於高者六之一；池深

---

① 飽食暖衣：（嘉慶）《漢南續修郡志》作"飽暖衣食"。

② 希：（嘉慶）《漢南續修郡志》作"稀"。

③ （嘉慶）《漢南續修郡志》"閉"後有"無復意外之慮，其居者幸鄉邑無事，日與百姓安處，後先相襲，亦"。

④ 正德己巳：正德四年，1509 年。

⑤ 北：（嘉慶）《漢南續修郡志》作"其"。

⑥ 七年壬申：正德七年，1512 年。

⑦ （嘉慶）《漢南續修郡志》"至"後有"漢濱"。

⑧ 恐：（嘉慶）《漢南續修郡志》作"懼"。

⑨ 累：（嘉慶）《漢南續修郡志》作"屡"。

⑩ （嘉慶）《漢南續修郡志》"地"後有"拊髀嘆曰：豈可以戚我小民哉？"藍公璋：藍璋，山東即墨人，進士。弘治中，升僉都御史。忤逆瑾，左遷通判。瑾敗，起爲巡撫。

⑪ 以爲誠得一廉幹：（嘉慶）《漢南續修郡志》作"得才能"。廉幹：廉潔幹練。

⑫ 患：（嘉慶）《漢南續修郡志》作"憂"。

⑬ （嘉慶）《漢南續修郡志》"於是"後有"詢諸衆而"，"君"後有"億"。任丘：縣名。屬河北省。本漢鄭縣地。相傳漢平帝命中郎將任丘築城於此，名任丘城。

⑭ 因命：（嘉慶）《漢南續修郡志》作"曰：然，吾固已知之，其可城矣。"

⑮ 若苦盜乎：（嘉慶）《漢南續修郡志》作"若苦盜賊乎"。

⑯ 若何：（嘉慶）《漢南續修郡志》作"何如"。

⑰ 衆：（嘉慶）《漢南續修郡志》作"於是"。

⑱ （嘉慶）《漢南續修郡志》此後有："又曰：'得無怠者乎？'吾試之矣。曰：'不敢。'"

⑲ 經：（嘉慶）《漢南續修郡志》無。

⑳ 癸酉：正德八年，1513 年。

㉑ 計：（嘉慶）《漢南續修郡志》作"記"。

㉒ 計：（嘉慶）《漢南續修郡志》作"許"。

如城之闊，闊增於城之高者亦六之一。闢門於北，與三門者等。甃磚於土，衣木以鐵。層樓上峙，揭石於扁，東曰永和，西曰安遠，南曰通濟，北曰新寧，識始作也。其外各築土環，遍而名曰月城，取其象也。城四隅各樹以樓，四隅之相距每二十丈竪以小樓，以所計者，六十有五。而城之上甃磚，爲渠通於小樓之側，除水患也。其爲女墻也，上瓦下甎，凡以垛千有五百，而城之制備矣。是役也，甎瓦以萬計者，百二十有奇；木以株計者，六千二百；鐵計萬觔[①]，石灰以石計者，千五百有奇；石以條計者，九百有奇；食米百石，力以丁計者萬餘，方邑之城也。適知縣府州李君完至[②]，則見夫父老數十人請見而言曰[③]："我儕小人，得以安居朝夕者[④]，誰之賜耶[⑤]？惟巡撫振其初[⑥]，惟兵備道成其志[⑦]，惟郡倅董其功[⑧]。我儕小人，不敢忘所自[⑨]。敢告於執事者，將何以命之？[⑩]"李君起告曰[⑪]："父老來，若爲吾等伐南山之石[⑫]，徵於有文者撰述勳績，大書深刻，表樹城門[⑬]。詔於來裔，俾世世有以思也。[⑭]"乃使彼請於余[⑮]。余口[⑯]：

---

① 觔：（嘉慶）《漢南續修郡志》作"斤"。

② 府：（嘉慶）《漢南續修郡志》作"瀘"。李完：四川合江人，監生。志載其"奉公守法，吏畏民懷"。

③ 貝：應爲"見"。（嘉慶）《漢南續修郡志》"則見"後作"夫士人之游眺熙然，以爲金湯之固，可恃而不恐。李君自念曰：'諸君之功，其與兹城相爲終始者乎？我其圖之。'未幾，數十人直入請見李君，曰：'若将何爲？'其一人大言曰。"

④ 夕：（嘉慶）《漢南續修郡志》作"暮"。

⑤ 耶：（嘉慶）《漢南續修郡志》作"也"

⑥ 初：（嘉慶）《漢南續修郡志》作"功"。

⑦ 兵備道：官名。明制於各省重要地方設整飭兵備的道員，清代沿置。（嘉慶）《漢南續修郡志》無"道"。志：（嘉慶）《漢南續修郡志》作"猷"。

⑧ 郡倅：郡守的副職。清時稱府通判爲郡倅。

⑨ 不敢忘所自：（嘉慶）《漢南續修郡志》作"不敢忘其所自"。

⑩ （嘉慶）《漢南續修郡志》"之"後有"敢不檄從"。

⑪ 君：（嘉慶）《漢南續修郡志》缺。

⑫ 若爲吾等：（嘉慶）《漢南續修郡志》作"吾爲若等"。

⑬ 表樹：（嘉慶）《漢南續修郡志》作"樹之"。其後有"巍乎焕然"。

⑭ 嘉慶《漢南續修郡志》此後有"於若何如？於是稽首謝曰：'幸甚。'李君退使"。

⑮ 乃使彼請於余：嘉慶《漢南續修郡志》作"使請予"。余：嘉慶《漢南續修郡志》均作"予"。

⑯ 口：似誤，（嘉慶）《漢南續修郡志》作"曰"。

天下事①，未有不相合以成者也②。上有以發之，無代其爲；下有以應之③，不察其美，皆未足以議乎。是觀城固之役④，其能無感焉？爾乎孟氏有言⑤："以佚道使氏⑥，雖勞不怨。"世亦有以佚道爲者，然往往生怨，何也？名曰佚之，其實與之患，是居下而代上，所爲者罪也。勞之下怨⑦，其城固之役乎？上之擇人得其道，下之所自擇亦得其道⑧，是皆可書也⑨。夫藍公之念切民依⑩，邊君之推𢱧任事⑪，皆廟堂之資⑫，而天下之望也。自有以勒鐘鼎、紀太常⑬，宜無以藉乎⑭？是惟周君之政，有體上之心，又能得民之心⑮，或者藉是以傳歟？并書以告來者，是爲記。

重修城垣記

（清）康熙四十六年（1707年）城固知縣潘燾撰。

原碑已佚。

碑文收於王穆修纂：（康熙）《城固縣志》卷十，康熙五十六年（1717年）刻本。又收於嚴如熤修，鄭炳然等纂：（嘉慶）《漢南續修郡志》卷二十七《藝文下》，嘉慶十九年（1814年）刻本。

---

① 天下事：（嘉慶）《漢南續修郡志》作"天下之事"。

② 是：（嘉慶）《漢南續修郡志》無。

③ 應：（嘉慶）《漢南續修郡志》作"能"。

④ 役：（嘉慶）《漢南續修郡志》作"邑"。

⑤ 氏：（嘉慶）《漢南續修郡志》作"子"。

⑥ 佚道：指使百姓安樂之道。《孟子·盡心上》："以佚道使民，雖勞不怨。"

⑦ 下：（嘉慶）《漢南續修郡志》作"不"。

⑧ 擇：（嘉慶）《漢南續修郡志》作"盡"。

⑨ 是皆可書：（嘉慶）《漢南續修郡志》作"是則皆可書"。

⑩ 夫藍公之念切民依：（嘉慶）《漢南續修郡志》作"夫藍公之博大"。民依：百姓心嚮往之。

⑪ 邊君之推𢱧任事：（嘉慶）《漢南續修郡志》作"邊君之充實"。

⑫ 廟：（嘉慶）《漢南續修郡志》作"朝"。

⑬ 勒鐘鼎、紀太常：（嘉慶）《漢南續修郡志》作"勒鼎鐘旂常者也"。鐘鼎：古銅器的總稱。上面多有記事表功的銘刻文字。太常：旗名。《書·君牙》："厥有成績，紀于太常。"

⑭ 宜：（嘉慶）《漢南續修郡志》作"蓋"。

⑮ 能：（嘉慶）《漢南續修郡志》作"有以"。

録文以康熙《城固縣志》爲底本。

［録文］

按《通鑑》蜀漢建興七年①，丞相亮築樂城於城固，蓋是城也。高三丈三尺，厚二丈四尺，周一里七分步。門四，東曰永和，南曰通濟，西曰安遠，北曰新寧，今塞矣。明正德七年②，本郡别駕周公盛重築。嘉靖六年③，邑令劉公佳以東西二門去縣署遠④，開小東門曰富春，小西門曰阜秋，便民也。自是無復有修之者。康熙四十五年秋，漢南大水，奪民田舍無算，而城之城崩坍徹底者一百一十五丈四尺，東、南二門樓櫓傾折尤甚，其睥昵守餔及城之殘缺而不盡塌者⑤，不可勝紀，出入之人皆舍門行。次年春正月，余來攝邑事。甫句日⑥，事多茫昧，而撫都院鄂大中丞適查賑至⑦，顧城垣頽廢，深以爲念，命余設法亟修。夫以代事之員，而作設法計，固已疏矣，况在浸澇之後乎？然城垣關係捍衛，中外雖寧備，不可一日廢，且有倉庫、監獄之責，寧可以時艱委之？以是申明各憲，輒置甎甃灰木，助力於農隙之民，擇期興築。笨插子來⑧，工直領夫匠，千總率工直⑨，胥役督千總，余與縣尉時時巡察指畫之。始事於正月，告竣於十二月。是役也，甎以數萬計，工以數千計，灰以數百計，木以數十計，所需二百八十四兩有奇，皆余慘澹經營而出之，未敢損民間粒米寸草也。城工畢而民無怨言，且有稱之者。此城民之諒余⑩，

---

① 建興七年：229年。

② 正德七年：1512年。

③ 嘉靖六年：1527年。

④ 劉佳：河南禹州人，官生。

⑤ 睥昵："昵"應爲"睨"。睥睨，也作"埤堄"，指城上短墻。

⑥ 句：（嘉慶）《漢南續修郡志》作"旬"。

⑦ 中丞：官名。明清常以副都御史或僉都御史出任巡撫，清代各省巡撫例兼右都御使銜，因此明清的巡撫，也稱爲中丞。

⑧ 笨：（嘉慶）《漢南續修郡志》作"畚"。畚鍤：挖運泥土的工具。

⑨ 千總：官名。明初京軍三大營置把總，嘉靖中增置千總，都由功臣擔任。以後職權日輕，至清成爲武職中的下級，位次於守備。

⑩ 城：似應爲"誠"。

夫豈果以佚道使民而然哉[①]？方將書石，而新宰何君下車。留心政事，振刷維新，則修舉廢墜，詎止城垣一事[②]，城之士民，抑何厚幸歟。是爲記。

築樂城南樂堡識

（明）林有麟撰。

原碑已佚。

碑文收於王穆修纂：（康熙）《城固縣志》卷九，康熙五十六年（1717年）刻本。又收於嚴如熤修，鄭炳然等纂：（嘉慶）《漢南續修郡志》卷二十六《藝文中》，嘉慶十九年（1814年）刻本。

録文以康熙《城固縣志》爲底本。

［録文］

古大臣身任天下，必吉凶同患，與民共之。其視國猶家，視鄉井猶家庖湢也[③]。漢川數絓氛警[④]，摧堅墉如樊圃焉。公樂城南，墟落保聚[⑤]，遇瞰掠，輒徒匿，咽城而入，人無安居[⑥]。公憫之，謀諸家掾[⑦]，相地高下，將立堡建城。凡有六難，厥功頗鉅。公調御群情，整辦傭作，倒橐傾囷而應之[⑧]，不以役困鄉民。民子來奔命，使百雉翼然[⑨]，環堵可居，乘陴可守[⑩]，永終令圖，爲百世之利[⑪]。由

---

① 佚道：指使百姓安樂之道。《孟子·盡心上》："以佚道使民，雖勞不怨。"

② 詎：副詞。何，豈。《莊子·齊物論》："庸詎知吾所謂之非不知邪?"

③ 庖湢：庖，厨房。湢，浴室。

④ 絓：粗䌷。警：（嘉慶）《漢南續修郡志》作"驚"。

⑤ 墟落：村落。唐王維《渭川田家》："斜光照墟落，窮巷牛羊歸。"

⑥ 安：（嘉慶）《漢南續修郡志》作"寧"。

⑦ 掾：嘉慶《漢南續修郡志》作"椽"。掾本爲佐助之義，後通稱副官佐貳吏爲掾。

⑧ 倒橐傾囷：盡傾其所有。

⑨ 百雉：謂三百丈長的城墻。雉，度量衡名。古代計算城墻面積的單位：方丈曰堵，三堵曰雉，一雉之墻，長三丈，高一丈。

⑩ 陴：城上女墻，上有孔穴，可以窺外。

⑪ 令圖：善謀；遠大的謀略。《左傳·昭公元年》："臣聞君子能知其過，必有令圖。令圖，天所贊也。"

公循偵邊徼，熟覽障塞，察平險之形，工制敵之算，射隼於墉[①]，殪而下之[②]。公故具文武，才饒足辦賊，此特其徹土繚垣，僅爲桑梓計者耳。至若爲朝廷梁棟，甍肩柱石[③]，袵四海而維太山，公侯干城[④]，殆興朝之良佐也歟。

洋縣

洋縣修城恤民疏

（明）李遇知撰。[⑤]

文收於嚴如熤修，鄭炳然等纂：（嘉慶）《漢南續修郡志》卷二十六《藝文中》，嘉慶十九年（1814 年）刻本。又收於張鵬翼修：民國《洋縣志》卷五《藝文志上》，民國二十六年（1937 年）石印本。

録文以（嘉慶）《漢南續修郡志》爲底本。

［録文］

題爲洋城宜包，洋民宜恤，仰祈聖明，俯從末議，以保殘黎事[⑥]。

臣聞，事不一勞，不能永逸；法不革弊，不能興利。聖明在上，宏恩普被。臣洋，均一土地，均一人民，獨偏苦向隅。臣洋人也，世居其邑，目擊大端有三。一則城之不可不包也。言請内帑，中外軍餉方急，議無措；言捐助，三空四盡，維正尚艱，何敢輕瀆天聽。今自臣始，臣捐俸一年，計可五百。臣之邑有衆紳及有力之家，多

---

① 射隼：待機殲敵之喻。

② 殪：矢一發而死爲殪。

③ 甍：棟樑，屋脊。

④ 干：（嘉慶）《漢南續修郡志》作“于”。公侯干城：指爲公侯抵禦外侮的武將。

⑤ 李遇知（？—1644 年）：字伸伯，洋縣人。萬曆庚戌進士，授東明令。崇禎初，起禮科，累陞户尚、總督倉場，擢吏部尚書，甲申之變縊亡。

⑥ 殘：民國《洋縣志》作“蒸”。

少不等，量力輸助，不可强，亦不可避，樂義之心，孰昔甘後？再照臣洋舊爲州治，幅員頗廣，計内空地，不下數頃，原價每畝二兩，合增價十兩，以原價給原主，以八兩修城[1]，總計若干，似可少裨益萬一。地給城外之人，藉以實城，則守城有人，公私兩便也。合捐助、地畝銀，用或不給，則那縣之贖鍰增補[2]，竊恐囊中之金，不輕割也。包城，舉臣募之，上官未有不動念爲照管者。非常之舉，黎民懼焉。及臻厥成，晏如也。臣所仰望皇上，採臣末議，下撫按，立限急行也。

又中州馬户，皆官當官走。每過往員役，縣官一概應之。洋每年僉報召募，報一人，傾一家，不至鬻賣，吸髓不止[3]。是以小民有盡之脂膏，填無盡之谿壑。今議條鞭，額定站銀及馬夫工食[4]，買馬止招馬夫[5]，餧馬并不立召募之名。着落官當者，杜差官承差之需、索酒飯并分外借馬等費。事雖小而省多，庶民脱魚肉鞭撻之苦，民得樂業，官重愛養之實。清華之選，以此殿最，皇上勵之於前，罰之於後。臣所仰望皇上，採臣末議，下撫按，立法急行也。

又收頭之苦。收頭報之大户，添搭賠補之害。緣洋徵收，前後傳舍，其官倏加、再加，每兩或加二、加三，利入官而累賠民。甚至傾銷之添搭、起解之添搭，每百兩不下五七兩，道路盤費，衙門使用，尚且不貲。一貧役耳，祖父母血汗家計，委之泥沙，呼號怨痛，不一二年蕩然赤身，嗟乎，非朝廷赤子乎？今議，用役滿，吏在櫃收記，止填年月、銀數，不許分外多要一文[6]。至起解時，官不妨親往親交，止給添搭每百兩三兩足矣。申請分外使費，一切停罷，官限季終，彙解彙算，毫不擾民。間有府提差人，隨到給文，不必停留，庶塞酒飯科派。即給酒飯，官給賞之，則吏役有所庇護，亦

① 八：民國《洋縣志》作“人”。
② 鍰：民國《洋縣志》作“緩”。
③ 止：民國《洋縣志》作“正”。
④ 馬夫：民國《洋縣志》作“焉天”。
⑤ 馬：民國《洋縣志》作“驚”。
⑥ 文：民國《洋縣志》作“支”。

得向前申一語也。臣所望皇上，採臣末議，下撫按，查照急行也。

臣請包城，爲朝廷固封疆；革馬户、大户，爲朝廷惜殘黎。爲公，非爲私也。臣往待罪東明，官走馬，官起解，畿内八府稱以爲善，方敢披瀝陳情，代民請命。臣洋人不言洋苦[1]，誰能痛癢關切，水火同受？冒昧具疏。崇禎七年五月，内奉聖旨："包城，官養馬，官收解，着撫按即申飭舉行，具覆。"陝督楊鶴、陝撫練國事具題："遵依，永著爲例。"

西鄉縣

重修城埠記

（清）張臺耀撰。

原碑已佚。

碑文收於張廷槐纂修，薛祥綏增補：《西鄉縣志》卷四十三《城池》，民國三十八年（1948 年）薛祥綏鈔道光本。

［録文］

余丁亥歲釋褐南宫[2]，承乏陝之西鄉。縣居漢東偏，萬山環列，循江而下，直達鄖襄，爲三楚上游，亦關南之咽喉也。且南山迤邐數百里，復嶂錯連，林藪窈邃，虎狼潛游。與川之通江、太平東西接壤，以故川寇頻訌[3]，爲蜀中門户，山中伏莽亦時竊發。余啣命莅斯土，受事之日即歷視城垣，見崩頹甚多，雉堞傾圮，殆將二三。瞻視城樓，則榱棟徒存而欹側毁敗不堪。厠足愵然，即思補葺，会力不暇。及越明年，戊子春[4]，川寇楊三率數萬衆出南山，近逼午子寨，營柵圍列數里，波動江皋，檄飛驛路，游騎直薄城下，内外戒

① 人：民國《洋縣志》作"士"。

② 丁亥：順治四年，1647 年。

③ 訌：亂，衝突。

④ 戊子：順治五年，1648 年。

嚴。余登城環視，遥望燹焰竟天，疾呼居民暨胥役之健者，并糾穆、侯二城守與守戎趙君，各率部下士卒，晝城捍禦，守備粗具。余則晝夜登埤，復馳羽當道，大兵迅發。駐守間，任總戎復潛師尾擊其後，擒斬殆半，餘黨鳥獸散。孤城幸保無虞，而益殷然於桑土，綢繆之孔亟矣[①]。繼值秋霖，城之傾頽者至數十丈，不堪保禦。余亟謀爲興工繕理。爰集邑之紳士耆民，議計工費浩繁，即詳請，當事者可其議。隨動贖賑六十石有奇，鳩工庀材，佐以紳士之捐輸，餘悉出己之俸。程量工役，於七年三月興事[②]。垣之圮者築之，堞之傾者補之，城樓之攲側毀壞者監之、補之丹堊之木材，甃石因舊者半，增新者亦大半，計費三百金有奇，而未動正額之毫末也。群力協督，匠石效命，其始作也，在春之杪，其竣事也，在夏之季，四閱月而工落成。由是垣墉完固，樓堞巍然，無事足以守，有事足以禦，司土之責敢云不愧，抑亦諸賢士大夫之力。嘉與有成，云爾嗣是，風鶴雖時有聞，而廛居相錯，市無震驚，不可謂非城之功也。因追述始末，并志年月，以俟後之采風者。

順治七年歲次庚寅菊月。

重修城垣開城濠疏五渠記

（清）王穆撰。

原碑已佚。

碑文收於張廷槐纂修，薛祥綏增補：《西鄉縣志》卷四十三《城池》，民國三十八年（1948 年）薛祥綏鈔道光本。

［録文］

古者設官分職，建倉庫、獄，因集居民而立市肆，慮有寇盜之侵，故築城鑿池以衛之，分隊卒、稽出入，以守禦之，未聞其防虎

① 孔亟：很緊急、很急迫。
② 七年：順治七年，1650 年。

也。西邑城垣，舊志云創自元時，自明及清初，前令屢曾修葺之矣。甲寅歲遭吴逆之變，干戈擾攘，其城遂傾。定平以來，從未有過而問焉者。壬辰秋[①]，余捧檄來西，崩塌僅存基址，通年來，承平日久，時和年豐，百姓安堵，萑苻不驚[②]，城可不修。獨是西邑虎患未息，每至薄暮，虎游於市矣。驚怖街衢，傷及牲畜，必鳴金、燎火徹夜方去，則城有不得不修之勢。癸巳春[③]，余先捐貲購足需用磚灰若干，俟農務稍暇，即役夫召匠，日給青蚨數十緡[④]，荷插揮杵，肩摩聲應，架木爲梯，運土石如飛鳥，至嘉平月工竣。扁其四門，東曰招徠，西曰射虎，南曰開運，北曰安瀾。登城周視，山光羅列如屏幛，女墻整密，重門鎖鑰，鞏固疆隅。于是虎不能越，而民始安枕，余亦可以釋憂矣。夫城之有隍，古制宜然，而西之隍久爲平陸。乙未春[⑤]，復捐囊貲，募夫開濬，并發倉廩以補不足，亦不費民間一草一木，其濠之袤延深廣丈尺，悉循舊迹而擴充之。仰瞻崇墉，俯臨帶水，豈不壯觀哉。越明年，父老相聚而告余曰："以數十年殘破之疆域，今則金城湯地，使君之保我西民至矣。惟是城之北有五渠焉，一東沙渠，一中沙渠，一北寺渠，各離治二里許。一白廟渠，一西沙渠，離治各三里許。衆山之水分落五渠，由渠入城濠，由濠達木馬河，歸於漢江。今五渠久已淤塞，春夏之交淫霖旬積，山水陡漲，滓濁下衝，無管道可瀉，横流田塍，没民廬舍，頻年五穀不登，皆水不利順之故也。"余曰："有是哉？水利爲民命攸關，而可不及時修築乎？"於是按畝役夫，以均勞逸。每歲於農隙之時頻加挑濬，使水有所蓄洩，而西北一隅之地賴以有秋。修城、開濠、疏渠，前後董其役者，則爲典史林晋傑、王大憲，巡檢袁崑山、郭光潤、胡兆隆均有功焉。爰作文以記之，而爲之銘曰：

---

① 壬辰：康熙五十一年，1712 年。
② 萑苻：盜賊，草寇。
③ 癸巳：康熙五十二年，1713 年。
④ 青蚨：傳説中的蟲，喻金錢。
⑤ 乙未：康熙五十四年，1715 年。

睹此荒殘，城濠非故。白虎入城，人民驚怖。余甫下車，修築是務。竭蹷捐貲，子來趨父。固我金湯，保我黎婦。北山五渠，沙衝草污。開濬時勤，蓄洩有度。旱澇無虞，倉箱盈富。勸爾小民，力田毋惰。後之君子，先勞莫誤。

鎮巴縣（定遠縣）

𠠝修定遠廳石城碑記[①]

（清）漢中知府嚴如熤撰。

原碑已佚。

碑文收於嚴如熤修，鄭炳然等纂：（嘉慶）《漢南續修郡志》卷二十七《藝文下》，嘉慶十九年（1814年）刻本。又收於余修鳳纂修：（光緒）《定遠廳志》卷二十五《藝文志一》，光緒五年（1879年）刻本。

録文以（嘉慶）《漢南續修郡志》爲底本。

［録文］

癸亥春[②]，經略額侯戡定三省，偕秦中當事議以西鄉南山[③]，犬牙川境，地方遼闊，當有以綏靖之。奏割西南二十四地，設定遠廳撫民同知[④]，擢熤綰廳符。十月熤奉檄來治[⑤]，途次謁額侯[⑥]，請治所。先侯曰："定遠新造，固圉保民，城垣爲亟圖。"熤祗承弗敢怠。先是，六年[⑦]，漁渡營都司張君因營址築土城三百丈，廳城之基則就

① 𠠝修定遠廳石城碑記：（光緒）《定遠廳志》作"𠠝修石城碑記"。

② 癸亥：嘉慶八年，1803年。

③ 偕：光緒《定遠廳志》作"會"。當事：光緒《定遠廳志》作"大吏"。

④ 清嘉慶七年（1802年）析西鄉縣南24地，取"漢定遠侯封邑"之意置定遠廳，爲縣級行政區，其官階高於縣，屬陝西省漢中府轄。民國二年（1913年），改定遠廳爲定遠縣，直屬陝西省轄。

⑤ 熤：光緒《定遠廳志》無。

⑥ 額：光緒《定遠廳志》無。

⑦ 六年：嘉慶六年，1801年。

兵城西北加擴一百六十丈。定土性不堅，遇秋霖頻坍塌，補葺者瘁焉。熤周视，距廳里许西山中石堅且便[①]，乃鳩工琢石，於新城内外用礜石夾砂海漫，覆以瓴甓，女墻垛口均用磚甃。城根厚尋有四，墻身高丈五[②]，垛墻增崇爲咫者六，北、西、南各建城樓一，北面當敵處砌炮臺二。舊城則外鞏巨石，垛口亦爲易土以磚[③]，俾一律鞏固。經始於癸亥仲冬，至甲子夏落成[④]，金費五千有奇[⑤]。熤解囊以應，不敢縻帑，亦不忍爲民累。是役也，舊城土墻實賴張君締造，而司獄錢君弈範衝冒雨雪，朝夕督工[⑥]，所與在官、服役者，其勞均不可泯。爰镌石而銘之。

銘曰：維清受命，弈葉重光。蠢爾狂且，兵弄于潢。皇赫斯怒，鉞授元良。桓桓額侯，天討肅將。德侯翼之，八陣箕張。我戰則克，所向莫當。鯨鯢既戮，炎止崑岡。拯民水火，繫以苞桑。大巴山麓，仲昇之邦。崇巒崱屴，古木幽篁。其險可阻，瘠于雍梁。何以奠之，有粲其防。侯諮台省，作邑南鄉。秩之司馬，符分巖疆。嗟兹邊隅，久窟豺狼。蕭條官舍，落落村莊。星朗于霤，鹿宿在房。民靡寧宇，我懷斯愴。易占設險，爰相陰陽。築城惟翰，僉謀曰臧。厥土塗泥，有石青蒼。涉澗登巘，伐兹堅剛。築之橐橐，追之鏜鏜。群工偕奮，夙夜弗遑。清溪之滸，槐花甫黄。有蟠者螭，如翬之翔。我城經始，五土斯詳。山深棲兩，式虞覆隍。詎山之隩，獲此琳琅。千尋斑磊，翼然西荒。天不愛寶，惟聖人之祥。民有定居，惟皇猷之昌。吭扼背拊，伏莽罔藏。乃營廬舍，乃集市場。昔無人迹，今來穰穰。農力於隴，士絃於庠。嗟仳離於，空谷誰信。遘此平康，惟侯碩畫。貽爾福長，億萬斯年，視兹金湯。

---

① 周視距廳里許西山中石堅且便：光緒《定遠廳志》作“察廳西里許山石堅便”。

② 墻身高丈五：光緒《定遠廳志》作“高丈有五”。

③ 土以：光緒《定遠廳志》無。

④ 甲子：嘉慶九年，1804年。

⑤ 金費：光緒《定遠廳志》作“費金”。

⑥ 督：缺，據光緒《定遠廳志》補。

略陽縣

遷建南門碣

（明）嘉靖漢中府通判馬元勛撰[①]。

原碑据（嘉靖）《略陽縣志》載“在城墻左”，清代以後佚。

碣文收於李遇春修：（嘉靖）《略陽縣志》卷五《藝文・文章》，天一阁藏明代方志選刊，1963 年影印本，第 123—125 頁。

［録文］

略陽屬漢中，相去二百八十里許，古之略州而由更焉[②]。然其處所，排列諸山而嶠峙，四塞環繞，二水交流于上下。是故先之名將、□王築高臺于地，亦據形勝耳。所以縣之肇造，傍其臺而依附之也。且自古王公設險守國，若縣邑之衝，城郭完固於四圍者，理勢然矣。矧居民未可逾墻，往來必通城門，以圖保障，以便出入。至於門之南者，拱朝闕廷，較之諸門，則關係尤重焉。始而計慮未周，苟且遷就，向趾失宜，往往鮮迪吉也。是其舊貫不可仍，而改作不容已。于是知縣李子遇春來任未幾[③]，留心民瘼，設處工石，不費民財，乃請于予而興舉焉，誠邑之首事也。不數日則門新洞開，坐對嚴正。風自南來而可濡薰和之鼓舞，水流比匯而演波泒之瀠迴，風水協吉氣，以鍾勝概以聚主。縣之撫馭，士民之居處，地方之奠安，有億萬年無疆之休矣，豈曰小補之哉。成功既而克終，迹實不容或泯，是以用紀歲月云。

---

① 據（嘉慶）《漢南續修郡志》卷九《職官上》：馬元勛爲明漢中府通判。另録文稱“知縣李子遇春來任，未幾，留心民瘼，設處工石，不費民財，乃請于予而興舉焉”。

② 古之略州而由更焉：略陽縣，《禹貢》梁州之分域。宋開禧三年前爲順政縣，先後屬益州、凉州、梁州、南凉州、東益州、興州、沔州、寧羌州，不聞屬略州，且略州爲唐松州都督府羈縻州，略陽與略州全不相干。

③ 李遇春：襄垣人。嘉靖己酉（1549 年）自巨野縣丞調任略陽知縣。

重修縣治碑記

（明）南鏜撰。

原碑已佚。

碑文收於譚瑀修，黎成德等纂：（道光）《重修略陽縣志》卷之四《藝文部》，光緒三十年（1904 年）刻本。

［録文］

略陽爲川陝之限，窮谷嵁巖，素稱不易治。正德戊辰[1]，盗起通巴。明年蔓延至是，破城郭焚廬舍，民罹禍危殆什之六七。其奔潰流離者，又顧戀鄉土，號泣道路，聲振原隰。盗既平，人無所於歸，訛言累興，上下危之。未幾，四川馬君來令兹土，始至，與民約曰："若苦盗賊乎？"曰："然。"曰："出汝力，保汝生，何如？"曰："以逸役我，敢不奉命。"遂掇拾煨燼，曲方規措之，凡土石磚甓之屬。不兩閲月，而川委雲集，度可舉事，乃庀匠氏[2]，傭庶工，牏城以磚，衣木以鐵。建樓於城四隅，環城爲屋，可通巡警與廟學。壇壝、藩臬行署、縣治餔舍，次第告成，咸歸於度，視舊有加焉。經始於正德八年正月十五日[3]，落成於正德十年八月初一日[4]。邑之縉紳徵余爲記。余惟士君子之爲政，處全盛之時易爲力，處凋敝之時難爲功。顧盛衰有期，通變有數，斯固天也。君當兵燹之餘，乃能芟其蕪，去其穢，逸其人，因其地，而復其天，人之所難而爲之甚易，非有剸煩理劇之才，孰克致此。見君之作，知君之志。君之去危以置安，除害以興利，則兹舉也，匪尋常土木之工可比，是宜書也。君以鴻臚序班升今職，未二年，自巡撫而下俱有論薦略之人，恒恐其遷擢而去也，余備員分署時，與君同朝夕，且有斯文之誼，故不辭而爲之書。

---

① 正德戊辰：正德三年，1508 年。

② 庀：準備、具備。

③ 正德八年：1513 年。

④ 正德十年：1515 年。

留壩縣（留壩廳）

新建留壩城垣記

（清）嘉慶十六年（1811 年）任奎光撰。

原碑已佚。

碑文收於賀仲瑊修，蔣湘南纂：（道光）《留壩廳志・足徵録》卷一《文徵》，道光二十二年（1842 年）漢中友義齋刻本。

［録文］

維我朝承平一百六十餘年，海内清宴，六幕雍寧，凡版章所隸，土方氏所紀，山川道里，幅員廣輪之數。崇墉絶壑，三條四術，畫烏之館，下魚之城，罔不畢舉，既營既成。爰自關輔以南，天文井鬼之分野，地當鳳縣，西接寧羌，南鄰褒斜，東連漢中，境屬雍梁二州之交。天梯雲棧，重溝絶塹，山川險惡，番禺寥獦雜居，往往深林密箐，篝火狐鳴，嘯聚竊發[①]，號爲奥區。自乾隆十五年[②]，以漢中督捕判司分駐鳳嶺，始設留壩廳，治無管轄也。三十八年[③]，以鳳縣十三村堡分隸留壩，兼職撫民。四十年[④]，改撫民同知，兼捕盗、水利，尚無城郭也。嘉慶四年[⑤]，教匪滋事，騷擾公廨，延燒村里。五年始議建城[⑥]，維時經營草創，未遑契卜。北面無城，以山爲障，東、西、南三面僅削土爲之，五板而堵，五堵而雉而已。且城南濱河，土皆砂礫，山水暴發，砰磕雷動，浸嚙城根，數年輒圮。

① 嘯聚竊發：意爲“暗中發動”。

② 乾隆十五年：1750 年。

③ 三十八年：乾隆三十八年，1773 年。

④ 四十年：乾隆四十年，1775 年。

⑤ 嘉慶四年：1799 年。

⑥ 五年：嘉慶五年，1800 年。

以故十一年之兵變[①]，居民蕩析離居，皆無城之故也。予十年莅兹土[②]，覽其疆圉，親見漢中爲山南要郡，留壩尤爲漢中咽喉之地，捍衛南北，與府郡相表裏，實有犄角之形、犬牙相制之勢。一日無城則居民一日不得安，旋城旋圮則居民仍不得安。以嶺南捍衛而繕修未備，何以固吾圉也。爰諗與衆相度土宜，請更立城，移建於大坪嶺。嶺處高阜，西南一帶平衍，東北傍山，兩岸環抱如外郛[③]，天然位置。於是方大中丞恭親履勘，奏奉諭旨允行。十三年夏興工[④]，十六年四月工竣[⑤]。冬，董撫軍親莅驗工。計城圍長除門臺共三百四十三丈，較估計增長九丈九尺。城身除垛堞、拔簷，計露明高二丈二尺，外圍屏石三層，每層厚一尺，城磚五十六層，每層厚三寸四分，連拔簷磚二層，堞墻八層，垛墻八層，共磚七十四層，高二丈八尺。其下埋石二層，計二尺，灰土六步，每步厚五寸許，計三尺。自底至頂，統高三丈三尺，裏面灰土三十二板，内三十板與素土分築，每板厚七寸，計二丈一尺。其兩板厚五寸，計一尺，拔簷磚三層，計一尺。滚磚十一層，每層厚二寸二分，計二尺四寸，高二丈五尺四寸。又底部灰土七步，計三尺五寸。自底至頂統高二丈八尺九寸，頂寬一丈三尺四寸，底除内外散水，净寬二丈二尺。周圍計垛口五百二十五堵，炮臺三座，角臺二座，馬道四座，水簸箕三十道，水洞四。南北城樓墩臺各一座，堆房三間，設南北二門，南陽德，北壽安，計動帑八萬九千有奇。崇墉峻堞，仡仡言言，信國家之金湯而一方之保障也。已既立城所，乃建倉庫、監獄，更修司獄署於城南，裁舊都司營缺，以西江口營游擊守備移建留壩，又增設把總三員、外委三員、額兵六百名，雄鎮重兵，形勢隱然。予來兹土，疊經有事之秋，爲之鳩集散疲傷者，剬窳者立，鉳剳利弊。既寧厥居，

---

① 十一年：嘉慶十一年，1806 年。
② 十年：嘉慶十年，1805 年。
③ 郛（fú）：外城，古代指城圈週邊的大城。
④ 十三年：嘉慶十三年，1808 年。
⑤ 十六年：嘉慶十六年，1811 年。

乃升高望遠，附近城郭，烟火萬家，人聲四起，居民交相額首稱慶，以爲自此始皆獲有安土也。于是立南北之壇，立文昌之閣，武備既具，祭祀有所矣。更得修理學校，營建孔廟，俎豆莘莘[1]，秀發人文，化昔日之悍俗，佐太平之上理，皆于是日望之。

勉縣（沔縣）

修築沔縣城垣河堤碑

（清）沔縣知朱清標撰并書。

碑原立于沔縣老城西門内，後縣治遷徙，老城傾圮，將碑移存沔縣武侯祠。

碑長方形，高 180 釐米、寬 88 釐米、厚 20 釐米。楷書 15 行，滿行 46 字。目前保存完好。

據原碑録入。

［録文］

沔縣北倚山，南臨漢江，東西當大道之衝，白馬河帶繞西城外，於城之西南隅與漢合流，夏秋水漲，洶涌澎湃，護堤毁，城亦因之而毁。余自己亥夏來尹兹土[2]，甫至省，即蒙憲諭以繕城爲亟。下車伊始，詢之父老，僉稱：土瘠民貧，事繁工巨，以故前有司未果舉行。余意欲請帑興修，又適值停工之會。比歲横流衝決，江洋無涘，蕞爾城幾爲澤國，益用心憂，爰請於大府，力圖捐葺。且夫城垣之當修與護堤之當築也，人知之；城垣之所由保與護堤之所以保城垣也，人知之；而歷年以來，隨時補苴，卒歸無濟者無他，知所以築城垣保護堤，而仍未知所以保之之法也。試觀漢水自西注東，匯白馬河，二水交馳，奔流激湍，直撼城堤，欲保城當以保堤爲先。《禮》曰：“防必

---

① 俎豆：古代祭祀、宴會時盛肉類等食品的兩種器具。

② 己亥：道光十九年，1839 年。

因地勢。”余是以有攔河壩之建，壩建於城之西南隅，高十有四尺，厚十尺，環四十四丈，底排密柱，拋巨石，魚鱗層砌，中實以石灰和土，夯礎畢碣，非徒禦水，實兼保堤。自二十一年二月工興[1]，凡城之塌陷與臌裂者，皆改作之。擴堤分段修築，根以竹簍籠碎石貫之樁，其外或傅灰或砌石，皆仿河工成式，以最險次險爲衡，閱十月俱造竣。沿堤向有深潭，積水浸淫爲堤患，自建壩以來，大溜引而南行，沙漲平潭，可植柳以障堤，雖人事，豈非天意。是役也，費錢二萬余緡，蔡漁莊觀察保東山太守暨余各捐廉千金爲倡，余皆賴紳民集腋，踴躍急公，共成巨舉。由此觀之，事莫不墜於因循，而工莫不臻於積累。沔邑固彈丸地，藉資衆力維持，猶得以繕完城壩。余雖不敢謂有志競成，而比户樂輸，尚於民無齟齬，殫心籌劃，工歸實用，幸邀神貺，沙積日堅，今而後，水有所趨，不致逼堤，縱遇盛漲，亦可免没版之患矣。二十二年二月[2]，大府請於朝，如例議叙，余各以次獎勵。董是役者典史張紹恩、邑人孝廉王鶴齡、茂才李孚吉、李登瀛、三原人從九張敦本。工既竣，因記其顛末如右。

道光二十有二年如月之吉，知陝西漢中府沔縣事，鹽官朱清標撰并書[3]。

勉縣褒城鎮（褒城縣）

修城記

（明）楊廷儀撰。

原碑已佚。

碑文收于嚴如熤修，鄭炳然等纂：（嘉慶）《漢南續修郡志》卷二十六《藝文中》，嘉庆十九年（1814 年）刻本。又收於光朝魁纂：

① 二十一年：道光二十一年，1841 年。

② 二十二年：道光二十二年，1842 年。

③ 鹽官：地名，今浙江海寧縣。

（道光）《褒城縣志》卷六《城署志》，道光十一年（1831年）鈔本。

錄文以（嘉慶）《漢南續修郡志》爲底本。

［錄文］

正德己巳[①]，蜀有寇亂，縱橫通巴間，實與漢中接攘[②]。于時，東萊中丞藍公璋駐節漢中[③]，以事進勦。任邱邊公億莅任[④]，專職撫民。乃相與約束，邊疆和輯，民人申命，行事澤究於下[⑤]。則又謂蜀寇且窮，萬一奔逸我土，驚擾我民，不豫則廢[⑥]，我其殆哉[⑦]。乃飭有司[⑧]，各飭城事。褒城據秦蜀之衝[⑨]，壞敝滋甚。藍公曰："唯兹褒城，城歸于隍[⑩]。今不亟城，何以蔽民。"於是邊公進而言曰："承此委者，府同知何子奇。"中丞其允之。始經理楨幹事[⑪]，步自城南，包山絡原，極于西北，以瞰黑龍江，計五千二百六十餘尺。規度既定，料民于原，分工程力[⑫]，擇日興事。雉堞突起，躋崇于山[⑬]。復慮土脉墳興，城不能久，以累後人。爲屋城上四百九十間，計九百餘楹，覆以陶瓦，可通徒行。登高望之，逶迤綿延，勢若長蛇。城高二十尺，南北建樓五間，南曰"大通"，與蜀通也；北曰"連雲"，與棧閣連也；儼崔嵬于雄關，起具瞻于江滸[⑭]。殿百二之勢，聳鶴樓之岑，豈徒玩目而已哉。蓋經始于壬申秋八月[⑮]，越明年夏四月告成。又明年，予北還，知縣事清苑石君宗太持城事始末狀

---

① 正德己巳：正德四年，1509年。
② 攘：似應爲"壤"。
③ 藍公璋：藍璋，山東即墨人，進士。
④ 任邱邊公：邊億，直隸人，進士。
⑤ 輯：和諧，親睦。申命：領命。究：窮，極。
⑥ 豫：事先準備。
⑦ 殆：通"怠"，懈怠。
⑧ 飭：整頓、整治。
⑨ 褒城：縣名。古褒國地。
⑩ 隍：無水的城壕。
⑪ 楨幹：築墻時所用之木柱，豎於兩端的叫楨，豎於兩旁的叫幹。
⑫ 程：考核，衡量。
⑬ 躋：登，升。
⑭ 崔嵬：高聳貌。具瞻：爲衆人所瞻仰。
⑮ 壬申：正德七年，1512年。

授予[1]，曰："某承乏兹邑，重念蜀亂不靖，蔓延禍及，今城事適完，釋我大憂。惟藍公之功不可忘，而邊公之力贊其成者，亦所當録也。從事者不可無述，非藉金石無以傳遠，非得名言無以信後，願請一言記之。"藍公，予伯兄石齋先生交友；邊公，予同年進士，文不可辭，乃爲之言曰："城以衛民，本有司首務也。而暴官污吏，率皆慢之。或有才者，則肱文詞以釣名；或勤事者，則程案牘以爲功。磨崖刻詩，模紙遺人，羅織聽訟，鉤鉅自喜。方城之外，盜賊充斥，鄰壤之封，焚劫殆盡，倉卒入境，則先去以爲民望，是惡在其爲人上乎？二公乃能協謀共議，約己裕民，敬事簡下，痛懲前轍，而力爲民計。自褒既城，女墻啼烏，静掃烽塵之警；登樓長嘯，坐銷窺覬之心，其所活民命，不下千萬計，可謂有功于褒人矣。禮有功于土者，宜世享之，褒人其有思乎？"是役也，主之者藍公，經之者邊公，郡守隣水楊一鈞贊之[2]，同知何子奇成之[3]，而石宗太表之，廷儀爲之記。

褒城縣修城記

（明）弘治十二年（1499 年）張瑞撰[4]。

碑原立於褒城縣東門口，現已佚。

碑文收於嚴如熤修，鄭炳然等纂：（嘉慶）《漢南續修郡志》卷二十六《藝文中》，嘉慶十九年（1814 年）刻本；光朝魁纂：（道光）《褒城縣志》卷六《城署志》节略録文，道光十一年（1831 年）鈔本。

録文以（嘉慶）《漢南續修郡志》爲底本。

---

① 石君宗太：時任知縣石宗太，直隸清苑人，進士。同書《秩官志》作"石宗泰"。

② 楊一鈞：四川隣水人，以户部郎中知郡事。時蜀寇大作，兵由漢中，軍餉日以萬計，徵斂無時，民皆惶惶。一鈞至，以鎮静自處，饋給無爽，斂不困民，役不疲民，興革節愛，民賴以安。三年，擢浙江副使。去之日，民遮道不忍别。

③ 何子奇：四川滎縣人。

④ 張瑞：陝西褒城人，弘治壬子（1492 年）任河間府通判。

［録文］

褒城，今之縣治，建自宋慶歷以前①，歷我皇明於兹，五百餘年矣。其城池興廢，稽志無載，徵迹無遺，是兹所未有也。民物雖日萃止②，僻邇斜穀③，寇盗虎狼出没，猶昔鮮克，防禦匪直④，居者患之。往來逆旅，每未稱便。官守於斯，先後接踵有人，其間諸創作者，竟未一聞焉。⑤ 相傳以爲歷代頻易，且當道衢⑥，不暇爲之。有能爲之，又阻於術士“版築之興將不利於官家”之説⑦，容或有之⑧，而因仍至此也。《傳》曰：“窮則變，變則通，通則久。”固理勢之必然耳。然則，通其變者，夫固不有待其人耶？鹿邑張君表，以宏治戊午八月⑨，來令吾邑，未逾兩月，政務畢理，因有設險之舉。或以前言私相議者⑩，侯聞而輒麾之曰：“保障斯民，幸吾道耳⑪。惑世不經之説，尚宜聽信哉？”遂集諭所部，率皆環視，得可城池二里五分有奇，乃書四門而命之。自北而西二百五十四丈，自西而南二十八丈，自東而北五十八丈，在官及鄉市民爲之；自南而東百十六丈，開山甲丁互爲之，其區處允當如此⑫。於時，聞者無不悦從，退無後言，即肇工於十月二十四日。屬耆民李政⑬、邱應陵敦役事，復詣巡閲⑭，出俸貲以充勞費，發倉廩以濟多艱，用心精密，

---

① 以前：（道光）《褒城縣志》作“中”。

② 萃止：停止。《詩・陳風・墓門》：“墓門有梅，有鴞萃止。”自“稽志無載，徵迹無遺，是兹所未有也。民物雖日萃止”，（道光）《褒城縣志》作“無徵”直接“僻邇斜穀”。

③ 斜穀：即斜谷，山谷名。陝西終南山有褒斜二谷，北口曰斜，南口曰褒，同爲一谷，爲古陝蜀的通道。

④ 匪直：不只。《李勇毅公神道碑銘》：“匪直戰事，學道亦然。”猶昔鮮克，防禦匪直：（道光）《褒城縣志》無。

⑤ 往來逆旅……竟未一聞焉：（道光）《褒城縣志》作“逆旅亦未便”。

⑥ 道衢：（道光）《褒城縣志》作“衝衢”。

⑦ 版築：築墻時用兩板相夾，以泥置其中，用杵舂實。

⑧ 容或：或許；也許。

⑨ 宏治戊午：應爲“弘治戊午”，避乾隆帝諱。弘治十一年，1498 年。

⑩ 議：（道光）《褒城縣志》作“惑”。

⑪ 幸：（道光）《褒城縣志》作“惟”。

⑫ 允：（道光）《褒城縣志》作“久”。

⑬ 李政：成化年間官居主簿。

⑭ 復：（道光）《褒城縣志》作“親”。

若治家事。然匠役子來[①]，如簇杵插，四隅相聞，亹亹不倦[②]，無或怨嗟。越己未春告成[③]，其廣袤高堅深闊，悉如厥命。門各三楹，東曰龍江，西曰蜀道，南曰大通，北曰連雲。凡甃苫扃鑰靡不完固[④]，宛然新造。自是主客帖席頌聲載道[⑤]，孰非有以致之。故曰："弗勞弗逸，弗損弗益，美哉侯之斯舉乎。"父老韓景輩，將欲勒其事於石，侯止之。今復懇請始得，乃請予文，以鳴其盛。[⑥] 予曰："天下之事，賁飭於蠱壞之餘者易[⑦]，鼎新於草創之初者難。況侯處古今所易惑之事，斷然造端爲之，僅成於三月之間，可垂於永遠，爲闔邑居民無窮之福。非愛民之深，見理之明，勇足以有爲，能如是耶?"他如杜私謁、崇學校、禮士夫、均賦役、急邊儲、清獄訟、廣吏舍、營棧道之類，以及昔尹日照之十二政績，非不可書，然方勃勃未艾也，庸是乎企望而謹爲記。

八　安康市

漢濱區（興安府）

關南道曾如春修城堤記

（明）萬曆二十年（1592 年）按察司副使邑人劉卿撰。

---

① 子來：《詩・大雅・靈臺》："經始勿亟，庶民子來。"謂百姓急於公事，如子女急於父母之事，不招自來。後指效忠順從。

② 亹亹：勤勉不倦貌。《詩・大雅・文王》："亹亹文王，令聞不已。"

③ 己未：弘治十二年，1499 年。

④ 苫：用茅草編成的覆蓋物。《爾雅・釋器》："白蓋謂之苫。"扃鑰：加在門窗或箱篋上的鎖。《莊子・胠篋》："將爲胠篋探囊發匱之盜而爲守備，則必攝緘縢，固扃鑰。"

⑤ 帖席：貼卧席上。喻安穩。

⑥ 以下（道光）《褒城縣志》無。

⑦ 賁：通"忿"，怒。蠱壞：惑亂敗壞。

文收於鄧謙修，王森文纂：（嘉慶）《安康縣志》卷十九《文徵·丙集》，咸豐三年（1853年）刻本。

［録文］

予惟耳目睹記，天下郡縣枕流而城者，無慮數十，未有水起十余丈，浸入城市中爲巨浸者。按他郡縣親水而瀕際遼闊，可散溢奔潰，即有絶壁當前，水亦直下流，故亡恙。漢水經吾郡，無江之半，城北萬春諸山，重巘連開，相鄰百步；迤東三里爲立石灘，有數峰曳尾中流，蟠擁踞上。以是水舉則北不能容，東又砥泐躓觸，僅城南一面被其怒濤。立郡之初，纍岸爲堤，卑而易逾。永樂、成化間，水越以及户，民以攀躋脱。説者謂水已窮矣，况千百年不恒覯乎。因徼天之幸，無復爲堤計。癸未之變[①]，一驟發而舟楫滿城，民莫谁何。蓋堤以廢久不葺，無高險以捍衛耳。城没之後，棟宇箱篋廢棄什九，民以習於便不去謀，所以次第而卒業焉。憂秋雨淫則裹糧濡足，挈妻子而去之。水退而秉鍤鑿流，布壤封基以居朝夕，而囷庾庖厨已落落散解矣，甚矣，民之厄於沴也。歲辛卯六月[②]，方岳曾公奉璽書守漢，至則詢瘼問俗棘廉水狀。先是公秉節潭州，業聞興安故事矣。明年下令修堤，臨流四顧，謂署郡别駕張君海曰："子亦察於水乎？牧豎之藉石而寢也。先慮風雨，今城廣千尋計萬家，偃卧於水滸而不閑於桑土之術，其何免於危乎，是則吾與子責。"于是命千夫長陳九齡挈舊堤若許，可倍若許，三復牘其形以呈，公閱之操斷而後遣，城西曰龍窩，下裂竅而中虚，勢必善潰，宜先積實而土封。属九齡董之，王三畏繼焉。畏、齡采也。城東曰惠壑，扯垂流而易流，宜增培以豎遠障，屬百夫長謝聘董之。二堤連亘百六十丈，高廣二丈，沿江直下，氣象崚嶒，公曰"壯矣"。龍窩北聳而東隅斜伏，曷以庇北門，乃以聘補築二十餘丈。山澗環新城而達東流，水涌則合勢上行，淫淫四注，舊築長春堤截之。因闢大竇爲閘，順則

① 癸未：萬曆十一年，1583年。

② 辛卯：萬曆十九年，1591年。

洩；逆則闔，歲久而傾。公曰："具矣，設而未固無能久也。"遣九齡及義官劉之河，來向文伐石甓砌，累封三丈，延八丈有奇，曲爲防衛以濟二堤之不及。險阻壯麗十倍於前。功始正月，告成於夏五[①]，方公之起經營也，大書揭郊門戒勿犯齊民以相奪業。徵堤内户口，郡所兵民，得夫九百六十役之，初旦晾已旬視，晾必脱輿而徒，胥而湔湔計也。郡中自進士劉君宇而下，莫不率其子弟亟攻以副上指，而公皆有温諭。夫士人躋通顯，擁旌旗秦越，其編氓而不一慮，其隱而掉掉然去也多矣。公甫任而舉築，事竣而以擢行，胡敝精神以若於是哉。蓋事不釐其鉅則鮮裨，政不圖其急則少濟。郡之要害孰與水而令堤不加修，以魚鱉生靈即家餘肉帛，而紅朽相仍無以也。公玆爲堤，厘其急與鉅矣。公閫澤深仁浹於漢上，若裁酌徵募以省里役，事與堤并不朽，行且有志之者。余不文，鄉大夫遠屬尤重，爲梓里慶也。姑記顛末如此。公名如春[②]，别號景默，登乙丑第[③]，稱臨川望族云。[④]

重修興安府舊城碑記[⑤]

（清）嘉慶四年（1799年）立，知興安府事晋人周光裕撰。

碑石現存舊城老地委院内。碑圓首，額兩側飾淺浮雕"二龍戲珠"紋，中題"永垂不朽"四字，通高253釐米，寬120釐米。碑身略有收分。

碑文又收於葉世倬纂修：（嘉慶）《續興安府志》卷七《藝文志》，嘉慶十七年（1812年）刻本；鄧謙修，王森文纂：（嘉慶）

① 夏五：似應爲"夏五月"。

② 曾如春（1538—1603）：字仁祥，號景默，江西臨川大崗西田牌樓裡村人。明朝著名大臣，官至工部侍郎。歷任刑部主事員外郎中，後升陝西按察司副使。因大力整頓軍備，防禦外族入侵，保障邊境生産有功，調任浙江布政使，升副都御史。

③ 乙丑：嘉靖乙丑，1565年。

④ 文末注"萬曆二十年河南按察司副使邑人劉卿撰"。

⑤ 碑：（嘉慶）《安康縣志》無。

《安康縣志》卷十九《文徵丙集》，咸豐三年（1853 年）刻本。

據碑文録入。

［録文］

興安府，《禹貢》爲梁雍二州之域，天文井鬼兼翼軫之分野。秦屬漢中郡，漢屬西城郡，唐屬安康郡，宋改昭化軍，屬利州路，元屬興元路，明改興安州。國朝仍明之舊，爲直隸州，領縣六。乾隆四十七年[①]，升州爲府，置安康縣。按《寰宇記》曰："金州，周庸國即其地也。"考宋元以來，城皆土築。前明洪武初，甃以磚石，周六臺二十八步[②]。萬曆十一年[③]，漢水溢，城圮，改建新城於趙臺山下，屢爲山水所衝激。本朝順治四年[④]，復移舊城，遂議截城之半[⑤]，周七百二十八步。康熙四十五年[⑥]，城復圮於水；四十六年，仍改建趙臺山下，至於今不壞[⑦]。余於嘉慶三年夏來守是邦[⑧]，地爲川楚接壤，教匪不時竄入，思爲保障計，爰周歷二城間[⑨]。新城除興安總鎮暨城守官兵外[⑩]，居民寥寥，其監獄、錢糧在舊城，官廨、衙署在舊城，即市廛貿易、商賈居積，亦莫不在舊城。問之百姓，皆安土而重遷也，且瀕於江漢，估船集而轉運易也。而舊城之基址蕩然矣，余甚憂之。或曰："曷不請於上憲[⑪]？據情入奏，仍復舊城乎。"余應之曰："朝廷之經費有常，興安已有城矣，其又何城之修？若府以詳之院，院以達之部，必格於例不得行。即行矣，而部議者幾何時，估工者幾何時，覆勘者又幾何時，輾轉迂緩[⑫]，以日以年，

---

① 乾隆四十七年：1782 年。

② 臺：（嘉慶）《續興安府志》作"里"。

③ 萬曆十一年：1583 年。

④ 順治四年：1647 年。

⑤ 截：（嘉慶）《安康縣志》作"接"。

⑥ 康熙四十五年：1706 年。

⑦ 於：（嘉慶）《安康縣志》無。

⑧ 嘉慶三年：1798 年。

⑨ 爰：於是。

⑩ 暨：（嘉慶）《安康縣志》無。

⑪ 上憲：指上司。

⑫ 迂：（嘉慶）《安康縣志》作"遷"。

脱有賊至[①]，將若何？是以涸轍之鮒而望監河之貸也。其將何以固吾圉[②]？”是年秋，乃查勘地勢，并捐俸以爲之倡。紳士耆庶及行賈斯土者，亦無不踴躍從事。請於制憲，謂：“宜速行。”于是因舊堤爲城，加高而厚倍焉，并剷削陡峻，拓城之西面，仍以前明遺址爲界，添砌垛口，安設炮臺，以及海漫水道之屬，無不備具。東西南北九門各建敵樓，望之屹然。復挑挖壕塹，深一丈五尺，廣二丈。城垣周一千二百六十丈。計其經費，用銀一萬六千有奇，而城復舊觀矣。四年三月工成[③]，余招商民而諭之曰：“迄自今，其田爾田，其宅爾宅，勿憂蕩析而離居矣。”迄自今，其熙熙而來，攘攘而往[④]，一任鱗集而輻輳矣。無事則安居而樂業，有事則授兵而登陴[⑤]。既以自保身家，而又曉然於敵愾同仇之義。則此城之修，所裨實非淺鮮。方今我皇上聖德如天，司專閫之寄者[⑥]，莫不同心協力，竚見靖掃逆氛[⑦]，靈臺偃伯[⑧]，則舊城之修，不過與新城對峙，壯觀瞻、謹啓閉，爲東南水陸一大會耳。余與百姓且將共享昇平之樂，其又何戎馬之足患哉。是役也，寧夏通判閻公重鑑、本府照磨吴公士麟實董其事[⑨]，二公曰：是不可以不記也，爰述其事而勒之石。

賜进士出身中奉大夫知兴安府事晋人周光裕撰。[⑩]

大清嘉慶四年十一月岁次已爲荷月日立[⑪]。

---

① 脱：假如。

② 圉（yǔ）：代指地方。

③ 四年：嘉慶四年，1799 年。

④ 攘：（嘉慶）《安康縣志》作“穰”。

⑤ 授：（嘉慶）《安康縣志》作“援”。

⑥ 專閫（kǔn）：專主京城以外的權事。

⑦ 竚（zhù）：同“伫”，意爲企盼；等待。

⑧ 偃伯：亦作偃霸，指休戰。

⑨ 照磨，官名。即“照刷磨勘”的簡稱，掌管磨勘和審計工作，另肅政廉訪司中負責監察的官員也稱照磨。

⑩ 此句（嘉慶）《續興安府志》、（嘉慶）《安康縣志》無。

⑪ 岁次已爲荷月日立：（嘉慶）《續興安府志》無此句。（嘉慶）《安康縣志》作“右記嘉慶四年知府周光裕撰”。

重修興安府雙城記

（清）嘉慶十六年（1811 年）立，邑舉人董詔撰。

碑圓首，額飾淺浮雕“二龍戲珠”紋，高 270 釐米，寬 130 釐米，厚 80 釐米。

碑文又收於葉世倬纂修：（嘉慶）《續興安府志》卷七《藝文志》，嘉慶十七年（1812 年）刻本；鄧謙修，王森文纂：（嘉慶）《安康縣志》卷十九《文徵丙集》，咸豐三年（1853 年）刻本。

據碑文録入。

［録文］

府有城，志不著其所自始。考《南史》，柳慶遠爲齊魏興郡太守，漢水溢，築土塞門，遂不爲患。則城之瀕漢舊矣。明神宗甲申[①]，以大水改築於城南二里之趙臺山麓。國朝定鼎，以玆地屏藩關輔，襟帶荆梁，建爲重鎮。時流寇餘氛未靖，議者謂南城迫近趙臺，守陴頗難。順治四年[②]，仍修北城。緣兵燹之後，生聚未蕃，因截城西之半。逮康熙四十五年[③]，以水患又修南城，而遷鎮署焉。其間葺北則圮南，築南則墮北，未有議兩城并建者。而趙臺山之俯瞰，更不暇計也。兩城并修之議，自我郡守葉公名世倬始。初，嘉慶丙辰[④]，撫軍秦公諱承恩[⑤]，以剿寇屢駐玆土，議葺北城。丁巳冬，捐金五千，於寧遠門舊基設板。越明年，甃門增埤，甫復西城所截之舊，而資費已竭。秦撫軍以讀禮歸，郡守周公名光裕捐廉勸輸[⑥]，北因堤面南，藉故壘，雙引而東，復以東關商旅所聚，理難膜置，且三堤環抱，爲高可因，于是分啓三門，

① 神宗甲申：萬曆十二年，1584 年。

② 順治四年：1647 年。

③ 康熙四十五年：1706 年。

④ 嘉慶丙辰：嘉慶元年，1796 年。

⑤ 諱：（嘉慶）《安康縣志》無。

⑥ 名：（嘉慶）《安康縣志》無。

垣綿百堵。西既復舊，而東又增新矣。惟是草創之初，物力既艱，經營未備，數年來風雨漂摇[1]，漸致剥落。而南城自乾隆三十二年[2]，州牧舒公諱世泰，領帑補修[3]，以後歷年既多，崩坍更甚。葉郡守之來陟巘觀原，備審形勢，謂遠圖長計莫此爲先。且憑高之險，必使盡歸指顧，乃爲完善。時提督楊公名遇春[4]、總兵王公名兆夢皆以爲慮[5]。詢謀既同，因與邑令王公名森文[6]，細審坍圮，議修雙城，并于趙臺山椒創建望樓[7]。程工繪圖，請之撫軍方公名維甸[8]，彙章入奏，即蒙俞允[9]，撥入急工，筮日興事[10]。荷畚操築[11]，人皆和雇[12]，摶埴煉石[13]，價等市交。始於戊辰之秋，訖於辛未之夏[14]。民不知役而工已告蕆[15]。南城之周六百九十三丈四尺，高三仞，環城之堞一千有九，門四，東西北甕城三，皆新建，每門樓四楹，外爲戰格[16]，内向重檐圍三面，葺舊炮臺八，築新炮臺二，四隅增築圓炮臺、敵樓各一，戰格外列，户内啓，甓甃行水溝共二十有八。城頂海漫灰土布重甓焉，蓋雖葺舊，實鼎新矣。北城之頂同南城，而補卑填凹，高於舊者五尺至三尺不等。圍以丈計，嬴於南城者六百有奇，堞以堵計，嬴於南城者七百五十有六，爲門九，重修南甕城一。北門舊仍堤，閣拆去，新建城門一，

---

① 漂：（嘉慶）《安康縣志》作"摽"。

② 乾隆三十二年：1767 年。

③ 諱：（嘉慶）《安康縣志》無。

④ 名：（嘉慶）《安康縣志》無。

⑤ 名：（嘉慶）《安康縣志》無。

⑥ 名：（嘉慶）《安康縣志》無。

⑦ 山椒：山顶。

⑧ 名：（嘉慶）《安康縣志》無。

⑨ 俞允：《书・尧典》："帝曰：'俞。'"俞，應諾之詞。後即稱允諾爲"俞允"，多用於君主。

⑩ 筮日：行卜筮禮儀之當日。

⑪ 荷（hè）：背負肩担。畚：古代用草繩編成的盛器，後編竹爲之，即畚箕。

⑫ 和雇：亦稱"募匠"。歷代官府出錢雇用技工、民匠從事勞役製作。

⑬ 摶埴（tuán zhí）：語出《周禮・考工記序》，謂以黏土捏製陶器的坯。

⑭ 戊辰、辛未：嘉庆十三年、嘉庆十六年，1808 年、1811 年。

⑮ 蕆（chǎn）：意爲解决、完成。

⑯ 戰格：戰柵，防禦障礙物。

即以其材建樓於上，繕完舊門樓三，葺舊炮臺四，新築四隅炮臺各一，乾巽二隅建敵樓如南城，甓甃行水溝五十有五。又依東城故壘，築界墻長百八十丈，存舊制也。趙臺山之望樓，基周七丈二尺，連睥睨高三丈有奇，螺旋而上，銃炮之格計四層。登斯樓也，北望雙城如璧合珠聯，東睇黄洋之津，西極月谷之口，川原委折，指掌瞭然。蓋興郡既爲三省之咽喉，而斯樓又爲雙城之耳目，惠溥而慮深。俾我民永享康樂者，皆葉郡守暨王邑令勤宣德意之所賜也。郡之士民謀勒貞珉，以志不朽。而屬詔載筆，謹緣其互有修廢之由，以見今日，爲從來未有之曠舉也。

嘉慶十六年邑舉人董詔撰，郡城紳士軍民同立。[1]

新建越嶺關碑記

（明）崇禎四年（1631 年）洪如鍾撰。

碑文收於鄧謙修，王森文纂：（嘉慶）《安康縣志》卷十九《文徵丙集》，咸豐三年（1853 年）刻本。

［録文］

關中自雲棧而南達於褒谷爲漢中郡，沿流而下七八百里爲興安州，實蜀楚之咽喉，亦一大都會也。俗固樸陋而時患盜侵如。東接燕鄖，成化時流賊劉千斤、石和尚之亂，數年不息，至令大臣出帥，屢剿而後定，故設重鎮以撫治之，往事俱在。承平既久，草藪竊發，一切防禦率散弛不理，十餘年來，漢上各州邑無歲不有賊擾。己巳、庚午之際[2]，兇焰燎原，莫可撲遏；村落幾空，逼處城下；擄掠焚屠，慘不可言。近雖多所芟鋤，稍稍寧止，而大盜猶剽劫於延、慶之间，撫剿兩窮，民卒流亡。皇上眷言西顧，發帑金十萬，特遣繡衣使者往賑而安輯之，犹未安平。驚報狎至，百姓皇皇莫知保聚。

① （嘉慶）《續興安府志》無此句。（嘉慶）《安康縣志》作“右記嘉慶十六年邑舉人董詔撰”。

② 己巳、庚午：崇禎二年、三年，即 1629 年、1630 年。

蓋傷弓戒矢，不直震鄰已也。先是吾師漢陽蕭公，曾以才望分藩興安，維時惠政旁敷，兵民安枕，外户不閉，至今念之，每引領東望曰："安得蕭公來再撫我乎。"一時廷臣爲西秦重地計，咸相推轂，遂起公田間，畀之鉅任。公知民苦賊害久矣，甫下車，即飭戎備、練鄉勇、精器械、習射撻，禦侮之術亦既畢具。復思據險扼要，尤固圉之良策。乃遍歷山谷，周爰諮詢，復得州迤西百二十里，有所爲越嶺關者，見其崒嵂蜿蜒於萬山中，脊高而路狹，月河環繞其下，南則爲鳳凰山，與蜀道通。循嶺以西，峭壁斷崖，捫歷躋攀，爲興安、漢陰交接之道，誠郡邑之門户而天然鎖鑰也。若設爲關隘，得其人以守之，則乘高俯瞷，無遠不矚，無擊不利，所謂形格勢禁，法莫便焉，賊即猛悍慓猾，能飛度耶？又念時詘舉贏，民力爲重，凡創造營作之費，俱捐俸入括，贖鍰爲之，而不需民間一錢，不勞民間一夫。規劃既定，牒其事以聞諸上大夫，皆報可，靡不嘆服。公曰："保障哉，賢於十萬師遠矣"，則越嶺關之設之不容已也。是役也，費不逾百餘金，工不必動大衆，民相與競勸樂趨，匝月而報成事。其屹然崇墉，爲巨鎮關門者一，爲敵樓者三，其左右更立營房、築墩臺、貯炮石、弓弩。其人以州之守禦所，官軍輪流堤防，時加操演，賊有不望而氣奪、聞而嘆息者乎？此關一設，以數世之利。頃者藩臯劉、白二公來守兹土，皆以平賊功，相繼開府去，况公之費約而利溥，防嚴而利周者哉。銓樞之席，當虚焉以待，而漢南人士將世世尸祝公不絶也。不寧惟是，往歲敵人乘邊吏之不戒，突入狂逞，蹂躪内地，遠邇震駭，所過之地略無堅城，使早如公之策，營度而繕葺之，豈令虜騎充斥至是？乃知設險守國，《易》訓昭然；徹桑綢繆，《詩》爲知道。而公之策固可移而行之諸邊矣。然在聖天子嘉乃丕績，寵注優擢，詎有量哉。工既竣，士紳父老德公深，問記於予，欲垂之不朽。余爲公門下士，不敢以鄙俚辭，亦不敢爲溢美之文，謹紀實迹如此。公名丁泰，湖廣漢陽人，辛丑進士，大茹其别號云。於是督工則州判王逅所，百户崔昌允；相度則博士弟子黄色先、張勛。而州守劉秉衡、平利令魏可教、洵陽令陳體貞、漢陰令孔貞祚、紫陽令孔秀裔、白河令趙國琮樂觀厥成，各有捐助，法得備書。[1]

重修越嶺關碑記

（清）嘉慶十七年（1812 年）葉世倬撰。

碑文收於鄧謙修，王森文纂：（嘉慶）《安康縣志》卷十九《文徵丙集》，咸豐三年（1853 年）刻本。

［録文］

漢陰、安康之間有關焉，曰鐵嶺。蜿蜒萬山中，脊高而路狹，嶺西峭壁斷崖，月河繞其下，蓋天險也。明季流寇蜂起，漢陽蕭公來守是郡，嘗於此建關，因更名爲越嶺關云。嶺建關門一，敵樓二，左右營房、墩臺，貯炮石、弓弩，設官軍守之，賊不敢近，民賴以安。國初，樓毀於賊。今年春，余以巡歷過是嶺，諮訪其由，得悉梗概。又憶總鎮游公棟雲曾爲余言，嘉慶四年四月八日[2]，偕總鎮關公騰，率兵五百人，抵關遇賊徐添德、高二等，蜂屯蟻聚凡數萬人，軍士頗色沮。游公相度形勢，急扼險隘築壘待之，憑高下瞰，不遺毫髮，賊百計誘戰，且率衆來攻。軍士遠擊以炮，近以矢石，無虚發者。相持竟日，賊始北遁，衡口以東郡邑賴以保全。是役也，以逸胜勞，以少勝多，雖曰人力，亦地利爲之。余覆按遺迹，諸耆老猶歷歷爲余言之。越日，邑生張泗陝等，以嶺脊凹處，舊曾建魁星樓，爲漢安文峰，以是昔時科第聯綿，請復修之。然則是關當廳縣之衝，文事武備，胥有賴焉，不可不亟修也。余爰與别駕錢君鶴年捐廉，以爲諸紳士倡。工始於壬申[3]，逮癸酉秋八月蕆事[4]。築關門一，上建樓三間，凡高三丈有奇，用錢七百餘緡。臨深爲高，聳峙雲表，乃得復其舊規。庶幾文

---

① 文末注“右記崇禎元年湖廣巡撫漢中洪如鍾撰，仲秋日立石”，崇禎元年當爲四年。

② 嘉慶四年：1799 年。

③ 壬申：嘉慶十七年，1812 年。

④ 癸酉：嘉慶十八年，1813 年。

教昌明，武事有備，兩邑士民，咸得蒙其休焉。董其事者，爲生員張泗隩、軍功張從善，例得備書。是爲記。

衡口堡記

（清）嘉慶六年（1801年）立，安康舉人董詔撰并書。

碑圓首，額題“衡口堡記”四字，碑文僅一字漫漶。碑高230釐米，寬110釐米。碑現存于安康市恒口小學院内。

碑文又收於鄧謙修，王森文纂：（嘉慶）《安康縣志》卷十九《文徵丙集》，咸豐三年（1853年）刻本。

據碑文録入。

［録文］

衡口鎮，直郡西七十里，東臨衡水，南帶月谷，澄流灌注，佳饒水田，粳稻所出，一邑仰食，於是僅在。地當郵中，賓旅所税、委積所輸，有館候焉，有厫貯焉。丁巳夏[1]，鄰匪觸藩，狂奔彙毒，焚掠所震，民用蕩析，走險栖岩，經旬始定。時則藩憲温公直指訓戎[2]，關南馳驅所歷，謂聚民建堡此地爲急，規劃甫興，疑信且半。公曰：“易與樂成，難與更始。”於是躬率邑侯趙君，相其陰陽，定以茅蕝。經營既成，比具而待。邑侯慨然曰：“此令事也”，即捐十金以爲衆勸。於是饒者輸財，貧者獻力。事以就緒，藩憲因擇邑紳史明經等巡其版築，司其出納，飭以程工賦食，勿靡勿刻。復命漢中從事陳少府監之，以賞罰其力不力役。既經年，隍塹甫周[3]，狂氛復熾，西北皆警，環堡數十里之氓，襁負争門而入[4]。守備既戒，蟻結蜂屯而至者，睥睨巨墉，凶焰頓沮，官兵馳擊，各鳥獸散。民樂更生，輸作倍力，遂於堡中西偏更建重闉。邑侯亦喜，民之得慶於安全也，復捐金六百以爲增埤之

---

① 丁巳：嘉庆二年，1797年。

② 訓戎：訓誡軍旅，整飭武備。

③ 隍塹：城壕。

④ 繦負：用繦褓背負，泛指人用肩背馱。

費，而衡口堡於是告成。是舉也，起於嘉慶三年冬①，竣於六年夏②。堡周以丈計，凡六百四十有畸；高以尋計③，凡二，女墻半之。隍周於基廣常有二尺，深縮廣三之一，爲門五。邑侯共捐銀一千六百兩，民輸銀三千七百兩有畸，義助夫二千餘名。凡工之始終，侯月省府憲，周公再造，迨藩憲四至而樂觀厥成，特置堡長以一事權，而是地遂爲郡西巨障。生斯地者感未雨之徹土，樂春臺之共登，謀勒貞珸，傳之奕世④，屬以載筆，誼不敢辭。其辭曰：古之居民，作息出入。有廬於田，有里於邑。挍室中里，父老爰集。佃察勤窳，居課肄習。力田孝弟，書鄉升膠。攸介攸止，此焉烝髦。惟兹衡口，二水流交。三渠釃潤，千耦耘苗。乃積乃倉，中田纷宅。鵝隨水泛，鷄傍厂栅。豳歈蜡飲⑤，越阡度陌。吠静村尨，迹絶虣客。潢池戈弄，鄰莽伏戎。浮潛逾沔，肆虐窮凶。月谷左右，衡水西東。業驅驚爵，澤集哀鴻。方伯戾止⑥，爲營生聚。池畫雙流，築卜百堵⑦。誰贊訏謨⑧，賴我明府。千金先資，萬杵齊舉。嚴嚴峻堡，月谷之漘⑨。如山之苞，如雲之屯。雄逾百雉，險壯重闉。狂瀾駭浪，觸磯而奔。昔也堡民，聞警竄莽。今也鄰坊，擔簦胥宇。朝饘夕糜，陳稷藝黍。蠢兹蜂蠆，莫予敢侮。莫予敢侮，伊誰之慈。方伯營之，邑侯成之。外户不閉，犬足生牦。人壽而富，俗恬以熙。公謀初建，衆疑龜卜。公旆繼臨⑩，群擁馬足。匪公之仁，久委窮谷。敢祝庚桑，镌銘寒玉。稂莠既耨，潢污既清。服疇食德，秉耒横經。桑依雉馴，童肄鹿鳴。共順帝則，永播頌聲。

安康舉人董詔撰文并書丹，恒口堡紳民立。

---

① 嘉慶三年：1798 年。

② 六年：嘉慶六年，1801 年。

③ 高：據（嘉慶）《安康縣志》補。

④ 奕世：世世代代。

⑤ 豳歈：用籥吹奏豳人的樂歌。古代祈禱風調雨順、農業豐收的一種儀式。

⑥ 戾止：到來。

⑦ 百堵：衆多的建築，高大的墻垣。

⑧ 訏謨：遠大宏偉的計劃。

⑨ 漘（chún）：意爲水邊，臨水的山崖。

⑩ 旆（pèi）：古代旗末端狀如燕尾的垂旒，泛指旌旗。

大清嘉慶六年七月十三日。[①]

漢陰縣（漢陰廳）

重修城記

（明）胡叔雋撰。

原碑已佚。

碑文收入張啓蒙修，柏可用纂：（萬曆）《重修漢陰縣志》卷六《藝文》，萬曆四十六年（1618年）刻本。

[録文]

邑侯陳公令之三年歲集癸未[②]，實我皇上御統之十有一年也。適城工告完時，邑尉廖公属余記之。余敢忘其故陋，謹書其歲月，勒諸石端，以告來世。按輿圖所載，舊社溪行香院側跨漢江之濱，得名漢陰。尋以水患徙之，漢朔名亦沿之。明興，初未有城。至成化元年[③]，邑幕徐公鐸僅創土城，定四門。至成化二十二年[④]，邑侯張公大綸城，易磚石門櫓臺榭。至萬曆九年春[⑤]，公承天子休命來收玆邑，他務未遑，首以城垣爲重。一日登城周覽，集父老相謂曰："城何爲哉，所以捍患而御災也。即今熙洽，烽燧不驚，倘萬一值不虞，而凋敝削缺如斯，災何以御、患何以捍耶?"肆齋沐遍禱諸神，敷心諭民，上議藩臬，咸是之。遂計費度工，措財修築。興力作於農隙，復令諸役曰："是役也，可苟且乎哉。卑者必崇，隘者必擴。城以土爲墉，土不培則墉不厚，無以爲城之藩。城以石爲堤，石不堅則堤不固，無以爲城之籬。無洩水之道，而中必腐；無覆頃之名，而基不苞。"群役就工，悉遵其令，

① 末二行署名，（嘉慶）《安康縣志》作"右記嘉慶六年邑舉人董詔撰。"

② 癸未：萬曆十一年，1583年。

③ 成化元年：1465年。

④ 成化二十二年：1486年。

⑤ 萬曆九年：1581年。

其役不亟而功有稽，其費不奢而用自欲。記城高一丈五尺，比舊增三尺；廣隘一丈，比舊增三尺；□□六尺，比舊增二尺；周圍廣一千六十步，比舊增一百三十步。以磚者一丈，以石者五尺。□□□三尺，以石□之門臺，比舊各增三尺，□□各三楹，增兩滴水門以□裹。經始於萬曆辛巳季夏之春[①]，竣事於萬曆壬午季春之末[②]。工既成，於時群黎扶老携幼，□高四望，護聲騰沸，咸稱嘆曰："今日之城，臺隍聳浚，樓堞雄峨，表峙一方之形勝。壯哉，麗乎。與國咸休，我父母其真以千百年無窮之澤永綿斯地矣，非侯其疇能之哉。"董其役者，邑尉廖公，邑幕周公。夫宇宙所稱不朽者，曰德曰言曰功。兹成績顯著觀望，彪炳金湯，漢南保障關，而侯之功其偉矣。然或彪□告諭臺之□乃命□□□出一納□□皆嘉言也。□□□□□□□□□□氣節□□□□鄉約□□民□□□□□□□□節孝以勵俗行□□□□送□□□□□□□享，則血食永而崇報盡成，橋□則來通，□□人悦，公審編則户口清而民□□，興學校□□才育而教化行，善治真不可及矣。大抵侯廉如趙汴，仁如劉寬，雅量如黄憲，異政如張堪，發奸摘伏如廣漢，鋤殘化暴如仇香，且勳石載之白簡，行登之獻册，口碑在民心，將镌之他石矣，余固無容於喋喋也。侯諱昆，字越珍，别號少石，四川丹稜人。前文人石崖翁治洵陽，有賢聲，并記之。

修城自序

（清）康熙二十六年（1687 年）立，漢陰知縣趙世震撰。

原碑已佚。

碑文收於趙世震修，汪澤延纂：（康熙）《漢陰縣志》卷之六《藝文志》，康熙二十六年（1687 年）刻本。又收於李國麟纂修：（乾隆）《興安府志》卷二十六《藝文志二》，道光二十八年（1848

① 萬曆辛巳：萬曆九年，1581 年。

② 萬曆壬午：萬曆十年，1582 年。

年）刻本；錢鶴年修，董詔纂：（嘉慶）《漢陰廳志》卷九《藝文上》，嘉慶二十三年（1818 年）刻本。

録文以（康熙）《漢陰縣志》爲底本。

［録文］

余於甲子之春奉命承乏漢陰[1]，夏六月方抵任，倍嘗酷暑[2]，歷盡崎嶇。是日也，忽見寥寥父老，拜余馬首，曰："此邑治也。"舉目縱觀，一望蕭條，如同瓦礫。問以城垣，僉指其處，云："逆藩變亂，兵燹之餘，繼以□雨。此地土鬆水濕，間以砂石，易於崩頽，兼之邇年荒歉，俗敝民貧，未遑修築[3]。"余不禁喟然長嘆慨想，邑無城垣，不惟民失憑依，即錢穀兵刑將何從利賴乎？亟謀以起築之[4]，無何一無就緒。學宫草莽[5]，教化無由宣；衙宇荆蓁[6]，政令無由布；田野荒蕪，民命無由甦。持籌整理，徹骨焦勞。偶於簿書之暇，恍然有得，因思欲舉廢墜，須阜民財[7]；欲阜民財，須闢田土。于是招撫流移，省給牛種，三年之内，民免溝壑，邑有規模。先與之豁荒糧、免輓運、剔雜派，民生遂矣。次與之講鐸書[8]、課文藝、息争[9]，風俗類淳矣。再與之修黌宫、設義學、輯志書，廢墜舉矣。凡若此者，余敢自矜奇特歟，不過順天之時、因地之利、隨人之事、爲所當爲而已。然余樗櫟庸材[10]，幸逢聖天子教化流行，各憲加意民瘼，激揚吏治，余得稍展職業，獲免隕越[11]，敢不益加鼓勵。獨是城垣功浩，力有未勝，軍民野處，虎豹充斥，于心實有未安。

① 甲子：萬曆二十三年，1648 年。
② 嘗：（乾隆）《興安府志》、（嘉慶）《漢陰廳志》作"常"。
③ 遑：閑暇。
④ 亟：趕快，急速。
⑤ 草莽：叢生的雜草。
⑥ 荆：灌木名。蓁：叢木。
⑦ 阜：多。
⑧ 鐸：古樂器，形如大鈴。宣教政令時，用以警衆者。
⑨ 争：嘉慶《漢陰廳志》作"訟"。
⑩ 樗櫟：原指樗、櫟兩種不材之木。後用以比喻才能低下。多作自謙之詞。
⑪ 隕越：顛墜，跌倒。

欲請捐，告助無由；欲申請，動支無項。未固金湯，憂思成疾。念家大人爲國推慈，深悉荒殘狀，傾囊遠畀[①]。余得陸續捐資壹千陸百餘兩，捐米肆百伍拾餘石。鳩工運石，始于丙寅之春孟[②]，匝歲告成。自此民生漸集、烟火漸繁，余心滋喜，因附于志，此豈炫一時耳目哉。余念成功不易，時事滄桑，欲使後之君子鑒余苦衷，仍加修葺，繭絲是戒[③]，保障永奠云爾[④]。

修城記

（清）嘉慶十九年（1814 年）立，貢生陳九齡撰。

原碑已佚。

碑文收於錢鶴年修，董詔纂：（嘉慶）《漢陰廳志》卷九《藝文上》，嘉慶二十三年（1818 年）刻本。

［録文］

廳城修於本朝乾隆三十三年[⑤]，黄公前土城而已[⑥]。東、西、南城門空洞，上無樓，下無門，卑如垣，時或傾圮，荒榛茂草徧城下，虎狼夜食雞犬，居民不能息也。黄公道嘉惻然動念[⑦]，請帑增修，補廢起墜，仡仡改觀。迄今又數十年。沙水衝蕩，風雨飄摇，雉堞傾頽，垣墉崩裂。嘉慶二年教匪滋事[⑧]，時通守熊公設板暫守[⑨]。五年閏四月，賊至漢陰焚掠[⑩]，四郊閭閻倉皇[⑪]，懼無以衛。值關總戎軍至，而

① 畀：給予。
② 丙寅：康熙二十五年，1686 年。
③ 繭絲：喻取民之財，如抽絲於繭，不盡不止。
④ 奠：定。
⑤ 乾隆三十三年：1768 年。
⑥ 黄公：黄道嘉，江西新城附貢，乾隆二十七年任漢陰知縣。
⑦ 惻：憂傷，悲痛。
⑧ 嘉慶二年：1797 年。
⑨ 通守熊公：熊恢宇，江西奉新縣舉人，嘉慶元年八月任漢陰撫民通判。通判俗稱通守。
⑩ 五年：嘉慶五年，1800 年。
⑪ 閭閻：泛指民間。倉皇：匆忙，慌張。

危城克全。十一年[1]，寧陝兵叛，逼近郊圻[2]，百姓憂甚，幸梅江錢老公祖[3]來守是邦。公祖浙中名士也，久於軍營，熟諳機務[4]。乃設法堵禦，捐廉募兵[5]，得七百餘人，竭力防護。時秋雨寒甚，道路泥濘，公祖冒雨巡視，晝夜靡寧，慰勞備至，士氣百倍，賊知有備而去。吾邑得以保聚者，公祖之力居多，然亦危矣。十八年[6]，河南滑縣賊起。時南山荐饑[7]，岐山、郿、鄠寇盜充斥，漢中告警，人心洶懼。公祖召齡等涕泣而諭之曰："邦邑不可以無備，行險不可以屢試。城陋如此，賊來奚恃？吾寧爲身家計、爲子民計耳。"乃竭貲捐修，紳士亦感泣，踴躍樂助。于是壞者補之、傾者築之，掘城濠、建寫橋[8]，濠傍遍植柳樹，復增建堆房七、炮臺四。公祖偕廣文梁公巡廳，吴公暨衆紳曉夜督率。浹旬之間[9]，郛郭巍然，視黄公時更爲完固，防禦之勞亦甚於前，賊不敢窺視。士庶綏寧[10]，商賈樂業，伊誰之功歟？齡目睹城之廢興而慨然有感，爰輯始末以爲之記。

旬陽縣（洵陽縣）

創修洵陽城碑記

（明）崇禎十一年（1638 年）立，洵陽進士劉文翰撰。

原碑已佚。

---

① 十一年：嘉慶十一年，1806 年。

② 圻：通"垠"。邊際。

③ 錢老公祖：錢鶴年，浙江烏程縣監生，嘉慶十年十月署漢陰撫民通判，嘉慶十三年七月回任。

④ 熟諳：十分瞭解。機務：機要的事務。多指軍政大事。

⑤ 捐廉：舊謂官吏捐獻除正俸之外的養廉銀。

⑥ 十八年：嘉慶十八年，1813 年。

⑦ 荐饑：禾麥連年不熟。

⑧ 寫：深遠，長。

⑨ 浹旬：十天，一旬。

⑩ 綏寧：安定。

碑文收於鄧夢琴纂修：(乾隆)《洵陽縣志》卷之四《建置》，同治九年（1870年）增刻本。又收於李國麒纂修：(乾隆)《興安府志》卷二十五《藝文一》，道光二十八年（1848年）刻本；劉德全、郭炎昌纂修：(光緒)《洵陽縣志》卷十三《藝文》，光緒二十八年（1902年）刻本。

録文以（乾隆）《洵陽縣志》爲底本。

［録文］

峰巒千里，蜿蜒綿亘，若龍翔鳳舞而來，醮諸江流者[①]，形勢之奇，古設邑焉。自漢以來，沿革歷幾千年矣。周遭不三里許，維石巉岩，淤沙爲麓，洵水縈迴，與漢水合。駝嶺如蠮螉腰[②]，一縷懸隔，夏秋水漲，洵與漢濤相望也。靈崖千尺，如嶂如扃，仰嵯峨，類天塹，古之人豈盡憚勞費哉。所賴四圍環水，屹然百雉也。烟火萬家，鱗次江隈，援岩附壁，結宇裁甍，層簷飛檻，磴石攀路，入望參差，居然圖畫，闤闠之民，比屋可封。民生之不見兵革久矣，豈遽虞潢池之弄哉。亡何甲戌[③]，寇百萬騎渡河，泝江而上，所過蹂躪，驅馬冲濤，如履坦途。嗟我遺黎，踉蹌鼠竄，蹙蹙靡騁，回睇室廬，已成焦土，創病驚魂，喘息舴艋中，狼狽浮沉，幾莫保其稅於何所也。會縣令缺，州倅史公奉監司檄，視篆我洵。召浮家泛宅之民，聚商沙磧，相對歔欷，喟然嘆曰：“社稷人民，膜外置之乎。”於是披荆榛、踐瓦礫，直登山麓舊治之墟，遲迴注目者久之。謂博士弟子員吉茅等曰：“是層然峭者何形耶？是苞然鞏者何基耶？是衾衾然相望者何所耶？因勢之險，憑基之厚，取物之便，而築斯城焉。利不十不興，今利不啻十，吾何憚而不爲哉。”謀於衆，諏日興作。簡青衿弟子員一十六人爲之倡，率耆老四十人爲之勸勞。量家之瘠腴、大小而次第均役，饒者出粟，窶者出力，於鳩庀之中隱寓賑恤之意。繇春仲至初夏，不三月而强半就緒，面江一帶言言數仞，民

---

① 醮：（光緒）《洵陽縣志》作“蘸”。

② 蠮螉：一種腰細長的蜂，俗稱“細腰蜂”。

③ 亡何：不久的意思。

用歡忭。方子來趨事，而新令姚公綰符莅邑，公悉以其狀告姚公。姚公毅然任曰："爲天子專城命吏，敢不有終厥事。"甫下車，它務未遑，旦夕拮据，惟修築是事，至冬十月而功乃告竣。趣士民舍舟入城，剪茅繕敗屋[①]，滌殘址而居之。已復陟阜，相地利要害，爲敵樓數座，通道西城樓，藏矢石火炮，募勇士，更直守望。縣北崖水道，舊坎險紆曲，旁無屏蔽[②]。公虞夫賊黠而斷吾汲也，絫石爲復道，直抵崍嶂。若是乎，隄備周，金湯固矣。來歲寇繼飆至，有望而却走者，有衝突而被創出者，有蜂涌來攻而虀粉我矢石之下者[③]，舉無敢睥睨我城内也。不二年而瘡痏者起，流離者、復啼者漸息，舟者漸屋，蓬裸者漸復衣冠，呫嗶者漸有塾，旅漸有舍，而商漸有肆，耕且桑者漸飭具而窺隴陌，蓋無人不加額而頌兩公再造恩也。肆我史公業蒙上擢[④]，遷内地去。維我姚公屢膺推轂[⑤]，名在上屏風間，知我洵之不能久籍也。甘棠在望，我士民感激謳吟，蓋有不能自已者。社而祀之，尸而祝之，爰建生祠于孔道之上，命不佞文翰記之。翰維二公芳躅接迹，丁此搶攘破敗之鄉[⑥]，兵戈倥傯之際，既已餉窮民匱，束手莫措，乃後先經營，未費公帑錢一文，而千萬年不拔之績刻日成之而有餘[⑦]，令洵無民而有民，令民無城而有城，令國家幾無洵而有洵，非其誠結於中、仁周於外，抱絶倫軼群之智，而負規天矩地之材者，胡克臻此。所謂保障之臣，非歟。史公諱采[⑧]，字素之，湖廣蘄州人；姚公諱世雍[⑨]，字學冉，直隸萬全衛

---

① 剪：（乾隆）《興安府志》作"翦"。

② 旁：（乾隆）《興安府志》作"□"。

③ 蜂：（乾隆）《興安府志》作"峰"。

④ 肆：（乾隆）《興安府志》無。

⑤ 推轂：典故名，典出《史記》卷一百二《張釋之馮唐列傳》。指推車前進，古代帝王任命將帥時的隆重禮遇。引申爲"薦舉、援引"。

⑥ 丁：（乾隆）《興安府志》作"于"。

⑦ 績：（乾隆）《興安府志》作"迹"，（光緒）《洵陽縣志》作"基"。刻：（光緒）《洵陽縣志》作"尅"。

⑧ 諱：（乾隆）《興安府志》作"名"。

⑨ 諱：（乾隆）《興安府志》作"名"。

人；共事主簿徐爾弼，南直歙縣人；儒學訓導張鴻，涇陽人。崇正戊寅季夏月日記[①]。

洵陽縣創修蜀河石堡記

（清）嘉慶二年（1797 年）立，興安府知府晋人周光裕撰。

碑現存旬陽縣蜀河鎮。碑方首，高 230 釐米，寬 120 釐米。

碑文又收於劉德全、郭炎昌纂修：（光緒）《洵陽縣志》卷十三《藝文》，光緒二十八年（1902 年）刻本。

據碑文録入。

［録文］

蜀河於古爲淯谿，晋初置戍於淯口，太康元年遂縣之。酈善長注《水經》曰："漢水又東，左得淯谿，興晋、旬陽分界於是谷"，謂是縣也，嗣是郡於西魏，黄土於周隋，淯陽於唐，至宋建隆四年而省入洵陽[②]。自時厥後，遂罔攸聞。蓋五季兵燹之凋耗，元、明生聚之寥落，亦可想矣。我國家重熙累洽，深仁布濩，涵育群生，百餘年來，生齒日富，深山窮谷之中，鹿柴猿徑，皆有人迹。而是地以南臨漢水，北達長安之庫谷，風帆霜鐸，阜通这遣[③]，貿遷有無者，瀕水誅茅，接甍連棟，儼成闤闠。歲丙辰、丁巳以來[④]，鄰匪竊發，潢池弄戈。余奉台檄，適綰郡符，時以扞禦，馳驅屬邑。茇舍此地，見其屋宇隱軫，漫無藩籬。因進其人而諭以劬勞作堵，有備無患，衆皆歡然喻之。適方倡修郡城，及役蒇而大府移防興元，余又有轉輸練操之務，亦無由越俎而代顧，未雨綢繆之思則時寘於懷也。比者王師霆擊，漏網獸竄，鹿不擇音，蜂猶芹毒，兹土之氓，

① 崇正戊寅：崇正（乾隆）《興安府志》作"崇禎"。戊寅，崇禎十一年，1638 年。

② 建隆四年：963 年。

③ 这遣：《説文解字注》曰：这，各本作迹。依《廣韻》《玉篇》正。《小雅》，獻醻交錯。毛曰，東西爲交，邪行爲錯。《儀禮》交錯以辯，旅酬行禮，一这一遣也。

④ 丙辰、丁巳：嘉慶元年、嘉慶二年，即 1796 年、1797 年。

幾警風鶴矣。適嚴侯以保薦孝廉方正[①]，攝篆是邑。受事之初，即親歷山谷，督民保聚。伏莽作慝者，攘剔爬梳，已有成績。余復以公事至蜀河，將申前議，則君經營已定，而攜畚荷鍤者，咸樂事效工。越數月，以書來告曰："堡已成矣。"衆謂不可無述，敬礱石以俟，願有寵錫而鎮撫之也。余謂茲堡之築，固已久籌於心，而莫可藉手。今大尹能割己之廉[②]，順民之欲，而同余之志，是固所爲樂觀厥成者，其何能辭，抑更有望焉。郡襟梁帶荆，固爲秦之南屏，而洵前竹、房，左襄、鄖，更爲郡之東障。雖王者有分土無分民，而生聚教訓固司牧事也。繼自今撫循噢咻[③]，繈負日至[④]，著籍益廣。將斯堡也，廓宇增陴，使洵東百四十里間，足以表輔翼而壯岩疆，行見王成上增户之書，而田鳳題殿中之柱，且將大書特書而不一書，此又載筆者之厚望也。夫斯舉也，大尹捐金四百，商民捐銀六千有畸。堡周四百餘丈，土築石甃，插地四尺，外高一丈八尺，基厚盈尋，頂厚減尋之二，女墻半尋，疏爲五門，樓櫓備具。工始于辛酉仲夏[⑤]，蕆于仲冬，因志其起訖，以見成功之速爲悦，以使民者風焉。

白河縣

新築外城記

（清）嚴一青撰。

文收於嚴一青纂修：（嘉慶）《白河縣志》卷之二《建置志》，嘉慶六年（1801 年）挹漢亭刻本。

［録文］

蓋聞兵家以地利爲先，地利以形勝爲要。白邑之城，周圍止里

---

① 嚴侯：洵陽知縣嚴如熤，字炳文。嘉慶六年（1801 年）創修蜀河石堡。

② 大尹：指洵陽知縣嚴如熤。

③ 噢咻：亦作"噢休"。撫慰病痛。

④ 繈負：背負。

⑤ 辛酉：嘉慶六年，1801 年。

許，衆山環之，其勢皆居高臨下，且距城近不過丈餘。使賊人踞居此地，乘險而攻，雖有孫吴之略、管葛之才，不能守也。嘉慶元年丙辰正月，枝江教匪聶傑人等首先倡亂，蔓延及於襄宜、房保之間。二月二十二日，竹山教匪聚衆攻城，城陷。於是不數日之間，四鄉之賊，所在蜂起。竹溪、鄖西、鄖縣等處亦相繼而起。夫以白河三面距楚，二鄖、二竹皆其接壤之區。乃當其時，警告疊至，訛言頓興，外患將侵，内憂復起，諸不逞之徒往來勾結，已定期於二十七日來擾白河縣境矣。先是，予於二十四日，一聞竹山縣失事之信，即書示傳牌諭帖，分遣善走衙役飛赴各鄉，傳諭紳士鄉保，使速集義勇，堵禦隘口，毋使賊人闌入[①]。然是時，承平日久，百姓目不見兵革，一旦變起倉卒[②]，諸鄉民扶老攜幼，號哭徒跣，逃避山谷間。自見傳牌諭帖至，又得諸紳士爲之督率勸導，并各出家資佐口食，于是激勵踴躍，共矢義憤，兩日之内，白河與竹山交界諸處齊集鄉勇六七千人。竹山、鄖縣、鄖西等界紳士鄉保聞之，亦來赴白河，求領諭帖。予俱再三獎諭而遣之歸，使速集義勇，并令與白河聯絡，互爲聲援。二十七日，賊果分路進擾，俱爲鄉民所擊退。三十日，賊大隊而來，焚燒竹山之吉陽關，進至界嶺東壩。貢生黄存謨、生員黄億亹率領其子，生員黄經常、黄榮顯、黄廷顯等帶領鄉勇八百餘人，前往禦賊。是日賊據羊兒溝，黄經常、黄榮顯等會通竹山山寨、鄖縣簡池鄉勇一千餘人進攻賊於羊兒溝，殺賊一百餘人。賊遁至魚舵灣，衆急追至，乘夜攻之，縱火焚燒其所據房屋，賊焚死者無算。是漢興觀察副使文公名濡、固原提督軍門柯公名藩帶兵千餘名，先後繼至，軍威遠震。自後，竹山之賊無復敢窺白河之境矣。外匪既不能入，而邑中之謀爲内應者亦潛伏不敢動。予乃密召諸紳士，諭令層層設卡，周羅密佈，以阻絶其往來出入之道，使賊匪不得乘間勾結，然後擒其渠魁，先請於軍門斬之。群匪聞之，無不膽

① 闌入：進入不應進去的地方，混進。
② 倉卒：匆忙急迫。

落，皆迯竄於深林密菁、幽岩邃壑之間。[①] 予乃盡列其爲首者十數人，同日之間，分遣健役，星赴鄉卡，督同各鄉勇，按名搜捕，以次擒獲，俱稟明正法。鄉民縛送其從逆者數十，亦請於觀察分委蒲城邑侯胡君國棠、侯補州别駕薛君困勉，幫同審訊，分别辦理。又其外畏罪自盡及拒捕被兵民格殺者，不下百餘人。自是境内廓清，而醜類得盡以殲除矣。至如鄖西之夾河關、鄖縣之劉家灣，其能佐軍門觀察掃除群醜、滌蕩妖氛者，則又藉參府鍾君岳、王君清弼、游府張君彪之力，以波及於隣封者也。二年三月[②]，賊匪又從襄陽擾至南陽，經鄧州、商南一帶突入鄖西。四月初七日，鄖西城陷，上津等處相繼俱陷。白河與鄖西僅一江之隔耳，自上津以至夾河關一百二十餘里之間，艤泊小舟無數，使賊奪舟順流而下，頃刻可至。予先諭沿江一帶，三四里爲一卡，卡數百人、數十人不等，俱令執刀矛、鳥鎗，佈置林列，夜則懸燈相望，擊柝相聞。城垣内外，又賴各鄉紳士踴躍急公[③]，聞信之下即帶領鄉勇，星夜來城，協同防守。於是賊知有備不敢渡江而南，盡悉其衆北竄矣。是年五、六、七月之間，天久不雨，恐至無秋，百姓之謀遷徙，寄食於他所者十之三四；又西南諸鄉，疫癘時行，民多疾病，賊匪又從房保擾至二竹，遂乘間竄入邑之西南境，時八月初七也。予聞之，急召竹山、鄖縣等處鄉勇，舉衆來救。不數日，陸續俱至，與本處鄉勇齊集，不下七八千人。十一日，扎營離縣城四十里之高莊峪。時賊扎營芷芳坪，相距三十里。予催令乘夜進攻。十二日黎明，衆進至藩溝口，離賊營二里許，鼓勇而前，鎗火齊發。賊大懼，造飯未及食，不戰而走。是日，賊退七十里至安家莊。延榆觀察副使温公名承惠，帶領鄉勇五六千人從竹山來，駐扎大山廟，奮勇殺賊，而賊遂西竄洵陽矣。邑之東南北一帶得賴以安全。

云其四鄉之紳士，能捐資出力保護村莊者，或督率鄉勇協守城

---

① 迯：俗字，同“逃”。

② 二年：嘉慶二年，1797 年。

③ 急公：熱心公益。

垣者：則東壩貢生、今加七品職銜黄存謨，生員、今加七品職銜黄億璽，生員黄經常、黄文顯、黄榮顯，生員、今賞五品頂戴黄廷顯；西壩監生、今選應州安東巡檢張啓珍，生員張昌琇、張振鵬；小白石生員吴鴻舉、吴天祥、葉芳、盛丕書；南岔溝生員馬堂、馬二南、楊渠、楊世青，童生熊道尊、馬之聰、馬一元；鹽店灣生員何萬清、何萬鍾；芷芳坪生員黄廷榜、李文輝，武生黄廷鼇、監生黄徵庸，生員黄河清；麻虎溝武生譚攀官、耀輝、阮亨隆；月兒潭生員雷聲；冷水河監生陳國棟；倉上生員李純蘭；黄龍洞生員陳道彰；大坪武舉楊從魁，武生楊興邦；店子溝武生、今賞行營千總斐秀玫，武生張朝珩、張朝瑚；藥樹埡武生陸德昌；太山廟生員阮文彩，監生沈大元也。

其城内外紳士能佐予與吴君鍔、馬君治勇往來督察者：武生王世德，貢生劉步聯、王賢仁，生員李文安、衛鵬摶、衛鵬翔、王賢義、張奉璉、李廷啓也。

其率領鄉勇晝夜防堵者：則生員吴經禮，武生楊宗儒、黄含梅、徐正剛也。雖然設險以慎守，居安而慮危，所爲未雨綢繆之計，尤不可不至。予先於城之外天池嶺、土地嶺、太山嶺、北嶺等處隨其山勢之高下，俱爲度其邊隅之地，扼其險要之區，增築外城一千二百九十七丈，計堵一千六百四十四堵，以視舊日之城垣外高而内下者，今俱爲内高而外下，其地利形勝之得失，相去真不啻天壤矣。予猶以爲未盡善也，又奉文修築寨堡。因於外城之外周家埡、陳家埡、探馬溝、吕家山、長春寺等處連綿聳峙，賊人之可據以爲敵者，悉舉而包之於寨内。又增築天寨一千三百七丈，計堵一千七百一十二堵。起自丙辰三月①，成於戊午十一月②。總計前後民夫、工匠共費二十八萬三千二百餘工，大抵用其農隙之時，役其餘夫之屬。且歲屬薦饑，即因工以代賑，而予又任其去留，使之勿亟，以故民夫

① 丙辰：嘉慶元年，1796 年。
② 戊午：嘉慶三年，1798 年。

興耕而去，得暇而來，極鼓舞之象，無嗟怨之聲。至工匠等給予口糧，土價民夫則於口糧而外，每日僅給予鹽菜錢文，故其所用，較之尋常工作殊爲節省，然已費至一萬七百餘兩。除城内外紳士、典商、鋪户人等共出材料銀一千五百餘兩，邑中無主地畝共收官稞銀一千一百餘兩，各鄉捐助應領口糧計合銀一千四百餘兩，其餘六千六百兩有奇，則皆予之積十數年之廉俸而爲之也。于是，城之東北皆臨漢水，東南則白石河繞之，西北一帶俯瞰深溝，四圍巡視，大半俱巉岩峭壁、懸崖絶澗之區。又於其上砌石爲堵堞，堵堞之外必削掘一二丈，陡絶之處以爲城墻，賊遠不得衝突而來，近亦不得攀援而上，且城勢紆迴曲折，有一處必有二三處可以接應，遠望則見數十里之外，近城則無可置足之所。竊以爲天下城之奇且險莫過於此矣。無如内城百姓十有餘家，外城百姓百有餘家，是城之内無民也。額兵三十名，除守墩卡而外，守城不滿十人，是城之内無兵也。額貯倉穀一千余石，兩載軍興，支銷殆盡，是城之内無食也。無食、無兵、無民，僅有空城，其何以守？今奉大憲，飭令近城數十里之内，其鄉民俱於城中結茅爲屋，仿古五畝之宅，半在田、半在邑者，無事則散之田野，有事則聚之城中，是無民而有民也。又設立寨長副及總領、大領、小領名目，使於近城各鄉内選擇其丁壯數千人，農功已畢，帶領入城，操演戰争之法，是無兵而有兵也。又於城中隙地建立倉房，勸諭近城紳士富户捐資佽助，廣爲存貯口糧，并令近城百姓於收穫之日，計其食之嬴餘者，悉寄貯倉中，是無食而有食也。食足矣，兵强矣，效死而民弗去此，誠萬世無窮之利也夫。是爲記。

重修迎楓門記

（清）白河令朱斗南撰。

原碑已佚。

碑文收於嚴一清纂修：（嘉慶）《白河縣志》卷之二《建置志》，

嘉慶六年（1801年）挹漢亭刻本。又收於顧騄修，王賢輔、李宗麟纂：（光緒）《白河縣志》卷四《建置志》，光緒十九年（1893年）刻本。

録文以（嘉慶）《白河縣志》爲底本。

［録文］

白邑内外兩城均各三門，而正北一門尤爲往來衝要。嘉慶初年，教匪滋擾[①]，由楚而秦。前署任嚴勸諭士民捐輸，增築外城[②]，用資捍衛，因建此門，名曰迎楓，以培地勢而壯觀瞻，以稽出入而備寇賊，蓋此城一大扼要也。顧歷時既久，一切柱棁榱題不無傾圮剥蝕[③]。余下車以來[④]，嘗欲葺而新之，緣此地工程較多，文武兩廟而外兼有城隍，是以先彼而後此。兹于道光十年夏五[⑤]，擇吉鳩工，除捐廉及辦公餘錢外，復勸捐三拾餘緡助之[⑥]，共費錢陸拾陸緡有奇，不兩月而工竣。門樓重新，共慶落成，則所以培地勢而壯觀瞻者於斯，即所以稽出入而備寇賊者亦於斯矣，《易》曰："重門擊柝，以禦暴客"，其是謂乎。然則是門之新，所關誠非淺鮮也，而量力輸財，襄兹盛舉者[⑦]，其功又烏可以或没哉[⑧]。因書其顛末，而并志好義者之名於右，是爲記。

時道光十年，歲在庚寅之夏六月吉日也。邑令江陽朱斗南撰。[⑨]

---

① 教匪滋擾：指清嘉慶初年的農民起義，最早參加者多爲白蓮教教徒。始爆發于川楚陝交界地區，後波及川、楚、陝、豫、甘等省，歷時九年（1796—1804年）。

② 嚴：嚴一青，字選亭，浙江烏程縣舉人，乾隆五十六年任白河令。嘉慶初，白蓮教義軍犯境，嚴一青親帶鄉勇抵抗。嘉慶六年曾修白河縣志。

③ 榱題：亦作榱提，指屋椽的端頭。

④ 下車：官吏到任。

⑤ 道光十年：1830年。

⑥ 緡：古代計量單位，即十串錢，每串一千文，一緡即一萬文。

⑦ 者：（光緒）《白河縣志》無。

⑧ 以：（光緒）《白河縣志》無。

⑨ 此段（光緒）《白河縣志》無。

捐助修築外城銀兩數目碑

(清) 作者不詳。

原碑已佚。

碑文收於嚴一青纂修:(嘉慶)《白河縣志》卷之二《建置志》,嘉慶六年 (1801 年) 挹漢亭刻本。

[録文]

白河縣新築外城,自嘉慶元年起[①],至嘉慶三年十二月止[②],總計三十有五月。其間每年十月至次年二月,每日七八百人、千餘人不等,三月以後農事方興,每日止三四百人或一二百人不等。先後共費石砌匠、木鐵篾匠暨民夫等工二十八萬三千二百餘工,計工價口糧并灰磚竹木鐵石等料,共費銀一萬七百五十兩零,除無主地畝,三年共收官稞銀一千一百兩零,各鄉捐助應領口糧計合銀一千四百兩零。其餘自邑令以至典商、紳士、鋪户、居民、書役人等,所捐助銀兩數目逐一開列於後。

白河縣知縣、今升五郎通判嚴[③],捐銀六千六百兩零。

計開典商:

李復生典,捐銀三百兩;杜恒興典,捐銀三百兩。

計開縣城内外紳士:

貢生劉步聯,捐銀一百兩;生員衛鵬摶,捐銀二十四兩;武生王世德,捐銀十兩;生員李文安,捐銀十兩;武生黄含輝,捐銀十兩;武生黄含錦,捐銀十兩;生員李廷啓,捐銀十兩;監生李章成,捐銀十兩;貢生王賢仁,捐銀八兩;生員張奉璉,捐銀四兩;武生

---

① 嘉慶元年:1796 年。

② 嘉慶三年:1798 年。

③ 在清朝通判也稱爲“分府”,管轄地爲廳,此官職配置於地方建制的府或州,功能爲輔助知府政務,分掌糧、鹽、都捕等,品等爲正六品。通判多半設立在邊陲的地方,以彌補知府管轄不足之處。

劉世顯，捐銀二兩三錢；武生張啓富，捐銀一兩五錢；生員艾邦基，捐銀一兩五錢；貢生柏友竹，捐銀一兩；武生黄簡璋，捐銀八兩；從九劉自明，捐銀五兩；陰陽學王常，捐銀三兩。

計開鋪户：

大亨號捐銀二十兩，協盛號捐銀二十兩，公成號捐銀二十兩，賀復興捐銀二十兩，張義興捐銀二十兩，廣太號捐銀二十兩，柯隆盛捐銀二十兩，聚順號捐銀二十兩，聶新興捐銀二十兩，廣生號捐銀二十兩，通順號捐銀二十兩，周萬順捐銀十五兩五錢，恒裕號捐銀十五兩，復盛號捐銀十五兩，萬盛號捐銀十三兩，李怡怡捐銀十三兩，世合號捐銀十二兩，永合號捐銀十一兩，巴合順捐銀十一兩，馬廣成捐銀十兩，李源順捐銀十兩，郝元順捐銀九兩，夏三元捐銀八兩，其昌號捐銀八兩，合興號捐銀八兩，陳正興捐銀八兩，陳復順捐銀八兩，大盛號捐銀八兩，張永成捐銀八兩，四美號捐銀八兩，怡興號捐銀七兩，張太和捐銀七兩，公和號捐銀七兩，楊永發捐銀六兩，吴裕盛捐銀六兩，王協成捐銀六兩，丁萬順捐銀六兩，楊復興捐銀五兩五錢，雙合號捐銀五兩，仁義號捐銀五兩，籥太來捐銀五兩，周合和捐銀五兩，方復興捐銀五兩，四聚號捐銀五兩，黄天成捐銀四兩，間順號捐銀四兩五錢，清茂號捐銀四兩，三義號捐銀四兩，張廣順捐銀四兩，鴻興號捐銀四兩，啓源號捐銀四兩，陳順興捐銀三錢五分，恒豊豐號捐銀三兩五錢，公益館捐銀三兩，李新盛捐銀二兩，耿裕興捐銀二兩，黄中興捐銀二兩，陳永茂捐銀二兩，黄太和捐銀二兩，雷恒懋捐銀二兩，丁萬順捐銀二兩，公太號捐銀二兩，滙源號捐銀二兩，雙盛館捐銀二兩，裴惟尚捐銀一兩八錢，元和堂捐銀一兩五錢，黄怡怡捐銀一兩五錢，張啓光捐銀一兩四錢，耿恒發捐銀一兩，陳光斗捐銀一兩，恒隆號捐銀一兩，胡永順捐銀一兩，葛文炳捐銀一兩，賀永順捐銀一兩，復生堂捐銀一兩，金仁和捐銀一兩，葛錦華捐銀一兩，甘永順捐銀一兩，張永興捐銀一兩，立茂堂捐銀一兩，王茂盛捐銀一兩，夏萬錦捐銀一兩，阮永興捐銀一兩，繆世忠捐銀一兩，汪協合捐銀一兩，吕文獻捐銀八錢，王人合捐銀七錢，周克華捐銀六錢，愈發號捐銀五錢，義合號捐銀五錢，姚茂盛捐銀五錢，雷章捐銀五錢，王新魁捐銀五錢，毆萬順捐銀五錢，周永興捐銀五錢，余天章捐銀五錢，陳金山捐銀五錢，裕發號捐銀五錢，楊洪盛捐銀五錢，陳宏秀捐銀五錢，孔周山捐銀四錢，唐世儒捐銀四錢，黄金太捐銀二錢，余廣聚捐銀二錢。

計開縣城内外居民：

萬興號捐銀十兩，王賢忠捐銀六兩，牛顯俊捐銀五兩，許長庚捐銀二兩，柯和興捐銀一兩五錢，尚登榜捐銀一兩五錢，陳太元捐銀一兩五錢，余文捐銀一兩五錢，岳玉環捐銀一兩，羅顯台捐銀一兩，周元順捐銀一兩，孫漢明捐銀一兩，楊崇德捐銀一兩，劉剛捐銀一兩，鄭福捐銀一兩，盧朝清捐銀五錢，文獻堂捐銀五錢，高攀桂捐銀五錢，韓述太捐銀五錢，金宏源捐銀四錢，史體乾捐銀四錢。

計開各房書吏：

楊德光捐銀十兩，潘邦彦捐銀十兩，劉惠吉捐銀十兩，劉思明捐銀四兩，謝岐周捐銀四兩，彭光納捐銀四兩，儲珩捐銀四兩，李耀宗捐銀四兩，陳本進捐銀四兩，翁席珍捐銀四兩，朱必榮捐銀四兩，吴敦禮捐銀二兩，劉步瀛捐銀二兩，張殿元捐銀二兩。

計開兩班頭役：

蔡才萬捐銀十兩，潘紹先捐銀十兩，劉啓太捐銀十兩，巴耀彩捐銀十兩，阮永隆捐銀五兩，甘成和捐銀四兩。

以上典商、紳士、居民、書役人等共捐銀一千五百五十五兩八錢。

書白河建城碑記後

（清）邑令葉騰蛟跋。

文收於嚴一青纂修：（嘉慶）《白河縣志》卷之二《建置志》，嘉慶六年（1801 年）挹漢亭刻本；又收於顧騄修，王賢輔、李宗麟纂：（光緒）《白河縣志》卷四《建置志》，光緒十九年（1893 年）刻本。

録文以（嘉慶）《白河縣志》爲底本。

［録文］

縣令於一邑事[①]，無所不當知[②]，尤在急所先務。簿書期會、刀筆筐篋，俗吏亦能爲之[③]，不必待循吏[④]。所謂循吏者，其於簿書期會、刀筆筐篋[⑤]，無異俗吏之爲之也，獨有一二事爲俗吏所不及知，即知矣[⑥]，亦不能爲。唯其慈祥愷惻之心[⑦]，根於至誠，孚乎衆志。誠則明生，孚則事集，毅然而爲之[⑧]，食其利者至數什伯年且未艾[⑨]。嗚呼，固非俗吏所可同年語矣。[⑩] 白河小邑也，舊無城[⑪]，乾隆三十一年歲次丙戌[⑫]，謝君倡議築之，高不尋丈，廣不百堵，湫隘弇陋，民不適所居。歲癸丑[⑬]，吴興嚴君來治兹邑，政修人和，百廢具舉。是時會山賊竊發[⑭]，衆患城小難守。君乃於城外險峻處相度周遭，卓有定識[⑮]。于是集諸父老紳士而觴之曰[⑯]："城小難守，吾欲別築大城以衛之。上踞山之巔[⑰]，下循山之麓[⑱]，依形勢爲曲折。磚

---

① 一：（光緒）《白河縣志》無。

② 知：（光緒）《白河縣志》作"務"。

③ 亦：（光緒）《白河縣志》無。

④ 不必待：（光緒）《白河縣志》作"無俟"。循吏：奉公守法的官吏，最早見於《史記》的《循吏列傳》。

⑤ 所謂循吏者其於：（光緒）《白河縣志》作"循吏於"。

⑥ 矣：（光緒）《白河縣志》無。

⑦ 祥愷：（光緒）《白河縣志》作"愛悱"。

⑧ 而：（光緒）《白河縣志》無。

⑨ 什伯：（光緒）《白河縣志》作"十百"。

⑩ 此句（光緒）《白河縣志》無。

⑪ 無：（光緒）《白河縣志》作"僅有"。

⑫ 乾隆三十一年：1766 年。歲次：（光緒）《白河縣志》無。

⑬ 癸丑：乾隆五十八年，1793 年。

⑭ 是時：（光緒）《白河縣志》無。

⑮ 卓有定識：（光緒）《白河縣志》無。

⑯ 於是：（光緒）《白河縣志》無。

⑰ 之：（光緒）《白河縣志》無。

⑱ 之：（光緒）《白河縣志》無。

瓦費矣[1]，易以石；攻築勞矣[2]，因其土[3]；用力少而成功多，衆等以爲奚若?”衆始聞築城議，皆錯愕不知對，及聞君之擘劃周詳、簡而易從也[4]，皆起立歡呼曰：“一唯使君命[5]。”計城之廣三千三百五十六堵，不兩閱月而工畢，見者莫不詫爲神速[6]。亦知其根於至城，孚乎衆志如此哉[7]。今歲二月，余代理兹土，巡視城垣，見輒感喟，始信數年來鄰邑之困於賊者不知凡幾。白河雖屢告警，然卒不敢薄城下[8]，百姓尚安堵如故，端賴有此，則君之爲功於白河者不小。碑記君時自作[9]，僅書城郭之廣袤、修築之月日，餘皆歸功於民，仁人之用心[10]，不欲自尸其功也如此[11]。余爲表而出之，因書其後。

紫陽縣

重修城垣碑记

（明）萬曆四年（1576）立，知縣北直滑縣人閻博撰。

原碑已佚。

碑文收於李國麒纂修：（乾隆）《興安府志》卷二十五《藝文一》，道光二十八年（1848 年）刻本。又收於陳僅、吴純修，施鳴鑾、張濂纂：（道光）《紫陽縣志》卷八《藝文志》，光緒八年（1882 年）吴世澤補刻本；楊家駒修，陳振紀、陳如墉纂：民國

---

① 磚瓦：（光緒）《白河縣志》作“瓴甓”。

② 攻：（光緒）《白河縣志》作“版”。

③ 因其：（光緒）《白河縣志》作“籠以”。

④ 君、也：（光緒）《白河縣志》無。

⑤ 一：（光緒）《白河縣志》無。

⑥ 速：（光緒）《白河縣志》無。

⑦ 亦知其根於至城，孚乎衆志如此哉：（光緒）《白河縣志》作“安知其至城之愜於衆志如此哉”。

⑧ 然：（光緒）《白河縣志》無。

⑨ 碑記君時自作：（光緒）《白河縣志》作“不小碑記君所自作”。

⑩ 之：（光緒）《白河縣志》無。

⑪ 如此：（光緒）《白河縣志》無。

《重修紫陽縣志》卷六《藝文志》，民國十四年（1925年）石印本。

録文以（乾隆）《興安府志》爲底本。

［録文］

天下之事，兩有所資，則其緒爲易成也[1]。紫陽設立縣治，迄今六十年餘，宦兹土者先後相繼，悉有建立之責。乃正德辛未張公琴首令於兹[2]，庶事草創，依山阻水爲固，垣墉未有創設。張公亨甫始建白當道[3]，派給六縣丁夫鼎建新城[4]，廣豪六百四十丈[5]，設衛學宫，衆務一新。民情安土重遷，公署之外，曠無居民，歲月聿深[6]，漸就傾圮。時蜀寇反側[7]，人思保障。萬曆癸酉[8]，周公宗懿乃修葺之[9]，東、西、南三面建城門、樹敵樓，焕然改觀矣[10]。歲丙子[11]，楊公謨奉兩院命[12]，加高三尺，未就而改官。予補任來兹，視其工程尚廣，計曰：石，山所産也，省磚而且久，遂兼用石，不日告成。覽視形勢，城跨山巔而民居其下，據高爲戎樓五楹[13]，可凭高視下，即有警，毋爲敵所乘也。南門内曠地建官房，招聚居民[14]，以資一面之防。建石橋于城東南隅以通商賈，置鋪舍以時遞發，立社學以興

---

① 緒：事業，功績。

② 正德辛未：正德六年，1511年。張公琴：張琴，山西繁峙人。明正德八年以選貢任紫陽令，創立縣治，營建廟學，招商撫民。

③ 張亨甫：北直内黄人，明嘉靖三十七年以舉人任紫陽知縣，遷新縣築城垣。當道：喻作當權或當權的人。

④ 城：（乾隆）《興安府志》無，據（道光）《紫陽縣志》、民國《重修紫陽縣志》補。

⑤ 豪：（道光）《紫陽縣志》、民國《重修紫陽縣志》作“袤”。

⑥ 聿：助詞。用於句首或句中。

⑦ 反側：反復無常。

⑧ 萬曆癸酉：萬曆元年，1573年。

⑨ 周宗懿：山西忻州人，萬曆二年以舉人任紫陽知縣，廉明仁儉。懿：民國《重修紫陽縣志》作“懃”。

⑩ 焕：光亮，鮮明。

⑪ 丙子：万历四年，1576年。

⑫ 楊公謨：楊謨，四川蒼溪人，萬曆六年以舉人任紫陽知縣。

⑬ 戎：（道光）《紫陽縣志》、民國《重修紫陽縣志》作“戍”。

⑭ 居民：（道光）《紫陽縣志》作“民居”。

教育，皆嗣是而有所作也[①]。嗟夫，大厦非一木之支[②]，鴻功非一士之略。張公始之，内黄張公繼之，周公、楊公又繼之[③]，而宇始會其成[④]。夫工貴始举凡此皆前人之緒也[⑤]。雖然兹有司一事耳，蕞爾小邑[⑥]，疲困極矣。荒蕪未盡墾，流移未盡復，民習未盡還淳，奸宄未盡革心[⑦]。空城孤懸，居民三五，豈金湯之固也哉。惟堅壘[⑧]，保生聚，大積蓄，以可恃無恐[⑨]，是望於後之同志者匪淺淺也。

寧陝縣（寧陝廳）

新修寧陝廳城記

（清）嘉慶十四年（1809年）立，江蘇上元縣人、興安知府葉世倬撰。

原碑已佚。

碑文收於林一銘修，焦世官、胡官清纂：（道光）《寧陝廳志》卷四《藝文》，道光九年（1829年）刻本。

［録文］

嘉慶十九年春[⑩]，余奉檄驗寧陝廳城，同知胡君晋康囑記其事[⑪]，余應之曰："此爲創建，誠不可以不記也。"乾隆四十八年，巡撫畢公

---

① 嗣：繼承，連續。

② 木：道光《紫陽縣志》、民國《重修紫陽縣志》作"邱"。支：道光《紫陽縣志》、民國《重修紫陽縣志》作"木"。

③ 内黄張公繼之周公楊公又繼之：此句原文缺"繼之周公"，據（道光）《紫陽縣志》、民國《重修紫陽縣志》補。

④ 宇：（道光）《紫陽縣志》、民國《重修紫陽縣志》作"予"。

⑤ 始举凡此皆前人：（乾隆）《興安府志》缺，據（道光）《紫陽縣志》、民國《重修紫陽縣志》補。

⑥ 蕞爾：小貌。

⑦ 宄：竊盗或作亂的壞人。

⑧ 惟堅壘：（道光）《紫陽縣志》、民國《重修紫陽縣志》作"惟堅壁壘"。

⑨ 以：（道光）《紫陽縣志》、民國《重修紫陽縣志》作"庶"。

⑩ 嘉慶十九年：1814年。

⑪ 胡君晋康：胡晋康，江蘇武進縣人，供事嘉慶十六年署同治。

沅請截長安①、盩厔、洋縣、石泉、鎮安之地，以涇陽通判葉君璐移駐于此，爲五郎廳。是時，葉君自子午谷入，層巒疊巘②，密箐深林，歷四百八十里乃得焦氏之堡而廳治焉。居年餘，堡里許始建廳署。嘉慶初教匪起，左君觀瀾倡築土堡以資捍禦③。六年升通判④，爲同知，改今名。八年設總兵官⑤，築城老關口，駐重兵守之，西去廳治十五里。十一年秋⑥，老關口賊起，毀廳堡，焚掠殆盡。于是移總兵官于漢中，而以鎮署爲廳署，且議修其城爲廳城。久不決，大府檄余往勘。老關口雖地居衝要，而山勢峻削、無水泉，非民居所便。乃請于洵陽壩立城，爲經久計，未蒙報可。嗣以百姓安土重遷，復檄漢中府嚴君如煜覆勘⑦，乃仍左君土堡舊址爲之。是役也，經始于十七年八月⑧，工竣于十八年十二月。城周五百六丈九尺，高二丈，南、北、東爲門三，南曰治安，東曰清正，北曰迎恩。西跨廖家山，山水入城爲水關二；東臨長安河，捐築石堤二百二十七丈有奇，而資捍衛焉。余與胡君登陴遠眺，屈指建治方三十二年，昔之鹿豕與游、上巢下窟者，今則市廛鱗接，百堵皆興矣⑨；昔之林木陰翳、荆榛塞路者，今則木拔道通、阡陌縱横矣。且余數往來山中，十餘年間目擊賊氛蹂躪者三，而丁口轉增得萬餘户，于以見聖朝休養生息之深且至也。繼自今崇墉仡仡，盜息民愉，其永無風鶴之警乎。而官是土者，撫芸芸之衆以養以教，將爲保聚之謀以固于苞桑者⑩，其必有道矣。是爲記。

---

① 乾隆四十八年：1783 年。畢沅（1730—1797）：字襄蘅，一字秋帆，自號靈岩山人，江蘇鎮洋縣（今太倉市）人。乾隆二十五年（1760 年）進士，曾任兵部尚書、陝西巡撫。博通經史、小學、金石、地理之學，著述頗盛。

② 巘：山峰。一説小山。

③ 左觀瀾：江西永新人，舉人，嘉慶二年署通判。

④ 六年：嘉慶六年，1801 年。

⑤ 八年：嘉慶八年，1803 年。

⑥ 十一年：嘉慶十一年，1806 年。

⑦ 嚴如煜（1759—1826 年）：字炳文，號樂園，別號蘇亭，湖南溆浦人。嘉慶三年舉孝廉方正。歷官湯陰知縣、定遠廳同知、漢中知府、貴州按察使、陝西按察使。卒于任，贈布政使銜。

⑧ 十七年：嘉慶十七年，1812 年。

⑨ 百堵皆興：堵，墻。謂許多房屋同時建造。

⑩ 苞桑：桑樹的本幹。以苞桑比喻根基穩固。

九 榆林市

榆陽區（榆林府）

磚修榆林鎮城記

（明）崔鏞撰[①]。

原碑已佚。

碑文收於鄭汝璧等修：（萬曆）《延綏鎮志》卷八《藝文下》，萬曆三十五年（1607 年）刻本。

［録文］

延綏外塞河湟[②]，内障關陝，東連云晋[③]，西接寧夏，屹然爲西北一雄鎮。正統間，白上郡徙鎮榆林北[④]，人居未衆，鎮城尚草造也。久之，漸三拓焉。繄我皇明至仁無外，氈鄉款貢惟謹[⑤]。一時保厘大臣[⑥]，如文川郜公、大石張公，慮徹桑土，戒豫城隍，亦既漸次磚甃土築，雄視往昔矣。

萬曆七年[⑦]，大中丞禮齋宋公以墉土築弗可久也，乃勸鎮守都督龍淵傅公言曰："邊城利在設險，險弗可久，如保障何？盍磚甃之？"於是相與經始，其制高三丈五尺，底闊如其高，頂闊二之一，每十丈一敵臺，臺高闊視城有如。若陴，若隧，若水道，若樓櫓，若械

---

① 崔鏞：山西興賢里人，嘉靖三十一年（1552 年）舉人，壬戌（1562 年）進士，官都察院右僉都御史、巡撫。

② 河湟：黄河、湟水兩流域地。

③ 云晋：疑爲"三晋"之誤。

④ 白：疑爲"自"之誤。

⑤ 氈鄉：指古代北方游牧民族所居之地，因其以氈帳爲居室，故稱。

⑥ 保厘：治理百姓，保護扶持使之安定。

⑦ 萬曆七年：1579 年。

器，胥爲之所。以人計日，以日計工，將挈程綱，史操工目，魚貫而食，蟻附而作，人無遺力，地無餘工，罔或敢緩。炭采之洞，石伐於山，灰辦於冶，器利之匠，罔或敢匱。令既具，于是考征勞勤，按籍稽力，以征以勸，以拮以據，迹駸駸日就緒矣[①]。乃禮齋公去，今大中丞肖岩王公代之，偕鎮守都督高山賈公巡行工所，議曰："嗟呼役者，子來矣，盍勿亟之。"約以歲之三月興工，四月而輟。夏若秋，馬軍僉逐水草牧步，積芻豆，儲薪櫝，以爲冬計。至冬，則申軍法，習騎射，以豫教戒。凡役但用步工弗及馬，工堅雖遲必賞，工瑕雖速必罰，匪以亟之，匪以絿之[②]，期人安事舉已爾。榆人聞令，咸歡呼踴躍，競力勸工。于是鎮城周一十三里有奇，磚工悉如期完。其上如截，其下如苞，其堅如金，其峻如峙，其堞如雲，其平如砥，翼如伉然。若六門，若鎮朔、信地二樓，飛甍峻宇[③]，弘敞巃嵸[④]，轉折紆回，梯雲磴石，前未有也。工興于萬曆七年三月[⑤]，訖於十年四月[⑥]。甫落成，上命工科給事中念吾蕭公閲邊，至，首閲墉工，壯之，上其事，詔褒嘉之，錫禮齋宋公、肖岩王公、高山賈公金幣有差。於戲，明見萬里哉。鎮之旄倪及文武大夫、士謀曰[⑦]："昔周城朔方，《詩》頌其烈；唐築三城，史記其功。今兹墉工之克舉也，爲我榆人樹千百年長久之計，以紓聖天子西顧之憂，其承異寵、膺簡眷，崇報有在矣。我鎮人何以圖不朽、昭往實、垂後憲哉。"爰問記于榆濂崔子，崔子曰："備豫不虞，政之善紀也。莒恃其陋[⑧]，不修郭城，《春秋》譏之。設險守國，聖人不廢，矧今乘暇乎[⑨]？鎮城創自正統，時三拓而至於今，何其艱也。歷百餘年，始磚

① 駸駸：疾速，急迫。
② 絿：急，急躁。
③ 飛甍：高屋脊，比喻高大的屋宇。
④ 巃嵸：聚集貌。
⑤ 萬曆七年：1579 年。
⑥ 十年：萬曆十年，1582 年。
⑦ 旄倪：老幼的合稱。旄，通"耄"，老人；倪，小兒。
⑧ 莒：國名。西周諸侯國名，嬴姓，周武王封少昊之後兹與於莒。春秋時爲楚所滅。
⑨ 矧：况。

甃之，時非有所待乎哉？於赫勳勞，誠有金石未能紀者，可諼耶[①]？”或者曰：“城民固國，得道多助，起大事，動大衆，勞之矣，助之云乎？”崔子曰：“《易》戒覆隍，《詩》謹户牖。壯封疆之神氣，而寢虜異日者之睥睨。佚道也，生道也，非壯猷元老，繄疇始終之？是故居者不再虞，斯之謂永賴；役者不再籍，斯之謂永逸；助孰大焉？”於是乎作《磚修鎮城記》。

宋公諱守約，字崇要，號禮齋，山西上黨人。王公諱汝梅，字德和，號肖岩，直隸安肅人，并嘉靖壬戌進士[②]。賈公諱國忠，字□□，號高山，上穀人。傅公諱津，字□□，號龍淵，鎮人。俱鎮守總兵官都督同知。是役也，綏猷翊畫，讖費考成，則榆林兵備道、中憲大夫龍江洪公忻、壽峰趙公云翔。宣威夷壤，肅紀東郊，則神木兵備道、中憲大夫月窗篁公應元、鳳崗胡公穗。丕運前籌，康乂西土[③]，則靖邊兵備道、中憲大夫玉岡張公更化、明吾文公作。豐餼峙粻，酌盈津虛，則户部分司郎中、奉政大夫敬所譚公啓、念堂田公時秀。出納明允，綜核精詳，則延安府管餉通判馬君循道。董率殫心，胼胝陳力，則標下中軍參將張禮、分守保寧參將臧士勸、游擊將軍葛紹忠、崔養浩、龔成、趙武、陳愚聞、戴采、姜顯宗、王允恭、傅桓。本鎮坐營李經法得并書諸執事姓氏具碑陰。

改修北城大略

（清）撰者不详。

原碑已佚。

碑文收於張立德、高普煦修：民國《榆林縣志》卷六《建置志》，民國十八年（1929年）稿本，爲節略本。

---

① 諼：忘記。

② 嘉靖壬戌：嘉靖四十一年，1562年。

③ 康乂：安治。

［録文］

同治二年[①]，常道憲瀚鑑於本省同州朝邑之回乱，目覩北城沙壓殘廢[②]，於十月内倡议改築。时绅士有畏難阻止者，常道憲一日集绅開議，懸劍於門首，曰："有阻挠者，以軍法從事。"群议始息。于是相度地形，棄舊城南徙。築土爲垣，计長四百三十八丈七尺，高三丈，闊一丈八尺。曩之東嶽廟、官井海子在北城内者，今则截然在城外矣。实勘得新北城东北隅距舊城東北隅缩回有一百一十四丈，新北城西北隅距舊城西北隅缩回有一百七十一丈有奇。其所以西狭於東者，因由東往西至二百三十八丈餘，需有一拐角直南，至廣榆門又缩回五十七丈有奇也。北城門名廣榆門，即舊西城門改作。西城門原有四，今龍德門亦廢，止存宣威、新樂二門。東城門舊有二，今咸寧門廢，振武門存焉。

劉福堂總戎修城紀略

（清）同治九年（1870年）立，撰者不详。

原碑已佚。

碑文收於張立德、高普煦修民國《榆林縣志》卷六《建置志》，民國十八年（1929年）稿本，爲節略本。

［録文］

同治六年夏[③]，回匪跳樑，榆人籌議城防，共請當道捐款修葺。是時也，但於東北剗其沙[④]，西南浚其濠，建營房，補睥睨，事未及竣而經費已不支矣。七年冬[⑤]，劉軍門福堂來鎮是邦[⑥]，即有志修城，以戎

① 同治二年：1863年。

② 沙壓：被流沙覆蓋。

③ 同治六年：1867年。

④ 剗（chǎn）：通"鏟"。

⑤ 七年：同治七年，1868年。

⑥ 軍門：明代命文臣總督軍務或提督軍務，稱爲軍門，猶言麾下。清代專命武臣爲提督，以總軍務，軍門遂成爲提督的敬稱。

馬倉皇而不暇。九年正月[1]，觀察孫公毓林權署郡守[2]，欲修城苦於無貲。適省中會議，有道府津貼一項，意擬以府署所領之二千四百金稟請助修。一經估工計費，咸以款少工鉅，不敢遽舉。商议，總鎮劉公之曰："是誠在我"。彼时，兵燹之餘，民窮財竭。公祇率其偏裨營哨冬長指揮士卒，日夕經營，不避勞怨。先堅築榆之西城，次第由北而南，興殘補墜，计工七百丈有奇。是役也，一錙一銖咸出鎮憲之捐給。在事勇丁，有此子來，炎天烈日，忘其勞瘁，不累民，不擾商，俾屹之者功成可曰。蓋經始於同治九年二月之庚辰，告成於是年秋八月之乙卯。

重修南城門樓

（清）光緒元年（1875年）立，撰者不详。

原碑已佚。

碑文收於張立德、高普煦纂：民國《榆林縣志》卷六《建置志》，民國十八年（1929年）稿本，爲節略本。

[録文]

光緒元年春[3]，道憲嵩、府憲蔡、知縣王會議修築南城門樓，以經費支絀爲嘆，轉商刘總鎮[4]。總鎮曰："是款有不敷，願傾囊相助。"遂命紳士董其事，派營员監工。開招於三月初，至八月二告竣。共需鈔二千餘緡，除花捐外，道憲捐鈔百緡，府憲捐鈔百緡，餘悉爲劉總鎮慨助。

再修榆林西城

（清）撰者不详。

---

① 九年：同治九年，1870年。
② 權署：暫時代理或充任某官職。
③ 光緒元年：1875年。
④ 劉總鎮：即劉福堂。

原碑已佚。

碑文收於張立德、高普煦纂：民國《榆林縣志》卷六《建置志》，民國十八年（1929 年）稿本，爲節略本。

[録文]

光緒元年冬十月[①]，西河水患忽興，泛濫西城根，甕門莫救[②]。刘總鎮亟將邊地瘠苦情形详陳左爵帥與譚中丞[③]，請帑助工。二公重其言，允撥鈔鉅萬責成始終斯役。時與觀察嵩公、太守蔡公會商，料歸採買、工役勇丁，有不足则捐廉以濟。迨至河堤蕆事[④]，城垣被水浸蝕，塌陷五百餘丈，築城之舉，刻不容緩。于是大興板築，城之土者概易以磚，閱十月而陴堞樓櫓粲然，美備金湯，始稱鞏固，至今日西城之完全較彼三面爲最云。

建修宣威門堞樓[⑤]

（清）撰者不详。

原碑已佚。

碑文收於張立德、高普煦纂：民國《榆林縣志》卷六《建置志》，民國十八年（1929 年）稿本，爲節略本。

[録文]

光緒十年甲申[⑥]，巢鎮軍端南、張視察岳年、朱太守文鏡而次壩，修河堤，皆以總兵銜中營游擊余君成龍專司其事[⑦]。旋因東濠已

---

① 光緒元年：1875 年。

② 甕門：遮掩城門的短墻。

③ 左爵帥：左宗棠。中丞：官名。明清常以副都御史或僉都御史出任巡撫，清代各省巡撫例兼右都御使銜，因此明清的巡撫，也稱爲中丞。

④ 蕆（chǎn）事：蕆，解决。事情已完成。

⑤ 宣威門：榆林城西門。

⑥ 光緒十年：1884 年。

⑦ 游擊：官名。漢置游擊將軍，爲雜號將軍。後代沿置，爲武散官。元廢。明復置，爲軍營將軍，省稱游擊。清代緑營兵設游擊，職位次於參將。

成[①]，西濠柴蒿未具，工弗继。及是時，建修宣威門堞樓，五旬而告竣，亦云速矣。先是劉總鎮谓：“堞已堅固，樓當缺如，無以肅觀贍。”自捐俸千緡，委員購備材料，而未及舉。繼經譚總鎮籌款四百八十緡，爲畫墁資[②]，又值歲歉輟工。至是延及七載，宣威門之堞樓始巍然在望，則余君督工之勤敏爲不可没云。

重修北堞略記

（清）光緒二十年（1894年）立，撰者不详。

原碑已佚。

碑文收於張立德、高普煦纂：民國《榆林縣志》卷六《建置志》，民國十八年（1929年）稿本，爲節略本。

［録文］

光緒二十年甲午，因甘肅河州海澄等處回變重修北城。其时，观察馬[③]、太守光、總兵蔣集紳筹议。款捐殷富，役助勇丁[④]。坚築土基，外甃以磚。然自廣榆門以東，仍是土墙，量力磚包焉。

靖邊縣

重修靖邊營城池記

（明）張世烈撰[⑤]。

原碑已佚。

碑文收於（康熙）佚名纂修，乾隆六年（1741年）增補：《靖

① 濠：城池，護城河。也作“壕”。

② 畫墁：粉刷墻壁。

③ 觀察：清代道員的俗稱。

④ 勇：兵卒。清制，行營招募的兵卒叫勇。

⑤ 張世烈：字葵亭，延安衛人。隆慶戊辰進士，仕開州牧。

邊縣志·藝文志》，舊鈔本。

［録文］

延安府北三百里有曰靖邊營者，即漢朔方郡，秦所取匈奴河南地也。晋、唐之世，皆不可考。宋范希文知延州時，曾牧馬於此，故城西一里許有范老關，迄今遺址尚在。我成祖文皇帝正位燕京，永樂初，即命守臣建兹城垣，以衛人民，且以爲鄜延藩蔽，命名靖邊營，靖邊之名自此始。其初止一城，周圍三里許。成化間，分巡憲僉陳公以生齒之聚日繁[1]，乃更拓一南關居之，然垣墻門禁僅足以吆止盜賊，罔克以爲虜衆禦，乃諜者知之。嘉靖乙巳秋即大舉入寇[2]，黎明薄關南城下攻之[3]，圍李總兵琦于小墩兒山三日。城以内岌岌然，會援至，始解去。兵備須公懲鑒往轍，請於撫臺，報新軍若干名，慮居集無所，遂因關而築新軍營，周圍亦一里許。歲嘉靖乙卯[4]，本兵議軍伍缺甚，許各邊報勇壯者克之，名爲家丁。時武清趙公適分巡西路事，奉命報之，得三百有五十，於新軍營外更築一城以居之，名爲家丁營，周圍亦二里有奇，此靖邊連環有四城矣。顧創始者慮不悉於草昧之初，繼至者恐叢怨於版築之際，雖歲加修葺，竟罔功第。城在極邊，連袂虜穴，識者深用爲憂。

我穆宗莊皇帝即位之三年，德威遠播，四夷咸賓，巨酋首俺達之孫把漢那吉歸降於雲中[5]，俺達嗒以我叛人趙全等拾壹名贖之，因即求封貢，感不殺之恩也。詔許之，封爵有差，貢止至宣大，意至深遠。大學士中玄高公、太岳張公、棠川殷公咸懷既濟衣袽之戒[6]。未兩桑土之思，條議修城垣八事，直訏謨遠猷也。制曰：

---

① 生齒：古時把已經長出乳齒的男女登入户籍，後借指人口、家口。

② 嘉靖乙巳：嘉靖二十四年，1545年。

③ 薄：逼近，靠近。

④ 嘉靖乙卯：嘉靖三十四年，1555年。

⑤ 俺達：俺答汗，16世纪后期蒙古土默特部重要首领，孛儿只斤氏，成吉思汗黄金家族后裔，达延汗孙。

⑥ 衣袽（rú）之戒：對潛伏着的危機應有所戒備。

可。尋遣行人各一員，於九邊賫敕旨[①]，督責之時，延綏部撫臺移檄，先兵備憲副劉公方經營，起事間，適解組去[②]。萊陽龍池張公繼至，甫下車，即登城而視之，頹圮低薄殊甚。進父老而謂之曰："斯地逼鄰强胡處，劉□擄掠，殆無虚日，所恃以捍衛之者，城池也，而今乃若此，其誰與守？盡大破常格修理之[③]。"父老以年歲不登，乞少得。公曰："承君命而牧之，知民患而坐視，不忍也。"遂檄委先城堡孫二守黄令、咸二守懷良、應三守崇元總董其事，以致仕游擊季潮、守備羅輝分理之，而公於政暇即親往劳来焉。孫咸應皆蚤夜經營，不憚勞瘁。工始於隆慶陸年叁月[④]，告成於玖月，官無斗粟之費而軍民樂役，時止歷柒月餘而大功就緒，言言仡仡，允爲一面之金湯矣。其城高以尺記，得叁拾有六，闊得高之半，周圍以里記，得六里零貳百步。每半里添一敵臺，共十有柒座。臺各有屋一間，爲守者棲止，共十有柒間。城門洞四，俱磚石爲之，門各護以鐵葉。城樓四，南北各三間轉五，東西各一間轉三。又于城西南之小墩兒山、東南之鍾禮寺山、北之塘梁山相其要害，各設墩臺，共四座，上各有屋三間。凡若此類，皆昔無而創有者。其夫取之本營軍，丁梢把取之邊外林木，木植、磚瓦、釘鐵則官爲辦置，銀以兩記若干。功既訖，靖之軍民無少長咸誦公保障之德，而喜其有無疆之休，且曰："向使公不至或意不鋭，不嚴於限，則未必修；即修，其成功亦未必速且易與其堅厚而久遠也。"一日，公會張子世烈而問記。世烈時憂居[⑤]，樂觀厥成，遂喜而言曰："於古有之，禦戎之首，守備爲本，而《易》曰：'悦以使民，民忘其勞。'是故玁狁熾而城朔方[⑥]，徐淮寇而築

---

① 賫（jī）：抱着，带着。

② 解組：解下印綬。組，印綬。謂辭去官職。

③ 常格：固定的格式，慣例。

④ 隆慶陸年：1572 年。

⑤ 憂居：即"丁憂家居"。父母去世，子女守喪，三年内不爲官、不婚娶、不應考等。後泛指守喪。

⑥ 玁狁：即獫狁。中國古代北方少數民族，游牧於今陝西、甘肅北部及寧夏、内蒙古西部。

費邑，此古哲懿行，足爲永鑒。今公慮虜患之蹂躪、靖人之荼毒，毅然獨断，任劳任怨，以成此千百年之業，貽靖人以無窮之安，誠得禦戎之上計而會‘悦以使民’之《易》旨也。”

神木縣

建修南關石城記[1]

（明）萬曆三十三年（1605年）蜀人俞廷袁撰。

原碑已佚。

碑文收於佚名纂修：（雍正）《神木縣志》卷四《藝文》，雍正鈔本。又收於王致雲修，朱壎纂，張琛增補：（道光）《神木縣志》卷七《藝文上・碑記》，道光二十一年（1841年）刻本。

録文以（雍正）《神木縣志》爲底本。

［録文］

甲辰之秋[2]，余以徐州事報命闕下[3]，誤被守麟之簡，説者頗嘆之。余切計天下事[4]，苟實心以任，當無不可者，因勉力就焉。至則見麟之川原平曠[5]，峰巒環拱，士生其間，率皆英宕不凡，蔚然國瑞，蓋天造重鎮以界此華夷哉。顧麟州西藩榆陽[6]，東控河朔，南翰關華，北當套虜，一面拒巢不十里。城故高廣，軍民鱗集，而棟接如比，殊無隙壤，漸多衺居，城南闠列城市[7]，亦勢也。與虜爲鄰欵，安可恃？綢繆禦侮之備，當不蚤歟。鄭大中丞公有隱憂，遂可

① 建：（道光）《神木縣志》作“重”。
② 甲辰：萬曆三十二年，1604年。
③ 州：據（道光）《神木縣志》補。
④ 切：（道光）《神木縣志》作“竊”。
⑤ 曠：（道光）《神木縣志》作“廣”。
⑥ 州：據（道光）《神木縣志》補。
⑦ 城市：（道光）《神木縣志》作“成市”。

創建關城之議，適巡捕指揮李三鑑以覈邊工歸[1]，言曰[2]："今之任事者，患不實心爲爾，果實爲之，邊功可立竣[3]，關城可力圖也。"余壯其言，令董其事，調集班軍，得九百有奇[4]。爰度地布基，采石東山[5]，畚土南郊，省其勤惰，時其廩餼[6]，用督昰諸軍[7]，感奮并力赴工，甫三月而告成矣。夫麟城屹峙一方，復得此關爲之外屏，不謂輔車相附固於金湯哉[8]。城始於七月之朔，竣於九月之既。支糧僅一千二百餘石，盐菜銀止二百三十餘兩。爲城長垣二百三十九丈[9]，厚一丈餘[10]，高丈七八尺，雉堞凡三百四十一，宿風臺鋪凡四，其形勝不及大城，而已足捍衛；其整齊不如磚包，而堅則過之，里外俱石，可垂不朽。緣諸村官實用其心[11]，班軍士實用其力。人無虛縻，晷無虛刻，固宜閱月不多而奏績畂（畡或戓）也[12]。又况冬月放班，舊有令甲，今之城工，實從邊工中節省來者[13]，寧唯是也[14]。惟時七酋已悔禍矣[15]，而訌邊者時有，希賞者未厭，乃保甲之故。事兵練之，可以謹烽烟夜牧之失；主詰責之，可以嚴戒備圪塔來使之遣。沙計蟒衣之索、廷辱之勢禁之，可以却要挾而走緞氈[16]，第實舉行，輒試輒效。《語》云："言忠信，行篤敬，蠻陌之邦行矣[17]。"不

---

① 李三鑑：由指揮任神木道標中軍。

② 言：（道光）《神木縣志》無。

③ 功：（道光）《神木縣志》作"工"。

④ 九：（雍正）《神木縣志》作"有"，誤。據（道光）《神木縣志》改。

⑤ 采：（道光）《神木縣志》作"採"。

⑥ 廩餼：同"廩食"，官府供給糧食。

⑦ 昰：（道光）《神木縣志》無。

⑧ 謂：（道光）《神木縣志》作"已"。輔車：頬輔與牙床。喻相依之物。附：（道光）《神木縣志》"依"。

⑨ 二：（道光）《神木縣志》作"三"。

⑩ 丈：（道光）《神木縣志》作"尺"。

⑪ 村；（道光）《神木縣志》作"材"。

⑫ 畂：（道光）《神木縣志》作"速"。

⑬ 中節省：（道光）《神木縣志》作"節省中"。

⑭ 唯：（道光）《神木縣志》作"惟"。

⑮ 惟：（道光）《神木縣志》作"维"。

⑯ 緞氈：（道光）《神木縣志》作"氈裘"。

⑰ 陌：（道光）《神木縣志》作"貊"。

誤哉①。獨惜余之生也，年月日時與先世學道②，於南岷高士之祖同軌。盍道家者流，耽玄嗜寂③，即有少試，志終不遠，久則妨賢路，誤地方，謀蚤去也。因紀其始末，且不欲私，所嘗效者，并舉以告，將來大標暨君子云。是役也，建議而首畫者，參府姜君直也；作率而程能者④，糧廳余守良弼、神邑李令春蕚也；捴董其事，則巡捕指揮李三鑑、鎮羌所吏目劉昌也；分理其役，則指揮單世□⑤、千户王振武、百户劉麒也；督領班軍，保無逊曠，則潼關千總蔣自勵、劉一元也⑥；俱有勞勛，例得并書。時萬曆己巳菊月之吉⑦，賜進士出身、整飭神木等處兵馬⑧、分巡葭州等州縣、陝西布政司右參議兼按察司僉事、前户部山東司郎中奉敕監督湖廣等處漕運京儲⑨、徐州等處糧餉船料、蜀人俞廷袁諫字忠肅撰⑩。

捐修續坍城垣碑記

（清）乾隆十四年（1749 年）邑人尤宗周撰。

原碑已佚。

碑文收於王致雲修、朱塤纂、張琛增補：（道光）《神木縣志》卷八《藝文下》，道光二十一年（1841 年）刻本。

[録文]

王公設險，以守其國。雖華夏中壤，在所必嚴，而於邊陲爲尤甚。

---

① 誤：（道光）《神木縣志》作“誣”。

② 年月日時：道光《神木縣志》無。

③ 玄：（道光）《神木縣志》作“元”。

④ 程：（道光）《神木縣志》作“逞”。

⑤ □：（道光）《神木縣志》作“印”。

⑥ 一：缺，據（道光）《神木縣志》補。

⑦ （道光）《神木縣志》“時”後有“明”。己巳：应爲“乙巳”。（道光）《神木縣志》“乙巳”前有“三十三年”。

⑧ 整：（道光）《神木縣志》前有“欽差”。

⑨ 户部山東司郎中奉敕：（道光）《神木縣志》無。

⑩ 字忠肅：（道光）《神木縣志》無。

雖然有有形之險，有無形之險，以無形之險爲足恃。以無形之險而共成有形之險，則尤足恃。神邑爲華夷接壤，中外攸分之地，城以據險，是爲無形而有形者。歷久不完，險安恃乎？歲丁卯[①]，有司以修葺請，命下之日，適值邑侯陳公天秩莅任之初也[②]。奈估計者失於疏忽，以工大費廉，不敷於用，而邑侯經營王事，不私己力。乃整修間，忽遭秋雨連緜，前工未就，後工復集，續坍一十七段，約費七百餘金，格於成例，不便奏聞。斯時也，申報既礙於例，補墊又無所出，前工之半就半圮，不幾爲一簣之虧，九仞之掘耶[③]。公正躊躇捐廉補修間，邑人士聞知，忍使宦處者任其勞，土著者享其逸乎？且泰山不辭土壤，故能成其高；河海不擇細流，故能成其大。欲襄厥事，非衆擎不可，請於邑侯。以累民爲慮，既而衆請益力，合詞懇詳，公不得已，備由具禀，大爲上憲所嘉獎，遂允所請，而邑之捐資者踴躍將事。工始於戊辰之秋[④]，告成於己巳之夏[⑤]，續坍者次第畢舉，而且東北門之敵樓、東南隅之魁樓并城中之水道，無不加葺焉。夫鳩工之舉往往難澀，規避莫肯向前，未有若斯之急公慕義不約而同者且遍一邑。是隱然一金湯之險，登陴奮呼，指臂相屬，爲西方之捍蔽，庶於斯役卜之矣。而要非公之忠奮所激發，義民合志同力，曷能相與以有成也？因爲紀其本末，詳其時日，而爲之記。

乾隆十四年歲次己巳，律應南吕上浣之吉[⑥]，邑學博陰平尤宗周撰[⑦]。

---

① 丁卯：乾隆十二年，1747 年。

② 陳天秩：山東青城人，乾隆十年任神木知縣。

③ 九仞之掘：《尚書・旅獒》："爲山九仞，功虧一簣"，比喻功敗垂成。

④ 戊辰：乾隆十三年，1748 年。

⑤ 己巳：乾隆十四年，1749 年。

⑥ 南吕：十二律之一。古時把音調分爲六律六間，每律每間配一月，五間南吕，配在仲秋八月。上浣：農曆每月初一至初十日。同"上澣"。唐宋官員行旬休，即在官九日，休息一日。休息日多行浣洗，故稱上旬休息日爲上澣。

⑦ 學博：唐制，府郡置經學博士各一人，職掌以五經教授學生。唐人貴進士，不重明經，故此職多由寒門淺學的人擔任。後來也泛稱教官爲學博。

修縣西城記

（清）神木邑令王文奎撰。

原碑已佚。

碑文收於王致雲修，朱塤纂，張琛增補：（道光）《神木縣志》卷八《藝文下》，道光二十一年（1841 年）刻本。

［録文］

嘉慶己未二月[①]，余自軍營歸。四月大雨，西南之交城墻忽圮，例應請帑，而時或稍稽，余又以差久告瘁，卒不能辦。爰進縉紳而謀之，曰："無難也。"教匪往來我省[②]，神邑雖隔千餘里，而城原之設，固以禦暴，吾邑安享太平之福，敢不有備無患。且此爲數不奢，計期即可蕆事。封翁王好善率同人董工[③]，不周歲工竣。余莅任於斯，十有五年矣，城以衛民，而余於民身家之事，聽其自爲力焉，是能不愧於心乎。吾邑紳士識大體、懷遠慮，其用心安可没也。爰立碑，鐫其姓名以志之。且以志余之愧，以爲牧斯民者戒焉，是爲記。

嘉慶五年，邑令王文奎撰[④]。

府谷縣

府谷縣捐修城垣碑記

（清）道光十八年（1838 年）葭州知州凌樹棠撰。

原碑已佚。

碑文收於王俊讓修，王九皋纂：民國《府谷縣志》卷七《藝文

---

① 嘉慶己未：嘉慶四年，1799 年。

② 教匪：指白蓮教作亂教衆。

③ 封翁：因子功名而受封贈的人。

④ 嘉慶五年：1800 年。王文奎：江蘇常熟人，舉人，乾隆四十九年任神木縣令。

志·文徵外篇》，民國三十三年（1944年）石印本。

［録文］

《春秋》成城必書，志大事也。是必將傷民之財，役民之力，非出於得已也，凡以保障斯民也。國朝勤恤民艱邁越千古，舉凡各工率皆請帑，微特不耗民財，抑且不勞民力。其紳民捐修工程，獎叙有差；有守土之責者，宜何如仰體皇仁以盡厥職。樹棠牧葭四載，與府邑比鄰，故於民之情僞艱苦，知之較真。客秋庖代來兹[1]，以歲饑賑撫計，請帑萬六千餘金，至春初而事竣，民免流離，棠心差慰矣。顧念北山地薄，麰麥鮮生，民困未蘇，秋成尚早，欲續賑則經費有常，欲捐資則力有未逮。爰謀於廣文李君九標，曰："府邑城垣未修百年矣，傾圮漸多，難資捍衛。棠欲法前人，以工代賑，捐貲者得邀獎勵，論功則人必争先，服勞者得共沾濡食力[2]，則可無昌濫。顧與是謀者，必得才識出群之士；董是事者，必得聞望素著之人；司募政者，必得廉潔自好與夫善辯之才。棠莅任未久，恐未孚於民，邑之賢豪未卜肯與棠共成此事否，子盍爲我探之。"越日，李君乃與邑紳劉君作藩來見棠，曰："聞使君欲以工代賑，保障斯民，此一邑之福。公如行之，公必能成之，某等敢不勉力以效馳驅。"遂邀韓君景行、蘇君果来见棠。二君亦力贊成其事，且請捐此以爲民勸。乃擇於二月二十六日，韓君景行、蘇君果先出貲數百緡，與劉君作藩、蘇君嘉樹集衆興工。諸君後力舉任事及司募十餘人，其中如蘇君集、孫君瑞林、劉君毓雎、高生三聘又其出力較著也。僚友則廣文李君總司募政，參軍李君登瀛總稽出納，棠與參軍君鈞朝夕工次督理。計七閱月而工竣，共捐貲一萬五千二百餘兩。共計成南門一，小西門一，城垣四百一十七丈，石路一百餘丈，并得城南隙地展修文廟，另擇首事監修。如制貲二三百緡以上者請叙，百緡以

---

① 客秋：客，過去。客秋，指去秋。庖代：猶代庖。《莊子·逍遥游》："庖人雖不治庖，尸祝不越樽俎而代之矣。"庖人，掌庖厨；尸祝，掌祭祀時執祭板對神主而祝；各有職責。如庖人不盡其職，屍祝亦不代之宰烹。後因稱越權辦事或代作别人的事情爲庖代、代庖。

② 沾濡：浸濕。指恩澤普及。

下之鄉耆請獎如例。此一役也，棠蓋仰體皇仁以工代賑，凡所以耗我富民之財，勞我貧民之力，非出於得已也。方其興工之日，愛棠者僉爲棠危，以爲耗衆人之財，以成數百丈之危城，恐非庖代之人所易辦，而棠毅然行之，卒能克期蕆事者，蓋深恃廣文李君知人之明，與夫在事諸人重念桑梓，深明大義，其才皆足以肩大事，以相與有城也。爰記其崖略如左[①]。

捐修城垣啓

（清）葭州知州凌樹棠撰。

文收於王俊讓修，王九皋纂：民國《府谷縣志》卷七《藝文志・文徵外篇》，民國三十三年（1944年）石印本。

［録文］

蓋聞詩歌相其陰陽，書載卜於瀍澗[②]，風水之重由來久矣。府谷密邇山西保德[③]，其城垣分峙兩山之巔，一线黄河實成天險，晋秦形勢莫勝於斯。兩地之所以代有聞人，仕官則籍盈丹桂、家承世業；商民則雲集青蚨[④]；望氣者瞻彼鬱葱[⑤]，每覺流連不置也。

邇來二十年間，城垣漸圮，河流直逼縣川，山勢日形破碎。盛衰之故，人事與地氣相轉移，而科甲漸稀，富家零落，通都大鎮皆非復前此之蒸蒸日上矣。樹棠無意代庖緑深紫塞，有心借箸，竊念蒼生非從，暫固藩籬亦且長思保障。關情特甚，倡首奚辭，惟獨力難支，所冀成於集腋，而衆擎易舉，當無吝於解囊爾。士

① 崖略：梗概，大略。

② 瀍澗：瀍，水名。即瀍水。源出河南洛陽市西北穀城山，南流經洛陽城東，入於洛水。

③ 密邇：貼近，靠近。

④ 青蚨：昆蟲名。晋干寶《搜神記》十三："南方有蟲，名青蚨。形似蟬而稍大，味辛美可食。生子必依草葉，大如蠶子。取其子，母即飛來，不以遠近。雖潛取其子，母必知處。以母血塗錢八十一文，以子血塗錢八十一文。每市物，或先用母錢，或先用子錢，皆復飛歸，輪轉無已。"後因稱錢曰青蚨。

⑤ 望氣：古代迷信占卜法，望雲氣附會人事，預言吉凶。

民念祖宗廬墓之鄉，自必輸將恐後[①]；爲子孫本支之計，允宜培植争先[②]。

然而不有鼓勵，何以振興？事貴雙全，功期兩益。爰定章程，臚列於左。維持風水，志在必成。努力功名，時不可失。再聞保德亦議修城，兩地興衰相形更切，試看祖鞭誰著定[③]，知趙幟先登。嗚呼，鄰之厚，君之薄也。儻令奪我鳳池[④]，若讓鄰封獨修城池[⑤]，點我風水，則我邑中科甲更難，鳳池中將讓渠獨步矣，噬臍何及。有其舉莫或廢之，共新兹雉堞望眼將穿，佇見壁壘崢嶸，人文蔚起，山河焜耀，富庶重臻，莫負微忱，尚符厚望。

綏德縣（綏德州）

重修城垣碑記

（清）光緒二十三年（1897 年）清澗解元張瑚樹撰。

原碑已佚。

碑文收於孔繁樸修，高維嶽纂：（光緒）《綏德州志》卷八《藝文志・碑三十二》，光緒三十一年（1905 年）刻本。

[録文]

自王公設險以守國，而因有城池。《詩》曰“築城伊淢[⑥]”，又曰“無俾城壞”，蓋所以保國而衛民者，固莫重於城焉。綏德，古上郡地，負山爲城，歷年既多，補修非一。適光緒甲午間[⑦]，京之東、

---

① 輸將：運送。

② 允宜：合宜。

③ 祖鞭：祖生鞭。晋劉琨與祖逖爲友，聞逖被用，乃致書親故云：“吾枕戈待旦，志梟逆虜，常恐祖生先吾著鞭。”後常以此爲勉人努力進取的典故。

④ 鳳池：鳳凰池之省。唐以前指中書省，唐以後指宰相之職。文中指朝廷。

⑤ 鄰封：鄰縣，鄰地。

⑥ 淢：通“洫”。護城溝。

⑦ 光緒甲午：光緒二十年，1894 年。

甘之西，烽火頓警。我州尊喻公奉文增修，因集紳民，共爲商酌。當是時，海城初陷，陝省戒嚴。况我綏經兩次失守之後，人心惶懼，莫知所爲。獨霍善軒與安舜三、張子昭、高蔭西、蔡小亭、白璞山等抗言當守，争以大義，同心協力，共任艱鉅而不辭。而後群議始定，人民樂輸，於是興工集事。工未半而喻公以推升進省，既而焦公莅任，更加勤慎。甫下車時，即捐廉以爲民倡，而響應尤捷，共捐錢萬餘緡。遂加意繕完，垛口卑薄改其舊[1]，而繼長增高，城房頽傾易以窑，而一勞永逸。炮臺微少，從新創建四所；東南角尚缺，補築極爲峻巍；西北角未堅，經營尤慎完固，以及四門敵樓皆焕然增新。凡有微缺，一概補葺，閲二年而工始竣。是役也，有喻公、焦公之惓惓於爲國爲民，有諸紳士之黽勉從事，有衆人民之踴躍輸將，即至往來奔走，凡有事於斯舉者，罔弗殫精竭力，始共成此盛舉焉。余忝居講席已經數載，親見都人士之公而忘私，終奠磐石，因樂叙其始末而詳爲之紀。尤望於各處水道時爲巡省，毋少疏漏，則非特爲一時計，實乃萬年鞏固之基，而郡民永賴以安焉耳。

米脂縣

重修米邑關城記[2]

（明）嘉靖二十五年（1546 年）户部侍郎米脂進士艾希醇撰。

原碑已佚。

碑文收於李炳蓮修，高照煦纂，高增融校訂：（光緒）《米脂縣志》卷十一《藝文志四・記序》，光緒年間鈔本。又收於嚴建章、高仲謙等修，高照初纂：民國《米脂縣志》卷九《藝文・記序傳》，民國三十三年（1944 年）榆林松濤齋鉛印本。

---

① 卑：疑爲“陴”。

② 民國《米脂縣志》作“明嘉靖二十五年改築城垣碑記”。

録文以（光緒）《米脂縣志》爲底本。

［録文］

米脂，古銀川地[①]。粵李繼遷叛宋，襲取銀夏。韓、范諸公更相犄角[②]，謂此地控山險、阨要衝、屏蔽延州，在所必争也。乃塹山爲城，屯兵爲堡，遥制虜騎，使不敢長驅充斥。今四面皆古戰場也，元仍其舊，浸浸乎軍民錯居矣[③]。我大明龍飛，驅除醜類，混一寰宇。乃改縣治，建流官，編民十三里[④]，隸延安府綏德州，治猶禦千户所[⑤]，不忘武備也。頃鎮兵移駐榆陽城[⑥]，前千户所撤歸綏德[⑦]，百姓漸不知兵矣[⑧]。仰藉國運興隆，疆場無事，休養生息百餘年[⑨]。民多結屋山下，負城郭以居者[⑩]，便薪水[⑪]，列市肆，惠賈通商[⑫]，居日益衆[⑬]。始築東西關城，規格草昧[⑭]，無遠圖也。正德年來，虜勢猖獗，逼奪河套。乙亥入寇延州[⑮]，徜徉南下，目中已無米脂矣。時邑人連衽接踵，皇皇然猶議棄關城弗守。君子曰："茲之役，悖戎心之未啓也[⑯]。"越明年丙子[⑰]，知縣袁澤建議改築[⑱]，僅覆蕢土而工

---

① 川：民國《米脂縣志》作"州"。

② 韓、范：《宋史·韓琦傳》："琦與范仲淹在兵間久，名重一時，人心歸之，朝廷倚以爲重，故天下稱爲'韓范'。"

③ 浸浸：民國《米脂縣志》作"駸駸"。

④ 三：民國《米脂縣志》作"二"。

⑤ 治猶：民國《米脂縣志》"治猶"后有"有守"。

⑥ 城：民國《米脂縣志》無。

⑦ 前：民國《米脂縣志》無。

⑧ 矣：民國《米脂縣志》無。

⑨ 休養生息：民國《米脂縣志》作"休息生養"。

⑩ 負城郭以居者：民國《米脂縣志》作"負郭以居"。

⑪ 薪水：打柴汲水。指飲食家務之事。

⑫ 惠賈通商：民國《米脂縣志》無。

⑬ 益：民國《米脂縣志》作"以"。

⑭ 草昧：天地初開時的混沌狀態。也指混亂的時世。

⑮ 乙亥：正德十年，1515 年。

⑯ 悖：民國《米脂縣志》作"恃"。

⑰ 丙子：正德十一年，1516 年。

⑱ 建：據民國《米脂縣志》改。

轍[①]，報罷，使袁君不克終其志。嘉靖癸卯秋[②]，虜復大舉入寇，擐甲躍馬，舉攻具以示，城中人罔不泣下。時編民孑遺之後，號七里，盡括其數，登城拒守[③]，及學宫弟子，員不滿三百。適鎮兵乘虜薄近郊，欲借城一戰，虜稍引去。君子曰："兹之役，由天幸以不敗也。"明年甲辰[④]，兵憲方公持節行部[⑤]，褰帷一望[⑥]，慨然嘆曰："是不獨延州之屏蔽，固榆鎮之襟喉，城惡如此[⑦]，土人抱厝火之憂[⑧]，不可無曲突之慮[⑨]。"檄有司囑耆民，諭以築城意，衆莫不心感公言，猶訝其力之未逮也。公毅然白之撫院，則南墅張公代巡[⑩]，則蘇溪卞公僉如議。乃命推官曾繼志、千户劉龍督其成，知縣丁讓董其事，縣丞郭嶂、典史高增分任其責[⑪]。經始於乙巳年春正月[⑫]，迄丙午夏六月而落於成[⑬]。城東西長五百丈[⑭]，闊一丈六尺，甃大石爲基，過丈許，始襍用他石[⑮]，南北門添設甕城，改治樓櫓[⑯]。材木匠石之費，皆方公所自調理。工興之日，丁尹親操畚插[⑰]，爲衆役先，風日不遜[⑱]；曾推巡視勸課，夙夜勤居，罔自遐逸，故民不告勞，功修就。

---

① 費：民國《米脂縣志》作"簣"。

② 嘉靖癸卯：嘉靖二十二年，1543年。

③ 城：民國《米脂縣志》作"域"。

④ 甲辰：嘉靖二十三年，1544年。

⑤ 憲：原缺，據民國《米脂縣志》補。行部：漢制，刺史常於八月巡視部署，考察刑政，稱爲行部。後州沿用。

⑥ 褰：原缺，據民國《米脂縣志》補。褰帷：指官吏体察民情。

⑦ 惡：原缺，據民國《米脂縣志》補。

⑧ 厝火：厝火積薪，置火於積薪之下，喻隱患。

⑨ 曲突：烟囱。

⑩ 代巡：原無，據民國《米脂縣志》補。

⑪ 典史：官名。元代設置，與縣尉同是知縣的屬官，掌管收發公文。明清沿置。明代廢除縣尉，由主簿掌管緝捕；主簿出缺時，由典史兼管。清制由典史掌管緝捕和獄囚，所以典史也稱作縣尉。

⑫ 乙巳：嘉靖二十四年，1545年。

⑬ 丙午：嘉靖二十五年，1546年。

⑭ 民國《米脂縣志》後有"高二丈五尺"。

⑮ 襍：民國《米脂縣志》作"雜"。

⑯ 樓櫓：古時軍中用以瞭望敵軍的無頂蓋高臺。

⑰ 畚插：原缺，據民國《米脂縣志》補。

⑱ 遜：民國《米脂縣志》作"避"。

諸君子又謂："兹役也，可以觀方公先幾遠慮之知焉，爲民悍患之仁焉，作事有終之勇焉，諸執事懰恭宣力之忠焉。"嗚乎。粒食者不忘稷，舟行者不忘禹，吾民全軀體保子孫，敢忘所自耶？雖然欲養魚而濬沼矣，潴水寧先[①]；慮忘羊而補牢矣，求牧爲急。善哉，孟軻氏曰[②]："築於城也，鑿斯池也，與民守之。"[③] 趙簡子使尹鐸爲晋陽保障哉[④]，方公之意正如此[⑤]。則夫招公之功勿使墜[⑥]，廣公之意及無窮者[⑦]，不能不有望於後之君[⑧]。安得使如歸鋒者行志焉[⑨]？墾荒穢之田，復亡流之業。原恤存者，以招其善[⑩]。求功於十年之後[⑪]，不責備於旦暮之間，則幸甚。[⑫]

重修米脂城垣記

（清）乾隆二十四年（1759年）知縣龍南人曾捷宗撰。

原碑已佚。

碑文收於李炳蓮修，高照煦纂，高增融校訂：（光緒）《米脂縣志》卷十一《藝文志一》，光緒年間鈔本。

[録文]

我皇上龍飛之二十四年季春上浣[⑬]，捷宗奉憲檄，來攝米篆。先是，屢詔天下修理城垣，分衝僻爲緩急，米邑當衝，例在急工。又

---

① 潴：水停積處，陂塘之類。寧：民國《米脂縣志》作"宜"。

② 孟軻：原缺，據民國《米脂縣志》補。

③ 於：民國《米脂縣志》作"斯"。语出《孟子·梁惠王下》，"鑿斯池也，築斯城也，與民守之"。

④ 爲：民國《米脂縣志》作"如"。晋陽：民國《米脂縣志》後有"曰"。

⑤ 方公：原缺，據民國《米脂縣志》補。

⑥ 招：民國《米脂縣志》作"紹"。

⑦ 廣：原缺，據民國《米脂縣志》補。意：原缺，據民國《米脂縣志》補。

⑧ 君：民國《米脂縣志》作"君子"。

⑨ 歸鋒：民國《米脂縣志》作"尹鐸"。

⑩ 其善：民國《米脂縣志》後有"去者"。

⑪ 求功：民國《米脂縣志》作"求成功"。

⑫ 幸甚：民國《米脂縣志》作"庶幾矣"。

⑬ 二十四年：乾隆二十四年，1759年。

二十三年秋[①]，收成稍歉。皇上已捐數萬帑金賑貸，又以無業者衆，宜急舉城工，原以工代賑之意。於是，捷宗始抵任，即謀辦料鳩工，經始於四月之十一日，至八月之十一日，曆五月而工告竣。計城身之坍塌者七十叚，築而新之；門三，凡六層坍，其南之内層、東之外層皆築之，其各門後泐者易之，各建譙樓三間於上。東南角臨流金河之大砲臺亦全坍，新甃以基石十三層、碎石丈三尺，始加以土；西北角之大砲臺仍其舊而建一方亭於上焉。城之垛墻凡七百二丈有奇，全坍無遺，悉皆砌之。計用土之以方計者，萬八千二百二十有奇；木之大小以株計者，一千九百九十有奇；基石之以丈計者，三百七十有奇；碎石之以方計者，九百八十有奇；灰之以斤計者，二十八萬二千六十有奇；甓瓦之以片計者，一十一萬三千六百六十有奇；土之工，九萬一千六百有奇；木之工，一百二十有奇；石之工，一百一十有奇；甓瓦之工，一千二百五十有奇。統計工料之費凡六千五百四十余金焉。于是垣墉屹屹，雉堞驎驎，巍然稱金湯也，既蕆事因記鑱石以告後人。謹按米自秦漢以來屬上郡，唐隸朔方城，宋始就畢家寨而築城，號米脂寨，仍未立邑也，是時李繼仙叛逃竊據出入於綏銀間[②]，元昊時種世衡百計始得之，元祐中温公柄國復以畀夏人，當時有棄地之咎，明之中葉，榆林雖設鎮，而綏郡米邑實當套口，境之鎮堡無歲不被兵，至其季而糜爛甚焉。我國家定鼎百餘年，塞外萬里，蒙古四十八部落無不服屬臣僕。我皇上繼述列聖之志事，犁準噶爾之庭，西陲底定，辟徑又二萬餘里。米脂直腹心地，其民之頭童齒豁者，皆久矣不知烽火之警矣，以視宋明之世，何如哉。乃廟堂之計劃深遠，而猶亟亟以修理城垣爲務，夫歷觀前代，日不暇給，雖屬兵革擾攘之際，猶難修舉。而我國家當醇熙累洽、文恬武嬉之時，而猶煌煌焉。謀之不置，則以歷朝以來，聖之

---

① 二十三年：乾隆二十三年，1758 年。

② 李繼仙：當爲李繼遷（963—1004 年），西夏太祖，本姓拓跋氏，銀州（今陝西榆林米脂縣）人，出身黨項族平夏部，宋朝曾賜名趙保吉。其孫李元昊稱帝后，追謚爲神武皇帝，廟號太祖。

繼聖，其精神之貫注周洽，實有溢於當時後世也。《孟子》曰："武王不泄邇，不忘遠"。我皇上直媲美於三代聖王，豈漢唐宋明之可同日而語哉。時則陝西巡撫世襲一等輕車都尉、滿洲鍾公諱英布，政使桐城方公諱世儁，按察使大埔楊公諱纘緒，分巡延綏道按察使司副使鳳台王公諱鏜，署綏德州知州大城劉公諱瑀，經畫指揮於上而署知縣事曾捷宗，典史李殿陞都率夫役，奔走勤事於下焉，俱得備書以貽後云。

米脂宜添建南城私議

（清）高增融撰[①]。

文收於李炳蓮修，高照煦纂，高增融校訂：（光緒）《米脂縣志》卷十一《藝文志六・雜文》，光緒年間鈔本。又收於嚴建章、高仲謙等修，高照初纂：民國《米脂縣志》卷九《藝文・記序》，民國三十三年（1944 年）榆林松濤齋鉛印本。

録文以（光緒）《米脂縣志》爲底本。

［録文］

縣治古爲畢家寨，唐李陷于西夏[②]，宋元豐四年克復其地[③]，建米脂城，今上城舊址是也[④]。當其時，戎馬頻來，沿邊城寨林立，互相犄角，亦衹塹山填谷，爲屯兵拒守計[⑤]，無久遠之圖也。沿至元明，改爲縣治，于是置承署[⑥]，修倉獄，建祠廟，舊日城垣遂形險隘，居民皆結屋山下，附城而居[⑦]，駸駸乎成市廛焉[⑧]。正德以來，

① （光緒）《米脂縣志》未著作者氏姓，後附王三申小傳，或爲王三申所作也未可知。民國《米脂縣志》作高增融撰，此處存疑。

② 陷：民國《米脂縣志》作"蹈"。

③ 元豐四年：1081 年。

④ 也：民國《米脂縣志》作"已"。

⑤ 爲屯兵拒守計：民國《米脂縣志》作"爲屯兵拒守計耳"。

⑥ 承署：民國《米脂縣志》作"衙署"。

⑦ 附城而居：民國《米脂縣志》作"附城居"。

⑧ 駸駸乎成市廛焉：民國《米脂縣志》作"駸駸民乎成市廨焉"。

套寇出歿無常[1]，城外居民有岌岌莫保之勢，當事者添建關城[2]，以實防守[3]，今下城基址是矣[4]。然城内概無餘地，民間屋宇皆與城垣比鱗相接，往往一級可升[5]，推原其其故[6]，皆由建屋在先，而修城在後，又以地近河濱，未能再爲展拓也。其初，黎民孑遺猶未覺城之隘狹也[7]，本朝中外一家，邊疆靖定[8]，休養生息，户口日繁，城内漸不能容，乃于流金河外建房舍，列肆市，商賈雲集，居附日多，并文屏山下之南寺坡、涼水溝等處，亦皆陶復陶穴有家室焉[9]。同治初年，回匪竄擾，市廛屋宇悉變爲瓦礫之場，居斯土者，莫不嘆保障之未立，而防守失策也[10]。余聞之[11]，湖北省武漢三城僅隔一江，又長道經西安之三原縣[12]，見其南北兩城，中隔清水河，一橋通達，竊嘆其形勢之佳[13]，而守望之可以相助也。今米脂南關自兵燹後，民之流亡者日漸歸附[14]，房屋之坍塌者亦逐漸修理，又將復舊觀焉。然欲圖安居之樂，不能無覆轍之虞。當是時也，如能於流金河之南，涼水溝之北添築南城，與今縣城相對峙，中建一橋以通往來，使背負文山，面臨銀水，平時則度地，居民鄉閭可以樂業；有變則禦災押捍患[15]，屏蔽可以相資[16]，此固當今之要圖，亦將來久遠之計也。

---

① 出歿：民國《米脂縣志》作“出没”。
② 關城：民國《米脂縣志》無“關”字。
③ 實：民國《米脂縣志》作“資”。
④ 矣：民國《米脂縣志》作“已”。
⑤ 級：民國《米脂縣志》作“而”。
⑥ 此句多一“其”字，民國《米脂縣志》無。
⑦ 孑遺：民國《米脂縣志》作“闕遺”。
⑧ 靖定：民國《米脂縣志》作“靖謐”。
⑨ 民國《米脂縣志》“亦”後有“孑”字。
⑩ 防：民國《米脂縣志》作“訪”。
⑪ 余聞之：民國《米脂縣志》作“夫余聞之”。
⑫ 長道：民國《米脂縣志》作“嘗道”。
⑬ 佳：民國《米脂縣志》作“嘉”。
⑭ 漸：民國《米脂縣志》作“見”。
⑮ 押：民國《米脂縣志》無。
⑯ 屏蔽：民國《米脂縣志》作“屏藩”。

抑余又聞之，同治六年[1]，回匪攻撲縣有城[2]，有數十騎，上據文屏山燃炮，下擊東城，守陴者幾無藏身之地[3]，當時議者即有守縣城宜先守文屏山之議。夫前車之覆後車之鑒也，前事之不忘後事師也[4]，未雨乏綢繆之謀，將何以震驚無匕鬯之失乎。獨是創垂之業待人，而行久大之謀需時而動，苟非强有力者，則睹此工鉅費繁[5]，未有不咋舌而却步者也[6]。

王三申，字敬承，號心簡，文學莊左，字仿鍾王，關中成均兩院極有名譽，奈命途多舛，西北登薦榜十三次，本省擬元二次，主司因文太簡老不合時尚，每每臨出榜更换。年老隱華嚴寺，閉門著作夥，如《經史合注四書》《康年通鑒匯通》《便覽昆侖元圃》《根究五經題解》《五經對聯行文語類》等書。俱極新穎超妙，籍籍可傳。惜家貧無資，未付剞劂行世，乙卯科年，近髦期，勉强上京應試場，後染病作古，蒙聖上深恩，欽賜舉人以酬夙志。[7]

重修城垣碑記

（清）同治六年（1867 年）邑進士、江蘇常鎮兵備道高長紳撰。

原碑已佚。

碑文收於嚴建章、高仲謙等修，高照初纂：民國《米脂縣志》卷三《政治・建置》，民國三十三年（1944 年）鉛印本。

［録文］

米邑爲古銀夏地，枕山帶河，扼衝阻險，南爲烏延之保障，北爲榆塞之咽喉，固四通八達之要區也。由明及我朝，三舉其工，然

---

① 同治六年：1867 年。

② 有：民國《米脂縣志》無。

③ 守陴者幾無藏身之地：民國《米脂縣志》作“守埤者幾無藏身之處”。

④ 後事師也：民國《米脂縣志》作“後事之師也”。

⑤ 繁：民國《米脂縣志》作“煩”。

⑥ 民國《米脂縣志》無“者”。

⑦ 此段王三申小傳民國《米脂縣志》無。

皆因陋就簡，增修補葺，或期年或數月，厥工遂竣。故日久年湮，風侵雨削，坍塌之區不可枚舉。幸其時值升平，寰宇安晏，二百年來家給人足，比户可封[①]，官斯土者，方且視此爲緩圖焉。今上同治改元初，髮捻闌入關輔[②]，賊回乘機内訌，擄掠焚殺，民無孑遺。三年夏[③]，我仁台張侯印守基，字雅雲，河南祥符縣人。下車伊始，勵精圖治，百廢俱興，目擊城垣頽圮，昕夕焦勞。乃召都人士相與謀曰："方今盗賊充斥，而吾米城垣頽圮，若此何以資守禦爲？必待請帑而興工，不惟緩不濟急。□且國庫空虚，度支無出，雖陳情牘請，能必其如願乎？此不能行者一也。况值頻年荒旱，夏秋歉收，饑民徧野，待哺孔殷[④]。斯時，既欲興工，又欲議賑，二者同時并舉，力難兼顧，此不可行者二也。爲今之計，莫若設立捐局，而舉城工，明示以有備無患之謀，實隱寓以工代賑之意，庶幾一舉而兩得焉。"於是邑侯總其綱，訓導武葆齡、典史李桐等督其成，邑紳士前署朝邑縣教諭馮樹滋、澄城縣訓導常鴻基[⑤]、試用訓導李生花、監生高衍箕、鄉供介賓、武生王炬垣等董其事。……廩生高照旭[⑥]、文生高登高、武生常太士、武生高桐等襄其事。莫不悉心□慮，榮事勸功，量家資之厚薄，隨人願以納輸。遂於四年三月初六日興工，於六年六月二十六日工竣。高二丈九尺，厚一丈五尺，雉堞女墻高五尺，總計九百八十三垛。敵臺四座，舊設；另鋪三十二座，内有一座頽圮無存，於北城新築一墩，以足其數。東南門舊有城樓，重事修葺，

① 比户可封：同比屋可封。家家都有德行，人人都可以旌表。指教化的成就。

② 闌入：擅入。漢制，諸入宫殿門皆著籍，無籍而妄入，謂之闌入。

③ 三年：同治三年，1864 年。

④ 孔殷：众多，繁多。

⑤ 訓導：學官名。明清於府設教授，州設學正，縣設教諭，掌教育所屬生員，其副職皆稱訓導。清末廢。

⑥ 廩生：明洪武二年令府、州、縣皆置學，府學生員四十人，州、縣以次減十，人月給廩米六斗。後來名額增多，食廩者謂之廩膳生員，省稱廩生；增多者謂之增廣生員，省稱增生，無廩米；後來名額再增，稱附學生員。清沿明制，廩生名額及待遇視州、縣大小而異，月給廩餼銀四兩。

北門則新建飛檐層樓三間。由東面南[1]，由西而北一帶，川城胥用大石横砌；由東迤北山城，仍用土築。計共銀一萬八千六百五十三兩有奇，計共需大小工十萬有奇，餘欵悉充團費。添造四城，各哨房五十六間，并製造槍炮、刀矛，以及藥丸、旗幟各等件，以爲守城禦侮之資，而吾米遂儼成金湯鞏固之勢焉。當是時，山右無事[2]，人民皆狃於太平，淺見寡識之徒鮮不從而謂其迂且緩者。及至六年春[3]，賊回大舉入山，陷宜君、陷甘泉、陷靖邊、陷安塞、陷保安、陷延川、陷綏德、陷中部、陷懷遠、陷神木、陷府谷、陷宜川、陷延長，曾不期年，十餘城胥歸淪没。而吾米獨以新造之工，内無守卒，外無援兵，藉民團禦强回數萬之衆，抗重圍於兩旬之久。而鋭氣方張之賊百計環攻，卒不得破。□益徵我邑侯深謀遠慮、先事預防，功德之加於民者久而宏哉。雖然是役也，人咸以興此鉅工爲奇，而吾謂奇不在鳩工創始之日，而奇莫奇於工成而匪即至。設使工將及半堵矣，浸假憑……，猝然强賊壓境[4]，將捍衛一無所恃，則闔邑千户民命有不遭其屠戮者，蓋亦鮮矣。而乃不先不後，會逢其適焉，謂非張仁台活我黔黎，保我桑梓歟？不然，何其莫之爲而爲，莫之致而至，如此其巧也。至於張候莅吾米者，今之四稔矣[5]，其間種種善政可光史乘者，更僕而難宣。邑遇合之奇，嘉侵之志有成，感侯功施之，有大造於吾米也，於是乎書。

修築米脂縣要害城堡碑記

（明）嘉靖二十七年（1548年）米脂知縣高自明撰。

碑現存米脂縣城内東街文廟大成門外西廂房。

---

① 面：似應爲“而”。

② 山右：舊稱山西爲山右，因在太行山之西，故云。

③ 六年：同治六年，1867年。

④ 浸假：浸，漸；假，借。後多用爲逐漸之意。

⑤ 稔：古代穀物一年一熟，因稱年爲稔。

碑文又收於嚴建章、高仲謙等修，高照初纂：民國《米脂縣志》卷九《藝文》，民國三十三年（1944年）鉛印本。

據碑文録入。

［録文］

余聞之太公曰："善爲國者，以戰爲守，以守爲戰。"夫自昔盛時，周城朔方，唐城東勝[①]，其於夷狄，豈不能長驅直擣，草刈而禽[②]？□顧乃惓惓於守禦之備者，誠以夷狄、中國猶陰陽對待，天地間殆難以殄滅之無遺□。況黠虜生長馬上，騎射便捷，又不可以强力制之。此王公設險，勇夫重閉，非聖人之得已也，勢也。米脂連接延綏，自嘉靖癸卯來[③]，胡馬猖獗，烽火通於甘泉，城門警於晝□。丁未春[④]，聖天子簡命大參張公督修延安路城堡崖砦[⑤]，以爲不敗屈□之計。公乃拔履山川，相奪形勢。銀州關及李繼遷寨，虜以抗宋仁宗者。□荒堡，即趙元昊耀兵以陷徐熹者[⑥]。苗家寨，亦爲虜衝地，在所必争者。乃命縣丞王金調下夫史吕儀掌徒役，千户陸臯平板榦築之，期年告成焉。城各周九里三分，高二丈，闊亦如之，内設鄉學一所，選鄉俊秀充之。村落長驅之所，永遂金湯鞏固。其堅不可以臨衝；其峻絶不可以梁麗入其門[⑦]；弔橋、樓、雉木不可以輕騎犯。百二十里間，三城鼎峙，與米脂勢相唇齒，守得其人。虜或鼠竊深入，與櫓鎮兵足相犄角，是足以伐敵之謀而截其轅，扼敵之吭而寢處其皮矣。昔范希文城橋川口，而白報、金城皆不可犯。余玠城釣魚山，全蜀始保無虞。予邑永

① 東勝：州名。遼置。因唐于南河地置決勝州，故称此爲东勝州。治所在今内蒙古托克托縣。明洪武初改建左右二衛。

② 刈：割取。

③ 嘉靖癸卯：嘉靖二十二年，1543年。

④ 丁未：嘉靖二十六年，1547年。

⑤ 崖砦：依山崖構築的防守工事。

⑥ 趙元昊（1003—1048年）：党项族人，北魏鲜卑族拓跋氏之后。其遠祖在唐時被賜李姓，又称李元昊。後因先世宋赐赵姓，故又称赵元昊。後爲表獨立，改姓嵬名，改名曩霄。1038年登基稱帝，建立西夏王朝。1048年，遇刺身亡，廟號景宗，謚號武烈皇帝。

⑦ 梁麗：房屋的棟梁。

惟，兹賴天朝賜之，名曰大順城可也，曰無城亦可也，其頌德當何如哉。公諱愚字子□，號東居，北直隸天津衛胄族，壬辰傍進士，是用勒石以志永思。

大明嘉靖廿七年[①]，歲次戊申，孟夏吉日。

重修菘峰寨記

（清）康熙十六年（1677 年）邑廩生常學乾撰[②]。

文收於李炳蓮修，高照煦纂，高增融校訂：（光緒）《米脂縣志》卷十一《藝文志六・雜文》，光緒年間鈔本。

［録文］

天下之形勢，關中第一，而八府七□之山川未必盡天險也；關中之形勢，烏延爲首，而三州十六縣之城郭未必盡扼要也。況我銀州地居邊陲，接壤塞外，無拔地停天之險，無金城湯池之固，一有不虞，蹂躪難免，而四野之人民何所恃而不恐？此塞之不可不修也。然山之有塞固所以庇人，而塞之有神實所以護山，則修塞又不可不立廟也。今米邑之東北村名姬家溝，有塞曰松峰者，山甚險峭，勢若削成，雖未若東岱、西華、南衡、北恒接踵海内之名山，乃余嘗登其上，見夫群岡皆俯，一峰獨峻，四面壁立，攀躋無路，亦巍巍乎，此山之保障也。山巒之嶺有古廟焉，前後供吕祖、關帝二像，因時遠年久，廟貌傾圮，既不足以棲神，又將何以護山？有山主姬子諱守雙者，矢志修理，爰捐資募緣，庀材鳩工，由是增飾其詹（簷）廊，繪畫其樑棟，丹艧其墻壁，金妝其像貌，惟神有靈，當亦快然于更新矣。而後時和年豐，我居民固享承平之福，及一旦戎馬倉皇，烽煙告警，吾知吕神之太阿生光，關帝之青龍吐焰，必能保佑一方，安于磐石，則不必金戈鐵馬。而菘峰之固，固于函谷，不

① 嘉靖廿七年：1548 年。

② （光緒）《米脂縣志》未著作者氏姓，後附王三申小傳，或爲王三申所作？也未可知。民國《米脂縣志》作高增融撰，此處存疑。

必勁弩强弓；而松峰之險，險於虎牢，而凡山前山后，山左山右之近於塞者，亦無不受庇於神庥矣。

清澗縣

石城記

（明）邑人劉大觀撰。

原碑已佚。

碑文收於鄭汝璧等修：（萬曆）《延綏鎮志》卷八《藝文下》，萬曆三十五年（1607 年）刻本。

［録文］

國家綏内防外，百七十餘年。兵擁七鎮，險據六關，東西輔翼，表裏聲援，全勝極矣。癸卯秋[①]，一旦不戒，而北虜飆舉，度榆塞，掠銀綏，直走清澗，鄜延騒動。時清澗舊有土城，歲久頹豅[②]，不足抗守。長吏遑遑，人無固志。賴王師克捷，虜敗遁去。朝廷軫防之未乂，惡凶虜之猶阻，思得人以奠封疆，博求群臣，以昔御史徽歙方公爲能，敕授陜西副憲，分巡河西，握藩籬之郡，統爪牙之職，控制鄜延，鎖鑰關中。甫下車即行邊，歷覽周巡，深察利鈍，嘆故城殘壘不足以壯國勢而杜外侮，慨然以坯城郭、險走集爲第一義。乃于臨邊之地、要害之域，審阮背，議守禦。道里之迂直，山川之險易，命工繪圖，日爲指畫，按緩急以第繕治。謂清澗北達榆關，西逼安定，獨當虜突之樞而城垣卑薄，尤宜速備。乃量工計費，命官刻日捐兵府之庫金五百兩，集額選之丁壯五百名，糾環慶之石工，伐城闉之巨石，以石其城，砌甃無痕，端直如削，而視舊制加高厚各一倍焉。以乙巳正月首事[③]，

① 癸卯：成化十九年，1483 年。

② 豅（yà）：缺損。

③ 乙巳：成化二十一年，1485 年。

丙午七月告成[①]。樓櫓飛翬，雉堞聯漢，門塞壯麗，敵臺周崇，栗栗屹屹。雖雲梯革洞，百道并進，而憑堅勵鋭，一以當千，蓋確乎金湯不拔之基矣。矧復貿金起冶[②]，分工飭備，秋高草盛，抽兵内屯，而城守兼有其具者乎。昔范文正公亦知兹土，而西賊相戒，無以延川爲意。考其上策，不過足堡砦、駐堅城，以待敵之進退，使散無所掠，聚不得戰而已。而分將練兵，番休出禦，特剩事耳。奇績昭垂，延人爲之血食[③]，迄今不衰，感其有攘夷安夏之功也。今我公經營之後，已三閲秋，而虜不敢内犯，夫固有以奪其狡矣。士民安堵可十千祀。公真不敢負朝廷之所付託者，其功與文正范公何如哉？而吾人享公之所福利者，其報公與文正范公何如哉？遂相與撰事鎸石，以圖不泯，庶來者有所徵云。

知縣吴其琰慶成樓記

（清）米脂知縣吴其琰撰[④]。

原碑存佚情况不詳。

碑文收於吴至儼等纂修：（乾隆）《清澗縣續志》卷二《建置志・城池》，乾隆十七年（1752年）刻本。

［録文］

清澗，古寬州地。宋鄜將种世衡因廢壘而修之[⑤]，于是有城，盖土築也。厥後興廢不一，莫可考。明嘉靖間，始包以石。勝國末[⑥]，歷遭兵燹，傾壞殊多。我朝順治年間，前令廖公諱元發者[⑦]，粗事修

---

① 丙午：成化二十二年，1486年。

② 矧：亦，又。

③ 血食：古時殺牲取血，用以祭祀，故名。

④ 吴其琰：震泽人，清乾隆十二年至十七年以拔贡任清涧知縣。

⑤ 种世衡（985—1045年）：字仲平。北宋將領、种家軍開山人，官至東染院使、環慶路兵馬鈐。曾招撫羌人，築城安邊。

⑥ 勝國：亡國。

⑦ 廖元發：字可貞，號含章，山東東平人。清順治九年壬辰科進士，歷任陝西延安府清澗縣令、工部虞衡司主事等。誥授奉直大夫。

整，城與野乃有界限。國家重熙累洽[①]，日久承平，萬里無烽烟之警，官斯土者類惜物力，蓋城垣非所急也。以故自廖令修築至今，山水之所灌注，河流之所冲刷，日傾日圮，完固者僅得半云。今天子臨御區夏[②]，未雨綢繆，允臣僚請，天下城池咸乘時修理。而陝省地當西陲，尤加意焉，於是清澗始有修城之議。初雍正四年[③]，前任徐令奉委署，任接交代，城塌損多，難出完固結，恐其有累也，報明坍塌，估銀九百餘兩，立案而已，其估甚略。後之人見已報塌無所累，續有損不復報，亦不復估。乾隆十一年[④]，上憲以清澗地近邊，催修甚亟。前任沈令領帑儲料，擇日興修，召工計之，需費二千餘金。見其事之難爲也，請於憲，變料解帑，姑緩三年。

余於乾隆十二年秋宰斯土[⑤]，適值三年之後，服勞任難，臣之職也，將欲諉之，其誰諉乎？正擬興工，而金川跳躑，大兵進剿，余以不材委辦臺務。十四年五月[⑥]，軍務竣，始得回署。星軺初税[⑦]，連被陰霖[⑧]，城南一帶復塌數十丈。邑之民以余勿勝賠累也，議舊塌官修，新塌民修，各捐已資，效子來之。義聞於憲，蒙批允准，始有成局。維時，余雖念切民艱而兢兢焉，惟圖舊之不遑，安敢謀其新哉？今邀天之華，賴民之和，自十四年八月興工，迄十五年五月工竣[⑨]。由北而南，自新而舊，咸皆修整，規模雄壯。余雖悉索慳囊，幾同趙壹[⑩]，而一草一木悉出官資，未嘗遺父老毫發之憂，閭里錙銖之費，寧非天壤間極快心事。向使余囊已倒、篋已盡，而舊之

---

① 重熙累洽：累世昇平昌盛。

② 區夏：諸夏之地，指中國。

③ 雍正四年：1726 年。

④ 乾隆十一年：1746 年。

⑤ 乾隆十二年：1747 年。

⑥ 十四年：乾隆十四年，1749 年。

⑦ 星軺：古代稱帝王使者爲星使，因稱使者所乘的車爲星軺。也作爲使者的代稱。

⑧ 陰霖：淫雨。

⑨ 十五年：乾隆十五年，1750 年。

⑩ 慳囊：即撲滿。儲錢器，口小，錢易入不易出，故稱慳囊。趙壹（122—196 年），字元叔，漢陽西縣人，東漢辭賦家。

不勝，或僅舊之勝已，不遺餘力，此新塌數十丈，我父老久請，公捐其能晏然已乎？雖衆擎易舉而利弊相循，我知用一費十，鵠形鳩面之民免於焦頭爛額者幾希，則此城之畢而克成也，豈非此邦人民與余同其慶者耶。

城向有樓六，其三者不過粉飾而已，其一不過修補而已。惟北城樓與東南樓，則余因舊基而重建之，北城樓在闤闠中[①]，無可登眺。惟兹樓也，群山映緑，曲澗流清，黄畦碧壟列於前，古木蒼林森於後，爲游觀哦詠之地可，爲課農勸穡之所亦可。余将胥、僚友、父老而樂之及其成也，遂顔之曰："慶成。"云至墻垣，棟宇彬彬然，既文既質，數稔而後，摧敗零落亦意中事。隨時修葺，敢作甘棠[②]之念乎？有舉無廢，是所望於後之君子。

吴堡縣

邑侯李錦重建北門記

（明）知州張綺撰。

原碑已佚。

碑文收於譚瑀纂修：（道光）《吴堡縣志》卷之四《藝文部·記七》，道光二十七年（1847年）刻本。

［録文］

吴堡逼臨黄河，環城東南，河流侵懸崖之半，山路狹斜入澗，緣坡攀躋，登蹬以入南門，獨比門接連平原[③]，德險可恃[④]，舊有重城。正德丙寅[⑤]，恒陽郎侯慮其民寡，不勝殘更，乃夷其闉[⑥]，以錯民居。

---

① 闤闠：闤，市垣；闠，市門之外。古代市道即在垣及閘之間，故稱市肆爲闤闠。

② 甘棠：《詩·召南》篇名。後用稱頌官吏政績之詞。

③ 比：似應爲"北"。

④ 德：似應爲"無"。

⑤ 正德丙寅：正德元年，1506年。

⑥ 闉：城曲重門。

嘉靖癸卯[①]，翼城李侯以英敏特達之才，來治是邑。時北敵跳梁，長驅入綏，隣震膚剥，民用是懼。侯從容應變，略無難色，蓋胸有數萬甲共[②]，威略素嫻故也。乃厲氣巡城，謂："南負天險，峭壁峻嶒，一夫當關，萬夫辟易，獨北門單弱，須設險固圉以待。"即鳩民聚工，募匠採石，仍築崇墉於外[③]，復建岑樓於上，巍峩高聳，鳥革翬飛[④]。邑民見侯經始是役，咸惴惴焉，以爲蕞爾吴民，烏能勝此百雉[⑤]?

及役興，乃隨事區畫，務通民，使貯不領而所民未勞。而舉更如於仲春，落成於孟夏。窮鄉之民喜曰："是役也，不勞民一夫，不傷民一則，突然而起，何其神速乃爾耶。"時清峰子歸自滇南，偃抑於長林豐草間[⑥]，若不知有勞民動衆之舉者。忽有客踵門，謀所以記侯之績，以垂永久者。予惟古應門、皇門，大王建以興岐，而唐宋延秋仁和，昭章史册。吴堡有城舊矣，侯乃重建北門，巍然焕然，俾三原六社之民，安寢無虞，厥績茂矣。且思思豫防，重門待暴，智也；因時乘勢，佚道使民，仁也；田民樂業，游惰助工，義也；省試以期，餼廩稱食，勤也；不泒里甲，罔分公帑，儉也；隨機設處，不强以難，順也；一事吴而六善備，侯真賢矣哉。

侯始以名邦巨族人侍經筵，天子以北門鎖鑰，非侯不可，故授今職。昔尹鐸守晋，繭絲保障[⑦]；武侯治蜀，橋梁道路必修。今關中南通巴蜀，東連晋鄙，西通沙漠，將簡侯建牙閫府，爲萬里長城，如仲山甫城。彼朔方而如彼小醜，寧復如曩者，跳梁長驅入塞也。吾知龍堆以西[⑧]，陰山以北，不敢公然牧馬，而吴邑雖彈丸黑子，將

① 嘉靖癸卯：嘉靖二十二年，1543 年。

② 共：似應爲"兵"。

③ 崇墉：高墻，高城。

④ 鳥革翬飛：喻宫室莊嚴華麗。詩《小雅・斯干》："如鳥斯革，如翬斯飛。"革，翼；翬，五采雉。言飛簷凌空，如鳥之張翼；丹青奇麗，如雉之振采。

⑤ 百雉：謂三百丈長的城墻。《左傳》隱（公）元年："祭仲曰：'都城過百雉，國之害也。'"雉，古代計算城墻面積的單位：方丈曰堵，三堵曰雉，一雉之墻，長三丈，高一丈。

⑥ 長林豐草：深林野草之所。多指隱者所居之處。

⑦ 繭絲：泛指賦税。斂賦如抽絲於繭，故云。

⑧ 龍堆：沙漠名。即白龍堆。

高枕無虞矣。侯緝錦，號綿山，善之翼城人[①]，二十三年孟夏[②]。

邑侯杜邦秦重修城垣記

（明）陝西參政、廣陵人王應霖撰。

原碑已佚。

碑文收於譚瑀纂修：（道光）《吴堡縣志》卷四《藝文部・記》，道光二十七年（1847 年）刻本。

［録文］

吴堡，關中岩邑也，距延安五百餘里，當秦晋之衝。前此曰延福、曰定湖、曰寨、曰州城，而邑老舊矣。國家承平既久，無兵革之虞。邑雖邊疆，有司玩於豫防，歲就傾圮，久之益如頹焉。神宗甲辰[③]，歲饑民筋，盜賊蜂起，邑用弗靖。視他郡縣，荼毒吏甚[④]，坐城之廢故也。古瀛杜君奉命知吴堡縣事，登陴而嘆曰："民保於城，城關於合。城之廢，民弗能衛矣，伊誰之責歟?"乃集耆老諭之曰："爾民非城無以自衛，今僅存遺址，高不及肩，上無敵樓，何以壯威? 予欲藉爾力繕城，以固吾圉，於爾何如?"耆舊曰："是固侯之衛我也，收不堆命[⑤]。"君乃鳩工，顧所費不貲[⑥]，莫可猝辦。復曰："吾民如沉河始脱而體羸[⑦]，予不欲重費吾民。倘高因邱陵，下因川澤，豈曰省費，而功亦多集矣。"遂累高卑，皮厚薄[⑧]，具楨幹[⑨]，畚鍤雲集[⑩]，并力交作。興役於乙巳三

---

① 善：似應爲"晋"。

② 二十三年：嘉靖二十三年，1544 年。

③ 神宗甲辰：万历三十二年，1604 年。

④ 吏：似應爲"更"。

⑤ 收不堆命：似爲"敢不唯命"之誤。

⑥ 貲：似爲"貲"之誤。

⑦ 河：似應爲"疴"。羸：似應爲"羸"。

⑧ 皮：似應爲"度"。

⑨ 楨幹：築墻時所用之木柱，立豎於兩端的叫楨，豎於兩旁的叫幹。

⑩ 畚鍤：挖運泥土的工具。鍤，亦作臿。

月[①]，閲明年丙午秋乃訖工焉[②]。城周迴三里，高三丈，闞一丈三尺，列雉堞，建樓櫓。題其門額，南曰景陽，北曰拱辰，西曰熙皞。東無門，建樓於上，曰生聚，謹扃鑰，以詰奸僞，置鐘虡以警晨昏。由是，吴民咸朕欣焉，賴以無恐。歲進士張子，邑之彦也，授教革昌，惟侯之功，泯於後念。予參泰藩，且與杜君同桑梓，徵予言以記。予惟古設險以守國，又謂："城池以爲固中，畫郊圻，慎固封守。"[③] 則城隍之設，有司所不能廢者。然《出車》之詩有曰："天子命戍，城彼朔方。[④]" 夫以敵人之難甚亟，朔方之城乃須天子之命，古之不輕用民力如此。是以《春秋》之義，凡用民必書，不時害義，固加貶；雖時且義，亦書，見勞民爲重事爾。今吴堡，古朔方地，杜君成晚以衛民，誠使以佚道，而非輕於用民者，是可書也。已若夫，遂生養以興教化，俾風俗和洽，而不勞民；於守國之未，是又杜君之首務者。君名邦秦，直隸河間阜城久貢士，能於其政，觀此，可概其餘矣。

十　延安市

安塞縣

重修安塞縣城碑記

（清）安塞知縣余紹僑撰。

原碑已佚。

碑文收於安慶豐修，郭永清纂：民國《安塞縣志》卷十一《藝文志・记》，民國三年（1914）鉛印本。

---

① 乙巳：万历三十三年，1605年。

② 丙午：万历三十四年，1606年。

③ 慎固封守：劃定疆界，使邊防堅固。《書・畢命》："申畫郊圻，慎固封守，以康四海。"

④ 《詩・小雅・出車》原爲："天子命我，城彼朔方。"

［録文］

縣城移建於乾隆三十五年[①]，以西北隅仍當延水之衝，下築石壩數十丈，外寬約有兩丈許，内實居民，誠一邑之保障也。年久失修，日就傾圮，城身亦崩墮殘缺，無一完膚，實不足以爲藩籬之固[②]，觸目荒凉。當山水驟來，汹涌澎湃，直撼城下，湍激之聲，聞者心悸。所以城内人烟稀少，市井蕭條，未必不因此而有戒心也。壬辰、癸巳間[③]，延境適旱饑，郡守馬公目睹哀鴻遍野，因走謁省臺，陳民間疾苦及地方凋敝狀，乞發帑賑撫，并請多籌數百鍰以便分頒各縣[④]，藉資助賑。中丞鹿公暨方伯張公是其議，留京餉五萬兩，賑北山被災各屬饑民。余于是稽丁口、散糧石，而城亦諏吉興工焉[⑤]。經始於四月朔，至七月賑畢而工亦爲之告竣。共計築壩十九丈有奇，補修垣缺五十餘丈，壁壘一新，金湯永固。既訖事，集邑之父老而告之曰："此國家之深仁厚澤，於兹益見矣。夫歲遇災祲，值運會之[⑥]？無如何國有興作，亦小民之所難免。而乃减天庾之供[⑦]，民授以食；頒司農之錢，工給以傭。既爲爾民謀一日養生之術，即爲爾民奠百年衽席之安爾[⑧]。民亦何幸，生此聖明之世歟，當不父詔其子，兄勉其弟，盡力耕鑿[⑨]，同爲斯世之良民哉。"父老同詞曰："如公所云，洵屬皇家德意[⑩]、大憲恩施，皆不敢忘，請貞諸珉石，以垂永久。"爰泚筆而爲之，述其始末云。

知縣事鼎州余紹僑撰并書[⑪]，監工廩生郭永清、趙毓桐。光緒十九年歲次癸巳仲秋月上浣[⑫]。

---

① 乾隆三十五年：1770 年。
② 藩籬：用竹木編成的籬笆，爲房舍的外壁。引申爲守衛。
③ 壬辰、癸巳：道光十二、十三年，即 1832、1833 年。
④ 鍰：古代貨幣重量單位，鍰重説法不一。
⑤ 諏（zōu）吉：選擇吉日。諏，詢問。
⑥ 災祲：災異。祲，陰陽二氣相侵所形成的徵象不祥的雲氣。運會：時勢。
⑦ 天庾：國家的倉廪。
⑧ 衽席：床褥與莞簟。
⑨ 耕鑿：耕田鑿井。
⑩ 洵：誠然，實在。
⑪ 余紹僑：湖南人，監生，光緒十七年任知縣。
⑫ 光緒十九年：1893 年。

重修西門城樓增福殿碑序

（清）安塞知縣余紹僑撰。

原碑已佚。

碑文收於安慶豐修，郭永清纂：民國《安塞縣志》卷十一《藝文志·序》，民國三年（1914 年）鉛印本。

［録文］

縣西城樓，邑人舊祠財神，未審肇於何時，以歲久勢將傾圮。壬辰夏[1]，余重修城南之魁星閣。工甫竣，董事者請於余，曰："城西有財神殿，曷亦加修葺乎？"余應曰："財神雖未列祀典，而祀之者例所弗禁。况安塞自遭兵燹，貧窮實甚。方今講求興利，而能不冀神之默助耶。"遂捐貲爲倡，不逾月而頓復舊觀。嗟乎，人生勢位、富厚安可忽乎哉。夫致富固由人力，而錫福總自天申。吾願邑之人仰藉神庇，從此家給人足，物阜財豐。歲時熙熙攘攘，來報賽於斯庭，是亦守土者之厚望也。

知縣事武陵余紹僑敬撰，董事監工廪生趙毓桐、郭永清。

安定縣

量復城堡官員疏[2]

（明）延綏巡撫王遴撰[3]。

文收於李熙齡纂修：（道光）《榆林府志》卷四十《藝文志》，道光二十六年（1846 年）刻本。又收於李炳蓮纂修：（光緒）《米脂縣

① 壬辰：光緒十八年，1892 年。

② 該文作於嘉靖四十五年，非碑記，因其中論述多個城堡的遷建過程，故選入。

③ 王遴：字繼津，霸州人。嘉靖二十六年（1547 年）進士，曾任延綏巡撫，後官至户部尚書、兵部尚書。萬曆三十六年（1608 年）卒，贈太子太保。天啓中，追謚恭肅。

志》卷十一《藝文志二》，清鈔本；劉濟南修：民國《横山縣志》卷四《藝文志》，民國十八年（1929年）石印本；嚴建章、高仲謙等修，高照初纂：民國《米脂縣志》卷九《藝文》，民國三十三年（1944年）榆林松濤齋鉛印本。節録部分文字的縣志還有[①]：鍾章元修，陳頌第等纂：（道光）《清澗縣志》卷八《藝文志》，道光八年（1828年）鈔本；姚國齡修，米毓璋纂：（道光）《安定縣志》卷八《藝文志》，道光二十六年（1846年）刻本；彭瑞麟修，武東旭纂：（咸豐）《保安縣志》卷七《紀事志》，咸豐六年（1856）刻本。

録文以（道光）《榆林府志》爲底本。

［録文］

臣撫屬延、慶二府，逼近河套，爲秦晋門户。成化年間，該先撫臣余子俊開設城堡三十六處[②]，并築邊墻一道，沿至近年，沙壅水决[③]，鮮有完壁。而吉能等復占據河套[④]，可不預爲之防乎？[⑤] 臣訪得本鎮先年俱特設修築城堡官員，後因修築事完裁革。雖歲月無從考証，然故老往往稱述。[⑥] 至嘉靖三十二年，該都御史張珩援例題復前項，修築城堡，官員設參政一員，于慶陽駐扎；參議一員，于綏德駐扎，專一修築兩府四衛城堡。此則見於今日，文案俱存，非徒稱述而已，[⑦] 一時邊堡多著成績。後至嘉靖三十六年[⑧]，隨將參政、參議裁革，原管修築事務責成守巡河西道，榆林靖邊道帶管，各官俱有本等職業，不能兼理。而守巡河西道又非臣所專屬，以故節次題設[⑨]。即臣所目觀者[⑩]，如榆

---

① 各方志節録文字均有所出入，校勘时不再出校。

② 撫臣：巡撫。余子俊：字士英，青神人。景泰中進士，成化六年任延綏巡撫。

③ 决：民國《米脂縣志》作“泱”。

④ 吉能：吉囊的兒子，佔據河套，爲西部邊疆各部落的首領。

⑤ （光緒）及民國《米脂縣志》無此句。

⑥ （光緒）及民國《米脂縣志》無此句。

⑦ （光緒）及民國《米脂縣志》無此句。

⑧ 嘉靖三十六年：1557年。

⑨ 節次題設：（光緒）及民國《米脂縣志》無。

⑩ 觀：民國《米脂縣志》作“覩”。

林鎮城及綏德、米脂、義合、開荒[①]、碎金、魚河[②]、歸德、常樂[③]、雙山、響水等堡，大概城皆及肩之墻[④]，墩皆盈尺之土，萬萬不能防禦。以臣之愚再三計之[⑤]，合無止設府同知一員[⑥]，定擬專管修築城堡事務[⑦]。延安府帶銜，榆林鎮駐扎[⑧]，先儘沿邊三十六城堡，次及近邊葭州、綏德州、神木、米脂、府谷[⑨]、安定、保安、安塞、清澗等縣，次及民間堡塞、窨窨，逐一相度[⑩]，漸爲修理，聽臣總視，督考於中，不許別衙門差占[⑪]。庶事有專責[⑫]，人無冗費矣。

宜川縣

築壩議

（清）宜川知縣吴炳撰[⑬]。

文收於吴炳纂修：（乾隆）《宜川縣志》卷八《藝文志上》，乾隆十八年（1753年）刻本。又收於余正東纂修，黎錦熙校訂：民國《宜川縣志》卷一《城池》，民國三十三年（1944年）鉛印本。

録文以（乾隆）《宜川縣志》爲底本。

---

① 開荒：（道光）《安定縣志》、（道光）《清澗縣志》、（咸豐）《保安縣志》作“開光”。

② 魚河：（道光）《安定縣志》、（咸豐）《保安縣志》作“魚何”。

③ 常樂：（光緒）《米脂縣志》作“常兵”。

④ 肩：（光緒）及民國《米脂縣志》作“階”。

⑤ 以臣之愚再三計之：（光緒）及民國《米脂縣志》無。

⑥ 止：（光緒）及民國《米脂縣志》作“衹”。同知：同知爲知府的副職，正五品，因事而設，每府設一二人，無定員。

⑦ 定擬：（光緒）及民國《米脂縣志》無。

⑧ 務延安府帶銜榆林鎮駐扎：（光緒）及民國《米脂縣志》無。

⑨ 葭州綏德州神木米脂府谷：（道光）《清澗縣志》無。

⑩ 民間堡塞窨窨逐一相度：（道光）《清澗縣志》無。

⑪ 許：（道光）《清澗縣志》作“計”。聽臣總視，督考於中，不許別衙門差占：（光緒）及民國《米脂縣志》無。占：（咸豐）《保安縣志》作“古”。

⑫ 別衙門差占庶事有專責：（道光）《清澗縣志》無。

⑬ 吴炳：江西省南豐縣人，乾隆年间曾任宜川知縣。

［録文］

竊查宜川城垣，周圍四里。城身随地形高低，自二丈五尺起，高至三丈四五尺不等。下厚二丈，上寬一丈。土身磚垛。城樓四座，傾圮無存，俱應重建。城垣四面，原續坍塌一千二百二十丈，西北二面被水衝塌，城根并護城石臺四十六丈。乾隆十年①，前令劉估需銀八千九百八十三兩五錢五分四厘②。又西門外舊有河道淤塞，河流遷徙近城，衝倒城根石臺；議開舊河故道，使水仍行舊轍，長二千二百七十尺，闊二十尺，深六尺，估需銀三百九十七兩二錢五分。通共估需銀九千三百八十兩二錢四厘，造册申送，奉文列入再次急修在案③。卑職細繹舊卷，歷任知縣咸謂西城襟河，時被水衝，修城必先改治河道，使水勢稍緩，然後城根石臺可築，城身可修，層層相因，議誠善矣。但止議挑河分水，不議築壩阻水④，似尚未盡善。查宜邑沿城一河，名曰西川，即銀川水，發源鄜州晋師山東，綿亘数百里，入縣境龍泉村。河迤邐東行，與各山砂石水會流，勢如箭筒，直衝西城根。繞城北而東，遇山水陡發，其勢更烈。雖有兩河夾瀉，而沿城河流洶涌，仍属難禦。以新修外石内土之城根石臺正當其衝，寧能保其完固？城根石臺既被水衝壞，城身又焉保其獨全？此所以鰓鰓過慮者也⑤。盖無城根石臺以衛水，則城固難修；非挑河以分勢，則臺固難築。議挑河而不議塞舊河，則挑河未見有益；議塞河流而不并議築壩，則河流終歸難塞，此相須不易之理。况錢糧關乎帑項，工程期於永久，與其辦理不善之後復事興築，何如於未修之先斟酌合宜？卑職悉心查勘，敬陳管見，請於西城官路下起，至新挑河口止，斜迴築砌石脚土壩一條，截住沿城河流，順勢引水，并入新河，需長五十六丈，寬四尺，高二丈。

---

① 乾隆十年：1745 年。

② 前令劉：民國《宜川縣志》有注“按：名國泰”。劉國泰，雍正庚戌科進士，江夏人。任宜川知縣。

③ 民國《宜川縣志》有注“按：吴志城池云：屢經奉文估計，題准急修；嗣於乾隆十年，欽差侍郎三，會同督撫核計通省衛僻，列入再次急修”。

④ 築：民國《宜川縣志》作“壩”。

⑤ 鰓鰓過慮：形容過於恐懼和憂慮的樣子。鰓鰓，憂懼貌。

不惟補前議挑河之未逮，實爲護衛城根石臺之關鍵。如此，庶河流離城根稍遠，城根石臺可保，城身亦永無傾塌之虞矣。

延長縣

石城記[①]

（明）張旭陽撰[②]。

文收於王崇禮纂修：（乾隆）《延長縣志》卷之十《藝文志·記》，乾隆二十七年（1762年）刻本之鈔本。又收於洪蕙纂修：（嘉慶）《重修延安府志》卷七十六《雜記》，嘉慶七年（1802年）刻、光緒十年（1884年）修録本。

録文以（乾隆）《延長縣志》爲底本。

［録文］

讀《孟子》築城鑿池之論，《史記》婁敬形勢之説[③]，則城池衛民，誠弗可闕。近年北虜猖獗，荼毒生雲靈[④]，非深溝高壘無以爲禦。延長舊有土城，歲久傾圮，戎心叵測，萬一臨境，卒難支持，斯民惴恐[⑤]，措躬無地[⑥]。幸分巡道方公命下修城[⑦]，易土以石。余方慮獨力難支，邑致歸别駕蘇景泉謀於衆曰[⑧]："觀察公與吾邑侯佚道[⑨]，使民永資保障，吾輩當共成兹美。"僉指金穀爲倡，千户麟占，

① （嘉慶）《重修延安府志》作"陽石城記"。

② 張旭陽：（嘉慶）《重修延安府志》作"張旭"。張旭陽，乾隆《延長縣志》卷之七《官師志·職官·縣令》有記"張旭陽，北直清苑人。"

③ 勢：（嘉慶）《重修延安府志》作"勝"。

④ 雲：（嘉慶）《重修延安府志》無。

⑤ 惴恐：恐懼。

⑥ 措：安排、處置。

⑦ 分巡道：古代官名，代表巡撫分巡其地。

⑧ 别駕：官名，是州刺史的佐吏，亦稱别駕從事史。蘇景泉：安平里人，曾任山東濟南府通判，引疾歸里後幫助修城。

⑨ 公：（嘉慶）《重修延安府志》作"方公"。佚道：使百姓安樂之道。

捧檄督工，計丈數高低，量徒庸厚薄[①]。命典史郭廷禄日勤監視，庶民丕應，趨事赴功，罔有逸言。經始於春三月，竣功於秋七月。東西南三面地勢平坦，咸甃以石，高丈八尺，厚丈餘。水門一座，石爲之。北面并東西北隅，舊倚山爲陰[②]，仍斬崖爲陴堞[③]，更加聳峻，視昔改觀。是歲秋，虜果入寇，他方被戕，我邑晏晏然[④]。夫爲民求生，仁也；事備幾先，智也。士民踴躍，刻日舉事，不煩督徵而和平應之，信也。今觀察能審時布勢，孚合民心，一舉而衆善，皆備民之利，公所賜也。古人有愛一人惠一物者，猶足稱恩，矧保障一方[⑤]、利澤後世乎。揆之理勢[⑥]，當昌后翼孫長。爲王國干城腹心之選，豈僅感人一時，如今日藉藉聲譽已哉[⑦]。方公諱遠宜，字時伯，直隸歙縣人，嘉靖二年進士[⑧]，由御史轉今官，餘善政未可枚舉。特記修城，以俾後來者考焉。

富縣（鄜州）

重修鄜州城河記[⑨]

（明）劉璣撰[⑩]。

原碑已佚。

碑文收於顧耿臣修，任於嶠纂：（康熙）《鄜州志》卷八《藝文

① 徒庸：用工數。
② 陰：（嘉慶）《重修延安府志》作“險”。
③ 陴：城上女墻，上有孔穴，可以窺外。
④ 晏晏然：（嘉慶）《重修延安府志》作“晏然”。
⑤ 矧：况。
⑥ 揆：度，揣測。
⑦ 藉藉：交横雜亂貌。
⑧ 嘉靖二年：1523 年。
⑨ （道光）《鄜州志》作“重修城河記”。
⑩ 劉璣：字用齊，陝西長安人。明成化庚子舉人，辛丑進士。官至户部尚書，著有《正蒙會稿》。

志》，康熙五年（1666年）刻本。又收於吴鳴捷修，譚瑀等纂：（道光）《鄜州志》卷五《藝文志》，道光十三年（1833年）刻本。

録文以（康熙）《鄜州志》爲底本。

［録文］

環鄜有洛河，在州城東里許。其水自延常流入[1]，遇夏，大雨時行，行潦澗澮[2]，俱匯於洛，勢甚汹涌。景泰間州城嘗爲所衝[3]，民居因而没者數百家[4]，後雖修築，然屢築屢圮[5]。嘉靖丁亥夏[6]，水復泛漲，城之東北隅及南衝頽百餘丈。州人恐復爲患，奔告於州守任邱杜蕙[7]。時兵備池州汪公珊以憲副分巡是道[8]，兼有撫民之責。杜曰："水患若此，不可不早爲之圖。"汪曰："水患故所當憂[9]，修城須用民力，然時方賑貸，而饑民豈可徒役。與其守常以病民，曷若通變以濟事?"乃移牒當道[10]，皆可其請。于是募得饑民千餘，出預備倉粟千斛，計口以給。命同知上官禧營度地基[11]，判官王江、吏目周良等以督其工。公亦不憚煩勞，日計月課，乃于東山下别濬一渠以受水[12]，而築堤以防之，因以修乎城[13]。城之基實以巨石，石之外輔以柏材，木聯屬而石不崩，石密比而土益堅，不拔之基也。工起於六年之冬初，訖於明年之春莫[14]。踰夏歷秋[15]，大水數過而城不病，民安若堵，且民命賴官粟以活，城池借民力以完。公之仁政，

① 常：（道光）《鄜州志》作"韋"。
② 行潦：溝中積水。澗：夾在兩山間的流水。澮：田間排水之渠。
③ 景泰：明代宗朱祁鈺的年号，1450—1457年，前后八年。
④ 因而：（道光）《鄜州志》無。
⑤ 屢築：（道光）《鄜州志》無。
⑥ 嘉靖丁亥：嘉靖六年，1527年。
⑦ 杜蕙：北直任邱人，字德馨，號龍潭，明正德辛巳進士。時任鄜州知州，官至麗江府知府。
⑧ 汪公珊：汪珊，字德聲，貴池人。明正德六年進士，官至户部侍郎，時任兵備副使。
⑨ 故：（道光）《鄜州志》作"固"。
⑩ 移牒：以正式公文通知平行機關或人。
⑪ 上官禧：河南澠池人，監生。
⑫ 濬：疏通河道。
⑬ 乎：（道光）《鄜州志》無。
⑭ 六年：嘉靖丁亥年，1527年。春莫：春暮，"莫"：通"暮"。
⑮ 踰：（道光）《鄜州志》作"逾"。

惠而不費若此，鄜人甚德之。杜守及該學師生謀與立石，以紀其功，因應試生來會城，請記於予。予睢於禦患之中[1]，而爲救荒之政，一舉兩得，仁人之設施，固如是哉。聞昔范文正公領浙西時[2]，吴中大饑，殍殣枕路[3]。公召諸佛寺主守，諭之曰："饑歲工價至賤，可以大興土木之役。"於是諸佛寺工作鼎興，又新廒倉吏舍[4]，日益千夫。是歲兩浙惟杭州晏然，民不流徙。良法美意，載諸史牒，流芳百世。然所修特廒倉吏舍耳，較諸郡城，功孰爲大？今公以名進士爲才御史，風裁夙著[5]，所至有聲，及擢是職，恩威并行，盜息民安，善政多端，不止兹舉，將來名位不在范公之下。於戲[6]，孰謂今人不如古人哉。是宜實録，爲來者告云。

增建鄜州城垣記

（明）刑部郎中劉仕撰。

原碑已佚。

碑文收於顧耿臣修，任於嶠纂：（康熙）《鄜州志》卷八《藝文志》，康熙五年（1666年）刻本。

［録文］

先王體國經野，分土建侯，妥立城廓以保衛民生而藩屏國家。鄜延密通邊塞，烽燧時警，近攻掠皇甫川、鎮静、青平堡，是故城守之計，殆不可緩。嘉靖丙寅[7]，澤山馮公以蘇松常鎮兵憲備倭有功[8]，調任鄜延，□禮尚寔，員度空民，選士練兵，廣儲蓄、復要害，遂登襱

---

① 睢：（道光）《鄜州志》作"思"。
② 范文正公：范仲淹，謚文正。
③ 殍殣：餓死的人。
④ 廒：圍起的圜倉，住所。
⑤ 風裁：風度，氣派。
⑥ 於戲：感嘆詞，同"嗚呼""於乎"。
⑦ 嘉靖丙寅：嘉靖四十五年，1566年。
⑧ 馮公：馮舜漁，字澤山，山西蒲州人。隆慶元年官河西兵備。

山之巔，東望高奴，北望故城，南望監軍台，俯而嘆曰："鄜城阻龜山帶洛水，固范希文經略西夏之重地也[①]。往寇曾從採銅川、牛武川出侵鄜城，城之半繞龜山，其下爲内城，内城南北關又多隙地，故外城寬闊難守。"議於闔民盡處增築横城，緩急庶有賴焉。乃命州守伊山蘇君璜[②]、甘泉尹李君本相厥地形，因勢乘便。北城自營房北至龜山後、南城自學前至龜山前，高厚俱三丈，長共五千三十餘丈，爲門二，空成砌以石。呈巡撫都御史二山楊公巍[③]、巡按御史少谷温公如玉[④]，共發贖銀一千兩，公捐俸并紙贖銀一千五百兩。時值凶荒，民趨赴工，委官分理，刻日舉事，三越月而其工告成。南北相望，雉堞連雲，長城之險，其在兹矣。同知潘君廷瑋諜諸吏目邢祁彦[⑤]、那博、鄧建紹、王祖堯暨鄜士人介霍生訓、余外孫宋生承觀持狀，問記余。惟民不可與慮始而可與樂成，事惟當慎始而尤宜圖其所終。公自奉儉約，不妄取與可謂矣；立清時弊行中謂毅矣；鋭意邊防有備無患可謂豫矣；不勞民力，不傷民財，可謂儉矣；事稽其實、功考其可，謂明矣。□則自治嚴而人思畏，所倚而事自集。□則慎厥猷而炳幾先，儉則政有節而利，則勤惰省而衆志勸，人思畏敬也。事自集勇也，炳幾先哲也，利養溥愛也，衆志勸悦也。敬德之興也，勇德之犍也，哲德之察也，愛德之惠也，悦德之感也，一事舉而五德具矣。且立鄉約以厚民俗，擇文會以選俊士，犒軍士以倡勇敢，勸民粟以救荒歉，嚴譏察以獲奸細。及駐節延安，據險設伏，境賴以寧。皇上賜以銀幣，制御遠圖，安攘大略，翕闢變化於胄中久矣[⑥]，又何邊境之足患哉。盖峻德夙明，富於文學，自魁進士，令臨淄、令常熟，爲户部主事，改兵部職方爲員外、爲郎中。守東昌、常熟，倭寇殘破之區，創築縣城，築福山港，阨賊入路，置弩數千，伏射之，所傷甚衆，賊知有

① 范希文：范仲淹，字希文。

② 蘇璜：字公獻，號伊山，山東堂邑人。嘉靖四十三年（1564 年）爲鄜州牧。

③ 楊巍：字伯謙，號二山，明中期重臣。

④ 温如玉：字孟醇，號少谷，郥縣人。

⑤ 潘廷瑋：南陽人，監生。隆慶間任同知。

⑥ 翕闢：開合、啓閉。語出《易・繫辭上》："夫坤，其静也翕，其動也辟，是以廣生焉。"

備，不敢近，三年而撫按薦者八。东昌治行爲天下第一。備倭太倉，作海防條議，又築劉家河，城設參将以遏賊衝，甫四月而寇平，嘉勳懋□，照耀寰宇，其何有建一城已也。《詩》曰："王命仲山甫，城彼東方"。夫城齊重任也，非德望名世者不可。吉甫贈詩而望其遄歸[1]，以補衮闕。公城之功既成，躋華要、登台鼎有日矣，偲余非作者，不能如吉甫表著公之盛德大業，敬次第其所以城鄜者而記述之，是爲記。公諱舜漁，山西蒲州人。

鄜州建堤修城記[2]

（明）都御使、順天巡撫王邦俊撰[3]。

原碑已佚。

碑文收於顧耿臣修，任於嶠纂：（康熙）《鄜州志》卷八《藝文志》，康熙五年（1666年）刻本。又收於吴鳴捷修，譚瑀等纂：（道光）《鄜州志》卷五《藝文志》，道光十三年（1833年）刻本。

録文以（康熙）《鄜州志》爲底本。

［録文］

郡城故帶山襟水所從來矣。於唐則郭汾陽[4]，於宋則范文正、韓忠獻[5]，皆莅而經營之。邇年以來，烽烟屢警，頗無寧日。郡東一里，據水而城，蓋亦臨不測之淵，倚天險云。其北則洛河水，其東則牛武城水，其西則採銅川水。合三川之水而匯於城北，而南注也。其南則有陵巒岩嶺[6]，天關夾峙，嶸堅盤礴[7]，如不欲其徑南注也。

① 吉甫：指周宣王賢臣尹吉甫。

② （道光）《鄜州志》題作《建堤城記》。

③ 王邦俊（1546—1616年）：字虞卿，号壶岭，鄜州（今陝西富縣）人。明萬曆二年（1574年）甲戌科進士，曾任都御使、順天巡撫。著有《诗集》1卷，《征南草》1卷，《鄜州志》2卷。

④ 郭汾陽：安史之亂平息以後，唐名將郭子儀功封汾陽王，故稱。

⑤ 韓忠獻：字稚圭，自號贛叟，相州安陽人，謚忠獻。

⑥ 岩：（道光）《鄜州志》作"崔"。

⑦ 嶸：高聳獨立。

水故旁東山，去城可一里許。迨嘉靖中葉，水漸西徙，洪淵九曲，漸射城下。值山雲薈蔚，秋潦滂沱，涓流泱瀼[①]，莫不來注。駭浪暴灑，驚濤飛薄，厓隒泐峻，郭郛頹圮，閭社沙磧，甍櫳蕩没[②]。蓋城東北隅，昔所謂闉闍列肆，今則黿蛟魚鼉矣。[③] 歲戊子[④]，祥符楊公持憲符，弭節兹土，清問民瘼[⑤]，周覽山川。檄下，郡守劉使君大都以創建石堤爲千年不拔計[⑥]，其築葺城垣次之[⑦]。計城垣：垣圮宜築者六十四丈[⑧]，宜葺者千餘丈，宜巨石砌者二百丈，其高六丈，闊二丈。其石計二萬四千丈，其木樁計二萬本[⑨]，石灰、米汁、鐵器、車兩各以千百計，其值二千五兩有奇。計工力二千六百人，洛川、中部、宜君民各三百人，延長、延川各一百人[⑩]，甘泉民九十人，膚施縣民百一十人。鄜州民壯、門夫、月夫、防守軍當各縣之數。以鄜州州判秦君督之[⑪]，議上，督撫、按臺咸報可。始庚寅，無何，楊公以邊才調任冠縣[⑫]，杜公代[⑬]。居無何而與臨清朱公更調至[⑭]，而劉使君以憂去，而汝寧蕭公代至[⑮]。郡守宋使君先至[⑯]，則咸以楊公未就之業，竟成之。四公蓋一時憲府名臣，其視國事如家，愛民若子，故

---

① 薈蔚：雲霧彌漫貌。秋潦：秋季因久雨而形成的大水。泱瀼：水流動貌。

② 厓：水邊。隒：崖、岸。泐：石頭按脉理而裂散。峻：險峻貌。郭郛：外城。閭社：閭里鄉舍。沙磧：沙石積成的沙灘地。櫳：窗上櫺木，窗户，也借指房舍。

③ 闉闍：曲城。城門加築的樓台。泛指城門。列肆：市場上成列的店鋪。黿：大鱉。鼉：揚子鱷。

④ 戊子：万历十六年，1588 年。

⑤ 弭節：指駐車，停車。民瘼：民間疾苦。

⑥ 劉使君：劉從仁，山西解梁人。恩貢，萬曆十七年任鄜州知州。

⑦ 其：（道光）《鄜州志》無。

⑧ 垣：後“垣”字（道光）《鄜州志》作“傾”。

⑨ 其：（道光）《鄜州志》無。

⑩ 一：（道光）《鄜州志》無。

⑪ 秦君：秦邦彦，山東歷城人。吏員，萬曆十五年任鄜州州判。

⑫ 楊公：楊時寧，江西鄱陽人。進士，萬曆十六年由副使任分巡河南道。

⑬ 杜公：杜華先，山東冠縣人。進士，萬曆十八年由僉事任分巡河南道。

⑭ 朱公：朱朝聘，山東籍江南歙縣人。進士，萬曆十九年由僉事任分巡河南道。

⑮ 蕭公：蕭察，河南汝陽人。舉人，萬曆二十年由僉事任分巡河南道。

⑯ 宋使君：宋言，河南祥符人。舉人，萬曆十九年任鄜州知州。

不以先後移易其心焉[①]。而宋使君既畢堤，以其餘力增南北二城若干丈，敵臺若干座，敵樓若干座，屹然金湯，功尤炳炳，偉矣。今苞桑固圉[②]，且募健兒時訓練，簡材官平居，所謂未然之防者，靡不備至。脱一旦郊關爲壘[③]，將出一奇决勝千里。余不佞，願佩雙韃以從事，豈不大愉快哉。蓋聞有功於民，則祀之；能禦大災[④]，則祀之；能捍大患，則祀之。若我四憲府公之協忠保障，二郡守之宣力敷猷[⑤]，所謂禦災捍患、有功於民，非邪兹土之大夫士，若民恐久無聞也，屬余記而銘之矣，其尚尸而祝之。楊公諱時寧；杜公諱華先；朱公諱朝聘[⑥]；蕭公諱察；劉使君諱從仁，解梁人；宋使君諱言，大梁人。

銘曰：赫赫皇祚，篤生人文[⑦]。彫陰剖虎[⑧]，奠厥人群。上櫳百川，下瞷河瀆。實作湯池，以禦妖氛。東流既徙，西阜漸阤。長波涾沱，沆瀁渺瀰[⑨]。鬖沙礐石，闤門爲沚[⑩]。蕩析離居，穴處壟基。蠢彼螳斧，或奮延朔[⑪]。元燕巢幕[⑫]，素卵累縠。皇穹降鑒，英哲萃臨。胼胝焦勞，畢力殫心。掎拔增高，嶄鑿就深。仰協三靈，俯從億兆。嵬岸磐石，周垣聳峭。靈崖贔負，盤滛潺湲。玉堤永障，金城亘山。陴院霞舉，井幹雲閑。崒若斷岸，矗似長虹。縈帶爲守，堅不可攻。伊誰之力，終始之功。其功伊何[⑬]，濬川伐謀。民賴安堵，永歌以游[⑭]。作此頌聲，以詔千秋。

---

① （道光）《鄜州志》無“故”“焉”二字。
② 苞桑：桑樹的本幹，比喻根基穩固。
③ 旦：（道光）《鄜州志》作“且”。
④ 禦：（道光）《鄜州志》作“禁”。
⑤ 敷：施，布。猷：謀劃。
⑥ 諱：（康熙）《鄜州志》誤作“諸”，據（道光）《鄜州志》改。
⑦ 篤生：謂生而不平凡。猶得天獨厚。
⑧ 陰：（道光）《鄜州志》作“龍”。
⑨ 沆瀁：水深廣貌。渺瀰：水流曠遠貌。
⑩ 門：缺，據（道光）《鄜州志》補。
⑪ 延朔：缺，據（道光）《鄜州志》補。
⑫ 元：缺，據（道光）《鄜州志》補。
⑬ 其功：缺，據（道光）《鄜州志》補。
⑭ 永：（道光）《鄜州志》作“詠”。

重建州治記

（清）鄜州知州顧耿臣撰。[1]

原碑已佚。

碑文收於顧耿臣修，任於嶠纂：（康熙）《鄜州志》卷八《藝文志》，康熙五年（1666年）刻本。又收於吴鳴捷修，譚瑀等纂：（道光）《鄜州志》卷五《藝文志》，道光十三年（1833年）刻。

録文以（康熙）《鄜州志》爲底本。

［録文］

鄜，巖邑也[2]。余甫釋褐乃爲牧，因得鄜。己亥下車問州治[3]，則城以内一望皆荆榛也。西山之阿前此購民居爲署，鄙隘弗堪。夏秋之交，風雨驟至，飛瀑下注，群泒怒奔[4]，匯于州署，後復折而南歸于壑。岌岌乎，時有潰圮之患矣。余觸目愾然，圖復舊署，而瘡痍未起，百務未整，奚暇鳩工[5]。明年庚子[6]，捐薄俸、治城垣，稍爲綢繆計。越辛丑[7]，樓闉始備[8]，雉堞始新，皇華始有所[9]，倉庾始有處。爰修先師廟，治明倫堂，英俊畢萃，肄業有齋，講習有地，然未遑爲公署謀。又二年癸卯[10]，歲屢豐矣，田野乃治，流鴻乃歸。念兹官居於山，民處於穴，危磴坱圠[11]，鳥道崎嶇，樵者、汲者攀援艱苦，不僅官署之患潰圮也。舍此弗治，奚以寧幹止耶？夫因民之

---

① 顧耿臣：浙江嘉善人。清順治戊戌進士，曾任鄜州知州。

② 巖邑：地勢險要的縣城。

③ 己亥：順治十六年，1659年。

④ 泒：（道光）《鄜州志》作“派”。

⑤ 奚暇鳩工：哪裏有時間招集工匠修繕。

⑥ 庚子：順治十七年，1660年。

⑦ 辛丑：順治十八年，1661年。

⑧ 闉（yīn）：古代圍繞在城門外的小城的省稱。

⑨ 皇華：语出《詩·小雅·皇皇者華》，後以“皇華”稱使人或出使。此處指各地到來之人。

⑩ 癸卯：康熙二年，1663年。

⑪ 坱圠（yǎng yà）：亦作“坱軋”。地勢高低不平的樣子。

利、從民之好，司牧事也，余當勉焉。遂先葺憲署、公館。憲署既完，公館既飾，乃悉余之資選材傭役，爰循舊址，剪草莱，除瓦礫，建堂三楹，左右庫房各一，爲東西掾書房二十間，爲儀門三間；仿保大樓，作鼓樓三楹；建後堂三楹，川堂三間，住房五楹，东西書房各三楹，廊房十八間。維時丞王君國禮[①]、幕韓君文旭[②]，咸因舊址建分署、丞署、前後廳事各三間、宅房三間，書房、廊房具備。幕署爲廳事三間、宅房三間，書房、廊房亦備。二君俱捐俸錢，經營之績勿可泯也。制不必奢，取其渾樸；材不必巨，貴於適宜；工役雖繁[③]，上不動公帑，下不傷民財。始於癸卯之春，至冬月而落成。於是州之士民，無不歡欣鼓舞。晝井幹、修廬舍，數十年丘墟者，一旦爲比屋、爲廛市矣，救廢啓新。以因而創，肅堂構以親吾民；芻牧有地，虚禮樂而俟君子[④]。化洽爲期[⑤]，此皆赖家太平之福[⑥]、上臺興復之恵，余何力之有焉。

洛川縣

重修洛川城記[⑦]

（明）王高撰。

原碑已佚。

碑文收於劉毓秀修，賈構纂：（嘉慶）《洛川縣誌》卷十九《藝文》，嘉庆十一年（1806年）刻本。

---

① 王國禮：浙江會稽人。吏員，康熙元年任州同。

② 韓文旭：浙江會稽人。廪監，康熙二年任吏目。

③ 繁：道光《鄜州志》作“煩”。

④ 虚禮樂以俟君子：語出《論語・先進》，意指國家的禮樂教化有待君子施行。

⑤ 化洽：語出《汉书・礼乐志》：“于是教化浃洽。”颜师古注：“浃，彻也；洽，沾也。”謂使世人都受到教化。

⑥ 家：（道光）《鄜州志》作“國家”。

⑦ 題後注有“稍節”二字，此城記爲節略本。

［録文］

洛川，山自烏延鳳翼而來，水由白樂濤滵而匯[①]。勢極垣生界明，脉匝柏藪，黄龍岧嶤而莫可羈[②]。後秦姚氏，審實定方，倚壑爲堞。正德間，李午搆機播亂[③]，當是時，特設關城，高丈餘，門僅一二已爾。嘉靖丙午[④]，吉公因之倍加高厚，迴樹數臺。市廛風物，孔赫孔固。迨癸丑地震[⑤]，垣頽日復一日，孰綜理之？公於萬曆元年調尹兹邑[⑥]，甫下車，保釐經營[⑦]，庶務克舉一旦。然登關陴而矢衆，曰："龍飛景命，首詔城修，况千城之責，非異人任[⑧]，盍其奮諸。"于是諮之，鄉耆協之[⑨]，縉紳乘四時暇，捐七品俸。馮相卜期，司險相宜，司委計會，掌固督役。卑者崇之，缺者續之，荒墜剥落者緝而潤之、色之。其充拓幾何，城周三里八分，高三丈五尺，厚相若；濬池深二丈，濶亦相若。建南門鏟坡，蹬臨壑曲，築長垣，樓櫓、門台、翬簷峩峩然[⑩]，綽楔、璇題煌煌然[⑪]。臺十座，各布小樓，女墻以磚、水道以石，翚映巇巇然，若蛟虯之盤、虎豹之蹲，金碧霞棲，犄角霜厲，偉哉。何嵸巃若是[⑫]。諸凡臺隍礱，戍鋪守巡，廊罔弗飭。東樓名化日，門曰緝寧；西爲德風，門曰阜城；北凴大壑，立元廟；南近學宫，起奎樓，且名其門曰開泰。邑之民倚之、仗之，感之、誦之，罔斁矣[⑬]。以是知形於形者，形也；數於數者，數也。不形於形而能使形之，有以丕變其形；不數於數而能使數之，有以

---

① 滵：水急流貌。
② 岧嶤：高峻，高聳。羈：束縛，約束。
③ 播亂：作亂。此事件指李福達之獄。
④ 嘉靖丙午：嘉靖二十五年，1546 年。
⑤ 癸丑：嘉靖三十二年，1553 年。
⑥ 萬曆元年：1573 年。
⑦ 保釐：治理安定。
⑧ 非異人任：謂責任不在别人，而在自己。
⑨ 鄉耆：鄉里中年高德劭的人。
⑩ 峩峩：高峻，高聳。
⑪ 綽楔：古時立於正門兩旁，用以表彰孝儀的木柱。
⑫ 嵸巃：山峰衆多起伏的樣子。
⑬ 斁：終止。

丕變其數，則存乎其人。至若聖廟東隅，龍池鑿焉；關城西閣，文昌像焉；運籌創堂，警備肅焉；戎器盈庫，奇正張焉；新壇址、積義倉，神人悦焉；并里甲、減糧價、酌要衝、添堡寨，鄉墺樂土安焉。劉君爰具狀，予謹按以記。工肇於萬曆元年午之月，落成於三年三之日[①]。公山西霍州人，諱廷儀，號敬庵，隆慶辛未進士[②]。

北城樓記

（清）洛川知縣劉毓秀撰[③]。

文收於劉毓秀修，賈構纂：（嘉慶）《洛川縣志》卷十九《藝文》，嘉慶十一年（1806年）刻本。

［録文］

嘉慶十年春[④]，予以滇南還役，重莅是邑。有新圮而未修者，石家庄橋是也；有舊傾而未理者，北城門樓是也。橋之築也以夏，樓之建也以秋，未逾期月，不擊鼛鼓而廢者興焉[⑤]。橋已有記，樓則於上樑之日賦詩詠之，今且落成矣，乃爲文以叙其顛末[⑥]，而寫其勝概。稽是邑，舊治在今治之東北隅，迄今城垣猶存，此城移建於乾隆戊子[⑦]，今幾四十載矣。閱歲久而樓傾圮，無足怪者，今雖修葺，特自北樓始耳。南樓於今夏已圮其半矣，東西欹斜垂危，亦早有難支之勢。不佞囊橐蕭然[⑧]，自維迂拙無能，既膺聖天子簡命，久吏於斯，又寧甘坐視頹墮景象而冥然，悍然以旦夕偷安於斯耶。前此建東門橋、葺衙宇，遵建文昌閣，鋭氣方盛，又逢屢豐，爲之也易。今遠役

① 三年：萬曆三年，1575年。
② 隆慶辛未：隆慶五年，1571年。
③ 劉毓秀：江西廣信府上饒人。清乾隆辛卯舉人，曾任洛川知縣。
④ 嘉庆十年：1805年。
⑤ 鼛鼓：古代用於役事的一種大鼓，於役事開始以及結束時敲擊。
⑥ 顛末：本末，前後經過情況。
⑦ 乾隆戊子：乾隆三十三年，1768年。
⑧ 囊橐：囊、橐都是用來盛東西的，因稱富於才學的人爲囊橐。

疲茶之餘，荒歉頻仍之後，左支右詘[①]，節嗇朝夕，咄嗟而辦[②]，非得已也。古人有言："一命之士，存心濟物，必有所濟。"又云："待有餘而後濟人，必無濟人之日。"准此以推，凡性分所，固有職分，所當爲勉强而行，成功則一。故夫因循姑待者，農則惰也，士則荒也，官則曠也。雖然，予亦相其緩急、權其輕重而爲之。嘗以喜於有爲，而不能持久爲戒。坐而言之，起而行之，夙昔讀書之心如是，固無利，豈爲名哉？落成之後，聽訟之暇登樓而望之，清平郊野，縱目快然。遠則黄河、二華峙渟於左[③]，近而袨祤、橋陵隱見於南；而凡北塞鴻來，西山雪霽，未嘗不回環拱揖於洛水，周圍平原數百里之間，蓋沿邊諸州邑，如環滁之皆山，而洛自交河上坡至縣治之東北，四顧平坦，居京兆、馮翊、延綏、環慶之中，山川清淑。所鍾文獻，故家所萃，地靈人傑，蔚然深秀可觀焉。噫。予自乾隆乙卯分發關中一官[④]，匏繫而行役[⑤]，所經足迹半天下，都會名勝可羡者多，已隨口占、信筆書，稍稍入奚囊中。顧車馬勞勞，舟楫匆匆，多泛而略或舛而謬。何如承乏而親營頻至者之切而能詳也，故記之。

黄陵縣（中部縣）

增修中部縣城記[⑥]

（清）榆林人王相業撰[⑦]。

文收於李熙齡纂修：（道光）《榆林府志》卷四十五《藝文志》，

---

① 詘：盡、窮。

② 咄嗟：猶呼吸之間。

③ 渟：水積聚不流。

④ 乾隆乙卯：乾隆六十年，1795年。

⑤ 匏繫：不爲用時。

⑥ （道光）《榆林府志》後附："王雪蕉先生已立傳，玆得其所著《中部縣城記》，文筆古潔，兩朝文鈔稱與某爲關中四子，誠哉，名不虛傳也。雖記非本地，例不應選，予不忍没其文，故附記于末，以志不朽。"

⑦ 王相業：清榆林人，號雪蕉，貢生，關中四子之一。

道光二十一年（1841年）刻本。又收於余正東修，吴致勳纂：民國《黄陵縣志》卷一《城池》，民國三十三年（1944年）鉛印本。

録文以（道光）《榆林府志》爲底本。

［録文］

金侯增築中部縣城成，遷衙署，相吉而建文廟之右。工既，鑿東門，城凡三門，門各樓焉。王子將入青門，過其地，瞻之嵂如[①]，即之藹如，樓櫓修修[②]，長堞仡仡[③]，心善之。已而嘆曰："中部固昔文獻邦哉[④]。"明末大亂起於西北，攻而城陷[⑤]，自中部始，城嚙堞蝕未已也。自是太原姚侯城上城，上城空曠，即古坊州。既而癸未，賊破全秦[⑥]，州縣皆下，中部獨不下[⑦]，以邑侯殉難也[⑧]。于是環城百里無人迹，士弗書，農揭竿，凋焉久矣。順治八年[⑨]，彭侯聖培因故址而城[⑩]，然城善崩，署又隅於西，地弗善，規模草具[⑪]。金侯至自西陵，登陴歷署，喟然久之，退而言曰："部民貧，厥惟是咎[⑫]。"一日屬父老延士大夫謀曰："中部瘡痍未還乎？"曰："然"。"動大衆，興大役，民憚勞歟？"曰："然。"曰："設使令用節、役省，罔益賦以悦上官，弗飾厨傳以弋譽[⑬]，緩徵簿罰，以與父老子弟相休息。然後力取諸暇，材伐於山，工弗農病，費靡官損[⑭]，以城存縣，以縣存民[⑮]，可乎？"衆曰："善。"已又曰："計小者害大，多

---

① 嵂：山高峻的様子。
② 樓櫓：古代軍中用於瞭望敵軍的無頂蓋高臺。
③ 仡仡：形容高大。
④ 民國《黄陵縣志》作"中部固昔文獻之邦哉"。
⑤ 攻而城陷：民國《黄陵縣志》作"攻城而陷"。
⑥ 癸未：崇禎十六年，1643年。破全秦：民國《黄陵縣志》作"陷全省"。
⑦ 獨：民國《黄陵縣志》作"猶"。
⑧ 難：民國《黄陵縣志》無。
⑨ 順治八年：1651年。
⑩ 彭聖培：字與因，蒲田人。壬辰進士，順治十年任中部知縣。
⑪ 草：民國《黄陵縣志》無。
⑫ 惟：民國《黄陵縣志》作"爲"。
⑬ 厨傳：即驛站。
⑭ 損：民國《黄陵縣志》作"捐"。
⑮ 民：民國《黄陵縣志》作"城"。

謀者鮮成。堅前約，令身任之；愛餘力，慳末費，開後謗命，其如父老何?”衆曰：“弗。”于是工甫作，部民無遠近咸子來趨事，遂次第告竣。王子曰：“嗟，若金侯真克令哉。”夫政莫大於動衆，功莫大於域民；城者，域民之急，必衆而後集者也。《春秋》城城必書，志大事也。是故匪才不任，匪廉不率，匪勤不終。才以作之，廉以始之，勤以繼之，雖鉅必勝。今金侯一舉事而三美備焉[①]，故曰克令哉。城周廣如舊[②]，衙計堂室三十五楹。金侯韓九鼎，西陵人。

追遠門牌（碑）記

民國陳金城撰[③]。

原碑已佚。

碑文收於余正東修，吴致勳纂：民國《黄陵縣志》卷一《城池》，民國三十三年（1944 年）鉛印本。

[録文]

中部，黄帝陵寢之所在，而陝北交通之要衝也。本年春，金城奉命率師來駐是邑。睹山城狹隘，市街崎嶇而凸凹，不特行者苦之，且非所以壯觀瞻而彰祖德也。爰於來防之次月，督所部官兵及當地民衆，將東南西三門内外街道予以徹底之改造，□□□胝，歷年月而告成。复以舊制西門偏側，紆回車馬，至感不便，另於西門外橋之東端，新開一門，以利交通，而名之爲“追遠”。意以黄帝睿智神明，始制法度，肇啓文化，戡暴建國，迄曆四千六百餘年，而倭寇侵凌，致大好河山，痛遭蹂躪，我輩軍民惟有遠追祖德，竭誠殫慮，在我總裁蔣公領導之下，一致努力于抗戰建國；以驅除暴寇，復我金甌，庶無忝于我黄帝子孫，而亦以慰我黄帝在天之靈云爾。民國三十年三月日，椒陵陳金城謹識。

---

① 一舉事而三美備：民國《黄陵縣志》無“事”“三”。

② 廣：民國《黄陵縣志》無。

③ 陳金城：安徽全椒縣人。

宜君縣

宜君城記

（清）白乃貞撰。

文收於陳天植修，劉爾榉纂：（康熙）《延安府志》卷十《藝文・碑記》，康熙十九年（1680 年）修、四十三年（1704 年）增刻本。又收於查遴纂修，沈華訂正：（雍正）《宜君縣志・藝文》，雍正十年（1732 年）鈔本。

録文以（康熙）《延安府志》爲底本。

［録文］

負北塞，阻環庆，洛水東帶，南有黄龍山，迤而西與秦山會，峽急嶺惡，屹然作上郡咽喉者，宜君城也。城因軀山之勢而成之，實自勝國。成化中，縣佐楊安石滓易潰又經寇焰[1]，城頽宅狐兔者十年[2]，居人至不識舊址。我朝削平禍亂，順治癸巳移重兵鎮其地[3]，始檄邑令入城[4]。城無墉無壑，更數令莫能城[5]。康熙戊申[6]，賈君以大將軍冢嗣宰宜邑[7]，輦金至，舉廢墜，亟欲城其城。念民勞未可使也，乃除浮丁，蘇驛困，巳又嚴保甲[8]，興學校，講鄉約，民康矣，然後謀版籍。會外艱當去，宜民皇皇，走諸軍門泣留。當是時，朱龍叛，沿邊應之。硃砂嶺賊又掠洛川[9]，陷鄜州，繼又合陷郡

① 潰：（雍正）《宜君縣志》作“遺”。
② 兔：（雍正）《宜君縣志》作“免”。
③ 順治癸巳：順治十年，1653 年。
④ 檄：（雍正）《宜君縣志》作“履”。
⑤ 令：（雍正）《宜君縣志》作“合”。
⑥ 康熙戊申：康熙七年，1668 年。
⑦ 君：（雍正）《宜君縣志》作“邑”。
⑧ 巳又：（雍正）《宜君縣志》無。
⑨ 掠：（雍正）《宜君縣志》缺。川：（雍正）《宜君縣志》作“州”。

城[1]，千里内無一堅壁，宜營參將楊宗道又悉兵屯甘泉。當是時[2]，宜君留空城。又有賊陷中部，又侵自娘娘廟山[3]。而賊之據郡城者，又欲扼金鎖關以遏我師，且早晚下。當是時，宜君苦累卵危，賈君晝夜擐甲登陴，賊見君守孤城不去，疑不敢前。君乃間道親率鄉勇，馳追賊於娘娘廟山，得大勝。郡城中賊聞之，亦不敢南下，于是我兵得進剿，俘朱龍[4]，復延安。斯固天子聲靈與師武臣力[5]，然宜君亦與有力焉[6]。亂平，宜士民請曰："非公，孰保我土？公實長城。公即長城，城終不可無"。于是，始城其城，民子來戒勿亟。且自出資募役，未罰一夫，不匝月成。余同年楊子筠湄，自楚遺書，請予記之[7]。予曰[8]："城，大事也，《春秋》必書，慎民力也。昔韓氏城新城，期十五日而成。段喬爲司空，有役後期者，段喬執而囚之。囚者之子告封人子高，曰：'惟先生能活臣父之死，願委之先生。'封人子高乃見段喬，自扶而上城，曰：'美哉城乎。功若此，其大也。自古及今，能無有罪戮者，未之聞也。'封人子高出，段喬使人夜解其役之束縛而出之。"嗟[9]，韓氏刻期，子高用詐，段喬貪名，彼猶列於載籍，垂稱至今。若賈君不勞民、不嚴令，其成也忽焉，可以傳矣，能固圉也[10]。其用民也，悦以忘勞也。工始於康熙戊午之九月[11]，告成於十月。賈君諱有福[12]，三韓人。

---

① 陷：（雍正）《宜君縣志》作"將"。
② 當是時：（雍正）《宜君縣志》無。
③ 又：（雍正）《宜君縣志》無。
④ 俘：（雍正）《宜君縣志》作"存"。
⑤ 聲靈：聲勢威靈。
⑥ 宜：（雍正）《宜君縣志》作"賈"。
⑦ 予：（雍正）《宜君縣志》作"余"。
⑧ 予：（雍正）《宜君縣志》作"余"。
⑨ 嗟：（雍正）《宜君縣志》作"嗟乎"。
⑩ 固圉：使邊境安然無事。
⑪ 康熙戊午：康熙十七年，1678 年。
⑫ 賈有福：錦州人，廕生。

甘　肅

一　蘭州市

蘭州市（皋蘭縣）

城蘭碑記

（清）巡撫元展成撰①。

碑文收於吴鼎新修，黄建中纂：（乾隆）《皋蘭縣志》卷十八《藝文・碑記》，乾隆四十三年（1778年）刻本。

［録文］

金湯設險，以固疆域。而蘭爲省會要區，鎖鑰尤重。自國朝移駐中丞於此，諸承草創。城之舊制，北枕黄河，急湍奔流，虞有噬嚙，尚甃以磚。其東、西、南隅，女墻縈繚，皆累土增高，已非所以肅觀瞻，嚴備虞也。我皇上繼□禦宇，率作興事，以綏萬邦，復軫念民依，偶有旱潦不虞，恐多失所。畚鍤之役又相其輕重緩急，以次舉行，蓋寓賑於工之良法也。余巡撫西秦，下車之始，皋蘭歲值小祲。及時役衆，以完城郭，計誠兩得。奏請曰：俞經營爰始，

① 元展成（？—1744年）：直隸静海人，由貢生捐納知州。雍正間累擢貴州巡撫，因苗民起事，奪職。乾隆間起爲山西按察使，1737—1741年出任甘肅巡撫，復以匿災奪職。

蘭城四面百堵，皆興踵其舊而圖新焉，俾失業窮黎咸得就傭，以佐歲賑之所不逮。北門砌磚歲久殘缺，若者宜補，若者宜增，其三隅咸易土以陶，一如城北。計定分屬有司，備物致用，惟良趨事赴功，惟勤工務完固，毋糜帑金，丁壯更役迭興，以二旬爲率，毋後毋或不均。是役也，興於三年之二月[①]，竣於六月。丹樓霞舉，粉堞霧列，城畢之後，歲則有秋，阡陌繡錯，掩映如畫。凡玆役，夫胥歸於亞旅[②]，疆理以奄觀銍艾已[③]；夫謹重門，康兆民以揚天子，休余所有事也。爰勒石以爲之記。

會城記

（清）劉於義撰[④]。

碑文收於吴鼎新修，黄建中纂：（乾隆）《皋蘭縣志》卷十八《藝文·碑記》，乾隆四十三年（1778年）刻本。

［録文］

《春秋》舉事雖時必書，重民力也。惟以興築之役寓賑恤之慈，斯善之善者焉。甘肅地處極邊，形勝甲於西北。而蘭州居兩河之中，實爲會城。蓋都府駐節之區，文武士庶商賈來往之所集。表裏山河，苞維井絡，素稱雄鎮。顧其城修於康熙二十四年[⑤]，日久傾圮。乾隆元年四月[⑥]，余自肅來莅，巡視之下未暇舉行。二年春[⑦]，奉命入覲，

---

① 三年：乾隆三年，1738年。

② 亞旅：諸大夫。《書·牧誓》："禦事：司徒、司馬、司空、亞旅、師氏、千夫長、百夫長。"孔傳："亞，次；旅，衆也。衆大夫，其位次卿。"

③ 疆理：界限、劃定界限，如《左傳·成公二年》："先王疆理天下。"奄觀銍艾：出自《詩·周頌·臣工》，"命我衆人：庤乃錢鎛，奄觀銍艾。"銍艾，收割。

④ 劉於義（1675—1748年）：字喻旃，號蔚岡，江蘇武進人。康熙五十一年（1712年）進士。曾任吏部侍郎、直隸總督、陝西總督、福建巡撫等。乾隆十三年，奏事養心殿，跪久致僕，遽卒。賜祭葬，謚文恪。

⑤ 康熙二十四年：1685年。

⑥ 乾隆元年：1736年。

⑦ 二年：乾隆二年，1737年。

嗣後來莅者少司馬宗室濟齋德公，不數月，升任湖督而去，亦未暇舉行。今御史臺静海元公特奉簡命來撫兹土[1]，未到任之先，旱災傷麥，蘭民應賑者十五萬餘口。公即分别疏奏，除老弱不任工作者，俱行賑給外，其餘强壯每日用二三千名，每名給銀六分，每二十日輪番更換，則板築易就，農作無妨而室家有贍。由是百姓踴躍赴工，子來趨事。而蘭州舊城東、西、南三面俱係土垣，惟北面下臨黄河，雖用磚包，而石岸被水冲嚙，年深傾圮，故城垣殘剥尤甚。兹則北面堅築石基，專加石堤爲護，既已永固無虞。而凡四面城垣、女墻，悉起窯工，燒磚包裹，聿爲壯觀。是役興工於乾隆三年二月[2]，逮五月中，余適以事至蘭，譙樓雉堞，焕然一新。興築之役寓賑恤之慈於固圉保邦之中，得仁民愛物之道，宜乎功甚鉅而效甚速也。共用城磚三百八十萬八千八十八塊，土坯三百六十二萬五千九十六塊，瓦八萬二千葉，石條一萬三千一百二十八丈零，山石一千六十四萬零，石灰四百九十五萬七千七百九十三斤，大小木植一千三百一十根，漿米五十七石九斗零，木石泥各匠五萬二千二百三十工，民夫十二萬一千二百三十二工零。并詳志之，以備後人之觀覽焉。

重修蘭州城碑記[3]

（清）那彦成撰并正書[4]，富平仇文發刻石。

刻於清嘉慶十七年（1812 年）八月一日，現藏於陝西省碑林博物館。拓片高 177 釐米，寬 66 釐米。碑文楷书，共 18 行，滿行 48 字。

碑文又收於張國常纂：（光緒）《重修皋蘭縣志》，光緒年間

---

① 静海元公：元展成。

② 乾隆三年：1738 年。

③ （光緒）《重修皋蘭縣志》題爲“那彦成重修蘭州城記”。

④ 那彦成（1763—1833 年）：章佳氏，字繹堂，號韶九、東甫，滿洲正白旗人，乾隆朝名將、大學士阿桂之孫。乾隆五十四年（1789 年）進士。著有《阿文成公年譜》三十四卷、《蓮池書院法帖》《那彦成青海奏議》等。

刻本。

據原碑録入。

[**録文**]

兵部尚書兼都察院右都御史、總督陝甘等處地方軍務兼理糧餉、管甘肅巡撫事兼茶馬那彦成撰并書。

國家建中立極，法度修明，所在郡邑城郭，例得以時葺治。省會之區，金湯尤重，所以慎封守、隆體統也。蘭州爲陝甘督臣駐節之所，面山爲城，倚河爲津，形勢最要。且自我高宗純皇帝耆定西域，拓地二萬餘里。版圖日廓，琛賮來同[①]。自回部、準部而外，若哈薩克、布魯特、霍罕、安集延，青海之生番、蒙古人等，凡年班入覲者，罔弗取道於蘭，往來絡繹，歲以爲常。至則督臣宣布恩德，諭遣北上，歸亦飭屬，資送出關，其所系於觀瞻者尤不同。都會名區，闉闍周郭[②]，允宜完缮，以崇體制。考郡城建自隋開皇初，宋苗授復爲修築。有明因之，宣德、正統間，遞增外郭。我朝改置省會，規制大備。康熙二十四年重修[③]，乾隆三年踵而新之[④]，迄今七十餘年。雖時補苴[⑤]，未臻完固。余前任督臣時，曾議修之，因調任，遂弗果。庚午春[⑥]，仰膺簡命[⑦]，重莅兹土，有司復以請。會固原城亦議重修，核其事，誠不可緩。而是年旱，民艱於食。雖賑貸兼施，恐來歲青黄不接，民食猶不給。乃建議乘時修補城垣，以工代賑。奏入，得旨俞允。命既下，民知其活已也，相率歡躍，争就役。爰遴員董其事，以十六年夏興工[⑧]，畚锸如雲，衆力畢殫，次年秋告竣，用帑八萬九千有奇。是役也，工舉而民悦，城成而歲熟。于是垣墉高堅，雉堞鱗

---

① 琛賮：獻貢的財貨。出自《魏書·匈奴劉聰等傳序》“辮發之渠，非逃則附；卉服之長，琛賮繼入”。

② 闉（yīn）：通“堙”。

③ 康熙二十四年：1685 年。

④ 乾隆三年：1738 年。

⑤ 补苴（jū）：指補綴，縫補。引申爲彌補缺陷。

⑥ 庚午：嘉慶十五年，1810 年。

⑦ 簡命：選派任命。

⑧ 十六年：嘉慶十六年，1811 年。

次，樓櫓翼然。臨於其上，俯瞰洪流，遠連紫塞[1]。不獨郡人士喜新斯城，謂言言仡仡[2]，與古金城名實相副。即凡重譯遠來[3]，繦屬戾止者[4]，獲睹城之高、池之深、軍旅之壯盛、閭閻之富庶，莫不懷誠歸命，欣欣然嚮慕而肅敬。是郡城之雄峙維新，固西域往來者之一鉅觀矣。雖然余於兹更有幸焉，憶修城之舉，前數歲已議及，顧遲遲至今始得蕆[5]。其端乃自救荒發之，即吾民以受傭，得直免飢餓。其策又由修城及之。二事不相謀，適以相成，若不期然而然，非仰沐聖主，視民如傷之至仁，何克蕆此。余故曰：是役也，工舉而民悦，城成而歲熟，紀其實所以重爲斯民幸也。是爲記。

嘉慶十七年[6]，歲在壬申八月朔日。

富平仇文發刻石。

修西古城記[7]

（明）弘治年间彭澤撰[8]。

碑民國時在蘭州西古城，碑文楷書，共 15 行，行 30 字，現碑上下每行均缺數位，參照其他文獻可補齊。碑殘高 90 釐米，寬 70 釐米，厚 13 釐米。碑額及碑座缺。

碑文收於吴鼎新修，黄建中纂：（乾隆）《皋蘭縣志》卷十八

---

① 紫塞：即長城，北方邊塞。（晋）崔豹《古今注・都邑》“秦築長城，土色皆紫，漢塞亦然，故稱紫塞焉”。

② 言言：高大深邃的樣子，《詩經・大雅・皇矣》“臨衝閑閑，崇墉言言”。仡仡：高聳的樣子，《詩經・大雅・皇矣》“臨衝茀茀，崇墉仡仡”。

③ 重譯：譯使，也泛指異域之人。

④ 繦屬：像錢串一樣連貫，形容連續不斷。戾止：到來，《詩經・周頌・有瞽》“我客戾止，永觀厥成”。

⑤ 蕆（chǎn）：指完成，解決。

⑥ 嘉慶十七年：1812 年。

⑦ 修：（乾隆）《皋蘭縣志》、（道光）《蘭州府志》、（光緒）《重修皋蘭縣志》無。

⑧ 彭澤（1459—1530 年）：蘭州西固人，名鄘，後改名澤，字濟物，早年號敬修子，晚年號幸庵，謚號襄毅。明弘治三年（1490 年）進士，宦海生涯歷經弘治、正德、嘉靖三朝，先後任工部主事、刑部郎中、太子少保、兵部尚書等職。著有《讀易紛紛稿》《幸庵文稿》《讀史目録》《八行圖説》《重修蘭州志》《段可久年譜》等。

《藝文·碑記》，乾隆四十三年（1778 年）刻本。又收於陳士楨修，涂鴻儀纂：（道光）《蘭州府志》卷一《地理志上·形勝關隘附》，道光十三年（1833 年）刻本；張國常纂：（光緒）《重修皋蘭縣志》卷九《輿地上·關隘》，光緒刻本。

據碑文録入。

［録文］

蘭州治西五十里許有古城焉[①]，郡志以爲漢故允吾[②]，周環三里有奇，廢爲古迹久矣。弘治戊午秋[③]，巡撫都憲許公季升始允守備，都閫梁公瑄之請令修之[④]，用遏虜衝。乙未[⑤]，檄蘭州衛指揮使周侯倫董其役。凡軍民夫匠，計若干名，每歲率以農隙一月修之，歷庚申至辛酉冬[⑥]，城池之工畢。壬戌[⑦]，廬舍官署之工畢。癸亥[⑧]，樓櫓門禁之工畢。儲峙有庾[⑨]，訓教有學，程督嚴而不苛[⑩]，分布公而不徇，用不及公帑，科不及兵民，皆侯所經畫而規措之者。既告成，乃請於撫鎮，諸公分兵守禦之以爲常[⑪]。闤闠并起[⑫]，貨物充積，生理且漸裕焉。城之耆庶仰而嘆曰："昔爲豺狼食，今爲華物居[⑬]。昔爲荆榛場，今爲衣冠會。誰之功歟？"乃相率屬澤以爲記。澤惟，國以民爲本，而兵以衛乎民，使無城池以

---

① 許：（道光）《蘭州府志》無。

② 允吾（qiān yá）：故城在今蘭州市西北黄河北岸，漢昭帝始元六年（前 81 年）置縣，爲金城郡治。

③ 弘：（乾隆）《皋蘭縣志》、（道光）《蘭州府志》、（光緒）《重修皋蘭縣志》作"宏"。弘治戊午：弘治十一年，1498 年。

④ 都閫（kǔn）：指統兵在外的將帥。

⑤ 乙未：應爲己未，弘治十二年，1499 年。

⑥ 庚申：弘治十三年，1500 年。辛酉：弘治十四年，1501 年。冬：（道光）《蘭州府志》無。

⑦ 壬戌：弘治十五年，1502 年。

⑧ 癸亥：弘治十六年，1503 年。

⑨ 庾：露天的穀倉。

⑩ 程督：指對法定賦税、工程勞役、學課等的監督。

⑪ 之：（道光）《蘭州府志》無。

⑫ 闤（huán）闠（huì）：街市、街道，借指店鋪、商業。

⑬ 昔爲豺狼食今爲華物居：（道光）《蘭州府志》無。

捍衛之，寧能暴師於久耶[1]。然土木之工，先王所重，不得已而後舉之，所謂以佚道使民者，固矣。苟董之者，不得其人，不亦重困其民哉，世有大興工作，費公帑而資侵漁者[2]。侯能因力生財，上下無擾，而厥績用底於成，其賢於人何啻倍蓰哉。蓋侯報國憂民之心出於天性，而學問足以輔之，故其施爲有如此者。特書以爲侯功名廣大，期爲後之重修是城者勖固宜[3]。况澤於侯有師生之雅，而耆庶拳拳思報，有周人忠厚之風，于是乎書。

金城關記

（明）正統十一年（1446年）黄諫撰。[4]

碑原在蘭州城西北二里黄河之濱，民國尚在，今佚。

碑文收於吴鼎新修，黄建中纂：（乾隆）《皋蘭縣志》卷十八《藝文·碑記》，乾隆四十三年（1778年）刻本；張國常纂：（光緒）《重修皋蘭縣志》卷九《輿地上·關隘》，光緒年間刻本。

録文以（乾隆）《皋蘭縣志》爲底本。

［録文］

黄河經皋蘭城北，距城西八十步，架浮梁以渡河。河之北有關，凡甘肅官員之朝會，陜右民庶之轉輸，腹裏軍士之輪班操備，皆逾於是。舊關創自洪武甲子[5]，乃指揮僉事楊廉移置，至次年乙丑工完[6]，計今年乙丑[7]，凡六十一年。其城垣頽圮，戍樓傾壞，

---

① 寧：（道光）《蘭州府志》作“豈”。

② 世有大興工作費公帑而資侵漁者：（道光）《蘭州府志》無。

③ 固宜：（道光）《蘭州府志》無。

④ 黄諫（1403—1465年）：字廷臣，號卓庵，又號蘭坡，明代莊浪衛（今永登縣）人。明正統七年（1442年）探花，授翰林院編修，遷侍讀學士。曾多次出使安南（今越南）。其人才華横溢，詩文并茂，著有《書經集解》《詩經集解》《使南稿》《從古正義》《蘭坡集》《蘭縣志》等。

⑤ 洪武甲子：洪武十七年，1384年。

⑥ 乙丑：洪武十八年，1385年。

⑦ 乙丑：正統十年，1445年。

而邊備亦廢弛弗修。去冬，朝廷以瓦剌潛蓄窺伺邊徼之心，乃命鎮守陝西右都御史陳公鎰巡撫邊衛，整飭武備，選將練兵以禦之。公至蘭州，相是地通聯外境，爲西陲重鎮，宜得大臣以守備焉。事聞於朝，遂以山東僉事司事李公進膺欽差把總守備之任。至則首以是關爲西州要塞，其墮圮若此，豈所以壯威遠夷而屏藩中國也哉？乃恢畫經理，勸工募力，重修葺之。拓其城郭，甃以磚石，而戍樓、睥睨以次而成。其外又廣其地，爲甕城。城内正北築臺，高丈餘，上構真武殿。肇工於正統十年八月十一日辛亥[①]，至次年三月初三庚午訖工。衛之官屬喜公能成是功而不煩民力也[②]，乃相率徵文，以記其修葺之歲月。予惟修城郭、完要塞，守備者之重事也。李公守備是邦，委托甚重，而能先致，謹乎，此誠知所重輕矣。然不迫之以速成，而興事於秋後者，恐妨農之耕穫也。苟使民力一匱，雖外侮不侵，於治何補？雖然，昔先零諸羌背畔趙充國，馳至金城，分屯要塞，而羌人竟不煩兵而下。今西虜之在沙漠，聞朝廷之選邊將，公能體朝廷之心，急所先務，修城完塞，練習軍士，休息民力如此，則必將怖懾遁逃矣。噫，一夫怒當關，百萬不敢傍，謹書於石，以冀將士之胥助云。

哨馬營記

（明）正統十二年（1447 年）學士黄諫撰。

碑民國時仍存於蘭州河北大岔口，今佚。

碑文收於吴鼎新修，黄建中纂：（乾隆）《皋蘭縣志》卷十八《藝文·碑記》，乾隆四十三年（1778 年）刻本。又收於張國常纂：（光緒）《重修皋蘭縣志》卷十八《古迹上·城堡》，光緒年間刻本；昇允、長庚修，安維峻纂：（光緒）《甘肅新通志》卷九十一《藝文

---

① 正統十年：1445 年。

② 衛：指蘭州衛。

志・碑記》，宣統元年（1909 年）刻本。

録文以（乾隆）《皋蘭縣志》爲底本。

［録文］

正統十二年四月初六日丁酉[①]，都閫李公奉命築哨馬營堡于河北大岔口[②]，越十有四日工完。二十又三日癸丑[③]，大合衛縣之官屬、將校、熊羆之士及邑人老稚以落之[④]。軍民和會[⑤]，闐郭溢郛[⑥]。既卒事，其邑之官僚士庶咸以此爲禦邊之重務，不可不紀其歲月。乃致書於予，請爲之記。予，邑人也，既受命，不敢辭。其詞曰：粤維皋蘭，乃古金城郡，西控大河，素稱雄鎮，大河之北有山嵲嶫環衛列峙，下瞰廣川，既平且曠，通乎絶塞不毛之地，介乎西境大夏之墟，迢遞綿邈，來通斯邑，賊寇往來必經乎是[⑦]，然其形勢險隘，允爲扼塞[⑧]。聖天子在位之十年，以是爲重鎮，命公守此，單車來臨，遂相其土地，用是規畫。迨次年之冬，請於朝，今年春，申命。陝西藩臬兩司乃往[⑨]，偕公相其地宜，集工庀材，經之營之，人皆樂趨，不日而就。崇墉接漢，高壘連雲，邊備以固，邑人以寧[⑩]，控扼險要，東至咽喉[⑪]，斯爲重事。大謨是舉[⑫]，天子之武；惟公是布，天子之文；惟公是宣，山勢巍巍、河流渾渾；天子萬年，邦國永安。乃伐山石，刻之日月，尚俾來者知作之所始。

---

① 正統十二年：1447 年。
② 大：（光緒）《甘肅新通志》作“天”。
③ 三：（光緒）《甘肅新通志》作“二”。
④ （光緒）《甘肅新通志》“邑人”下有“之”字。
⑤ 和會（龢會）：和諧安定，折中之意。和：（光緒）《甘肅新通志》作“合”。
⑥ 闐郭溢郛：見唐韓愈《汴州東西水門記》，“士女和會，闐郭溢郛。”
⑦ 賊寇：（光緒）《甘肅新通志》作“寇賊”。
⑧ 扼：（光緒）《甘肅新通志》作“阨”。
⑨ 兩：（光緒）《甘肅新通志》作“之”。
⑩ 人：（光緒）《甘肅新通志》作“居”。
⑪ 至：（光緒）《甘肅新通志》作“制”。
⑫ 謨：（光緒）《甘肅新通志》作“莫”。

河北大岔口堡記

（明）學士黄諫撰[①]。

碑原在蘭州城西北黄河外，今佚。

碑文收於吴鼎新修，黄建中纂：（乾隆）《皋蘭縣志》卷十八《藝文·碑記》，乾隆四十三年（1778年）刻本。又收於張國常纂：（光緒）《重修皋蘭縣志》卷十八《古迹上·城堡》，光緒年間刻本。

録文以（乾隆）《皋蘭縣志》爲底本。

［録文］

陝右之屬衛曰蘭州，古爲金城郡，國朝治邑隸臨洮，以是地北據大河，西通沙漠，乃建武衛以保障之。今上皇帝在位之十年，以山東都指揮僉事李公進以把總守備之任使鎮其地。既至，即修城浚隍完要塞，以爲守邊計。黄河西北十里有山，蜿蜒相接，中有路曰大岔口，僅容往來人行。二十里出口外，平川一望如掌，與瓦刺、赤金、哈密地相接。公以是爲慮，欲與山口築哨馬堡，以妨奸宄。十一年冬，畫圖以聞，報可。今年春，始經理之。越月，工完，以百户一員率鋭卒百餘守之。是舉也，蘭邑近城地多瘠，非得灌溉之利、鋤治之勤，則其獲也鮮。河北之地多在山阪，每遇時雨方霽，邑人競往播種，不時灌溉鋤治，而所收者十倍，往往以地臨邊，恐被侵掠，故前此守備者禁弗許，今則有所保障，不禁其耕種矣。每隆冬盛寒，冰梁既合，必嚴設守衛以備之，今則塞其要隘，無復慮矣。之二者，其所利於民生，益於封疆者甚大，故書之以告。

重修金城關記

（明）嘉靖十六年（1537年）立，張棟撰。

---

① 黄諫：蘭州人，正統中以探花歷官至侍講學士。

原碑至民國時仍在蘭州城西北二里，今佚。

碑文收於吴鼎新修，黄建中纂：(乾隆)《皋蘭縣志》卷十八《藝文・碑記》，乾隆四十三年（1778年）刻本；張國常纂：(光緒)《重修皋蘭縣志》卷九《輿地上・關隘》，光緒年間刻本。

録文以（乾隆）《皋蘭縣志》爲底本。

[録文]

金城當兩河重險[1]，自漢以來重之。盖辟之人身，三韓五郡則匈奴左、右臂，而遼與金城咽喉也。扼咽喉以斷其臂，至便計也。本朝開基，四郡仍漢、唐之舊，而斥地則自關以北尚數百里，曾渝定火城，見隴畔遺迹與由凉、莊徑抵寧夏故道猶存。正、嘉以來，守臣不戒，浸堙損没，遂使松山前後莽爲虜穴，胡兒往往立黄河飲馬，甚謂當闖奪河橋，大肆恐喝，則此關爲尤重矣。

歲乙未[2]，予備兵於此，與參戎閻君登九龍臺之巔，周環四顧。見洪波西來，層巒北峙，居然天塹，獨金城關路纔一綫，西達四郡，而關門頽矮，僅數木覆其上，宜虜之易視也，遂謀所以設險者。參戎則直任其事，而石伐之山，木取之税，甃臺構基，直接河流。門上爲注孔防火，山城爲炮眼防攻。上爲樓三楹，擬下石矢，可百步人不能近，盖屹然足守，不獨雄壯可觀已矣。工起於丁酉歲四月初六日[3]，竣於九月二十二日。凡費金錢若干，口糧若干，諏日偕計部周昆明氏落成之。會金米兔等數十夷來求欵呼賞，其上謂曰："若能逾此，望河橋乎?"各夷咋舌不敢應。民部乃酌而謂曰："是真重險矣。然楚不以彭蠡恒霸，吴不以大江永存，蜀道稱雄，陳倉幾逾，泰山永固，函谷數夷，在人謀也哉。"予與參戎稽首謝焉。因并歲月，記之石。

---

① 兩河：指黄河，按據（乾隆）《皋蘭縣志》卷四《建置・關隘》及（光緒）《重修皋蘭縣志》卷九《輿地上・關隘》，金城關在黄河北二里。

② 乙未：萬曆二十三年，1595年。

③ 丁酉：萬曆二十五年，1597年。

城新城記

（明）成化二十年（1484 年）趙英撰。

碑至民國時仍在蘭州西新城，今佚。

碑文收於張國常纂：（光緒）《重修皋蘭縣志》卷九《輿地上·關隘》，光緒年間刻本。

［録文］

皇明太平日久，邊備廢弛，北虜乃深入寇吾蘭。時蘭之鎮守太監藍、兵備副使、邊守備都閫張，僉議所以扼賊衝保障吾人者，咸曰："先王禦夷狄之道，守備爲本。《易》稱'王公設險，以守其國'，是則深溝高壘，乃設險之具也。"議既定，請諸太監歐、總兵白[①]、巡撫賈[②]，咸報允。蘭之西七十里有箕箕灘者，環山濱河，河凍時，賊往來之要地也。於斯築城，屯兵於内，則進可以遏賊來，退可以截賊去。然動大衆、興大役，非能而幹者不可也，鎮守諸公詢於衆，得周侯璜而委任之[③]。侯以都閫視蘭州衛篆，既得命，乃卜日率數千人往築。至則度地里，均人力，具畚器，鳩材幹，壯者役，弱者爨[④]，晨而興，夜而息。凡勸相鼓舞之方，設施布置之術，皆有程度。城之垣高凡若干，雉厚若干尺，隍之深減高之半，其闊殺厚之一，東西長以引計，南北闊以繩計，則又凡若干尺、若干丈焉。東西開二門，門之上俱有樓，垣之上俱有堞。創始於七月十五日，至九月三十日而落成，請予言以紀其事。夫城之築，貴乎得地；役之興，在乎得人。使城不迫險，地不居衝，即有城與無城等耳，於守何益？然非得人以委

① 白：白玉，固原鎮總兵，參（康熙）《陜西通志》卷十七《職官》。

② 賈：賈奭，巴縣人，景泰五年進士，官至巡撫陜西都御史。參（乾隆）《巴縣志》卷九《人物志·勳業》及（康熙）《陜西通志》卷十七《職官》。

③ 周璜：蘭州衛指揮同知，（乾隆）《皋蘭縣志》卷一三《名宦》有傳。

④ 爨：指燒火做飯。

之，則土木之工，亦安能衆不知勞、役不逾時哉？然則是舉也，其得人得地可知矣。自今以後，吾蘭有備，賊必不敢逾河爲寇，如蹈無人之境若往年者，蘭之人庶乎耕牧蕃息而安土樂業也，抑可幸歟。

永泰城碑銘

（明）萬曆三十六年（1608 年）邢雲路撰。[①]

碑民國時仍存於景泰永泰堡，今佚。

碑文收於吴鼎新修、黄建中纂：（乾隆）《皋蘭縣志》卷十八《藝文・碑記》，乾隆四十三年（1778 年）刻本；張國常纂：（光緒）《重修皋蘭縣志》卷九《輿地上・關隘》，光緒年間刻本。

録文以（乾隆）《皋蘭縣志》爲底本。

［**録文**］

王者體國經野，開土服遠，章明四迄之化，規恢萬載之業。敻哉邈乎，弗可尚已。我皇上御極以來，勳放天壤，澤被寰海，山川四向，各止其所。乃有越在西徼，地曰松疆，却彼匈奴，弼我金城者。曩爲皇祖，龍飛興復，一統之圖，後爲胡虜蠶食分裂，群醜之據，蓋自成、宏迄於隆、萬，殆百年間棄而不守。至今上戊戌[②]，我皇赫怒，張皇六師，爰命大司馬李公汶、田公樂等主其籌，元戎達君雲、蕭君如薰等治其旅[③]。率七郡鷹陽、虎賁佽飛之士，合先大司馬鄭公洛首事所收歸命羌氏驍騎，合得十萬餘人誓衆，同日分道出師。雲擁風從，霆擊電埽，從天下地直抵穹廬，遂破巢卵腦梟獍折馘千計，俘獲萬餘，餘孽奔北。窮搜陵谷，掃清大漠，賀蘭以西千餘里亡王庭，由是化胡爲華，光復舊物。

---

① 邢雲路：字士登，安肅（今河北徐水縣）人。生於嘉靖二十九年（1550 年）前后，卒於天啓年間。天文學家，著有《古今律曆考》72 卷等，是明末復興天文學的重要人物。

② 戊戌：萬曆二十六年，1598 年。

③ 元戎：此處意指主將、元帥。

當斯時也，雖則科地分屯，起塢列鄣[1]，稍稍爲桑土計。然以草創之際，日不暇給。嗣是，大司馬顧公，其志鎮撫是方，乃復咨文臣方岳荆君州俊等[2]，武臣元戎孫君仁等，度扼吭之要害，籌基定之熟計，議築連城諸堡爲犄角率然之勢，疏上，報可。間余實以承乏備兵來莅兹土[3]，越歲余，乃奉率公檄，偕文武諸將吏，協志戮力，胼胝奏功。經始於三十五年丁未春三月，迄三十六年戊申夏六月落成[4]。城凡三，大曰“永泰”，次“鎮虜”暨“保定”，墩院若臺燧凡百二十餘，廣袤千八百里。東軼蘆靖，西跨莊凉，北界沙磧，前濱臨鞏，若群山而四圍之也。其間崇岡隱天，鄧林蔽日，華實之毛，衣食自出，厥有塘湟，聯乃廬落，兵衛器械亦皆具備。乃以是年秋，移皋蘭參軍駐兵永泰，而諸偏裨都護所隸卒多寡以次戍，實諸堡砦焉。越歲乙酉春[5]，厥居既定，邊鄙不警，然後羞穀旅祭，告厥成功，神人胥暢，山川以寧。上以纘恢拓之鴻業，下以貽永世藩籬之固，啻其斯以爲盛乎？大司馬顧公乃進余曰：“我心有營，惟子度之；我疆式廓，惟子奠之；我上告成，惟子銘之。”余遜謝不得，于是封山勒銘，用彰威德，銘曰：

瞻彼松嚴，矗矗崇岡。星分北落，嶽鎮四方。襟帶山河，爲金爲湯。何物狼貪，狡馬鼠竊[6]。帝命虎臣，犁庭掃穴。攙槍夜落，蝨賊朝滅。蕩彼滑夷，歸我版圖。乃睹疆域，扶輿奥區。華裔界限，既雄且都。元老壯猷，規模宏遠。議築三城，韓公之悃。蕭軌曹踵，惟余蹇蹇。重險神皋，陟陟嶙峋。隨山刊木，先以勞民。既决天閫，復開天垠。連城百雉，説築梯空。龍盤虎踞，增

① 塢：（光緒）《重修皋蘭縣志》作“隖”。

② 荆州俊（1560—1624年或1625年）：字章甫，號籲吾，猗氏（今山西臨猗）人。萬曆十一年進士。曾任皋蘭鎮守、甘肅巡撫。以疾卒，謚貞襄。

③ 實：（光緒）《重修皋蘭縣志》作“適”。

④ 三十五年丁未、三十六年戊申：萬曆三十五年、萬曆三十六年，即1607年、1608年。

⑤ 乙酉：當爲己酉，萬曆三十七年，1609年。

⑥ 馬：（光緒）《重修皋蘭縣志》作“焉”。

擬閬風。繕葺各别，聯梭疏通。體勢亘緜，走集巨固。參旗錯列，壁壘盤亘。圻堠星明，甲兵雲布。林麓之饒，何物不有。夷言米哈，田獵飛走。千軍肉食，武夫赳赳。周眺原隰，溝塍灑連。鄭白分渠，營平屯田。遐阡邇陌，陸海在焉。邑廬相望，闤闠爲市。廛殖貨列，商賈萃止。從軍皆樂，吉甫燕喜。内寧外讋，巍乎功成。何以臻兹，車書大同。皇威遐暢，格于八紘。我銘斯紀，著之金石。景鍾流芳，燕然軼迹。垂億萬年，永保無斁。

三眼井堡記

（明）萬曆二十七年（1599 年）兵備荆州俊撰。

碑在城北三百九十里，今佚。

碑文收於吴鼎新修，黄建中纂：（乾隆）《皋蘭縣志》卷十八《藝文・碑記》，乾隆四十三年（1778 年）刻本。又收於張國常纂：（光緒）《重修皋蘭縣志》卷九《輿地上・關隘》，光緒年間刻本。

録文以（乾隆）《皋蘭縣志》爲底本。

［録文］

三眼井堡在州北五百里，與紅水、蘆塘等堡棋布星列，皆新復地也。爰自我太祖驅逐殘元，再造寰區，此地已入版圖。殆後正統己巳之變[1]，淪入於異域百五十年，索罕、定火諸城遺址尚存，而大小松山莽爲虜藪矣。虜恃地利，東寇延綏、寧夏，南犯固靖、蘭州，西侵武威、張掖，往往飲馬黄河，邊民竦息，沿邊將吏莫敢誰何，未聞有窺穹廬一矢相加者。今天子聖武天授，御極之初，虜即款貢，二十餘年，乃復寒盟。天子震怒，益飭武備，專任督撫大臣，嚴勵各邊將士，直搗巢穴，一時斬馘招降以數萬計，松山氈幕爲之一空。時大司馬田公撫治甘、凉，慨然興恢復之計。區畫已定，圖上方略，天子可其奏。于是畫界築邊，工役大起，予方承乏臬憲，備兵金城，同靖虜

---

① 正統己巳：正统十四年，1449 年。

兵憲李公偕蕭、孫二總戎，督率隴上郡吏材官，運儲捍禦，各盡乃職。鳩工於二十七年三月[1]，至六月事竣。凡築邊，自烏蘭哈思吉至大靖泗水堡，延袤四百里，建堡十有二，而三眼井其一也，分屬蘭州衛，移軍守之。慎擇材官，得百户苗守榮領其事。榮，故將家子，體貌强健，智勇兼資，當築工時，任總提調，一時鮮儷。既受任，乃能遵予摺授[2]，披荆斬茅，採松山之木，僦爲公署、倉場、營房，俾軍有所依。城建樓櫓，門設月城，挑壕二層，足可禦侮。建元帝、關王、馬神、山神諸廟，足可徼福。居三年，虜無入寇之警，而有招降獲馬之績，榮固不負斯任哉。今且命工礱石，丐予文以記歲月。夫夷狄之爲中國患，自古有之，而方叔振旅，薄牧太原之功；漢祖開基，漫遺白登之誚；至如充國屯田，金城豔羨，然史之所稱，不過先零、罕幵之坐困而已。若乃犁其穴、犁其庭，開拓疆土者，一見於國初，再見於今日，豐功偉績，超軼千古。俾後人有所憑藉，爲國家萬世不拔之業，端有賴哉。聖天子之威靈，群工之效力，豈忍泯泯無傳，乃勉爲文，述其巔末，庶後之讀斯文者，知堡之所由建云。

守城官軍防虜疏

（明）楊一清撰。

文收於陳士楨修，涂鴻儀纂：（道光）《蘭州府志》卷一《地理志上》，道光十三年（1833年）刻本。

［録文］

蘭州黄河以北，俱係本州衛軍民徵納民屯糧草地。土達賊乘虚[3]，

---

① 二十七年：萬曆二十七年，1599年。

② 摺：（光緒）《重修皋蘭縣志》作“指”。

③ 土達：又作“土韃”，常見於明代有關西北地區的文獻中，指居於西北邊疆以蒙古人爲主的元朝降衆。元朝滅亡後，歸附的元朝軍民被明朝籠統地視爲“韃靼”，因有别於蒙古本部，包括多種民族成分而被稱爲“土達”以示區别。明代“土達”主要集中分布於河州、凉州、永昌、山丹、莊浪、慶陽、岷州、西寧、靈州、固原等地，也有大量“土達”活動于華北一帶，他們也常被稱爲“土人”。元明之際形成的回族、土族、撒拉族、保安族、東鄉族、裕固族六個民族與“土達”有着密切聯繫。

遞年俱從寧夏、中衛、涼州、莊浪、□伏、本州紅柳灘等處侵擾本處，無軍截殺，以此尚書秦紘奏留官軍防守。況固、靖等處，若河套無賊，止是備冬。惟蘭州地土多在河外，賊寇出沒無時，四時皆當防禦，與甘、涼等處事體不異。查甘、肅二衛官軍止存守墩、把橋等夜不收共三百五十七員名，別無食糧。騎操正軍，其屯田軍餘，例該遇冬操練方支行糧；春暖放回農種，辦納糧草。且本州内有宗室，外多商販，人烟輳集，畜産蕃盛，比他處不同，離虜人蹂躪之地止隔黄河一水。去年虜騎在鹽場堡、大岔溝等處搶掠，直薄金城關。秦紘聞警，遽調游擊楊敬等□應。我軍既集，賊已遁去，徒費芻糧，緩不及事，師旅既還，警報復至。倘黠虜窺我無備，糾合突至河岸，拒我城門，斷我河橋，分散鈔掠，蘭、金、安、會等州縣，所傷必多此，豈待冰橋結凍，而後入哉。河北鹽場堡離河橋五里，定火城去河七十餘里，俱係賊人出沒緊關去處，若得官軍在彼按伏，以逸待勞，庶可遏其深入。如蒙敕部議處，將甘肅原奏掣内官軍，除秦、平等衛七百餘員名照舊存留本地，聽守備官、提調常川操守，遇有寇犯，即便督率，渡河相機截殺。趁今四五月間，量起軍民人夫修築定火城，及添築沿邊隘口、墩臺。待修理完備，將前項官軍内八百員名分爲兩班，選擇驍勇指揮一員管領，於定火城按伏。餘四百員名亦分兩班，委員管領，於鹽場堡按伏。至河凍時，再將陝西備冬官軍摘撥協力守冬。修蓋倉厫，將原坐派本□倉秋夏税糧、馬草，并招商糴買，糧草量撥在彼收積支用。如此則虜騎無自而入，豈徒蘭州，并腹裏臨、鞏地方倚以爲重，而莊浪、紅城子一帶聲息應援，亦有所資，其甘肅一鎮不爲無補。臣屢嘗親歷博訪，得之最真，今受命經略，若復不言，他日悮事罪將焉逭，疏上報可。

二　定西市

安定區（安定縣）

安定修城記

（明）行人吴琮[①]撰。

原碑明時立于安定縣，現藏於甘肅省定西市安定區。

碑文收於張爾介、曹晟等纂修：（康熙）《安定縣志》卷八《藝文》，康熙十九年（1680年）鈔本。

録文以（康熙）《安定縣志》爲底本。

［録文］

國朝之有天下，迄今殆百年矣。承平日久，凡郡邑恒多頽圮不治，爲守令者，視爲末務，皆莫之理。安定爲隴右大邑，西接林涼，東連關輔[②]，西域諸國之入貢者，皆由於此，誠要衝之地也。爲之令者，非長于政事，不足以宰是邑。滄川趙侯萬達由監生來知縣事，自下車後，凡可以利民者，無不舉興，既而政通人和。天順五年[③]，適有邊患，視城郭之頽，不足以戒不虞，欲爲修築。乃出令曰："居司牧之職而不憂乎民，豈民之父母哉？今城中居民甚多，既無車馬之守備，且傾頽而弗完，卒遇有警，何以保障爲民？經久之計，必深思而預防之。"遂集鄉民之壯者二千餘人，爲之修築。經始之日，民歡趋之，板築具舉，百堵皆興，工善吏勤，朝夕展力，不三月而告成。邑人賈永清輩念其功及於民者遠，請書其事於石，用垂悠久，

---

① 吴琮（生卒年不詳）：蒙古人。祖父巴都帖木兒歸附明朝後被賜吴姓。歷任千户、都指揮僉事，因從兄吴玘絶嗣，襲廣義伯爵。明憲宗時任寧夏總兵，因罪戍邊，爵位被除。成化二十三年（1487年）獲釋。

② 關輔：關指關中，輔指三輔。

③ 天順五年：1461年。

以識不忘。因爲作詩，以安定曹子爲黄州者三年，吏畏而民樂，其政有若古良牧之爲者，考於吏部，嘉其績，使復政黄州。黄州之宦於京者，咸相慶幸，欲贈以言，來告予。予曰：“君果爲古良牧，其有誡於今之爲牧者乎？”今之爲牧，待一考，日如歲；既考之後，延頸俟上之遷我。遲之歲月，則曰：“吾棄於上矣，遷未可期也。”于是舉三年之所爲者，盡棄之。剛者，暴劫其民；柔者，罷怠其事；而身家之計，惟恐弗建也。殊不知一郡之中，大則數十邑，小則十數邑，使久任而盡吾之賢，周吾之仁，亦可以報君父而慰民望矣。君之于黄，予甚幸其不即遷，使其賢益得進，仁益得周，後之人欲求古之良牧，必於黄觀之，是予望也。

世有餘論，而善類蒙其福康，子德涵魁儒也。以救李獻吉往説瑾，因與往事，後竟以黨斥不復用，關中至今惜之。余識其語，復讀世父少南公同年友《弇州先生别集》，見其引《雙溪雜記》諸書，言秉銓張公之事而太息焉。其言張爲瑾所喜納，嘗勸瑾禁察饋遺，降賂人李宣、趙良。瑾當朝覲，歲歛金於諸司，張公聞而言之，瑾乃差官查盤，以掩其迹。又曾納張公言，遂左右用事，開騙局者，其他救正頗多，衣冠之禍少減。如瑾惡翰林之慢，已欲外調，張公不可，瑾持之，張公後爲講解。且張公爲吏部郎，嘗上疏劾遼東鎮守等濫殺冒賞曁内臣汪直、梁芳等撓亂熒惑，李廣之招權納賄矣，此其人豈一無表見者哉。不知其人，視其友，楊石琮公嘗薦張公諳練，堪任邊事。又石琮公閒居潤州，又嘗薦於瑾，起用之矣，此其人不可知乎。乃身斃詔獄，家流海南，而至被以無將之名，嘻亦甚矣。昔楊子雲之仕，新論者謂其詘身以伸道，馮道歷事五代，而百姓之免於殺僇者，道之所庇居多，君子論人不以瑕掩連城，以纇疵明月也。當瑾暴蔑[①]，衣冠凡列□。[②]

---

① 暴蔑：欺罔蔑視。

② 本段疑爲衍文。

修城記

（明）吏部尚書張綵撰[1]。

原碑明時立於安定縣，今佚。

碑文收於張爾介、曹晟等纂修：（康熙）《安定縣志》卷八《藝文》，康熙十九年（1680年）鈔本。

［録文］

國朝并定西、安西、通西縣，爲安定縣。溪石倍於川原，土瘠産嗇，然輪廣將千里外，道里四衝，置驛所者各西[2]。陜邊六郡，若上郡、北地、安定，東西相峙，形勢聯絡；隴西、天水，此則籓籬；而金城視此，實切腹背。國家平亂後，元將王保保復入寇，久駐兹地。朝命大將軍徐達率大軍討之，時聖算有自潼關抵西安直搗定西之諭。比至，逼寇而營，連數戰，斬馘無算[3]，名將如李察、罕不花、韓札兒、嚴奉先等皆生擒之[4]，師旋，上平定表。有至定西陳兵峪，霆驅電擊，渠凶或見血逃遁[5]，獸駭禽驚，盡望風附降，遂定封行賞，寇患至此大定。至正統間，復肆跳梁，夏秋自河套入，則涉水徑南，歲戍多至萬餘兵。安定爲邑，未可細視也。比來，西鄙多事[6]，招兵運餉無停年，於斯城隍者未深堅，所云保障之謂何。但極瘠之地，當强寇之衝，加之時勢劇難，有事城池，誠未易易。然亦有司常職，未始不有，當路者督責曹公，爲之自我，雖抑之不移，至驗力抽役，縮用急供，諄諄樂成之諭。民不告勞，績用堅實，於多難之際亦難矣。論者謂今寇勢甚猖，先之城池之築鑿，所謂可勝

---

① 張綵（？—1510年）：陝西安定人。弘治進士，歷官吏部主事、文選郎中等。後被劾家居。正德初劉瑾擅權，以焦芳薦復起，正德四年（1509年）官至吏部尚書。次年瑾敗，下獄死。

② 西：疑爲“四”之誤。

③ 斬馘：與敵軍交戰時取得的敵人首級。

④ 李察、罕不花、韓札兒、嚴奉先：皆爲元將。

⑤ 渠凶：大惡人。

⑥ 西鄙：西部的邊邑。

在我者，其亦有藉矣乎？聖朝保乂黎元[1]，因地制宜，而無遺計。而於邊民尤加之意，究在有司，奉施何如？使職列邊方者，防禦寇計類如此。城之舉，當路體國勤事之慮，庶有所托，而君相西顧之憂，亦可少舒矣。

隴西縣（鞏昌府）

郡城鑿井記

（明）嘉靖胡纘宗撰[2]。

原碑在隴西縣城，今佚。

碑文收於昇允、長庚修，安維峻纂：（光緒）《甘肅新通志》卷九十一《藝文志·碑記》，宣統元年（1909年）刻本。

［録文］

隴西土厚水深，郡城地傾，民不克井，吾不知其幾千年矣。自創郡，引渭水、荊水入城而注之池，民朝夕取給焉，吾不知其幾百年矣。然源不遠，故流不大，而旱必涸，澇必溢，寒必冰，則無水。地且邊，民且貧，羌氐深入，豺虎竊發，河不可引，池不及滀，則無水，民日病之而不能顧也。往歲，侍御霍邱胡君欲引水入城，不惿而入，池不竭也。嘗築堤以障渭、以約荊，然猶夫故流也。今歲之春，侍御張君鵬按隴以西，於民利病孳孳焉，於民疾苦兢兢焉。既至郡，乃詢及井，郡中士民以其故告公，公喟然曰："民何取於河耶，民何取於池耶，民舍河與池，曷以生耶？"乃咨之分守劉君少參、從學分巡紀君僉憲，常諏之父老，曰："是地也，嘗鑿井及水矣，嘗鑿井不及水，遂輟不鑿矣，無怪其不能井也。夫水行地中，

---

① 黎元：百姓，民衆。

② 胡纘宗（1480—1560年）：字孝思，又字世甫；號可泉，又別號鳥鼠山人。明鞏昌府秦州秦安（今甘肅天水市秦安縣）人。歷任嘉定州判官，安慶、蘇州知府，山東、河南巡撫等。有《鳥鼠山人集》《秦安志》等傳世。

猶氣行天地中，無時無之，無處無之，然亦有脉絡焉。故水行之也，有巨細，有淺深。未有鑿不得水者，未有鑿此不得而鑿彼復不得者。盍求善鑿者，察地之脉鑿之，當得水矣。乃命指揮使閻清氏督其工，然不以煩民，即取罪人之法，當贖力能贖者，令人鑿一井，而人效力焉。清乃先於其司宜門前之右，選工鑿之，十數仞果得水，甘而洌，汲之泠泠然，取之淵淵然。然昔難而今易，昔嗇而今豐，此非其數哉？此非其時哉？明日清復於公，公曰："我固知必得水也。"由是盡城中將分鑿之，計得井十有五，將次第皆得水也。初鑿井而得水，郡中無大小賢不肖，無不欣欣然以得井爲賀者，曰："而今而後，吾郡得安飲也。"既汲井而得飲，郡内外無遠近賢不肖，無不欣欣然以得井爲樂者，曰："而今而後，吾乃得安食也。"蓋不復以涸、以溢、以冰爲病矣，是可賀。不復以羌氐、以豺虎爲警矣，是可樂。既訖工，閻乃謀諸大夫士，謀諸父老曰："引水以飲，其利小；鑿井以飲，其利大。引水以滀，其力勤；鑿井以汲，其力暇；引水以生，其澤近；鑿井以生，其澤遠。"夫何可無記，以示永久？纘宗樂道之，而爲之記。然民之感之也，吾不知其幾千百年也，夫何俟於記。

新建北關碑

（明）成化己丑五年（1469 年）伍福撰[1]。

原碑在隴西縣城，民國時仍存，今佚。

碑文收於張維：《隴右金石録》卷七《明·二》，民國三十二年（1943 年）甘肅省文獻徵集委員會校印本，見《石刻史料新編》第 1 輯，第 21 册，臺北：新文豐出版公司 1982 年版，第 16182 頁，輯録自《隴西藝文□》。

---

① 伍福：生卒年不詳。字天錫，臨川縣（今屬江西）人。正統九年（1444 年）舉人，天順年間曾任陝西按察副使，奉旨提督學政。編有《咸寧縣志》《陝西通志》，著有《南山居士集》《雲峰清賞集》等。

［録文］

鞏爲陜之名郡也，地逾千里，控制三邊。東界鳳翔，南接蜀境，西連洮岷，北扼黄河。軍民之所屯聚，商旅之所游寄，實關隴之西陲一方之勝概也。郡城北舊爲關厢，壤地廣衍，其居民繁庶不下三五万烟户。無藩垣之蔽，無扞禦之防，一遇警報，則囂然驚疑，而老稚貨畜多爲强暴傷掠，往往民不安枕。昔曾度量營建，功浩難就。逮成化丙戌秋[①]，河北有驚，官民皇皇，莫之寧謐。致仕參政楊公仕敏暨義官何永鞏偕鄉耆王懋信等詣府，尊請立城以爲保障。于是郡守李侯鉞、同知羅侯諭、通判温侯和、贾侯瑱、推官□侯茂與指挥使王□閏、岳重□、言相與請曰："國以民爲本，民賴居以安，苟無城郭保衛，雖樂歲终年，何以寧處？此城垣之作不可少缓也。"其詞□□□□□□□商之僉憲胡公德盛獲允所祈，即率府衛官衆及鄉閭父老於彼，相土地高下之宜，度登築廣狭之勞，□□□□，东□□□□西隅總計二萬四千二百餘步。遂檄同知羅諭專督其事，千户張英、縣丞□□、本郡致仕主薄王銘兵□□□□□□□□，其工早作暮息而勤勤不怠，庶民子來而樂於趨事。經始於是年八月二十日□□，甫四旬而城成，設五門□□□□□□□，啓以及車騾各□□□□ 二千餘户□□，防守置界牌，管鑰嚴其啓閉，編定□□，無事則巡譏，夜禁有警則□□守□形□□□□□□□□多艱於汲，乃疏引西渭二水，導入濠渠，支分大小街巷，以爲人便，城之□□□□□□□□□□□□□□，而新城之内街衢巷陌井井□□□□□□□□，暴客無禦人之途，居民有安堵之便。樂其樂而利其利，則新城之建也，所關不誠大乎？而羅侯督理之效亦甚□□至大矣。于是鞏之縉紳士夫各捐己貲，立石請志，以傳諸後。□□□其始□□□□，終作於先者□持久。故其庶叢之始末，勒之於石，而特樹之於此者，非徒夸美張大也，無非□□□□之思議保斯城於既設，課斯民於悠久，以遂其相生相養之天，而康乂民物於無□。《詩》

① 成化丙戌：成化二年，1466 年。

云：“迨天之未陰雨，徹彼桑土，綢繆牖户。”《易》曰：“君子思患，而預防之良有以也。”其詞曰：維是南安，郡當西鄙。有翼其山，有□其水。維此之邦，舊無郛壘。暴客旁午，曷爲捍禦。蒸蒸之民，曷爲安土。□□□□，克□其□。乃相地勢，乃卜興修。不日而成，維垣之□。垣之既□，□□□□。危者以安，驚者獲息。爰居爰處，我耕我鑿。民物阜康，維侯之澤。□□□□，□績孔賢。勒之貞珉，□□萬年。

通渭縣

建城碑記

（明）成化十二年（1476 年），提學伍福撰。

原碑在通渭縣城，民國時已佚。

碑文收於劉世綸修，白我心纂：（萬曆）《重修通渭縣志》卷之四《碑記》，萬曆四十四年（1616 年）刻本。又收於何大璋修，張志達纂：（乾隆）《通渭縣志》卷之九《藝文中・記》，乾隆二十六年（1761 年）鈔本；高蔚霞修，苟廷誠纂：（光緒）《重修通渭縣新志》卷十二《藝文》，光緒十九年（1893 年）刻本。

録文以（萬曆）《重修通渭縣志》爲底本。

［録文］

夫膠柱而鼓瑟，刻舟以求劍，可以語爲政與①，是不可也。君子之臨民也，必有其方焉②，事有當行即行謂之敏③，時有可舉不舉謂之詘④。君子慮善以動，動惟厥時，在適乎當而已矣。通渭，鞏昌之

① 語：（乾隆）《通渭縣志》作“與”。
② 焉：（光緒）《重修通渭縣新志》無。
③ 事有當行：（乾隆）《通渭縣志》作“事有其當行”。
④ 時：（乾隆）《通渭縣志》作“行”。

支邑，界乎會隴羌秦四境之間[1]，岡嶺環互，無高山深溪之險。昔漢唐吐番雜處，宋始爲縣，金元因之。我聖朝統一寰宇[2]，蕩元朝之陋習[3]，申先王禮義之化，於今百有餘年[4]，人民休養於光天化日之下[5]，藹然三代之遺風，蕞爾之區遂名爲邑[6]。乃成化十年冬[7]，北虜侵我西鄙[8]，境土騷然，巡撫諸巨公提重兵以禦之。是時邑中師帥乏賢，政務懈弛，巡撫公廉，得宜川縣丞董敬者，通敏可任，舉爲縣正。迄今三載，民事有寧，謂廢可興，墜可舉也。乃經畫節縮，工用羨餘，量工命日，首築城垣，周五里有奇，址廣三丈，堞崇二丈餘尺[9]，壕深丈許，東西南衢通三門，壘磚石拱合爲圜空，門裹以鐵[10]，署守者晨啓夕閉[11]，仍樓於三門之上，以資陲覽[12]，其堅鎮雄壯前此未有[13]。既而徵材陶甓，重建按察、布政二司，以爲藩臬按節之所，皆高明嚴密，足洗前陋。復慮盜寇衝斥四鄉[14]，皆增燧臺，以謹墩望[15]，各置堡洞，以避摽掠。是役也，捍寇難，衛人民，奉公務，皆官事之所當急行者也。矧兹承平日久[16]，民安物阜，時有可舉者也。抑聞之善爲政者當爲其所不可不爲，而不敢爲其所不得爲[17]，

① 會隴：（光緒）《重修通渭縣新志》作“隴會”。
② 聖：（乾隆）《通渭縣志》“王”，（光緒）《重修通渭縣新志》無。
③ 蕩元朝之陋習：（乾隆）《通渭縣志》作“蕩胡元腥羶之俗”。
④ 餘：（乾隆）《通渭縣志》作“十”。
⑤ 休養：（乾隆）《通渭縣志》作“休養生息”。
⑥ 遂名爲邑：（乾隆）《通渭縣志》、（光緒）《重修通渭縣新志》作“遂爲名邑”，當是。
⑦ 十：（乾隆）《通渭縣志》作“日”，誤。成化十年：1474 年。
⑧ 北虜侵我：（光緒）《重修通渭縣新志》作“寇侵西鄙”。
⑨ 崇：（乾隆）《通渭縣志》作“重”，（光緒）《重修通渭縣新志》作“高”。
⑩ 鐵：（光緒）《重修通渭縣新志》作“鐵片”。
⑪ 署：（乾隆）《通渭縣志》、（光緒）《重修通渭縣新志》作“置”。
⑫ 陲：（光緒）《重修通渭縣新志》作“垂”。
⑬ 鎮：（乾隆）《通渭縣志》、（光緒）《重修通渭縣新志》作“縝”。
⑭ 盜：（乾隆）《通渭縣志》、（光緒）《重修通渭縣新志》作“虜”。寇：（乾隆）《通渭縣志》作“冦”，當誤。
⑮ 墩：（乾隆）《通渭縣志》、（光緒）《重修通渭縣新志》作“堠”。
⑯ 矧：况且。
⑰ 不敢爲：（乾隆）《通渭縣志》、（光緒）《重修通渭縣新志》作“不敢擅爲”。

與輕爲其所不必爲，敬得之矣。彼膠柱鼓瑟、刻舟求劍者[①]，安足以語。此工既訖[②]，邑父老以是不可無紀也[③]，相率囑大學生蔣文貴馳千餘里，更旬月，冒隆寒詣予行臺，以記爲懇。予謂朝廷命吏盡心於民，分内事也[④]，奚以書哉？文貴隨後歷數郡而請益處[⑤]。嗚呼，春秋遵王法之書也。工築小事，不一而書，以識時不時著譏美垂鑒戒也[⑥]。以今觀之，敬之奉公，爲民慮之也，善動之也。時不傷財，不害民，可謂敏而不詘[⑦]，春秋之法固當與而書之矣。然臨民之道殆不止此[⑧]，當益自懋[⑨]，慎求之於不言之表，以遠且大者，自期可也。用是以俾文貴俾銘諸石[⑩]，以□來者[⑪]。

通渭縣修城記

（明）佚名撰。

碑文收於胡纘宗纂修：（嘉靖）《鞏郡记·藝文志第十·下》，嘉靖二十五年（1546年）清渭草堂刻本。

［録文］

成化十年冬[⑫]，巡撫公庶得宜川縣丞董統者，通敏可任，舉爲縣正。命日首築城垣，周五里奇，址廣僅三丈，堞崇二十餘尺，濠深丈許。東西南衢通二門，高明嚴密，足洗前陋。是役也，敬之奉公，爲民慮之也，善動之也。□春秋之法，固當書而興之矣。

---

① 膠柱鼓瑟刻舟求劍：（乾隆）《通渭縣志》、（光緒）《重修通渭縣新志》作“膠柱刻舟”。
② 既：（乾隆）《通渭縣志》作“記”，誤。
③ 邑父老：（乾隆）《通渭縣志》、（光緒）《重修通渭縣新志》作“邑諸父老”。
④ 分：（乾隆）《通渭縣志》作“奉”。
⑤ 處：（乾隆）《通渭縣志》、（光緒）《重修通渭縣新志》作“虔”。
⑥ 也：（乾隆）《通渭縣志》無。
⑦ 詘：（乾隆）《通渭縣志》作“絀”。
⑧ 然：（光緒）《重修通渭縣新志》同，（乾隆）《通渭縣志》“然”字後有“則”字。
⑨ 當益自懋：（乾隆）《通渭縣志》作“當尚益自懋”。懋：勤奋努力。
⑩ 俾：（乾隆）《通渭縣志》、（光緒）《重修通渭縣新志》作“復”。
⑪ □：（乾隆）《通渭縣志》作“示”，（光緒）《重修通渭縣新志》作“俟”。
⑫ 成化十年：1474年。

臨洮縣（狄道縣）

修狄道城記[1]

（清）作者不詳。

原碑已佚。

碑文收於呼延華國纂修：（乾隆）《狄道州志》卷一《城堡》，乾隆二十八年（1763 年）修宣統元年（1909 年）官報書局排印本。

［録文］

狄道城基址在秦漢者不可考，其前凉之武始，唐之臨州，亦因没於吐番，城池多遭傾圮。故李吉甫《元和志》於臨州之四至八到，無得而述焉。《臨洮府志》載自宋熙寧五年[2]，王韶城武勝軍[3]，金元因之，增修者徵信也。明洪武三年[4]，指揮孫德增築，周九里三分，高一丈一尺，池深三丈五尺。門四，東曰大通，西曰永寧，南曰建安，北曰鎮遠，俱甃以磚[5]，上建層樓[6]、戍樓[7]、戍鋪[8]，後又增築北郭。景泰四年[9]，知府劉昭重修，闢東、西、北三門。隆慶三年[10]，知府申維岱、知縣何常春復修之。額共城樓[11]，南曰“南通蜀漢”，北曰“北連嘉峪”，東曰“東望盛京”，西曰“西接崑崙”。凡

---

① 按：縣志未著題名，此題名爲編者所加。

② 熙寧五年：1072 年。

③ 王韶（1030—1081 年）：字子純，江州德安人。北宋名將。足智多謀，富於韜略。熙寧五年（1072 年）收復今臨洮與臨夏，設熙河路。武勝軍：北宋設置，相當於州一級行政地方，一般設置於軍事要地。

④ 洪武三年：1370 年。

⑤ 甃（zhòu）：砌，壘。

⑥ 層樓：高樓。

⑦ 戍樓：瞭望樓。

⑧ 戍鋪：城樓上修建的用於觀測敵情的小樓。

⑨ 景泰四年：1453 年。

⑩ 隆慶三年：1569 年。

⑪ 共：疑爲“四”之誤。

敵樓一十六，更鋪二十有八，垛口一千八百有二十。國初，靖逆侯張勇駐師臨洮，引洮水支流近城，謂之“飲馬河”，其後遂成巨浸，衝嚙西城。雍正五年[①]，知府李如璐謀塞之，未就。乾隆十二年[②]，知州管孫翼奉文佑修河，復故道，城垣無水患矣。乾隆二十五年[③]，署狄道州沈元振、陶國幹奉旨補築西城，乃始完善可觀云。

渭源縣

重修渭源城記

民國陳鴻寶撰。

原碑存佚情況不詳。

碑文收於陳鴻寶等纂修：民國《創修渭源縣志》卷九《藝文志》，民國十五年（1926 年）鈔本。

[録文]

渭源爲甘南出入孔道，襟山而帶河，南界鞏岷，西連河狄，東北則緊接安定，地勢崎嶇，民習獟羯[④]，號稱難治。又近有秦川之變，群不軌，乘間竊發，蟻集而蜂起者，比比然也。邑城孤懸，至阽危矣。歲辛亥冬，余來宰是邦，籌辦城防，團練保中，幾無虛日，稽巡之際，登城以望，卑狹如斗，高不逾仞。雉堞崩剥，童子狎游，四顧荇莽，心駴之已。訪諸耆老，盖先年嘗議增繕，業鳩材庀工，未半輒罷，因循數寒署，日就頹圮，無怪也。余曰：“盍修之。”於是群皆躍然，有議改而今宜沿者，有議仍而今宜益者，有議垛墻單薄而宜厚實者，有議委土覆簣而宜實甓者，有宜稍高其垣者，有宜稍葺其罅者，有南北二門向無樓宜增崇者，余一一酌之，乃下令曰：

① 雍正五年：1727 年。
② 乾隆十二年：1747 年。
③ 乾隆二十五年：1760 年。
④ 獟羯：指民性慓悍。

“城以衛民，悦道使之矣。吾輩作事須謀始，用物用民，苟無經緯，大功不成，究爲民病。今與諸君籌，因石於山，因灰於石，因木於林，以陶以鍜，是天地自然之利也。若公家之役幾何？移山填海，拘迂鮮通，成將何待？”今計邑以庸計庸，以丁更丁，以日程日，而休是子来丕作之象也。毋苟簡，毋飾文。議改者，非壞不得更；議仍者，既壞不得漏。單者厚，土者甓，卑者崇，罅者葺，無樓者增。丈尺揣算，毋冒外甓，内土無瑕，城上之垣累其甓，候敵之臺隆其址。規劃既定，民咸歡欣趨治，鞏而先者慶，窳而後者讓，按日計工，課直售食，登登言言，椓椓橐橐，埏人獻甓，碙人輸石，鍜人呈灰，柞人伐卉，梓人奏櫓。凡百工役，磚瓴鎡钁，畚挶餱糒之屬[1]，翕然競趨，盖六閱月而告成，計因一千餘緍。余乃躬環周視，崇墉修塹，双樓聳峙，百堵巋然，炮臺三，更棚十有二，垛雉五百一十有六，鞏若磐石，固若苞桑[2]，是足以銷不靖，備他盗無患矣。竊思渭邑，地瘠民貧，風氣遲開，讀書者寘商務不講，户鮮囷廩之積，人無固結之心，雜以外來客民，輕易煽動，非久安長治之區也。故而望鳥鼠則慕大禹之功，東顧首陽則感夷齊之義。古人雖往古迹堪思，所望賢豪發憤，映帶礪以垂名，章縫樂道，假竹帛以昭志。斯有形之城，既完且固，而無形之城并爲不朽耳。是役也，稽核商確，和衷共濟，皆諸君之劳，余則何力之有，聊記之以示來者。

岷縣（岷州）

岷州衛建城碑[3]

（明）撰者不詳。

碑現存岷縣博物館。1958 年岷縣政府在拆除縣城東門城墻時

① 畚挶：盛土和抬土的工具，泛指土建工具。餱糒：乾糧。
② 苞桑：桑樹之本，比喻牢固的根基。
③ 原碑無題額，題目爲作者擬加。

發現。碑石爲鈣質砂岩質。高 30 釐米，寬 61 釐米，厚 9.5 釐米，四周雕以雲紋波浪形圖案。碑文楷體正字，左行豎書，全文共 31 行，滿行 13 字。碑石保存較完好，字迹清晰，左上角紋飾略有缺損。

碑文又收於《岷縣志》編纂委員會編：《岷縣志》，甘肅人民出版社 1995 年版，第 669 頁。

據原碑録文。

［録文］

岷州古和政郡，統三邑。熙寧六年①，宋神宗皇帝開拓河湟，命將軍王韶卒衆克岷境，留副將种蕚繼守而整城垣。至淳熙三年②，宋孝宗皇帝復命將軍馬雲亦守之。至元廢，而荒野頗有繼迹。洪武十一年秋八月③，奉大明皇帝命，指揮馬燁等官開設岷衛，統卒馬、步、左、右、前、後、中壯士萬餘築城垣，建四門，造戰樓、敵臺百餘座；置倉廩，集糧料伍拾餘萬石；立屯所三處，辟荒捌阡餘畝，布種萬石，集諸卒驗勤墮多寡，自食用之。洪武十二年夏④，奉制御將階州、漢陽、禮店、洮州、岷州十八族番漢軍民千户所錢糧軍馬并聽岷州衛節制。承制奉行，欽此。洪武十四年春⑤，有旨造磚瓦，斬木，董工。至秋，灰磚數百萬倦砌四城門。入深九丈，臺長二十丈，高三丈五尺。盖戰樓三層，上五、中七、下九間，點□高七丈五尺，不及月詢，蓋瓦、油漆、彩畫一新，實爲固邊之要，壯勝也哉。之記洪武十四年七月一日甲申良旦丑時立。

武毅將軍監工倦造千户李華。

昭信校尉監工倦造百户秦勝、張林、張勝、孟真。

---

① 熙寧六年：1073 年。

② 淳熙三年：1176 年。

③ 洪武十一年：1378 年。

④ 十二年：洪武十二年，1379 年。

⑤ 洪武十四年：1381 年。

建修岷治記

（明）嘉靖年間撫民同知袁福徵撰。

原碑在岷縣舊州廨，今佚。

碑文收於汪元絅纂，田而穟修：（康熙）《岷州志》卷十八《藝文中·記》，康熙四十一年（1702年）刻本。

［録文］

故同和郡岷州[①]，置自西魏大統中。隋爲臨洮郡，唐隸和政郡，宋隸熙和路，尋隸秦鳳路。紹興失之金，宣撫吴玠尋撫之，安撫李永琪守焉。逮於金人請和，宋從之，洮岷始曰西和，以郡名和政故。而淮西亦有和州，故別言西和，隸利州路。時止長道、大潭、祐川三縣，尋因關師古降劉豫僞封齊帝，秦地畀金殆盡，特存岷州，尋復據於金。至元復於祐川境置州，屬吐蕃等宣慰，隸脱思麻路。洪武初，李思齊降附[②]，制命曹國公李景隆開設岷衛，曰軍民使司，而城故隋臨洮城也。自昔爲專城之寄者，隋開皇辛公義以刺史名，宋元祐种諤以守名，當有文吏、典司、里正之務。迄乎我朝定衛，以指揮掌之。尋而增州守，則自嘉靖乙巳[③]；更貳府，則自嘉靖甲子[④]。余至自兩府貳之後，嘉其風氣未盡西塞之嚴，省其方産未若洮土之鮮，考其官獻未及鄰封之殘缺。循城周顧，四山環擁，即有番難虜警。持定堅守，以需援軍，可以無虞。其俗則少暑多寒，番漢雜處，民鮮粒食，衣皮毳，飲酥酪，性狡悍而難制。其境則西亘青海之塞，南鄰白馬之氐，東连

---

① 同和郡：西魏文帝大統十年（544年）置，治于溢樂縣（今甘肅岷縣城關鎮），領溢樂、水池二縣。北周領溢樂、水池、和政、當夷四縣。隋開皇三年（583年）廢。

② 李思齊（1323—1374年）：字世賢，羅山人。元末明初將領，明洪武二年（1369年）降明。

③ 嘉靖乙巳：嘉靖二十四年，1545年。

④ 嘉靖甲子：嘉靖四十三年，1564年。

西鞏，北并洮疊，秦隴賴以南截，蜀漢賴以西應，實稱西陲要區。而前賢之創造經營亦已久矣。溯自六合馬公德輝，於洪武十一年秋奉敕掌岷[①]，修城垣，練士卒，立樓置門，伐木通道。自學宫、神祠以至橋樑、烽堠、營堡、郵鋪、倉庫之屬，以次迭舉。十四年肇建廳事[②]，十九年以馬公陞陝西都指揮[③]。繼而至者，皆以其已成之績而修舉焉。迨三十二年夏[④]，合肥劉侯由指揮同知來撫是邦。公事之暇，乃從容周旋於堂廡之間，語僚屬曰："馬公之建斯治也，蓋盡心乎。觀其廳堂、廊廡、庖舍等制，左右翼如，可謂壯矣。顧今僅歷二十年，棟宇已疏漏損缺，若不修葺，得無廢乎？"僉曰："唯。"于是命工師，計陶冶，擇日鳩工，百需是備。壞者葺之，腐者易之，頹者築之，塵者飾之，不旬月間，煥然復新，又於門内造二亭，左以覆井，虚其右俟立石焉。夫設藩衛者所以建威武，控邊隅，號令所從出，官吏所臨莅，非宏敞無以示方面之威，非壯麗無以肅軍民之望。前人始而創之，後人繼而修之，不亦宜乎？方今聖明臨御，海宇清寧，車書會同[⑤]，無遠不至。莅斯治者，惟在罄其忠誠，敷揚德教，彰顯皇猷，綏來禦侮，謹庠序，申孝悌，用夏變夷，俾境内無虞，軍民安輯，共用治平之樂，是則臣子職所當爲，其所以報朝廷者，實在乎此。夫豈徒矜宏麗之居而已哉？然稽之古人，凡修建成功必記之，示不忘也。今岷治修建之功不爲小矣，固宜叙本末而載之。然後來守兹土者，觀斯堂不敢怠於政事，以隳前人之功，不甚善歟，于是乎記。

① 洪武十一年：1378 年。

② 十四年：洪武十四年，1381 年。

③ 十九年：洪武十九年，1386 年。

④ 三十二年：明洪武在位衹三十一年，此或邊地未知中朝政治變動而仍用原年號。

⑤ 車書：指國家政體制度。

三　白銀市

會寧縣

城中鑿井記

(明) 成化十六年 (1480 年), 撰者不詳。

原碑已佚。

碑文收於畢光堯纂修: (道光)《會寧縣志》卷十一《藝文志》, 光緒末年官報書局鉛印本。

[録文]

會寧城中自古無井, 居民日夕汲於南河。遇冬河涷, 水則不流, 更取八九里之外, 未易致, 一罹烽驚, 民心皇皇, 莫知攸措, 咸以爲憂。成化庚子①, 靈石李侯威來宰是邑。始下車, 即詢民間先務, 鄉耆以此爲言。侯慨然偕僚屬禱於城隍祠下, 遂命工於祠前穿井, 甫及八丈, 而泉水遂溢出, 且甘洌。從此闔城居民效而鑿之, 得井百餘。民皆歡欣感頌, 永懷惠澤, 因請文以識其實。

創建東關城樓記

(明) 萬曆二年 (1574 年) 參議栗在庭撰②。

原碑在會寧縣城, 民國時仍存, 今佚。

碑文收於畢光堯纂修: (道光)《會寧縣志》卷十一《藝文志》, 光緒末年官報書局鉛印本。

---

① 成化庚子: 成化十六年, 1480 年。

② 栗在庭 (1540—1597 年): 字應鳳, 號瑞軒, 會寧縣 (今屬甘肅白銀市) 人。明隆慶二年 (1568 年) 戊辰科進士, 官至山東、河南布政使。

［録文］

會寧爲古會州地，隸熙河，與胡虜相比鄰，每歲驚焉，蜚鏃走塞下，輒剽掠居畜，屠燔村落，乃自古記之矣。明興，驅逐胡北，卜開城西。金城東控據隘塞，爲建會寧城以拒胡，顧城三面有郭，獨東缺其衛，且東面地勢平衍近原隰，胡可駐牧，議攻戰難與守。比嘉靖甲子歲[①]，虜直薄城下，攘臂鼓刀嘯呼，城中震怯，忽忽不敢出息。長吏雖督編夫丁壯登陴，類不敢延頸俯視，至分隸東城者更噤口蹂足，曾不得操戟弧與須臾處。維時睹變思患，悉謂東城可郭也。已而胡去，隨旋事玩愒[②]，郭之不復議建者，又垂四十年，間一議建，長吏以城固、近原隰，倘虜勢逼，虎踞則矢石可星雨下也，而竟奪於害。且小民儇頑無知識，則以城纔東築，即市可西徹，嚻嚻聚訟，更不虞公家而争牟其利。率是利害之念，上下相持，而憚於慮，始爲此故爾。頃邑大夫戴公以名進士，被天子簡命牧兹邊邑，不越歲，政最民息，數列薦剡諸所，議指百言百當，蓋屹然稱干城矣。時值胡虜悔過，稱藩獻珍，連歲大熟，民力告裕。公每桑土興思，召集父老諸公車議，所謂建東關事者，疇或復理前謂，不與應。公徐徐引剖利害，衆悉俛服；或難其工費，公獨從容默計，不爲絀也。竟議上當途者，咸是之。會司馬戴公才洎、王公遴檄諸路，亟圖有隙地可城及城可增築者，公爲毅然興築，愈益奮。乃萬曆元年春始事[③]，越明年秋繕完，計築郭城約一里許，高厚各三丈有咫，女陴六尺，敵臺九，壕塹二，東大城樓一，郭南北城樓二，材不供民，石不礎山，諸凡僦徒，不仰公費，用闕城地割畝分畦，拓致邑民市居焉。計得值千四百金，地租則議派諸里社，所入值爲充諸役庫，糈及鬻諸材品，殊恢如也。操其贏增置東山墩臺一，北關敵臺四，改建乾溝驛城一，并治公署鋪舍，悉繩繩就理，而廓城及樓飾、櫓

① 嘉靖甲子：嘉靖四十三年，1564 年。

② 愒（kài）：荒廢，《左傳·昭公元年》“玩歲而愒日”。

③ 萬曆元年：1573 年。

櫑具備[1]，石布渠塔尤極工緻，一時燦然改觀，即傳記所稱金湯之固，何以加焉。嗟乎，事之興廢，時也；政之舉息，人也。矧此邊境城邑，所關甚鉅，公爲決斷，群疑創是，曠績所謂時與人有待非耶。顧時不争利，人不争謀，利倍謀勝庶幾哉，奕世號萬全矣。而增卑倍薄，日益月異，防奸杜釁，聲振殊俗，公其有意乎。昔若石隱於冥山之陰，有虎恒蹲，以窺其籓。若石帥其人晝夜警，日出毁鉦，日入僚輝，宵則振鐸以望[2]，植棘樹墉[3]，坎山谷以守[4]，卒歲虎不能有獲。一日而虎遁，若石喜，以爲虎遁，無可惕己者。于是弛機徹備，垣壞不修，藩決不理。居頃之，有貙逐狸來[5]，止其室之隈，聞其牛羊之聲而入食焉。而若石又恐，間者郭城增築，藩則飾矣，胡盧讋服，虎則遁矣。倘一夕闤闠之貙，起而當吾前焉，顧可墮此成備，而徒填彼餓喙哉。僕僭從載筆之後，敢以是爲公，與嗣公者望云。戴公諱光啓，號中齋，隆慶辛未進士[6]，山西祁縣人。先是與謀者有邑侯辜公下賢、庠師祝君朝聘、楊君時華、邑幕吴炤父文。而董是役者則鞏昌衛經歷龔君效也。辜公、吴君俱南昌人，祝、楊三君俱陝西人[7]，龔君無錫人，萬曆甲戌仲秋日記[8]。

重修會寧縣城記

（清）道光十八年（1838 年）立，知縣徐敬撰。

碑文收於徐敬等纂修：（道光）《續修會寧縣志》卷之下《藝文志・碑》，道光二十年（1840 年）刻本。

---

① 廓：似應作“郭”。
② 振鐸：敲擊金屬器物。
③ 樹墉：築墻。
④ 坎：原指坑穴，此處活用作動詞，意爲挖深溝。
⑤ 貙（chū）：一種凶猛的野獸，形似狸。
⑥ 隆慶辛未：隆慶五年，1571 年。
⑦ 三：似應作“二”。
⑧ 萬曆甲戌：萬曆二年，1574 年。

［録文］

道光十有八年①，余重倡修會寧城，八月吉日即落成。諸紳士張燈懸彩，設筵宴以落之。民之老者、壯者周游于樓楯而喜曰："此吾侯版築之功也。"卒之騎者、步者巡視於墉堞而慰曰："此吾侯捍禦之資也。"商者、賈者往來於孔道，咸仰觀於墻櫓而嘆曰："此會宰維新之迹也。"余聞而恧然曰："嗟乎，吾何以得此稱於諸人哉。"憶余集事之始，商之於彼都人士，僉曰："太平之世，奚事此？且上臺以經費有恒，情之亦未必允，若欲鳩衆力而爲之，則連年荒歉，民力恐不支，不如且已也。"余笑曰："事患不爲耳，爲之將必有成。"于是首捐資以爲之倡，舉以工代賑之説進之於上司，上司不以爲妄，而邑之民亦相率而輸將恐後。計集金萬餘兩，畚者、重者、築者、鑿者、運薪水而爲食於衆，役者日數千人。初猶不迫其功程，慮其餓之瘠而力不足也；繼復寬與以工費，恐其家之顧而爲不勇也。其時堅余志者一二人耳，襄余功者六七人耳，而數閱月間，事卒有成，今且偉然屹然。計其堅固之資若可百年，而回憶初心，惴惴乎，其未敢遽必者，今何以得此稱於諸人哉？夫會之爲邑，首曰襄武，次曰枝陽，次曰祖厲，次曰烏水。至三國時屬魏，始有會寧之稱，於後改烏蘭，改西寧，改敷川，改保川，又改縣而爲州。然其城郭皆遷徙不常，至明初始復舊稱，移今治，則其地之險而難爲守，亦約略可知。今雖桴鼓不聞，鎖鑰不事，豈得曰戎馬之障可弛於一日也。且數年以來，二麥歉收，糧無棲畝，民往往散之四方，其安土重遷者有相率作溝中瘠耳。有司雖憂之，蒿目窮簷，將何以濟？今幸得食於城工，以其餘爲田作，遭時之和，歲且告登，滿篝滿車，有嗸鴻安堵之慶。余亦可藉手告無罪於吾民矣，是不可以不記。其時同官襄事者爲儒學訓導楊翬鳳、典史黄九疇；督工者爲府谷縣學教諭周西範、拔貢生候選教諭盛烈府、經歷職銜柳效祖、孝廉方正西安府學訓導范

① 道光十八年：1838年。

希淹、拔貢生候補教諭范希湖、議叙縣丞范希灝、陝西洋縣教諭牟祖蔭、副貢生范希仲、江西候補縣丞楊鼎也。

徐邑侯捐修縣城告成序

（清）邑人范希湖撰文。

文收於徐敬等纂修：（道光）《續修會寧縣志》卷之下《藝文志・文》，道光二十年（1840年）刻本。

［録文］

城垣之興廢，一邑之保障系焉，有修必書，重之也。我朝龍興以來，各直省欽奉明詔，凡在會垣郡邑，糜不一律興修，以爲千百年捍衛之資，于戲，何其盛也。顧城池之役，創始難，繼事亦匪易易，往往代遠年深，垣頹隍圮，灌□之修，其費更甚於謀始。無他因，其平而崇之、深之，故力省，至崇者而爲深矣，深者而爲崇矣，崇其深而深其崇，則力有不支也。會邑之城，自乾隆三十年間折邑尊請修後，迄今近百年矣。嘉慶十三年[①]，王邑尊世倬欲修，未果。歷年既多，頹圮愈甚。道光十七年初夏[②]，我邑侯徐信軒先生莅任。甫下車，周歷四墉，以爲修之不亟，後更難爲；修之不堅，亦徒應故事。謀所以即因而爲創者，非捐萬余金不爲功，于是商之紳者，僉曰："往年王公集衆，合謀于豐歲，迄不得就況。今災歉頻仍，民方全活之不暇，而欲與鉅工，不亦難乎？"侯曰："夫天下事亦人爲耳，苟救時有術，雖前此未有之事，何妨自我創之。況以工代賑，先賢已有先我而行之者，前事之師後事之資也。"適湖自楚歸，侯商之再四，遂於冬初首捐俸若干两爲之倡，邑紳府谷縣教諭周君西範捐助千余金，府經銜柳效祖捐助數百金，會人士感侯之意，争樂輸解。經始於十八年正月[③]，閱半年有餘而工告竣。其城之毀壞者，因先制而增築之；頹廢者，視

① 嘉慶十三年：1808年。

② 道光十七年：1837年。

③ 十八年：道光十八年，1838年。

舊基而更張之；未備者，相地勢而補建之；其池已平者，嚴浚之；溝斷者，連屬之。計修城正樓四，角樓四，垛墻皆甃以磚，一律重新高厚如故，而加堅緻焉。并繕修南北關厢，南關厢舊無城樓，補建如城正樓，崎巇之區，一時巍然改觀，雖金湯之固何以加焉？是役也，不費帑金而卒能成百數十年不易成之功，斯可謂上不負朝廷而千城有寄矣，下不曠職守而作堵有功矣。夫末世之爲長吏者，視一官如傳舍，務期會催科，取上考耳，其於邑之利弊具交視之。昔人所謂菟絲燕麥[①]、南箕北斗[②]，不啻也，復誰計及于衛。民之要務，固國之本圖哉？然則侯之斯舉，其爲德於吾會也甚深，湖等受侯之福而不能報侯之德，因詳具數言以告後之繼侯者，心體前人之心，屢省時葺，歲久不至傾廢，會人之幸即我侯之德，愈久而不泯矣。侯名敬，江西臨川人，董役諸紳士已見侯自記中，兹不復贅頌。

徐邑侯倡修縣城頌並序

（清）邑人馮鶴舞撰。

文收於徐敬等纂修：（道光）《續修會寧縣志》卷之下《藝文志·文》，道光二十年（1840 年）刻本。

［録文］

自古有善政者，必有嘉祥以應之。而仁人君子但行其職之所，當爲以隨時補救，不爲行所格，不爲勢所禁，權宜審度，必要其成，則天之陰降其康，民之隱受其澤，有不能以自己者，以此見政與民相關，即與天相通，大人之用心何所，往而不昭格感應也。會寧，本州治，明洪武間始改縣移今地，内城外郭，翼如嶽如，兩拓于成化、嘉靖之

① 菟絲燕麥：菟絲不是絲，燕麥不是麥。比喻有名無實。出自《魏書·李崇傳》："今國子雖有學官之名，而無教授之實，何異兔絲燕麥，南箕北斗哉？"

② 南箕北斗：箕宿四星，形似簸箕；斗宿六星，形似古代盛酒的斗。當箕斗并在南方時，箕在南而斗在北，因稱南箕北斗。比喻徒有虚名而無實用。《詩經·小雅·大東》："維南有箕，不可以簸揚；維北有斗，不可以挹酒漿。"

年，四葺于國朝賢宰之手，今則多歷年所缺釁傾頹，不足以壯觀瞻，亦無以資捍禦，過者嫌其陋居者，虞其疏矣。夫君子在邑，小人在野，邑如首而野如身，未有首病而身不受者。是以四鄉之壤連年荒歉，菜色載道，懸罄生悲。我邑侯徐信軒先生，自下車以來，念切民依，思一舉而兼善者，無如以工代賑。于是告諸上憲，謀及紳耆。巨家殷户一時争樂輸焉，鳩工集事，築鍪争興。貧寒之家以力作餘資，養其妻孥，贍其老弱。饑民之活者以數千計，畚臿如雲，農時不害。未逾數月，崇墉屹然。方剡土之伊始，已甘雨之隨時，繼視四郊，則禾麥之收成穰穰乎稱盈阜焉。是知人事與天運相感通，與人爲善莫大於澤及斯民，而利在久遠。斯歡欣鼓舞之氣釀而爲太和康樂之休，豈不盛哉？工既竣，邑人士張燈彩以落之，欣喜而爲之頌曰：

爲國守土，所愛者民。民艱當念，民氣當新。如傷之痛，仰乎至仁。澤及黎庶，惠通明神。我公之美，善政在人。養之教之，舉而措之。凶年之困，滲以權宜。保民如子，毋使餒而。公家之利，知無不爲。諮汝紳耆，有力毋私。贊勷成事，完此城池。貧不惜力，富不惜貲。庶民子來，趨似靈臺。饑者以飽，寒鴻何哀？人事補救，莫懼天災。登登仍仍，百堵皆興。踴躍稱快，和氣潛凝。五風十雨，春台共登。不日成之，厥功惟誰？民曰使君，勞瘁不辭。格天之誠，見於所施。猗歟休哉[1]，敬獻慶詞。

靖遠縣

靖遠建衛碑[2]

（明）正統三年（1438 年）工部侍郎吉水羅汝敬撰[3]。

---

① 猗歟休哉：古代讚頌的套話。猗歟，嘆詞，表示讚美；休，美好。

② （道光）《蘭州府志》題爲“建設靖虜衛記”。

③ 羅汝敬（1372—1439 年）：名簡，一作肅，以字行，号寅庵，江西吉水人。永樂二年（1404 年）進士，歷任庶吉士、翰林侍講、監察御史、工部右侍郎等職。有《寅庵集》。

原碑在靖遠縣城，民國時仍存，今佚。

碑文收於馬文麟修，李一清纂：(康熙)《重纂靖遠衛志》卷五《藝文志・碑記》，康熙四十八年（1709年）鈔本。又收於陳之驥編次：(道光)《靖遠縣志》卷六《碑記》，道光十三年（1833年）刻本，民國十四年（1925年）鉛字重印本；陳士楨修，涂鴻儀纂：(道光)《蘭州府志》卷三《建置志》，道光十三年（1833年）刻本。

録文以（康熙）《重纂靖遠衛志》爲底本。

［録文］

正統三年秋七月[①]，靖遠衛成[②]。先是阿台屢以其衆入犯甘寧間，復遣輕騎自迭烈遜乘冰渡河，潛窺會寧，以圖南寇。諜報陝西鎮守後軍都督府同知鄭公銘、右副都御史陳公鎰發兵追北之[③]，而諜報不已。爰暨藩方僚佐議設兵於河上，以遏寇衝。事聞，可之。且命牧伯之敏於事者，往相地宜，以董其役。於時僉都司事房貴、參司使議戴弁、僉憲司事傅吉承命以行，指揮常敬各率其屬以從。至則以河上地墊且隘[④]，唯古會州乃炎宋拒李元昊之所[⑤]，披山帶河[⑥]，其勢險塞，足固金湯之守，以爲國西藩屏，乃按圖卜吉而城之。未幾而三門成，東曰通化，西曰治平，南曰安遠，其北樓曰鎮北[⑦]。既而公署、第宇[⑧]、倉廩、府庫以及市井、營舍次第偕作。自經始於竣事，凡七閱月而就，某城以步計者二千一百

---

① 正統三年：1438年。

② 遠：(道光)《蘭州府志》作“虜”。

③ 諜報陝西……北之：(道光)《蘭州府志》作“陝西……退北之”。

④ 墊：低下。

⑤ 唯：(道光)《蘭州府志》作“惟”。炎：(道光)《蘭州府志》無。

⑥ 披山：(道光)《靖遠縣志》作“襟山”。

⑦ 未幾而三門成……鎮北：(道光)《蘭州府志》作“未幾而東西南三門成，其北樓曰鎮北”。

⑧ 宇：(道光)《靖遠縣志》作“宅”。

六十有奇[①]。於是扃鐍有禁[②]，鐘鼓有時，士馬精强，部伍整肅，而殘彝聞風遁逃，假息朔漠矣。巡撫陝西右副都御史王公文適按邊儲於河北，以是城控扼要害，實西土休戚所關，宜述建置之由，以垂永觀，乃徵文刻之石。夫兵，凶器也，聖帝明主不得已而用之[③]。是故阪泉之戰[④]，有苗之征，玁狁之伐，無非爲民而已。今阿台違天逆命，怙惡弗悛，虔劉我編氓[⑤]，動摇我疆埸，狼貪猘噬[⑥]，以戕我生靈[⑦]，非有以折衝之，其流毒豈不甚於玁允之輩耶[⑧]？則知是役者非得已而不已也。昔南仲城彼朔方[⑨]，詩人詠之；范仲淹城青澗，史氏書之，豈有他哉？亦唯攘外寇以安中夏耳。諸君子負不世之才，受聖天子非常之寄[⑩]，其所以揚天威、修武備，以迅掃妖氛[⑪]，肅清徼塞。俾關陝人士無斥堠之警，以享太平之盛者，寧不於斯役而卜之。《詩》曰："無競維人。"予於諸君子深有望於今日也，姑書石以俟。

建設永安堡碑記

（明）隆慶五年（1571 年）許用中撰。

原碑在靖遠縣東北，民國時仍存，今佚。

碑文收於馬文麟修，李一清纂：（康熙）《重纂靖遠衛志》卷五

① 某：（道光）《蘭州府志》作"其"。

② 扃鐍：門閂銷鑰之类。

③ 聖帝明主：（道光）《靖遠縣志》作"故聖帝明主"，（道光）《蘭州府志》作"故聖帝明王"。

④ 是故：（道光）《蘭州府志》無。

⑤ 虔劉：劫掠，殺戮。

⑥ 猘：狂犬，瘋狗。

⑦ 狼貪猘噬以戕我生靈：（道光）《蘭州府志》無。

⑧ 之：（道光）《蘭州府志》無。

⑨ 南仲：周宣王初年軍事統帥，受命到朔方（在周京城鎬城北方，今陝西省陝北、甘肅隴東、寧夏南部地區）築城討伐西戎。《詩・小雅・出車》："天子命我，城彼朔方。赫赫南仲，玁狁於襄。"

⑩ （道光）《靖遠縣志》、（道光）《蘭州府志》"之寄"之间有"知遇疆圉攸"。

⑪ 以：（道光）《蘭州府志》無。

《藝文志·碑記》，康熙四十八年（1709年）鈔本。又收於陳之驥編次：(道光)《靖遠縣志》卷六《碑記》，道光十三年（1833年）刻本，民國十四年（1925年）鉛字重印本。

録文以（康熙）《重纂靖遠衛志》爲底本。

［録文］

永安堡，蓋爲戴節度氏晋菴翁新命名云①。國初權設一堡於河上禦寇②，曰迭烈遜。嗣因魯犯不能守，正統間復請堡之南創建靖遠衛③，堡之東重行打剌赤④，以禦之。督撫關中者，每每講求相度，始得永安險隘之地築堡屯守。夫永安東之要害凡七：曰大廟、曰哱囉溝、曰馬尾、曰劉家寺兒、曰大碾子、曰八泉、曰急三灣；西之要害凡九：曰小紅溝、曰硝水、曰紅蟒牛、曰七里口、曰紅柳樹、曰李智墺、曰李哈剌、曰一碗泉、曰迭烈遜。即其堡前所廢者，乃裴家川，跨諸要害中，距河四十里許，雪山枕其南，劉家寺兒溝口接其北，東與埠坪川、白崖子、亂古堆、鎖黄川𡺸㴼相聯絡不斷。川原訏膴，草木蓊蔚，古渠堨塍，疇尚在塞，人以小河套剌剌稱之。鄰撐犁大小松山、蘆塘湖，諸慎蠢甌脱，塞人目之爲套鹵云。今建以長城，計三十里許⑤，名曰永安堡，以金計二千有奇，以穀穗計三千有餘，以夫計萬餘人。天險固而地利興，均出節度王公西石、戴公晋菴之石畫云⑥。至贊其成，則有中丞楊公南泉、左兵侍張公元洲⑦、兵憲王君桃溪、總帥吕公兩槐云。自六月念一日鳩工起⑧，至十一月初三日止，通計凡二十有五甲子。而工告竣，實隆慶五年改元也，戴節度奏之天子，制嘉乃丕績⑨，賜金幣有差，節度命余紀其

① 氏：(道光)《靖遠縣志》作“王”。
② 權：(道光)《靖遠縣志》作“僅”。
③ 堡：(道光)《靖遠縣志》作“城”。
④ 行：(道光)《靖遠縣志》作“修”。
⑤ 十：(道光)《靖遠縣志》作“千”。
⑥ 石：(道光)《靖遠縣志》作“碩”。
⑦ 左兵侍：(道光)《靖遠縣志》作“左兵侍郎”字。
⑧ 念：應爲“廿”。
⑨ 嘉乃丕績：嘉許其大功業。《書·大禹謨》：“予懋乃德，嘉乃丕績。”

事。余謹按《龍韜》文《王翼》編曰："股肱四人，主任重持難，修溝塹，治壁壘，以備守禦。[1]"又按周宣王命樊侯仲山甫築城[2]，而尹吉甫作詩送之曰："王命仲山甫，城彼東方。"又曰："衮職自闕，惟仲山甫補之。[3]"然則諸公之功，與山甫先後一轍，豈曰古今人之不相及哉？王公名之誥，石首人；戴公名才，滄州人；楊公名思忠，平定州人；張公名翰，仁和人；吕公名經，寧夏人；王君名宫用[4]，成安人。

創建蘆溝堡碑記[5]

(明）萬曆二十四年（1596年）户部主事楊恩撰。

原碑在靖遠縣東，民國時仍存，今佚。

碑文收於馬文麟修，李一清纂：(康熙)《重纂靖遠衛志》卷五《藝文志・碑記》，康熙四十八年（1709年）鈔本。又收於陳之驥編次：(道光)《靖遠縣志》卷六《碑記》，道光十三年（1833年）刻本，民國十四年（1925年）鉛字重印本。

録文以（康熙)《重纂靖遠衛志》爲底本。

[録文]

昔南仲城朔方而中原底寧，營平屯金城而西羌遠遁[6]。今古讓美，宇宙垂光，非天下第一流人物疇辦此哉。靖遠介朔方、金城間，逼近魯巢。外則蘆塘爲其芻牧之場，内則蘆溝爲其出没熟道，腹地

---

① 《六韜・龍韜・王翼》。《六韜》又稱《太公六韜》《太公兵法》，全書共六卷，分別以文、武、龍、虎、豹、犬爲標題。《王翼》爲卷三《龍韜》首篇。

② 仲山甫：一作仲山父。周太王古公亶父的後裔，受舉薦入王室，任太宰，封地爲樊，從此以樊爲姓，爲樊姓始祖，所以又叫"樊仲山甫""樊仲山""樊穆仲"。

③ 《大雅・烝民》爲周宣王時代的重臣尹吉甫所作，有"王命仲山甫，城彼東方"。"衮職自闕，惟仲山甫補之。"自：(道光)《靖遠縣志》作"有"。

④ 王：(道光)《靖遠縣志》無。

⑤ (道光)《靖遠縣志》作"建設蘆溝堡碑記"。

⑥ 營平：指漢朝營平侯趙充國。

屢遭荼毒，當軸竊懷殷憂。萬曆癸巳[①]，大司馬魏公具疏上，請於蘆溝扼隘設堡砦，屯戍卒，爲折衝，禦侮外[②]。方命下之日，值西夏變故之秋。越數年，無有敢肩之者。及少參鍾所劉公至，甫月餘，檢往牒，見蘆溝建堡有議，即親往閱其形勝，度其工程。毅然身任曰："以靖遠之兵食，足靖遠之供億。正、游二營軍馬歸回，固原、靈州二倉錢糧抵補，何工不成？何兵不足？何食不饒？"劑糧調停[③]，乃圖説於軍門李公、撫臺吕公，咸可其事。于是鳩工聚材器，使才能區畫周悉。以提調則靖遠參將麻君濟邦，以督工則原任參將鄧君鳳，以分理庶務則千總薛君棟，以收支糧餉則衛經歷張君澤。始於萬曆丙申二月[④]，落成於是年八月。因事呈能，各奏敷功。城垣高厚環堵有數，樓臺壕塹聳闊有數，重門闈闥有數[⑤]，公署、祠宇有數，倉廒、營房、卒伍、馬步有數，井然有條，炳然可述。以百户戴君鵬爲守備[⑥]，行都指揮事，餘皆序功旌賞。委千户薄君崇古爲坐堡，百户吴君登福爲中軍，分管堡務，遹觀厥成[⑦]。是堡之建也，財不甚費，民不甚勞，工不日成，兵不外徙，食不外增，一區畫間屹然爲腹地，保障居民宴然[⑧]。噫嘻，然則我公亦今之南仲、營平也。已今夏四月，李君時節以守備來守玆土，恐歲月之易邁，致成功之無紀，將取氏名爵秩、工程財貨，鎸堅珉，與是堡相永久。命中軍黨君師尉、坐堡王君性善俱來請記，爲之具道如此。公諱兑，字澤[⑨]，直隸新城人，鍾所其别號云。

---

① 萬曆癸巳：萬曆二十一年，1593 年。
② 外：(道光)《靖遠縣志》作"計"，當是。
③ 糧：(道光)《靖遠縣志》作"量"。
④ 萬曆丙申：萬曆二十四年，1596 年。
⑤ 闈闥（wéi tà）：指宫中小門。
⑥ 百户：明代衛所兵制亦設百户所，爲世襲軍職，百户統兵 120 人，正六品。
⑦ 遹：助詞，用於句首，無實義，如"遹求厥寧，遹觀厥成"。
⑧ 宴然：名詞，意爲安定、平安。
⑨ 字澤：(道光)《靖遠縣志》作"字澤夫"字。

水泉堡碑記①

（明）萬曆四十年（1612 年）吕大用撰文。

原碑在靖遠縣東，民國時仍存，今佚。

碑文收於馬文麟修，李一清纂：（康熙）《重纂靖遠衛志》卷五《藝文志·碑記》，康熙四十八年（1709 年）刻本。又收於陳之驥編次：（道光）《靖遠縣志》卷六《碑記》，道光十三年（1833 年）刻本，民國十四年（1925 年）鉛字重印本。

録文以（康熙）《重纂靖遠衛志》爲底本。

［録文］

先時萬曆初②，以水泉近永安，當黄沙、紅溝、鎖黄等衝，用築哨馬營，伏軍五十，亦古昔守成意。迄庚子歲③，賴皇上天威④，掃空松穴。于是北通甘凉，西達洮靖，東接固原，尋爲三鎮通衢。冠蓋駐節，旗遁即次⑤，兵餉之飛運星轉⑥，邊商之蟻攘蜂熙，咸於此假道托宿，迎送奔馳者，苦無寧日。本道遂徙迭烈⑦、陡城二軍以實之。夫以扼要之地，而彈丸若是，何以捍禦士卒，收攝兵餉？向者參戎趙公維翰目擊其事，因白之同知吕公恒，遂議所居之軍士，不足以當往來之冗繁，且露居野處者，大爲不便，共矢訏謨，會道呈院，乃可其議。即下檄命，中軍吴登泰用動大衆督其事，操守趙率性日夜經營，備粟米犒軍。夫擴其舊址，崇其基勢，外則崇墉峻堞⑧，内則堂皇室庖，以及綽楔環閈，墿舍樓闉，

---

① （道光）《靖遠縣志》作“建設水泉堡碑記”。
② 時：（道光）《靖遠縣志》作“是”。
③ 庚子：萬曆二十八年，1600 年。
④ 賴皇上：（道光）《靖遠縣志》作“賴我皇上”。
⑤ 遁：（道光）《靖遠縣志》作“盾”。
⑥ 餉：（道光）《靖遠縣志》作“饟”。
⑦ 遂：（道光）《靖遠縣志》作“逐”。
⑧ 峻：（道光）《靖遠縣志》作“峻”。

崔如翼如，於公家儲偫金錢之費無幾，凡前之節次者、轉煕者，可恃有以待也[①]。是役也，鳩工於壬子之秋[②]，落成於癸丑之夏[③]。道憲岳公創其基，周公竟其緒，若二公者，其亦可以抒聖天子西顧之憂矣[④]。

重建靖虜衛打剌赤城記[⑤]

（明）成化十年（1474 年）兵備副司楊冕撰。

原碑在靖遠縣東，民國時仍存，今佚。

碑文收於杨經纂辑：（嘉靖）《固原州志》卷之二，嘉靖十一年（1532 年）刻本。又收於馬文麟修，李一清纂：（康熙）《重纂靖遠衛志》卷五《藝文志・碑記》，康熙四十八年（1709 年）刻本；陳之驥編次：（道光）《靖遠縣志》卷六《碑記》，道光十三年（1833 年）刊本，民國十四年（1925 年）鉛字重印本。

録文以（嘉靖）《固原州志》爲底本。

［録文］

打剌赤古城，按舊志不載興廢之由[⑥]，或者以爲宋禦夏人之患所築歟？是城東距西安州八十里，西去靖虜衛八十里[⑦]，北臨虜寇衝突之地[⑧]，南控居民耕牧之場。先是，城之北有堡，曰迭烈遜，密邇雪山、黄河[⑨]。國朝於是堡分布屯軍[⑩]，置巡檢司衙門，每歲增以戍

---

① 有以：（道光）《靖遠縣志》作“以有”。

② 壬子：萬曆四十年，1612 年。

③ 癸丑：萬曆四十一年，1613 年。

④ 抒聖天子：（道光）《靖遠縣志》作“抒我聖天子”。

⑤ （康熙）《重纂靖遠衛志》、（道光）《靖遠縣志》作“建設打剌赤堡碑記”。

⑥ 舊：（康熙）《重纂靖遠衛志》、（道光）《靖遠縣志》無。

⑦ 西去靖虜衛八十里：（康熙）《重纂靖遠衛志》、（道光）《靖遠縣志》作“西去靖遠七十里”。

⑧ 虜：（康熙）《重纂靖遠衛志》作“魯”。

⑨ 密邇：靠近、貼近的意思。

⑩ 是堡：（道光）《靖遠縣志》作“此堡”。

兵，蓋防河凍虜出之患也[①]。自正統、成化以來，酋虜數徑是堡入寇中原[②]，軍民累遭荼毒，本堡警懼甚焉[③]。成化八年[④]，前鎮守靖虜參將周海暨指揮使路昭等[⑤]，以其事計於予曰："迭烈遜地僻城孤[⑥]，人寡難守，不若打剌赤古城，外則可禦賊寇[⑦]，内則可屯兵戍，又且爲地里四達之處，若以巡檢司并屯軍移於此[⑧]，不爲軍民不便乎？[⑨]"予遂以其事白於巡撫陝西都臺大夫馬公文昇、鎮守陝西太監劉公詳、總戎白公玉暨藩臯諸大臣[⑩]，皆曰："然。"乃疏其實以聞，詔允其請，命下。馬公以厥事屬諸冕。遂往相厥地，計其徒庸，而以是衛指揮同知朱勇董厥工。成化九年春[⑪]，參將趙公永和來鎮是地[⑫]，遂得戮力一心，襄成厥事。城則因舊而築，廢者補之，闕者增之。城完，趙公遂名其門，東曰定遠，西曰得勝。與凡公弟、倉廩、市井、營舍次第偕作[⑬]。自經始至竣事，閲九月而就[⑭]，其役以工計者二千五百，其城以步計者七百八十有奇，其屋以間計者百五十有餘，仍籍其附城空閑地畝分爲屯田[⑮]，于鎬鑰有禁[⑯]，鐘鼓有時，士馬精

---

① 虜：(康熙)《重纂靖遠衛志》作"魯"。

② 酋虜：(康熙)《重纂靖遠衛志》作"酋魯"，(道光)《靖遠縣志》作"虜酋"。徑：(康熙)《重纂靖遠衛志》、(道光)《靖遠縣志》作"經"。入：(康熙)《重纂靖遠衛志》作"中"。

③ 焉：(康熙)《重纂靖遠衛志》、(道光)《靖遠縣志》作"嚴"。

④ 成化八年：1472 年。

⑤ 靖虜參將周海暨指揮使：(康熙)《重纂靖遠衛志》、(道光)《靖遠縣志》作"參將周海暨衛之指揮使"。

⑥ 城孤：(道光)《靖遠縣志》作"孤城"。

⑦ 賊寇：(康熙)《重纂靖遠衛志》作"魯衝"。(道光)《靖遠縣志》作"虜衝"。

⑧ 屯軍移於此：(康熙)《重纂靖遠衛志》、(道光)《靖遠縣志》作"屯軍俱移於此"。

⑨ 不爲軍民不便乎：(康熙)《重纂靖遠衛志》、(道光)《靖遠縣志》作"不亦爲軍民之便乎"。

⑩ 陝西、臯：(康熙)《重纂靖遠衛志》、(道光)《靖遠縣志》無。詳：(康熙)《重纂靖遠衛志》作"祥"。玉：(道光)《靖遠縣志》作"玘"。

⑪ 成化九年：1473 年。

⑫ 參將：(康熙)《重纂靖遠衛志》、(道光)《靖遠縣志》作"令參將"。

⑬ 弟：(康熙)《重纂靖遠衛志》、(道光)《靖遠縣志》作"第"。

⑭ 閲九：(康熙)《重纂靖遠衛志》、(道光)《靖遠縣志》作"凡九閲"。

⑮ 分：(康熙)《重纂靖遠衛志》、(道光)《靖遠縣志》無。

⑯ 於鎬鑰有禁：(康熙)《重纂靖遠衛志》、(道光)《靖遠縣志》作"于是扃鐍有禁"。

强，部伍整肅，屯田耕牧，可保無虞。胡虜聞風[①]，莫敢延頸西望，而地方以寧矣。

趙公謂予，兵備是地，宜有言以述建置之由焉。余嘗稽諸載籍，自古禦戎之道，固以攻戰爲先，尤以守備爲本，況醜虜逞彼犬羊之性[②]，憑陵我民庶，蹂躪我邊疆，其勢熾矣。若非固城宿兵以守之備[③]，彼賊衝突無時[④]，遽將何以遏之乎[⑤]？故昔南仲城朔方[⑥]，而玁狁之難自除；范仲淹守青澗，而契丹之暴自沮者，良由是也。然則是一建[⑦]，巡鎮諸公禦侮安民之功，殆非小小。繼自今來守是地者，尤能行相體時，葺屢省碑[⑧]，無歲久易湮之矢[⑨]，則不負巡鎮諸公愛利之惠[⑩]，而趙公之惠亦久而不泯矣。是爲記。

乾鹽池碑記[⑪]

（明）成化十八年（1482 年）户部尚書楊鼎撰[⑫]。

原碑在靖遠縣東 120 里乾鹽池堡，民國時已佚。

碑文收於楊經纂辑：（嘉靖）《固原州志》卷之二，嘉靖十一年（1532 年）刻本。又收於馬文麟修，李一清纂：（康熙）《重纂靖遠

① 胡虜：（康熙）《重纂靖遠衛志》作“醜魯”。（道光）《靖遠縣志》作“醜虜”。

② 虜：（康熙）《重纂靖遠衛志》作“魯”。

③ 備：（康熙）《重纂靖遠衛志》、（道光）《靖遠縣志》無。

④ 賊：（康熙）《重纂靖遠衛志》、（道光）《靖遠縣志》作“則”。

⑤ 遽：（康熙）《重纂靖遠衛志》、（道光）《靖遠縣志》作“邊”。

⑥ 昔：（康熙）《重纂靖遠衛志》、（道光）《靖遠縣志》作“昔者”。

⑦ 然則是一建：（康熙）《重纂靖遠衛志》、（道光）《靖遠縣志》作“然是城一建”。

⑧ 行相體時葺屢省碑：（康熙）《重纂靖遠衛志》、（道光）《靖遠縣志》作“心相體悉，時葺屢省”。

⑨ 無歲久易湮之矢：（康熙）《重纂靖遠衛志》、（道光）《靖遠縣志》作“俾無歲久易湮之失”。

⑩ 惠：（道光）《靖遠縣志》作“意”。

⑪ （康熙）《重纂靖遠衛志》、（道光）《靖遠縣志》作“建設乾鹽池堡記”。

⑫ 楊鼎（1410—1485 年）：字宗器，陝西咸寧（今屬西安市）人。正統四年（1439 年）進士，後歷任編修、監察御史、户部侍郎、户部尚書等職。成化十五年（1479 年）致仕。著有《助費稿》20 卷。

衛志》卷五《藝文志·碑記》，康熙四十八年（1709年）刻本之鈔本；陳之驥編次：（道光）《靖遠縣志》卷六《碑記》，道光十三年（1833年）刻本，民國十四年（1925年）鉛字重印本。

録文以（嘉靖）《固原州志》爲底本。

［録文］

定戎寨，一名乾鹽池，里志不載其詳，無從考徵[①]。平舊壘中，得前人所作《過定戎寨詩鐫》[②]，始知其名也。其境東通西安州，西入打剌赤[③]，南通會寧縣，北達寧夏。豈宋禦夏致此，至金始隸乎夏歟[④]？元廢不治。我國朝取其水草利澤，止作司牧之所。北狄剽掠[⑤]，經此出没，實緊關要地，不可無兵守鎮，以揚天威於沙漠也。粵成化歲辛卯[⑥]，僉憲楊君冕籌畫此策，潛消虜迹[⑦]，移兵屯此，掘隍成壘，事未卒成。越九載己亥[⑧]，虜復寇毁，由此砦翼[⑨]。歲庚子夏[⑩]，憲副王君繼備呈其狀，巡撫、都憲阮公勤善、楊君所謀[⑪]，擬移兵鎮之，乃曰："必須相察以驗可否。"入冬，公始歷覽邊鄙，心舒目行，視故城遺址違新城一里許，廣平宏敞，互澍諸泉[⑫]，信可仍其舊。公曰："事貴因循[⑬]，何必改作。"矧此規模壯麗，土疆墳衍，前指後畫，公志先定，詢謀僉同，卒更其初議。及公歸[⑭]，謀諸鎮守太監歐公賢、都督白公玘，參議若符，良圖允協。忻然大舉厥馗，

① 徵：（康熙）《重纂靖遠衛志》、（道光）《靖遠縣志》作"證"。

② 過：（康熙）《重纂靖遠衛志》、（道光）《靖遠縣志》無。

③ 入：（康熙）《重纂靖遠衛志》、（道光）《靖遠縣志》作"通"。

④ 至金：（康熙）《重纂靖遠衛志》、（道光）《靖遠縣志》作"寨"。

⑤ 狄：（康熙）《重纂靖遠衛志》、（道光）《靖遠縣志》作"夷"。

⑥ 成化辛卯：成化七年，1471年。

⑦ 虜：（康熙）《重纂靖遠衛志》、（道光）《靖遠縣志》作"魯"。

⑧ 己亥：成化十五年，1479年。

⑨ 虜復寇毁由此砦翼：（康熙）《重纂靖遠衛志》、（道光）《靖遠縣志》作"魯復由此入寇"。

⑩ 庚子：成化十六年，1480年。

⑪ 都憲：（康熙）《重纂靖遠衛志》、（道光）《靖遠縣志》無。

⑫ 互澍諸泉：（康熙）《重纂靖遠衛志》、（道光）《靖遠縣志》作"諸泉互涌"。

⑬ 因循：（康熙）《重纂靖遠衛志》、（道光）《靖遠縣志》作"由舊"。

⑭ 歸：（道光）《靖遠縣志》作"婦"，誤。

而贊□□哉。遂馳表陳其所以[①]。皇上明見萬里[②]，必切於始[③]，納公嘉謨，詔特允之。于是公自度量，稱才受任，分土責成[④]，士卒争先，經之營之[⑤]，趨赴不怠若翼[⑥]。

歲辛丑[⑦]，理兵政憲副翟君廷蕙繼至[⑧]，綱領厥務，戒之用體，董之用威，百事爲心，功克以濟。總厥工者指揮使劉端公[⑨]，厥任者本所暨平、鞏諸郡指揮朱勇等[⑩]。增盈故垣五里有奇，崇高四尋，加厚三丈，隍闊池深，氣象巍嚴，獨勝邊方諸城。依堄作閣，南構一樓，峭然各省，以快眺望，名曰定邊。[⑪]出入二闉，東鎮夷，西服虜[⑫]。三扁，公所命字，志在柔遠以揚聲教焉。至若城隍、旗纛、神祠、察院、倉場、鼓樓、街衢、廬舍，咸左右其公衙，井五[⑬]。其居民百堵俱興，無一不理。丕作辛丑年二月，位成於是年八月，歷時二百一十日，書役二千八百工。是舉也，未逾半載，而百工告成。衆謂事成之速，上下無怨，不可勝紀。翟君遣使齎禮幣，不憚千里而來，謁予爲記。

夫伯鯀作城以居衆，古制也。《書》曰："□□□□，□固封守。"《易》曰："王公設險，以守其國。"《孟子》曰："天時不如

---

① "參議若符"至"遂馳表陳其所以"：（康熙）《重纂靖遠衛志》、（道光）《靖遠縣志》作"衆議相符，皆忻然，大舉共樂爲贊襄，遂表陳其所以"。

② 見：（康熙）《重纂靖遠衛志》、（道光）《靖遠縣志》作"鑒"。

③ 必切於始：（康熙）《重纂靖遠衛志》、（道光）《靖遠縣志》作"切於求治"。

④ 土：（康熙）《重纂靖遠衛志》、（道光）《靖遠縣志》作"工"。

⑤ 經之營之：（康熙）《重纂靖遠衛志》、（道光）《靖遠縣志》無。

⑥ 若翼：（康熙）《重纂靖遠衛志》、（道光）《靖遠縣志》無。

⑦ 辛丑：成化十七年，1481年。

⑧ 理兵政憲副：（康熙）《重纂靖遠衛志》作"兵憲"，（道光）《靖遠縣志》作"兵憲"。繼：（康熙）《重纂靖遠衛志》、（道光）《靖遠縣志》作"適"。

⑨ 公：（康熙）《重纂靖遠衛志》、（道光）《靖遠縣志》作"分"。

⑩ 平、鞏：（康熙）《重纂靖遠衛志》、（道光）《靖遠縣志》無。

⑪ 此二句（康熙）《重纂靖遠衛志》、（道光）《靖遠縣志》作"增盈故垣五百有奇，崇高四尋，加厚三尺，浚隍高堞，氣象雄壯，南建虚樓，以快登望，因名定邊"。

⑫ 東鎮夷西服虜：（康熙）《重纂靖遠衛志》、（道光）《靖遠縣志》作"東曰鎮夷，西曰服魯"。

⑬ 此句（康熙）《重纂靖遠衛志》、（道光）《靖遠縣志》作"至若神祠、官廨、倉場、營舍，咸飭宏敞"。

地利，地利不如人和。”其來有自矣。但寰宇有遠近，地形有夷險，土性有剛柔。便於板築者，短於圬鏝；利於耕鑿者，病於樵牧。況如底者多受敵，臨險者難控禦，界乎邊境者尤難於腹裏。欲得衆心悦服，杜絶後患[①]，興已廢之迹，創未有之業，顧識見、目力、用心何如，斯固難矣。

詳此地四圍山環，中原坦夷，勢若天塹，以限華夷也。非惟墳壤可築可圬，優於修理，亦且可耕可鑿、可樵可牧，裕於屯守；故壘舊址，易於損益；土脉沃饒，宜登稼穡；池液浸溎，便佽甘鹵。人被六氣之用，家獲作鹹之利，因民之所利而利之，故民之遷也如歸市。不待耕耘，負粟以食之；不待乘屋，穴居以處之。使無益上下，刑驅有不齊矣，得如此乎。相此地者，其目力、識見，過人遠矣。[②]

古人云：“疆域障塞，歲久則易湮，世平則易玩”。況天下承平日久，保成者爲難事，豈有築城池、摘右所、壯皇明、鎮西夷者乎？吁，公之績孰不羨丕耶？向之宣化往來，經此惟路次[③]，夤夜惶惶[④]；今而館受省宿，可保無虞矣。且城堅池固，使虜人來者衆，怙我芻糧郛郭，阻其饔飧，堅壁清野，無從鼠竊矣。來者寡，仗吾利兵健駐，截其喉項，折馘執俘，無復遺類矣。夫以陝右羅列三邊之廣，連城、衛所之盛，可移、可修者奚一定戎而已哉？苟率能效慕而更新之，則夷虜膽破魂消，畏威讋服，烽火不警，黎民得安堵，邊境可謂清矣。由是九重少西顧之憂，廟廊已運籌之計，元元免轉輸之勞，關中可謂安矣。

---

① “《書》曰”至“後患”：（康熙）《重纂靖遠衛志》、（道光）《靖遠縣志》無，“興已”前有“今”字。

② 本段（康熙）《重纂靖遠衛志》、（道光）《靖遠縣志》作：“詳此地山圍平原，勢若天塹，非惟墳壤可築可朽，便於修理，亦且可耕可鑾，可樵可牧，裕於屯守，人被六氣之用，家獲作鹹之利，是因民之所利而利之，故民遷也如歸市。然則公之是舉也，既稱情乎。時制又壯觀乎。國家利在生民，動昭天壤，又烏可泯而不傳乎，故詳書以著其建作之始，俾來者有考焉。”

③ 路次：路途中間。

④ 夤夜：夜晚寅時，指深夜。

公仍賦其屯糧，物其方土，慮尚艱食，定其租税，三年後乃作，真恩義兼盡矣。吁，公之心孰不云盡瘁耶？將來士卒感慕，三千一心，如古之逐獫狁、遁匈奴，戰無不勝矣。裨將奮發，六軍并力，如古之滅襜襤，獲閼氏，功無不克矣。在人養習，何如誰議，今不若古哉。大抵《春秋》書新延廐[1]，謂時得爲也；《春秋》書新作南門，謂制不可爲也。今公是舉也，既稱情乎時制，又壯觀乎國家，非春秋之可議，烏可泯而不傳諸後乎。詳書以著其更作之始，俾來者有所考焉。嗟乎，守在四夷，公之大志；牧用趙卒，公之遠謀。策公之勳，古人今人豈多讓哉。太史秉筆，必大書之曰“丕績”，贊之曰“克勤”於邦矣。繼守斯城者可不勉諸？是爲記。

四 平凉市

崆峒區（平凉府）

平凉府城濠注水記

（明）嘉靖十六年（1537 年）立，趙時春撰[2]。

原碑已佚。

碑文收於趙時春撰：《趙浚谷文集》卷之四，萬曆浙江汪汝璪家藏本。

[録文]

平凉府城面南山之麓而北據涇，東臨小峪而西阻乾溝。涇之上

① 延廐：春秋时鲁君的马厩。

② 趙時春（1508—1567 年）：字景仁，號浚谷，平凉（今甘肅平凉市）人。嘉靖五年（1526 年）進士，“嘉靖八才子”之一，歷官刑部主事、山東民兵僉事、都察院右僉都御史、山西巡撫、都督雁門等地軍務，著作有《平凉府志》《趙浚谷集》《洗心亭詩餘》《稽古緒論》等。《明史》卷二百有傳。

有泉，穴城而涌，以周乎城之北。其西號曰“暖泉”，以爲韓之沼；其東號曰“長樂園”，以爲襄陵之囿。獨南濠廢不治，或稍藝苜蓿，以規吞并。嘉靖壬寅夏六月①，兵部右侍郎兼右僉都御史、巡撫趙公揚威塞上，振旅東歸。於是分守參政龔君、分巡僉事康君率其屬知府王君、行都指揮事黄君奉公以登城，歷覽四隅。時乾溝流潦方漲，可以注城之西南。而小峪之水，即時春所謂“浚谷”者，固常甃而溝之，可以入城之東南。乾溝之水伏見不常，而東濠下流爲郭城，居民萃焉。往丁亥歲②，水大墊，民以千計溺。公乃命崇其墉基，以遏奔潰。而西溝之伏乾者，疏治其上流，期可必得。是冬，公以户部左侍郎移督山西軍儲。奉公命者，務底有績，罔敢墜隤。屬府人趙時春志之石，樹于墉址，以告成事。實嘉靖癸卯仲春朔日③。

静寧縣

增修外城記

（明）成化戊子四年（1468年）提學副使伍福撰。

原碑在静寧縣城，民國時已佚。

碑文收於王烜纂修：（乾隆）《静寧州志》卷七《藝文志》，乾隆十一年（1746年）修，民國蘭州俊華印書館排印本。

［録文］

静寧，古朝那地④，漢、晋屬安定郡，唐、宋爲渭州西北境，歷代用武之區。宋景德中，知渭州曹瑋以隴山外有衝地，號隴干川，

---

① 嘉靖壬寅：嘉靖二十一年，1542年。

② 丁亥：嘉靖六年，1527年。

③ 嘉靖癸卯：嘉靖二十二年，1543年。

④ 朝那（zhū nuó）：古縣名。1．西漢置。治今寧夏固原東南。北魏末廢。西漢文帝十四年（前166年）匈奴十四萬騎入朝那、蕭關，即此。2．西魏大統元年（535年）置。治今甘肅靈臺西北。隋廢。西魏、北周時，曾爲安武郡治所。

因相地形築城寨，以兵守戌①，時拒西夏設也。慶曆中，經略使韓琦始表奏隴干城爲山外四寨之首，請建爲軍，賜名德順。金皇統二年②，改軍爲州。元并西夏，始改爲静寧，即今州城也。我聖朝統一寰宇，州仍元舊，草昧之初，人民凋耗，減外城爲内城，僅周五里許。自洪武迄今，百有餘年，疆土又寧，武備寢弛，州民聚處日繁，城隘且圮，而外郭舊城遺址悉泯，平凉衛卒耕據，歷歲滋久，牧守因循，曾莫能復。成化三年秋③，東兖靳善宗元，以賢科發迹，來知州事。翊日，登城周覽，既嘆其傾壞，謂宜繕修，而父老咸以屯卒所侵外郭爲言。善因計，天下承平日久，休養生息，累洽重熙，疑無外慮，然安不忘危，古人確論。矧兹用武之區，内城既修而外城亦當復舊，不然一旦設有烽燧之警，何以捍寇難、衛人民乎？具白其事於撫軍項公即俾、按察僉事應瀚，督平凉府衛諸官，往覆之，如善所云，盡歸侵地於州。善於是先繕内城，量功命日，具餱糧，平板幹，稱畚築，程土物，議遠近，循舊基，重築外城。肇功於四年春仲④，不三閲月，崇墉深池，自址至堞二丈八尺有咫，址廣僅三丈，環袤餘七里，東西達内城，爲二門，設關鑰，時啓閉。復樓其内城東西二門之上，各五鉅楹，層構翚飛，以資眺覽。是役也，雖爲流言中阻，而善益毅然無撓，故敏於就事，慮不愆素，屹爲關右堅城。工甫畢，適土達四構逆⑤，遠近警擾，聚落避患，伏城加歸。既又比歲⑥，丑鹵内侵，總制鉅公分遣大將宿重兵於兹，以遏奔衝，信足以衛人民，捍寇難。設險於武備，保障於一方，非厲民而妄作。然則善之爲政，心乎斯民，見於先幾而知所重者歟，爲政而知所重，是宜與也。抑考春秋諸國於城之議，有譏其非時傷財厲民者矣，有與其能攘彝翟能保民者矣。今觀善之政，可謂有功於民，不負聖天

① 戌：当作“戍”。
② 皇統二年：1142 年。
③ 成化三年：1467 年。
④ 四年：成化四年，1468 年。
⑤ “達”下應有“滿”字，爲“滿四”。
⑥ 比歲：連年，近年。

子命吏之意，書法固在所與。然善庶齊一民心，宣沛德澤，揚富庶之風，敦禮樂之化，等龔績黄，勛而上皆分内事，不獨城也，善其勉諸重。以父老請言，故樂爲記，俾鎸諸石以詔來者。

創修東關記

（明）嘉靖十五年（1536 年）兵備僉事樊鵬撰。

原碑在静寧縣城，民國時已佚。

碑文收於王烜纂修：（乾隆）《静寧州志》卷七《藝文志》，乾隆十一年（1746 年）修，民國蘭州俊華印書館排印本。

[録文]

嘉靖乙未冬[①]，静寧州知州劉琉移文報成關城，奉總制唐公、撫軍黄公命也。余謂事艱大，今且易，何也？至其地登城而觀之，曰："嗟乎，壯哉重城，邊地利也。"先是，洪武四年[②]，州建城隘。成化初，守靳善請詔撫軍項公，成重城九里，東、南、北關烟火日繁。成化十一年[③]，守祝祥復請，撫軍阮公成外東關，廣五里。當是時，草創亟成，年久城壞，劉君憂之，曰："陴也，何能防？然吾固死守吏，弗可宴然坐觀。"乃集諸父老，計丈尺，議高低，作事於嘉靖十四年三月十三日，畢務於八月二十五日。城長二千七百三十尺，高一丈六尺，截然與州城相表裏。又推其餘力，新文廟齋居，創名宦鄉賢祠。余聞之，王公設險以守其國，故城郭溝池，險之大端，君子不廢也。今夫鳥雀高巢，虎豹遠穴，蛟龍深淵，所以守也，而況夫人民乎？且静寧東接六盤，西通金城，北近長城，南雜羌戎，是古今裔彝必争之地[④]，戎馬馳驅戰場處也，即城守堅嚴，猶有意外之

---

① 嘉靖乙未：嘉靖十四年，1535 年。

② 洪武四年：1371 年。

③ 成化十一年：1475 年。

④ 裔彝：裔，邊遠之地；彝，通"夷"；裔彝即邊遠的少數民族。

虞。如嘉靖甲午[1]，鹵擁十萬，撤青沙拉[2]，安會堡寨多破，安會城固獲免，賊竟敗去。由此觀之，地利可弗謂之先務乎哉。或曰今聖王御世，天下太平，邊鄙無事，宜無勞。紛紛者曰：“周之成康，何時也？周公告成王，必曰克詰戎兵。洪範八政[3]，不遺於師，何者？安不忘危，古今保天下至意，不可以尋常道也。”郡人党禮、李玖、馬應麟、姚壽、王進卿、葛夢請記，以永其傳，余爲之記。劉君琉，四川嘉定人，治成，今陞襄陽府同知。時嘉靖十五年丙申孟秋之吉。

莊浪縣

知縣張瑜捐創南門樓碑記

（明）嘉靖甲午十三年（1534 年）邑人楊廷璽撰。

原碑在莊浪縣城，民國時已佚。

碑文收於王鍾鳴等撰輯：（康熙）《莊浪縣志》卷之二《建置門·城池》，康熙六年（1667 年）鈔本。又收於邵陸纂修：（乾隆）《莊浪志略》卷二十《藝文志》，乾隆三十四年（1769 年）鈔本。

録文以（康熙）《莊浪縣志》本爲底本。

［録文］

夫莊浪昉古[4]，秦爲北地郡[5]，漢爲安定郡，迄宋元爲路。我聖祖高皇帝龍飛淮甸[6]，奄有天下，置爲邑，而隸諸平凉焉。草創之初，規模羸定[7]，城樓門墻狹隘矮疏[8]，無足觀者。惟時邑宰後先相

---

① 嘉靖甲午：嘉靖十三年，1534 年。

② 青沙拉：地名。

③ 洪範八政：《尚書·洪範》中提到的國家施政的八個方面。

④ 莊浪昉古：（乾隆）《莊浪志略》作“莊浪昉於古”。

⑤ 地：（乾隆）《莊浪志略》作“城”。

⑥ 《大明太宗文皇帝實録》卷十上洪武三十五年七月上載“皇考太祖高皇帝龍飛淮甸，汛掃區宇”。“龍飛淮甸”特指朱元璋于淮河流域起而稱帝事。

⑦ 羸：（乾隆）《莊浪志略》作“粗”。

⑧ 樓門：（乾隆）《莊浪志略》作“門樓”。

繼，慮不及此，衹見頽垣敗壁[①]，不勝狼狽。以故套彝長駈[②]，絶無備禦之防；劇賊猖獗，時有劫掠之患，士庶咸憂且病焉[③]。嘉靖己丑[④]，張公瑜，錦衣巨族也，以公大方家而宰是土。顧邑虽小，而政則煩；民虽寡，而訟獄征斂則不簡於他邑。公規畫惟勤，歷載餘，百度俱興[⑤]。諗諸士大夫曰："門傾如此，脱有外患，吾司牧民弗克辭責矣。"以是達諸總制少保唐公，乃可其事，由是慨然自任。凡夫磚瓦、木石累至鉅萬，悉設法措置[⑥]，而民財弗與焉[⑦]。鳩工於嘉靖甲午之十三年春三月[⑧]，落成於是年仲秋，高四丈五尺，闊三丈二尺，氣象弘遠，制度森嚴。非惟可以壯國威，抑亦可以杜外伺覬覦之心矣。故士庶相慶[⑨]，商賈相歌，農夫相誦，憂而病者喜且愈焉。公之事此，若畢矣，猶未也。仁以存心，慎以莅事，修學校以作士類，寬力役以節民情，闊倉舍以廣儲蓄[⑩]，空囹圄以伸冤抑[⑪]，嚴胥吏以防壅蔽，時徵期以便輸將，置烽燧以禦邊警，通有無以疏民財。至勤巡按諸公奬勵優叙[⑫]，而聲譽不求而至矣，而公赫然之功，顧不度越于先後也耶[⑬]。是門之舉也，教諭侯君濤、典吏杜君梅羽翼贊襄，實與力焉。工成[⑭]，鄉士夫命愚以記；愚不敏，無能悉公之績，樂公之志。有成而喜，爲邑人之道也，於是乎記。嘉靖十三年仲秋立[⑮]。

---

① 衹：（乾隆）《莊浪志略》無。
② 套：（乾隆）《莊浪志略》作"奮"。長駈，古同"長驅"，長驅直入之意。
③ 且：（乾隆）《莊浪志略》作"旦"。
④ 嘉靖己丑：嘉靖八年，1529 年。
⑤ 度：當爲"廢"。
⑥ 措：（乾隆）《莊浪志略》作"指"。
⑦ 財：（乾隆）《莊浪志略》作"則"。
⑧ 嘉靖十三年：1534 年。
⑨ 故：（乾隆）《莊浪志略》作"改"。
⑩ 蓄：（乾隆）《莊浪志略》作"畜"。
⑪ 伸：（乾隆）《莊浪志略》作"神"。
⑫ 勤：（乾隆）《莊浪志略》作"勒"。
⑬ 先後：（乾隆）《莊浪志略》作"後先"。
⑭ 工成：（乾隆）《莊浪志略》作"成工"。
⑮ 仲秋立：（乾隆）《莊浪志略》無。

知縣邵陸承修縣城碑記

（清）佚名撰。

原碑已佚。

碑文收於邵陸纂修：（乾隆）《莊浪志略》卷一《城圖》，乾隆三十四年（1769年）鈔本。

［録文］

我朝聖聖相承，百有餘年，仁漸義摩，聲教四訖。西陸之役，皇上神武奮揚，闢地二萬餘里，幅員之廣，豆古未有久矣[①]。衆志城城，不恃金湯環衛而已，固如磐石泰山矣。乃猶以内府充盈，思所以散而布之者，詔發帑金，大修天下城垣。甘省城通七十座，應補修者四十六處，莊浪與焉。恩至渥典至鉅也。粤稽莊城，古未有建置。元時始設爲路，尋降爲州，明初仍之，洪武八年[②]，以縣名。通志載："莊城僅州一里許，設西北兩門。"或傳舊有東門，隨墊之造南門，然皆湮没無考。今延袤二里七分零，周圍五百餘丈，高約三丈，廣自一丈八尺至二丈有奇。門二，南曰鎮遠，北曰拱極。蓋明嘉靖間邑令張公瑜建，康熙五年王令鍾鳴修之者也[③]，歷今又百年矣[④]。垣廢址保障何存？余竊病之。庚辰歲[⑤]，將與平静回原一体請修。奈莊邑僻處山陬，素鮮物産輓運。維請苦竭蹶[⑥]，且軍需甫息，民力稍紓，遂乞烏私志焉。未逮，丁亥孟冬[⑦]，補任適奉檄應斯役，戰戰兢兢，懼不能勝，幸闔邑人民願效子束，又得華亭縣尉胡君誠襄事，司訓武君譓、縣論黄君玉衡协贊焉。凡内外新築者，四百餘

① 豆：疑爲"亘"之誤。

② 洪武八年：1375年。

③ 康熙五年：1666年。

④ 年年：原文如此，疑衍一"年"字。

⑤ 庚辰：乾隆二十五年，1760年。

⑥ 請：疑爲"清"之誤。竭蹶，原指走路艱難，後用來形容經濟困難。

⑦ 丁亥：乾隆三十二年，1767年。

丈，削屢者加半，建門樓四座，水溜十八道，北列角台二，東西列敵台九，環以垛堞，繚以女墻，鎖之以馬道，門二座。自二月開工，迄九月而落成。是役也，動帑一萬一千一百零，計期二百餘日，名虽修補，實同新造，更名南爲朝陽門，址爲迎恩門[①]，而兩甕城名仍循其舊，示不忘所自也。弥望樓臺壯麗，雉堞崢堞，仡仡閑閑[②]，克成鑠錀。視向之傾頽剥落者，頓覺今昔改觀。庶幾，幾費不虛糜，工歸實用，無負上憲慎重工程之至意矣。雖然余不敢貪爲己力也，時和歲稔，得土之宜，因水之利，上資國帑，仰遵憲示，中藉僚友之勛勸，下頼士民之踴躍，夫是得已安意，鳩工如期告竣也。不然，任大責重如斯，其艱不徒保固三年，當思作屏百世。余虽不惜費，不省工，不累民，殫心竭力，矢慎矢勤，其遂能固金湯於億萬載也哉。是爲記。

改修南甕城跋

（清）邵陸撰。

文收於邵陸纂修：（乾隆）《莊浪志略》卷一《城圖》，乾隆三十四年（1769 年）鈔本。

［録文］

稽康熙五年王公鍾鳴舊志載，當時莊貧日甚。議者謂："莊城朔高南下，遂山走水，宜塞南門以回逝流，開東門以納生氣。"邑紳柳君翹才亦請闢東門[③]，而塞南門，庶幾風藏氣萃。如以地方貧瘠，一時遽難鳩工，可於南城外築一高垣，稍曲東面至羅家庄，暫開小門，東向上蓋高樓，曰"生氣樓"，此諸君子於百年前所苦補救，無從留以有待者也。余素不信堪輿，未悉舊志，初佑時不及議，更比鳩工日，在城上周覽情形，南北兩門一体直瀉，殊乖形勝。諸父老明，

---

① 址：疑"北"之誤。

② 仡仡：謂城之高大。"閑閑"：謂車之彊盛。

③ 闢：當爲"開"。

知去水遇堂，形似反弓，大非邑利者，苦於工多用冗，不敢請。余偶訪舊志閱之，知前所云云。因之慨然自任，曰："乘此動帑興修而不及時改作，更待何時?"爰詳明制憲，即或數逾原額，亦愿以廉俸濟之。幸上憲可其事，于是決計更新，改門東向，卑者高之，隘者廣之。虽積日纍工，幾殫心力，然一轉移間，而地利得，人望酬。今而後，我莊士民室盈婦寧，印纍綬若[①]，則皆今日發帑興工，幸逢盛治之所致也。其可不永感皇恩，共思保護也哉。樓成，名之曰"生氣"，仍前志也，深後望也，于是乎書。

靈臺縣

創修縣署碑記

（明）崇禎十一年（1638 年）知縣敖宏貞撰。

原碑在靈臺縣城，今佚。

碑文收於楊渠統等修，王朝俊等纂：民國《重修靈臺縣志》卷二《藝文志》，民國二十四年（1935 年）鉛印本。

[録文]

靈臺額設二十里，績裁爲十九里，亦非小邑，不幸不天。崇正六七年[②]，連值奇荒，流殍載道。又七年，酉、子兩月，寇剋二次，屠殺數千，焚掠一空，凡厥士庶，悉避隣封，竄荒山，縣治民房鞫爲茂草。余八年孟夏抵鳳府[③]，賊正蜂擁靈邑，余捐貲斧，置鉛黄火器，稍稍就緒。越數日，單騎微服，自賊叢中夤夜赴任，縣外之南堡，以荆棘爲枕席，以破簟爲縣堂。於時，縣内若無人，而城頭悉緑林嘯聚，慘莫甚焉。余潸然泣下，然業奉朝命，可收兹土，敢不竭力期亢，先大人遺芳用委身殉之。招離散，募鄉兵，造火器，置

① 印纍綬若：形容官吏身兼数职，声势显赫。

② 崇正：即崇禎六年、七年，即 1633、1634 年。

③ 八年：崇禎八年，1635 年。

火炮，請設守備。姚遇隆再設千總五名，紅旗十名，參謀二名，旗牌一名，昭示兵勢，人情乃漸帖，遂延紳士會商恢復之策。念大城東南隅崩塌太甚，料難猝理，爰就城内官山一座，創築爲城，分四口以服力，晝夜圖之。修砌垛口五百，開東西兩總門，建敵樓八座，窩房八十馀間，分列五營，各防信地，而大賊七營已圍城矣。合群策群力奮卻之，幸保新城。斯時也，且爲掘壕，且爲鑿井，且爲集流，鴻度地而畫之區，予亦即次之所，且爲編牌甲，清叵測，分把垛口，以嚴提防，且爲群鄉勇牌兵計日操練，以遥奪賊魄。余於此殆薪瞻，備嘗拮据，恐後不遺餘力矣。舊制，縣治并學舍在大城，預備倉、養濟院、社學三所在官山。余念賊氛時煽，大城非立縣之區。申文上臺，以三所地新建縣治，令宅樓三間，厢房六間，茶亭三間，大堂五間，報廳三間，房科十間，門亭四重，庫房、鼓樓、馬房具備。右列捕廳公署，又右議建儒學公署，列倉廒於後，因舊基而鼎新焉。前列監倉，另立三所。餘地新建養濟院，居房十間，官亭一間，胥孤貧二十名，安置其中。其社學則議建於大城之西，文昌宫前餘地。查察院寸木片瓦蔑有遺者，則就故址另建宅堂三間，川堂一間，西吏房，東厨房，大堂三間，報厦一間，左右列皂隸房[①]，門亭三重。其於文廟則葺補圮壞，新建門屏。又東，文昌宫舊在東山之嶺，崎嶇岑寂，人迹罕到，殿多圮，則改建文廟之巽地，妥供文祖像於其中，加昇繪焉。總計之，自八年四月以迄於今，歷四載餘。城垣創築，離散雲合，武員初設，縣治更新，廟貌改觀，公署悉焕。經大賊圍城者三次，城内未傷一人，未失斗粟。群策群力之佐助，詎淺尠哉。但七年，倉庫先焚，無系粒之用，八九年錢糧奉旨行文蠲緩無收入之額，更未敢向上臺請銀助工。余百方設處，且多自捐備，獨以一片血忱，鼓勵群心，闢開草昧，漸復文明。連年雖開徵，而兵荒疊罹，蝗蝻薦臻，重之以包占者多，投獻者衆，刁疲故習，徵催萬難，即俸薪十不得三。身爲靈民，應馬站而站不

---

① 皂隸：指舊時衙門裡的差役。

得四，終日甘蔬素，忍艱苦，忘身家，第求上報國恩，下恢殘邑，無隕越我先芳耳。諸所條款，余心力殫於斯，不忍遺也，尤不敢以色言晦實迹。即書梗概，勒之石，以表恢復之大略焉。字字皆真，耳目俱證，是爲記。

盤口路南永新堡碑記

（清）順治十二年（1655 年）知縣黄居中撰。

原碑已佚。

碑文收於楊渠統等修，王朝俊等纂：民國《重修靈臺縣志》卷二《藝文·碑記》，民國二十四年（1935 年）鉛印本。

［録文］

靈臺舊制，設立二十里。前朝兵荒之後，户口凋零，攢凑六里[①]，尚不足排數，且昔無銷引之例[②]，凡食鹽，皆散買别處，則惠安堡小鹽池，民不知爲何方也。迨至清朝鼎定，因商賈乏人，引課缺額，分隸於各州縣户口，計人丁之多寡，以均派引鹽，靈始額派，每歲五千。十三年，又加增引四百，國課之盈縮，考成之完欠，於是乎係焉。九年，部文頒發别屬，素通鹽法者，奉行不難，獨靈以僻處一隅，山路陡險，車輛不通無論；闔縣士民，不知所行，即若官若吏，竟不識奉行之何從也。九年冬[③]，新任蒙上司催檄如雨，乃集鄉紳士庶而課之，復茫然未有頭緒，居中于是細詢之道路[④]。備云靈臺去惠安堡鹽池千有餘里，將至涇、靈交界之處，山徑懸陡，復五十里，鳥道險窄，計用驢馱掣運，一歲須萬頭。且人民之往返，動輒數月，浩費不貲，妨農夫業，民心惶惶，將俱思逃竄矣。居中因先捐貲開路，招商掣運至本縣什字鎮，引課食鹽，藉以完銷。第

① 攢凑：指聚集，拼凑。

② 銷引：政府發給商户售賣某種特殊商品的憑證。

③ 九年：順治九年，1652 年。

④ 居中：官居朝中。

計車牛，自池至縣，道途窵遠[①]，日月累賒，多疲瘦之病，上坡掣運維難。居中于是又因商人之陳稟，復躬自相踏地形，於盤口水南靈地修建鹽堡，鑿窑築室，招集附近鄉民以錯其居，鹽車止此卸發，商人獲免艱阻顛躓之苦[②]，則額引不病吾民，而國課充裕矣。且地當交界，即靈之北門銷鑰，可以接地脉之興隆，而商民輻輳買賣，靈民更受其利，豈淺鮮哉。特堡之東西，尚有草灘七，前闕楊保川數路奸人勾引私販出没其間，惟嚴緝杜絶，俾私鹽屏迹，而官鹽疏通，庶無病商病民之弊也。申請既允，經始於順治十二年正月，告成於十三年二月[③]。雖工程浩大，費用不貲，俱出捐資，民無外派之累。而效力督工者，舊千總[④]羅文成、義民郭光厚、羅登貴等。越年經營，不避寒暑饑苦，勞不可泯，特勒碑記，并勒工程費用、地址、方圍、房屋、窑洞於碑陰，俾後之君子任斯土者，知創始之由，實爲商民兩便計爾。

重修靈臺記

民國二十三年（1934年）縣長張東野撰，潛山汪頃波書丹。

碑鑲于甘肅省平凉市靈臺縣碑林走廊墻壁。民國二十三年（1934年）九月立石。碑長方形，右豎刻“重修靈臺記”五字；碑文楷體，左行豎書，41行，滿行30字。碑身完整，字迹清晰。

碑文又收於楊渠統等修，王朝俊等纂：民國《重修靈臺縣志》卷二《藝文・碑記》，民國二十四年（1935年）鉛印本。張東野編《靈臺專集》，专集附有碑拓，《靈臺專集》附於楊渠統等修，王朝

① 窵（diào）：遠、長。
② 顛躓：挫折，艱難困苦。
③ 順治十二年、十三年：即1655年、1656年。
④ 千總：官名，清朝緑營軍之下級軍官，即基層組織汛之領兵官。位在守備之下，正六品。掌管巡守營、哨汛地。亦稱營千總。此外尚有衛千總，守禦所千總，門千總，土千總等名目。

俊等纂民國《重修靈臺縣志》末。

據碑文録入。

［録文］

吾華爲世界最早開化之國家，其風景、古迹、名勝自爲各國所不及，惜代久年湮，未加維護，殊爲可慨。二十二年夏[①]，余奉命來長靈臺，遍查境内古迹風景，多係周秦漢唐所遺留。其最著者爲靈臺文王卦臺、左丘明墓、梁惠王墓、牛僧儒祠、皇甫謐讀書臺、郭子儀屯兵處、密康公墓等，是左、梁、牛、郭、密、皇諸勝迹，雖云荒敗，然尚可尋。惟最有價值之靈臺，竟於民國十七年被軍民當局因修營房乃鏟平之[②]，并掘出周時祭器。數事惜盡遺失，自此，數千年偉大之古迹遂毁棄不可復見。按靈臺在周爲密須國[③]，《詩》載："密人不恭，敢拒大邦。"[④] 故文王伐之，乃爲周有，遂築臺曰靈臺。今以地理及種種古迹所證明，此靈臺確即文王經始之靈臺。臺建城闕之中，面河而背山[⑤]，囿沼在其側，衆山環拱，足爲大觀，誠望氛祲[⑥]，察災祥，時觀游，節勞佚，親人民[⑦]，以德化育，無爲而治之國器也。因感其廢棄，乃與隴東綏靖司令楊公子恒既地方各界商定，協同駐軍馬營長龍升，於原在地興工起修。是年冬，土基築成。其來年，又由杜營長培基，并諸士紳協力督促，加工建築。余復繪具圖説，呈請國民政府暨各院部，并甘省府主席朱一民先生與各省當局題贈匾額，勒石刊碑。久之，各省名人士子寄贈題字，惠然紛來，鴻文滿臺，儼如碑林，計大小碑石一百餘方。臺之前又

---

① 二十二年：民國二十二年，1933 年。

② 民國十七年：1928 年。

③ 密須國：黄帝後裔姞姓密須氏所建。唐虞夏三代時今甘肅靈臺縣叫密須古地，至殷商時商王武丁時期，正式封賜密須國。商末時，聯合崇國，侵佔鄰邦阮部落。公元前 1057 年，爲周文王所滅。

④ 語出《詩經·大雅·皇矣》。

⑤ 山囿：山峰聚集的地方。

⑥ 氛祲：指預示災禍的雲氣。

⑦ 勞佚：逸勞，安逸與勞苦。

建鐘、鼓兩樓，以符於樂鼓鐘之義[①]。沼之與囿，亦就原在地加以修建。復於臺之四圍圈地十餘畝，築以女墻。附設民衆教育館、古物陳列所、圖書館、閱報室、俱樂部、動物園、茶園、體育場，培以花圃、花石、蓮池等等，顏曰“靈臺公園”，蓋與民得以同樂也。今臺已攻成，計高三丈八尺，建方三丈八尺。臺之頂建立八卦亭，内供文王神像，囿沼在望，鐘鼓悠然，河山如畫，氣象萬千。舉凡風景、古迹、碑額悉皆攝影編入《靈臺專集》中。臺建之初，樵子於靈囿獲二鹿[②]，送養臺右關廟中，聽其所之，竟如家畜，常喜依人袍角。間移飼靈臺，跳躍嬉戲愈益純馴。臺將成之，重九後八日酉刻，忽又有兩鶴自東飛來，白衣紅頂，翅如車輪，繞臺而鳴，如頌如賀，旋棲臺左孔廟古柏最高之一枝，羽衣汗透一似凌空御風，不勝萬里奔馳之勞者，其由東海而來歟？當是時也，萬人景仰，舉城歡騰，皆不知其樂之從何而自。夕焉，月明如畫，遥見柏頂雙立，怡怡明月霜天[③]，與其潔白之羽衣相輝映，真令人有隨之羽化而登之慨。翌晨，復繞台翔鳴，尋舊東飛。闔邑驚奇，以爲一去不復返矣，詎中午仍鳴舞於南空，日甫銜山，乃又飛來，棲止如昨。自是往來囿沼，常見於靈臺焉。白鳥翯翯[④]，鹿鹿攸伏之象，竟重見於今日，其亦物華天寶，人傑地靈也哉。然事無傳者，雖美不彰，乃復偕諸士紳建亭於臺畔，曰“鶴來亭”。并於棲鶴處立石刻“白鶴鹿柏圖”，以志禎祥。嗟夫，愧余不學，而無勝絶千秋之文以述其勝迹、際會徵祥之萬一[⑤]，殊爲一大憾事。登臺四顧，自度不敏，忝長斯邦[⑥]，日出而作，無利於民，尤覺此心惶愧無任。雖有臺池鶴鹿，民其能我同樂哉。懷古證今，追思文王愛民盛德，其將何以慰先聖於九天？嗚呼，文王在上，於詔於天。文王在上，於詔於天。

---

① 鼓鍾：古代指宫廷或廟堂的音樂或樂舞。

② 樵子：樵夫。

③ 怡怡：形容喜悦歡樂的樣子。

④ 翯翯（hè）：光澤潔白的樣子。《詩經・大雅・靈臺》：“麀鹿濯濯，白鳥翯翯”。

⑤ 際會：機遇；時機。

⑥ 忝：辱，有愧於，常用作謙詞。

隴東綏靖司令陸軍新編第五師師長楊渠統、隴東綏靖司令部特務營營長杜耀宗勒石。

中國國民黨甘肅靈臺縣黨務整理委員劉肇漢、公款公産管理委員會委員長賈從衆監修。

中華民國二十三年九月上浣[1]。

縣長張東野敬撰，灊山汪頃波書丹。

新開靈臺縣城靈通門記

民國王朝俊撰[2]。

原碑已佚。

碑文收於楊渠統等修，王朝俊等纂：民國《重修靈臺縣志》卷二《藝文・碑記》，民國二十四年（1935 年）鉛印本。

［録文］

嘗思城闕有門，猶人身之有竅，竅通氣順全體，自見活潑。按靈城舊在中臺山之東南隅，明崇禎年間因避水患而移築山上，僅有南大城，門東西二道。依山之麓即爲南關，更有東西南三門，而大城東南隅一門，設而復塞，誠不知當時堪輿家之取何義意也。滿清末葉，溪河北倒南關，城門冲没，僅留東西兩道，藉通往來。夫街衢集市全設南關[3]，如彼大城北巔，居户稀少，游人罕至，不惟半城空虚，形同枯堡，有事防禦，多感不便，即於地脉形勝之觀膽，抑且有失原來之靈秀真元。民國二十三年春，隴東綏靖司令楊公渠統巡視防務，旋里有鑑於此[4]，會商縣長張公東野暨地方士紳開西北小門，并啓東南被塞之故道，藉便流通氣派，開發全城，幸表同意。

① 民國二十三年：1934 年。

② 王朝俊（1875—1930 年）：字贊一，别號鴻一。山東濮縣（今鄄城縣）人。曾任山東提學司學務公所視學員、中華民國陸海空軍總司令部高級顧問。

③ 街衢：大路，四通八達的道路。

④ 旋里：返回故鄉。

即筮地於北城之偏西數十武，分别乾巽向定辛乙，刻日鳩工。啓土鑿垣，築基門，用磚砌，上修城樓，遂擬名曰“靈通”，蓋取鍾靈毓秀，山澤通氣之意，亦可以預卜吾靈從此發展或能借以開通也。又飭駐軍闢修内外車道，廣栽路旁樹木，斯車馬往來城闗庶可一致，而通商惠工發祥諒必能啓於將來矣。是爲記。

復修靈臺記

民國隴東綏靖司令中央陸軍新編第五師師長楊渠統題。

原碑存于靈臺縣碑林，目前碑石存佚情况不詳。

碑文收於楊渠統等修，王朝俊等纂：民國《重修靈臺縣志》卷二《藝文·碑記》，民國二十四年（1935 年）鉛印本。又收於張東野編：《靈臺專集》，專集附有碑拓，附於楊渠統等修，王朝俊等纂：民國《重修靈臺縣志》文末。

[録文]

竊考縣城南闗女墻之旁舊有臺，曰“靈臺”，蓋即文王伐密後建築，以服密人之心，并可以察災祥，辨氛祲，驗民事，節勞佚也。無如世遠年遥，僅餘故址，其形高約二丈有餘，底寬一丈五尺，頂方僅容一席，全身俱係土築。民國十七年夏，前有司根本鏟除，大傷地方元氣。二十年春[①]，統入闗赴隴，詢之鄉人，甚感不平，即有心復興，旋因事未果。二十二年春，奉命綏靖隴東，乃商由張縣長東野，協本部營長馬登雲即就原地而興築之。是年冬，土基築成。二十三年春，統因巡視回靈，復飭駐軍特務營長杜耀宗，隨同張縣長完成全功。四面加砌以磚，兩旁留路，上建懸樓，并由張縣長徵集全國當代偉人題詩贈字，分别嵌碑以壯觀瞻。其成也，實張縣長之全力焉。計臺身高三丈八尺，底寬建方三丈八尺，仍舊名曰“靈臺”。蓋追效西伯昔日經始之意。且所以復古迹、興文化、振地脉、

---

① 二十年：民國二十年，1931 年。

廣發揚，兼可鼓勵地方人士。顧名思義，同臻地靈人傑之勝概云爾，是爲記。

隴東綏靖司令中央陸軍新編第五師師長楊渠統題。[①]

靈臺縣城沿革考碑記

民國二十三年（1934年）三月立，王傑丞（字朝俊）撰，隴東綏靖司令部書記長謝筱蘭書丹。

碑原位置不詳，後出土于今靈臺縣城北街一帶，靈臺縣博物館收藏。1997年附建靈臺碑廊落成，即將此碑移嵌到臺右碑廊内。碑青石石質，長90釐米，寬60釐米。楷書，35行，滿行23字。

據原碑録文。

［録文］

靈臺爲禹貢雍州之域，歷唐虞夏商，皆爲古密須氏地，至"密人不恭，文王伐之"，遂歸周有。武王封密共王，號稱國，其在今縣西五十里之百里鎮。秦蒙恬移築邵寨鎮，在今縣南六十里，屬北地郡（今寧縣）。當時因鶉立於祭觚之異，更名爲鶉觚。漢武帝分置陰密、陰盤、三水等縣，鶉觚仍舊。陰密城，即今百里鎮，魏晋因之。後周復割鶉觚地，分治三龍縣於岐州（今麟游）。隋去陰密，又置鶉觚、陰盤、良原等縣，陰盤爲涇州地，良原縣在今縣西北一百里之良原鎮，俱屬安定（今涇川）。大業元年[②]，以安定鶉觚析置，始曰靈臺，其城在今縣治東南里許隱形山之麓，良原縣仍舊。二年，俱省入鶉觚，屬鶉觚。唐天寶二年[③]，與良原均復置，仍舊靈臺。李茂貞置靈臺軍，後唐廢軍，□縣屬渭州（今平凉）。宋太平興國元

① 《靈臺專集》下有"隴東綏靖司令部特務營營長杜耀宗、公款公産管理委員會委員長賈子廉監修；前拔貢王朝俊撰；中華民國二十三年岁次甲戌十月上旬□告"。

② 大業元年：605年。

③ 天寶二年：743年。

年[①]，仍名靈臺，改屬彰義軍（今涇川）。咸平四年[②]，屬秦鳳路（今鳳翔）。建炎四年[③]，没於金，仍爲靈臺，良原二縣改屬慶元路（今慶陽），哀宗時設於元。至正元年并入涇川[④]，十一年復立，以良原歸并靈臺。明洪武二年[⑤]，復隸平凉。清順治元年仍舊[⑥]，名迄今未改，先隸平凉，後屬涇川。民國改革，直轄蘭州省政府。考靈臺舊城，俱用磚砌。明萬曆三十五年[⑦]，河水冲没南廓。崇禎七年，流賊焚毁殆盡，十年，因移築於北山土堡之上，即今縣城是也。計周圍長共四百三十七丈，南北縱二百四十丈，東西横一百八十丈，約合二里四分。共有堞垛六百六十七堵，女墻長共四百丈，垣高一丈八尺，闊半之。内城東南共二門，外廓東西南小門三道，水洞二處，水簸箕二十個。順治十年[⑧]，地震塌損幾盡。同治三年[⑨]，因回攻破，四年復修。光緒三十二年[⑩]，河水冲没南門，又毁城垣三十餘丈。民國九年[⑪]，復遭地震，崩裂内城西北一帶。十五年[⑫]，改修周圍雉堞。十九年[⑬]，復修内外城、炮臺共九處。二十年[⑭]，重修東西關門。二十二年春[⑮]，余奉命駐隴，因飭本軍改築東關城垣，長共六十四丈，高約三丈三尺，闊一丈。二十三年春[⑯]，開闢内門，□北小門，并啓發東南塞閉城門二道，另有記叙，不復繁贅。兹沿革泐諸

---

① 太平興國元年：976年。
② 咸平四年：1001年。
③ 建炎四年：1130年。
④ 至正元年：1341年。
⑤ 洪武二年：1369年。
⑥ 順治元年：1644年。
⑦ 萬曆三十五年：1607年。
⑧ 順治十年：1653年。
⑨ 同治三年：1864年。
⑩ 光緒三十二年：1906年。
⑪ 民國九年：1920年。
⑫ 十五年：1926年。
⑬ 十九：1930年。
⑭ 二十年：1931年。
⑮ 二十二年：1933年。
⑯ 二十三年：1934年。

貞珉，以示後之留心斯土者。

隴東綏靖司令楊渠統

靈臺縣縣長張東野　　勒石

財政局局長賈從衆　　建修

特務營營長杜耀宗　　監修

綏部諮議王杰丞　　　敬撰

綏部書記長謝筱蘭　　書丹

中華民國二十三年歲次甲戌三月下旬吉日穀旦立

涇川縣（涇州）

增修東城記

（明）成化十三年涇州郡人閻鉦撰。

原碑在涇州縣城，民國時已佚。

碑文收於張延福纂修：（乾隆）《涇州志》下卷《藝文志》，乾隆十八年（1753 年）鈔本。

［録文］

西陜痛二邊之患，簡命重臣巡撫鎮守，有利於保民禦虜之務，從便益行。修理城池，尤拳拳加意，良以爲保民至急務矣。涇要衝，西北脣齒，周原舊城，創元至正十九年[①]，規模狹隘，民居不贍。成化丁酉秋七月[②]，曹光文輝來牧是州，耆老史鑑率衆以告。光即請撫鎮藩臬[③]，咸可且嘉。兵備固原憲副嚴公親莅焉，且機光總事，悉心殫力，督民築鑿，要接舊城，環展東南。涇之老稚偕踴躍相告曰："此所以保吾民而禦虜也"，趨事赴工者若歸市。工始於成化丁酉冬十月，越明年三月告成。圍三里，高二丈

---

① 至正十九年：1359 年。

② 成化丁酉：成化十三年，1477 年。

③ 藩臬：藩司和臬司。明清兩代的布政使和按察使的并稱。

五尺有奇，隍闊深丈余[①]，建門三，曰東盛，曰承熙，曰永寧，以至門闍、敵樓、便舍之屬，罔不備具，于是聚廬爰處者寘無虚地[②]。

重修涇州城記[③]

（明）嘉靖年间趙時春撰。

原碑在涇州縣城，民國時已佚。

碑文收於趙時春撰：《趙浚谷文集》卷之六，萬曆浙江汪汝璂家藏本。又收於張延福纂修：（乾隆）《涇州志》下卷《藝文志》，乾隆十八年（1753年）鈔本。

録文以《趙浚谷文集》爲底本。

［録文］

涇距塞僅千里，輕騎七日而至。城高不及三仞，隍僅仞，廣不及附庸之雉[④]，税鹽輸之郭。遭世承平，暍而不講[⑤]，甚無以副聖明苞桑磐石之至計[⑥]。嘉靖丙午春三月望[⑦]，濱海張君守涇[⑧]。越年，能紀綱其民，度時與力，可以築治，庀三之一，其工方尺，令曰："不以監病工，不以工厲民，民趨治役，如庀而止，得歸業，先而鞏者慶，後而窳者罰。"高廣深浚，視古加三之一而嬴，税鹽屬之城，毋爲寇[⑨]。保民知利病所暨[⑩]，争歡鳩役，畢四旬而竣。居者有保，

① 隍：没有水的护城壕。

② 爰處：爰，改易，爰處，搬遷住所。

③ （乾隆）《涇州志》題作"增修西城記"。

④ 雉：城墻。

⑤ 暍：（乾隆）《涇州志》作"暘"。

⑥ 無：（乾隆）《涇州志》作"亡"。苞桑：《易・否》："其亡其亡，系於苞桑。"孔穎達疏："若能其亡其亡，以自戒慎，則有系於苞桑之固，無傾危也。"後因用"苞桑"指帝王能經常思危而不自安，國家就能鞏固。

⑦ 嘉靖丙午：嘉靖二十五年，1546年。望：（乾隆）《涇州志》無。

⑧ 濱海張君：（乾隆）《涇州志》作"海濱張髦士朝蒸"。

⑨ 毋：（乾隆）《涇州志》作"母"。

⑩ 保：（乾隆）《涇州志》作"掠"。

行旅有歸，州人以爲張守庸[①]，來徵余文勒石[②]，以示永久。余自庚寅秋免夏官士至丁亥秋[③]，而赴史氏召[④]，與民居者十年，再爲史職，歲三月而免。在民間者又七年[⑤]，其較民利病悉矣，而最深且鉅者莫如城。公使之督修城者，旁午於道[⑥]，率不省城可否，但具印文，取例賂而去[⑦]。城不可完，賂不可止，上之嘉猷不下施[⑧]，民之膏肉富私室，君子爲之太息焉[⑨]。玆涇之民何幸而得張君哉[⑩]，守塞列城數百，官吏文武依城而蠶食公私者滿萬，城如之何成[⑪]？民如之何而不死？且盜虜如之何而不狂且驁以逆尊上也？徭税里甲[⑫]，凡官之役，如之何而又肯廉於監城者以自瘠也？安得盡如張君者[⑬]，舉而屬之以療吾民之危苦乎？使余如之何而得已於言[⑭]，不以哀鳴以號於世之大人仁者？庶其隱而救之也。

嗟夫，余以無事而哀有事[⑮]，世目爲狂，遂再廢不振。今又指摘小民之困，呼噪以取罪。余爲狂迷[⑯]，以至此哉。楚有狂夫，自投湘江，髮已被矣。漁者挽篙以救之，尚呼曰："而勿救我，而趣救楚郢。吾哀秦師之虜楚也，吾赴清流死矣。"[⑰] 幸免爲轉屍[⑱]，卒溺焉。

---

① 守：（乾隆）《涇州志》作"君"。

② 勒：（乾隆）《涇州志》作"紀"。

③ 庚寅：嘉靖九年，1530 年。丁亥：應爲丁未，1547 年。嘉靖庚寅至丁未，共計十七年，丙午（1546 年）城成，第二年丁未（1547 年）作者撰此碑記，於理合。

④ 氏：（乾隆）《涇州志》無。

⑤ 又：（乾隆）《涇州志》無。

⑥ 旁午：亦作"旁迕"，交錯，紛繁。

⑦ 例：（乾隆）《涇州志》作"利"。

⑧ 嘉猷：治國的好規劃。

⑨ 太：（乾隆）《涇州志》作"大"。

⑩ 玆涇之：（乾隆）《涇州志》無。

⑪ 成：（乾隆）《涇州志》前有"而可"。

⑫ 甲：（乾隆）《涇州志》作"田"。

⑬ 如：（乾隆）《涇州志》作"加"。

⑭ 余：（乾隆）《涇州志》作"予"。

⑮ 余：（乾隆）《涇州志》作"予"。

⑯ 余爲：（乾隆）《涇州志》作"予之"。

⑰ "而勿救我"至"吾赴清流死矣"：（乾隆）《涇州志》作"勿救吾，哀秦師虜楚也，吾赴清流死矣。"

⑱ 幸免爲轉屍：（乾隆）《涇州志》無。

儒生有袒跣而行吟冬雪中者[①]，或憫其凍，呼之使就燠，生不肯，曰："吾雪能阜吾民田，吾喜而賦詩，良不苦也[②]。"已而僵，手尚握厥詩。余文得無類此[③]，將無爲張君哂乎[④]？

君名髦士，字令夫，濱海之霑化人[⑤]。先翰林君教諭弟子，以甲午山東鄉進士守是州[⑥]。熟余之狂者，自童稚迄今二十有七載矣。其必哀吾之狂以仁吾民乎[⑦]？遂詳而志之[⑧]。

分守關西道改建涇州記

（明）隆慶年間右參政吕時中撰。

原碑民國時仍存於涇川縣城，今佚。

碑文收於張廷福纂修：（乾隆）《涇州志》下卷《藝文》，乾隆十八年（1753 年）鈔本。

[録文]

道故建諸平凉後之隴前，撫臺賈公應春謂其悖焉，移檄復之，平凉府涇州云以鳳翔，亦有按察分司也。平凉地廣而民獷猂，賦税訟移，屬之分守。又韓藩宗室蕃衍中多，驕横恣睢，負逋奸民或投匿、壞法禁，郡守而下被凌踐，無論凡庶。故明彰軌度，揚萬風聲，宣示朝廷威德，咸分守道事。初，分守參政李君冕經營之，以遷秩不果，理予承之。遂計費飭材，地卜諸州，治東北。今撫臺唐公時

① 儒生有袒跣而行吟冬雪中者：（乾隆）《涇州志》作"儒有跣而行冬雪中者"。
② 良：（乾隆）《涇州志》作"死"。
③ 余：（乾隆）《涇州志》作"予"。
④ 張君：（乾隆）《涇州志》無。
⑤ 君名……人：（乾隆）《涇州志》作"君爲海濱之霑化人"。
⑥ 進士：（乾隆）《涇州志》作"貢"。
⑦ 其：（乾隆）《涇州志》無。
⑧ 遂詳而志之：（乾隆）《涇州志》無。

英慮無以表[1]，復發金作門坊、東西肆，稱完備。君子曰：“制欲其宜於民也，不必便己；居欲其辨體以定衆也，不必崇麗。”夫宣上澤以答二公慮民之心，僕有志而未能也。

五　慶陽市

西峰區（慶陽府）

鎮朔樓記

（明）正德八年（1513 年）禮部郎中都穆撰。

碑民國時仍存於慶陽北城門，今佚。

碑文收於趙本植纂修：（乾隆）《新修慶陽府志》卷四十二《藝文上》，乾隆二十六年（1761 年）刻本。

[録文]

慶陽之地，山川險固，爲關輔保障。其城自昔倚山爲之，北門之上有樓焉。相傳宋文正范公爲經略安撫時所建，歷世既遠，樓日頹壞。今太宰邃安楊公前總制三邊時[2]，按臨慶陽，睹斯樓之頹圮，慨然有重修之志，後以邊務方殷，未果。既而，右都御史河間張公昔巡撫其地，欲爲重建，以還朝而止。兹者，公復總制三邊，遂决意爲之。間以屬兵備副使張君蘭與知府張侯天相合計其費，委同知崔嵩、慶陽衛指揮吴琛專董其事。樓爲七楹，其崇五十尺，深四十尺，皆視

---

① 唐時英（1499—1576 年）：字子才，號濟軒，又號一相居士，雲南曲靖人。嘉靖八年（1529 年）進士，先後官至山西平陽縣知縣、户部主事、右副都禦使。（明）焦竑著《國朝獻徵録》書中有《巡撫陝西右副都御史濟軒唐公時英墓志銘》一文。

② 楊公：楊一清（1454—1530 年），字應寧，號邃庵，明南直隸鎮江府丹徒（今屬江蘇）人，祖籍雲南安寧。曾三任三邊總制。歷經成化、弘治、正德、嘉靖四朝，爲官五十餘年，官至内閣首輔。

昔有加。功興於正德癸酉二月七日[1]，至八月三十日而告完。先是，西城之下有溝焉，亘二百尺，爲城中泄水之處，塞者久矣。總制公仍命疏之，甃以陶甓，限以鐵欞，其興工之日同乎樓，而成之速先之。由是樓之層簷翬飛，巍然焕然，真足聳觀視、控邊陲；而溝水復通，無有壅滯，城中之人得免水患，斯二者皆爲政之要務。總制公之功當與之同爲永久，而張君之贊畫，與二三執事亦與有力焉。穆今以奉使過慶陽，而樓適成，張君與穆以酒，落成之翌旦復來請記，將刻之石。穆聞之天下之事，其成敗若有數，而實繫乎人力。斯樓之將傾，人莫之顧，蓋有年矣，幸而遇總制公。既去復來，竟畢初志，殆天留以俟公，使之繼夫范公也哉？昔范公有云："先天下之憂而憂，後天下之樂而樂。"所以出入將相，重當時，名後世，斯樓固舊所理也，公其心，范公之心者乎。穆學識荒陋，言不足爲斯樓重，若浚溝之事則并及之，故不辭而僭爲書，俾後人得有所考焉。

修郡城記

（清）楊藻鳳撰[2]。

原碑存佚情况不詳。

碑文收於趙本植纂修：（乾隆）《新修慶陽府志》卷四十二《藝文上》，乾隆二十六年（1761 年）刻本。

[録文]

順治十有五年[3]，四方底定，百穀□英，天涯兵氣漸消爲日月之光。居是土者，有未雨綢繆之計；官是土者，有思患關防之圖。爰奉命督修城工，慎固封守，然慶城倚山爲勢，據層巒峻嶺之上，群峰拱揖，襟帶兩河，天塹之雄也。昔人城此，豈曰無因。計城周廣一千二百二十餘丈，計垛口二千五百三十堵，計敵樓八座，窩鋪二

---

① 正德癸酉：正德八年，1513 年。

② 楊藻鳳：據（乾隆）《鄉寧縣志》載，順治丁亥年會試，任河南湯陰縣知縣等。

③ 順治十五年：1658 年。

十四座，計水口如千尋。兵火以後，日就圮塌，城垣雉堞，十壞二三；敵樓湮消，僅存其址；水口崩頽，不歸故道。余履任，慨然有增修之志，而未逮。時紳士以風氣之説告改南門，夫南門，舊居巽地，自改離位三十餘年，灾禍叠見，科目漸疏，都人士致疑於斯。雖休囚旺相之驗，未可盡憑，而謀獲於卿士、庶民之口，不得不從。於是，安化縣官杜霽遠協同慶陽衛官張友總全城之勢，以估計之，約費二千七百餘金，具文以請。夫荒殘之區，公帑空虚，民力艱阻，物力將何所出。請命分守河西道張元璘[1]，率文武官員捐俸助修，適巡按陝西監察御史扈申忠巡歷慶陽，登埤俯眺，覽山川之形勝，睹繡錯之輿圖，謂北豳重地。南藩關陝，北控戎羌，可使頻年荒墜，不亟時修葺以固吾圉乎？首出俸金以倡，隨奉督撫藩及在屬文武各捐貲如額。乃鳩工庀材，命府佐縣貳分班以董之，紳衿耆老以稽察之。自四月初七日始，至九月初九日告成。新築南門樓二座，重修東門樓一座，西門樓一座，敵樓八座，窩鋪二十四座，補修城垛七十九，堵水口。則自下而上，層累數百尺，始復舊觀。計用木植、磚瓦銀一千四百三十八兩零，工匠四萬二千六百零，工價銀一千三百一十四兩零。登城周視，則層樓峻閣，高出雲霄；絶壁孤崖，下臨無際。自明季迄今數十年，風雨飄摇，一朝振舉，金湯鞏固，磐石奠安，豈非萬世不拔之基也哉。所可慮者，城市荒凉，居民寥落，散若晨星。使居是土者，思鳥革翚飛之舊，漸次修舉，不數年而廬井依然；使官是土者，養敦大和平之福，加意招徠，不數年而烔火萬家焉。夫慶自不窋竄處以來[2]，古先聖王之意猶有存者，設險守國，其舊邦維藉之一驗與。

---

① 河西道：唐景雲二年（711 年）置，治所在凉州，今甘肅武威，轄地相當今甘肅河西走廊。

② 不窋（zhú）：姬姓，華夏族，后稷（姬棄）之子、夏朝太康時期周部族首領、周朝先祖。

改復慶陽府城永春門記[①]

（清）慶陽知府介休李守愚撰。

原碑存佚情况不詳。

碑文收於楊景修編纂：民國《慶陽府志續稿》卷十三《藝文》，甘肅省圖書館館藏1963年油印本。又收於張精義編纂，劉義戈審校：民國《慶陽縣志》卷二《建置・城鎮》，甘肅文化出版社1993年版。

録文以民國《慶陽府志續稿》爲底本。

［録文］

慶陽爲周祖不窋舊都，秦漢爲北地郡，隋唐爲慶州，宋爲環慶路，後改慶陽府。因山爲城，城周九里，設四門，東安遠，西平定，北德勝，南永春（永春雖名南門，實居巽位）。自宋元來，爲西夏要衝，城厢民户不下數十萬。漢唐以後，人才輩出，自公孫敖、傅介子、于志寧諸公外[②]，明代如景清、李夢陽、麻永吉、米萬鐘等，并以文章、氣節著名當代。官斯土者，亦復名臣將相，後先繼踵。自明萬曆間，前郡守誤采浮議，廢巽方永春門，而别於離方創新南門。從此災異疊見，文氣日衰。不惟傑士英才風流闃寂，即鄉會科名幾至斷絶。名爲培植風脉，而風脉大壞，前守楊公藻鳳欲復之而不果。父老追維地方興廢之由，莫不咨嗟嘆惜。同治七年[③]，慶遭變亂。光緒三年[④]，歲復大祲，死徙數萬餘。奉大府委權慶篆，入境彌望，數百里人烟斷絶，不覺盡然傷之。既奉天子命，發帑賑貸，自冬至夏，

---

① 民國《慶陽縣志》題爲“改復永春門碑記”。

② 公孫敖（？一前96年）：北地郡義渠縣人，西漢將領。曾分别與李廣、霍去病、衛青等出擊匈奴。傅介子（？一前65年）：西漢勇士和著名外交家，漢族，北地（今甘肅慶陽西北）人。元鳳四年（前77年）因斬殺樓蘭王之功封義陽侯。于志寧（588—665年）：字仲謐，雍州高陵（今陝西高陵）人，唐朝宰相，北周太師于謹曾孫。有文集四十卷、《諫苑》二十卷。

③ 同治七年：1868年。

④ 光緒三年：1877年。

統計賑六屬土客饑民四萬七千三百餘口[①]。次歲大熟，郡以大定。郡人士首以此事告予，予謂："休囚旺相[②]，青烏家言[③]，未必盡信，要當以人事决之。"宋明兩代，慶郡極盛之會，先達諸公至，以聲望振一代，可謂盛矣。而其時，郡南門實在巽方。明末迄今三百年來，慶郡衰弱，誠已至矣。而郡南門實在離方。以今較昔，盛衰懸絶，則郡人所見不爲無因。地方建置，原以爲民，既衆議僉同，自宜急復舊制，以慰衆望。遂於光緒四年具文申詳[④]，蒙太子太保東閣大學士陝甘總督恪靖侯左[⑤]、欽差幫辦善後憲楊[⑥]、布政使崇、按察使史、平慶道魏批准立案[⑦]，將離方新南門永遠杜塞，而辟治巽方永春門。并將永春門外之小南關、月城内之火神廟、門内之鳳城書院一律修復。街衢坎坷者平治之；廛市侵占者整齊之。不數月間，而三百年來之舊迹，郡人士所朝夕希冀欲復而不得者，至是而盡復舊制。適是歲，慶穫大稔，慶士秋闈報捷者四人。郡人既幸舊制之卒復，風脉之不壞，而又懼後人之或卒有變更也。亟請勒石，昭示永久。予乃提舉是事，改復始末具列於碑，以念郡人士，并敬以告賢士大夫之繼莅於斯土者。

創建董志分縣城碑記

（清）平慶涇固化兵備道邵陽魏光濤撰。

---

① 六屬：慶陽府管轄的安化縣、董志分縣、合水縣、環縣、寧州、正寧縣等。

② 休囚旺相：五行術語，指事物的發展狀態按强弱程度分爲五種：旺、相、休、囚、死。

③ 青烏家言：意指風水先生説的話。青烏，即青烏子，傳説中的古代堪輿家。

④ 光緒四年：1878年。

⑤ 左宗棠（1812—1885年）：漢族，字季高，一字樸存，號湘上農人，謚號"文襄"。湖南湘陰人。晚清重臣，軍事家、政治家、湘軍著名將領，洋務派代表人物之一。光緒三年（1877）清廷因其在新疆軍功卓著，詔封二等恪靖侯。

⑥ 楊昌浚（1825—1897年）：字石泉，號鏡涵，别號壺天老人，湘鄉縣神童鄉豐樂三十八都（今湖南省婁底市婁星區西陽鎮）人。晚清湘軍著名將領，一生仕途三起三落，因"楊乃武與小白菜案"而污名留史。

⑦ 魏光燾（1837—1916年）：湖南隆回人。晚清政治、軍事、外交上的重要人物。曾任新疆布政使、新疆巡撫、雲貴總督、陝甘總督，後任兩江總督、南洋大臣、總理各國事務大臣。

原碑存佚情况不詳。

碑文收於楊景修編纂：民國《慶陽府志續稿》卷十三《藝文》，甘肅省圖書館館藏1963年油印本。又收於張精義編纂，劉義戈審校：民國《慶陽縣志》卷一《地理・古迹》，甘肅文化出版社1993年版；《慶陽地區志》第五卷附録《碑記》，蘭州大學出版社1998年版，第1012—1013頁。

録文以民國《慶陽府志續稿》爲底本。

［録文］

隴東原隰遼衍，董志其最也。漢設彭陽縣，隋改彭原，唐武德元年改彭州[①]，貞觀初仍以彭原名，宋復改彭陽，又分置彭原縣，故址猶有存者。或曰："蒙古及金交兵太昌，亦其地焉。"明爲鎮，嘉靖間築堡。國朝分隸安、寧、正三屬。毗連陜境，厥土膏腴，廣袤數百里，四距深溝。同治初，搆難竄距爲巢[②]，進戰退耕，勢披猖，官軍攻剿幾及十年甫靖[③]，洵今古要害之區也。八年[④]，蕭觀察伯禎撫輯來此，議請增官。余奉制府左相侯檄，督慶守謝大舒等周曆相度，畫疆定界，采舊堡北三里擬築新城，置安化分縣。襄理撫綏與舊拔經制外委協同巡緝，立學校[⑤]，設訓導。制府上其議，得諭旨。乃籌資備具，鳩工庀材，命鎮固營管帶官范潮海、劉乾福、岳正南等，先後督勇佽其役。以十三年八月經始[⑥]，逮光緒四年秋季訖工[⑦]。城環以壕深，堞五百三十有二，炮臺十二，甃四門樓，甍矗起。内建文、武廟各一，城隍、火神廟各一，縣丞署一，并衙祠、倉庫、學署一，外委署一。凡寬長深廣，步弓若干，縻費若干，與夫規制巨細，區畫勤勞，工作多寡，經營更數手，案牘備存。噫，

---

① 武德元年：618年。
② 搆難：《慶陽地區志》作"陜回起事"。
③ 十年：同治十年，1871年。
④ 八年：同治八年，1869年。
⑤ 校：《慶陽地區志》無。
⑥ 十三年：同治十三年，1874年。
⑦ 光緒四年：1878年。工：《慶陽地區志》作"功"，當誤。

縣丞，佐貳職也，而任則專城，錢穀司之，刑名理之，體制幾與縣埒。當此兵荒以後，莅新城而膺民社，居者畋爾田，何以撫此遺孑；來者依吾宇，何以安此偏氓[①]。偕訓導以崇文，振興攸賴；協汛弁而備武，捍維惟資[②]。生聚教訓，蓋其責不綦重矣。惟賴良吏，相繼拊循，緦氣藪敷，蒸蒸日上，以爲國家之光。夫保障嘉猷，不恃有城高池深之險，而恃有固結不可解之心；不恃有臨危應變之才，而恃有郅治彌亂之術。政分大小，官别尊卑，而上下感應之理，一而已矣。履斯任者，使各盡乃心，各循厥職，仁育義正，淪髓洽肌。行則陰陽漣漣，天時順也；疆理皤皤，地氣凝也；風節矯矯，人心同也。通生茂育，含和吐氣，薑苶以振，剛虓以訓[③]。即或有不測之慮，衆志相孚，民知親上死長之義[④]，彈丸黑子，永固金湯，庶不負昔之鑿斯築斯而今之成斯也已，余故爲之記。

在事者：道銜慶陽府知府謝大舒、道銜署慶陽府事平凉知府黄崇禮、三品銜慶陽府知府英勇巴圖魯庭中瑜、道銜署慶陽府事平凉知府李守愚、署安化縣知縣吴培森、鄭蘭熏、龍壽昌，慶陽府經歷高繼陳、署董志縣丞蘇德成、陳蔚堂、吴鼎、龍有光、唐鍾騄。經修者：管帶鎮固營部司范潮海，參將劉乾福、岳正南，例得並書。[⑤]

重修慶陽府城碑記

（清）胡礪鋒撰。

原碑存佚情況不詳。

碑文收於楊景修編纂：民國《慶陽府志續稿》卷十三《藝文》，甘肅省圖書館館藏 1963 年油印本。又收於張精義編纂，劉義戈審

---

① 偏：《慶陽地區志》作“編”，當是。
② 維：《慶陽地區志》作“衛”。
③ 薑：《慶陽地區志》作“萎”。苶（nié）：疲倦。訓：《慶陽地區志》作“馴”。
④ 民知親上死長之義：《慶陽地區志》作“咸知親上在長之義”。
⑤ 此段據《慶陽地區志》補。

校：民國《慶陽縣志》卷二《建置・城鎮》，甘肅文化出版社 1993 年版。

録文以民國《慶陽府志續稿》爲底本。

［録文］

萬山環繞之中，有大阜焉。周七里，高矗十餘丈。昔人削土爲城，不規規於圓方，形如鳳，故名“鳳城”。城下東、西二水，夾流至南而匯。屹屹天塹之雄也。周祖公劉居此，有三單之軍，既庶且繁，詠諸《大雅》。自秦置北地郡，遂爲邊隘之要衝。宋時，與西夏爲鄰。明中葉，元裔由漠北入漢南，輙牧河套，環慶烽火之警，與明代相終始。我朝開國，蒙古二十五部首先臣服，中外一家，然後慶陽爲腹地。考治城修於順治十五年[①]，自是閭閻安堵，無復前日兵戎之氣。故咸同猝變，郡中積粟最多，賊偵知，陷城，井市廛廬悉爲破碎。及克復，陴倪十亡八九。光緒丁亥夏[②]，予以比部守是邦[③]。登陴，覽山川形勢，見其傾圮，慨然有補葺之思。明年，紳耆以修城請予，曰：“思患預防，未雨綢繆之計，太守豈一日忘之。”因檄安化令徐君光興，會同游戎以下文武官，估工計值，僉謂：非數千金不可。余知公帑空虛，還念邊境晏然，惟令防軍添募將作，則梁欐甗瓴之屬咄嗟立辦[④]，誠能省財用而舉大役。議定，具文申大府，蒙撥庫儲千五百金，派精營凌君相助爲理。于是市畚挶綆缶板築之器[⑤]，布分人力而用之。不數月，出甓於陶，刊木於山，絡繹積城下。爰諏吉於己丑年八月十六日告土興工[⑥]，率作者爲營之三哨長。其往來查勤否，督飭不力，則與諸同僚分任之。所幸軍士踴躍

---

① 順治十五年：1658 年。

② 光緒丁亥：光緒十三年，1887 年。

③ 比部：明清時用爲刑部司官的通稱。

④ 梁欐甗瓴：指四種建築材料。梁，架在墻上或柱子上支撑房頂的横木，泛指水平方向的長條形承重構件。欐，屋樑。甗，長方磚。瓴，房屋上仰蓋的瓦，亦稱“瓦溝”。

⑤ 市畚挶綆缶板築：添置各種築城用具。市，購買。畚，用木、竹、鐵片做成的撮垃圾等的器具。挶，古代一種運土的器具。綆缶，汲水用的繩索和器具。板築，築墻用具。板，夾板；築，杵。築墻時，以兩板相夾，填土于其中，用杵搗實。

⑥ 己丑：光緒十五年，1889 年。

忘勞，兹告竣於辛卯六月初十日[①]。計築城身潰陷者六所，高百尺或數十尺不等；繕修譙樓四座；增築女墻八百堵；其他月城、水道、砌磚、級石，焕然一新。晨起登之，但見稚堞森排，金湯險固，群山拱向，襟帶兩河，足以壯皇圖，足以資坐鎮。非敢謂有志竟成，其亦吾之素願也夫。嗟乎，妖氛既靖，户口凋殘，太平三十餘年而元氣亦卒不可復。後有賢司牧休養生息，除盗賊以安良善，慎封守以固吾圉。他日比即芮夾皇之盛，登羔羊春酒之歌，撫公劉之迹而繪豳風之圖，安知有志者不亦竟成耶？繼而衆請勒石紀事。予不文，然竊不敢忘軍士之勞，因撮記其始末。如此書官書名，例也。

合水縣

修復合水縣城記

（清）順治丁酉年（1657 年）立，慶陽知府楊藻鳳（山西進士）撰。

原碑存佚情況不詳。

碑文收於陶亦曾纂修：（乾隆）《合水縣志》卷之下《藝文》，乾隆二十六年（1761 年）鈔本。又收於趙本植纂修：（乾隆）《新修慶陽府志》卷四十二《藝文上》，乾隆二十六年（1761 年）刻本。

録文以（乾隆）《合水縣志》爲底本。

[録文]

丙申冬[②]，予以駕部奉命守慶陽，陛辭之日，同朝諸友爲予憂曰："慶地土曠民貧，率多逋負，邑無城垣，號稱難治，子往其勉旃[③]。"予曰："唯唯。"或爲予賀曰："子有爲有守，盤錯可試，必能治慶，子往其勉旃。"予曰："唯唯。"爰星馳就道，越明年春，

① 辛卯：光緒十七年，1891 年。

② 丙申：順治十三年，1656 年。

③ 勉旃：勸人努力，鼓勵、勉勵。

單騎入境，覽厥風土，地荒而不治，鶉衣鵠面[①]，目不忍擊。既經城市，瓦礫盈目，有故宫禾黍風。甫下車，偕二三僚友，交相勸勉，除秕政，汰冗胥，招流亡，息訟獄，進諸父老子弟，教以力田，興行務養，惇大和平之福，與吾民相休息焉。時亢暘不雨，人心洶洶，奉上檄，率屬步禱，靈雨立應，秋田大豐積[②]。逋日，輸歲徵如額，不覺殘疆之有起色。第郡轄五屬，兩邑無城，非無城也，有城荒墜不可居也。如合水，自先朝寇亂，官民棄封疆不守近二十餘年，長吏露處華池郵亭，予心慮之。乃謀諸東協營李司李王君及合邑令，爲復城計，工費所出，各捐己俸，不動正項，不科民錢。議成上諸直指，力贊其説之可行。遂擇日遣捕官，率夫役，往芟荆棘[③]。九月一日，縣官督紳衿、耆老，招集居民，識别舊址。四日，予同協營等官，量帶兵馬駐廓外，入城料理，滿目蒿蓬，城垣坍塌，門禁傾頹，官衙民舍略無存者，唯古瓦蒼鼠、陰房鬼大[④]，時相出没耳。會諸士紳，班荆坐議，百姓環列以聽，衆猶疑之。予多方譬曉，士民乃鎮然首肯，書名願入城者三百餘家。卜七日，告土興工，伐木于山，采石於澗，埴瓦於陶，鳩工於四方。度其材，程其力，各償以值，分責紳衿，某某督某匠，某某督某夫，邑之官戴星拮据以改之。一人一日之功，倍於數人數日，而民忘其勞，刻期於十月念六日，城工告成。官入居之，民之携筐箱，挈婦子，接踵至者如歸市焉。雖規模草創，尚需未雨綢繆，然久廢荒區，一朝振舉，屹若金湯，豈非吾民萬年之計歟。後之同志，其念兹彈丸，哀鴻甫集，締造方新，生聚教訓之是圖，毋荼苦之，毋朘削之，將見烟火萬家，可立而待。而予之守斯土也，不特上無愧吾君，下無愧吾民，亦可藉以答同朝諸友憂予、賀予者之一端矣夫。

---

① 鶉衣鵠面：破爛的衣服，瘦削的面形。形容窮苦落魄之狀。
② 豐積：豐裕有積貯。
③ 芟：割草，引申爲除去。
④ 大：疑爲“火”之誤。

環縣

重修城工碑記

（清）乾隆二十五年（1760年）環縣知縣魯克寬撰。

原碑存佚情况不詳。

碑文收於趙本植纂修：（乾隆）《新修慶陽府志》卷四十二《藝文上》，乾隆二十六年（1761年）刻本。

［録文］

環於唐宋爲捍邊要衝，方今海宇又安，中外一家，非昔日用武之地也。而設險守國，則不可不綢繆而慎固之。城即古環州徙置，頹圮日甚，前令會計經費之需修建有日矣。嗣節減五之一，又以工緩未舉，比年洊饑[①]。聖天子發粟逾萬，賑貸□施，又令灾棘者，得興作以濟。上憲高念時艱，復檄令條估報可，于是有築城之役，民得自謀其朝夕。夫爲國家蒼生之計者，上不吝費，下不憚勞，而後利溥一時，澤及百世。古今來成大事，定大業者，相率由此。我皇上思養元元[②]，起溝中之瘠，而月骨之膏無或屯，則爲有司者，復何嫌何疑，逡巡瀊縮而不前乎？乃進斯民而慰勞之，不以爲病已也。諏日而畚鍤咸集[③]，版築皆興，日有氣，月有廩，老稺婦子仍計口而給之[④]。環顧吾民，愁苦呻吟變而爲歡忻愉樂。僉曰："聖天子之德被遐陬[⑤]，賢使君之活我百姓也。"登登憑憑，如子來之趋父事，如小戎之敵王愾，金城湯池也，若可剋期於眉睫之間。嗟夫，民之濱於危亾亟矣。仰無以賢，俯無以藉，將轉而之四方焉。今也，急公

---

① 洊：古同"薦"，再，屢次，接連。

② 養：古同"養"。供給人食物及生活所必需，使生活下去。

③ 諏：在一起商量事情，詢問。

④ 稺：同"稚"。

⑤ 遐陬（xiá zōu）：指邊遠一隅。

赴義，有更生之樂，無鴻雁之悲，自非湛思汪濊，何以致此？爲有司者，惟知奉揚德化已耳，不言功，亦不言勞也。第王制，用民不過三日，兹以饑饉孑遺，不遑寧霧行且蹙然不自安焉。然而崇墉仡仡，扞蔽吾民，苟能遲之，久而不弊，幸矣。計築城四里九分十七步，内外女墻二千六十有九丈，高三丈逾七八尺不等。基厚三丈，頂厚一丈五尺。建樓三，南曰銀夏孔塗，北曰蕭關故道，西曰雷武岩疆，總費二萬五千緡[1]，原估之成數也。木植購之銀夏，釘鉸取之高凉，采煤炭於固，市灰墁於靈，衆材輻輳，几浹歲而後成，蓋始於庚辰而竣於辛巳云。佑監者同郡寧牧謝君王琰、正寧令諸君爲霖；襄事者千戎張君天福、學博胡秉正[2]、主簿攝縣尉彭元哲暨尉張廷一；監督則本郡太守□林趙公；恤民瘼察勤否[3]，往來於嚴寒烈暑中，指畫機宜，得藉乎，以垂厥成，皆得備書者也。爰因士民至請，秉筆而記之於左。

環縣重修城垣記

（清）咸豐四年（1854 年）立，敕授儒林郎、署環縣知縣、借補階州直隸州州同吴楚寶撰。

碑存於甘肅省慶陽市環縣博物館，石爲砂質單面刻，有座，碑高 145 釐米，寬 67 釐米，厚 9 釐米，四面波浪紋飾，圓首，額高 23 釐米，寬 10 釐米，碑額飾以雙龍紋飾，中間豎刻“重修城垣碑”五字，楷書，每字 4 釐米見方。碑文 22 行，滿行殘存最多 40 餘字。

據原碑録文。

［録文］

環之開闢已久，自秦漢及唐宋元爲州、爲軍、爲路，建置異，遷

---

① 緡：古代穿銅錢的繩子，又作爲計量單位。一緡錢，又稱一串錢、一貫錢，即 1000 枚方孔銅錢用繩穿連在一起，值銀子一兩。

② 學博：唐制，府郡置經學博士各一人，掌以五經教授學生。後泛稱學官爲學博。

③ 瘼：指傳染病，流行病。

徙殊，總不離守險扼要，控制乎西北者。近是明洪武初更爲縣，國朝因之，城垣亦多歷年所矣。其中廢置修補，荒遠難稽。惟乾隆二十五年[1]，前縣魯公克寬以工代賑，重新補築□□於南城樓，尚歷歷可稽，距今九十餘載，廢墜坍塌，幾無完壁。向之莅斯土者，豈真漠視公事於弗問？抑我朝大定，而後中外一統，重熙累洽，若無恃城垣以資捍衛者。而况環處萬山之中，嶔崟崒嵂，綿亘縣境，何事修築補綴以勞民力爲？故因循漸積，以至如斯之甚。今皇上御極之二年，飭天下修理城垣，洵思患預防之至計，禦寇保民之長策。是年冬，有即用知縣延公齡署斯篆。越三年，癸丑□[2]，督同縣尉周樂暨閤邑紳耆人等，倡議捐修。未幾卸事。是年仲秋，余奉檄承乏其後。初見山高地僻，不足介意。及細核其疆域，西北與寧夏、固原，勢若唇齒；東北一帶乃花馬池、定邊出入之要津。自靈武而南至郡城，由固原迤東至延綏，相距各四百餘里。其中惟此一縣，襟帶四方，實寧夏之門户，邠寧之鎖鑰，遂不敢以山僻小縣目之。而城垣之修，何得以五日，京兆諉夫天下事任己者，勞任人者。逸環城周四里許，坍塌者十有八九。非得素諳工料之人而分任其事，未有能勝任而愉快者。西廳周尉，乃在籍辦理城工議叙之員，駕輕就熟，問途已經事事瞭若指掌，而且不避嫌怨，不辭勞瘁，祁寒暑雨，日梭巡不懈。而又得慕子成儒等，而佐理之，庀材鳩工，各司其事。肇端於癸丑，告□於甲寅，計日則適符天度，計月則周乎地支。革舊鼎新，百廢具舉。按籍而稽，較魯公克寬之舉，殆有過之而無不及者。是役也，不仰給於國帑，但取資於民財。集腋成裘，以襄盛舉，洵非易易。因擇其與例相符者，稟詳請獎，以普皇仁。其餘勒石鐫名，垂諸不朽。後之君子目睹夫一磚一木，莫非吾民之脂膏，保護愛惜，勿令稍有傾圮。非惟一縣之利，乃西州捍禦之資。爰掇其顛末而爲之記。

敕授儒林郎、署環縣知縣、借補階州直隸州州同吴楚寶撰。

---

① 乾隆二十五年：1760年。

② 癸丑：咸豐三年，1853年。

賜進士出身、署環縣事、現任凉州府古浪縣知縣延齡。

特授慶陽府環縣訓導沈發恒。

特授慶陽府環縣典史周樂。

督工：監生萬一堂，衛千總慕成儒，生員□□□，武生李幸□，武生鄭□琴，廩生朱光瞰，貢生李溶，武生周琪，生員張青藜，孝民繆桂、張有聲、梁殿元，客民□元當仝勒石。

大清咸豐四年歲次甲寅五月二十八日穀旦立①。

固原東路創修白馬城記

（明）嘉靖元年（1522 年）立。

碑存於甘肅省慶陽市環縣蘆灣鄉境内白馬故城西墻外。碑石爲粉紅色砂岩質，今已殘損。殘碑高 210 釐米，寬 108 釐米，厚 19 釐米，兩面刻，碑陰為“白馬城四至及題名碑”。碑陽額自右至左分五行竪刻“固原東路創修白馬城碑”，十字篆書，每字約 9 釐米，現僅殘存四字。碑陽文字楷體，現存共 23 行，滿行最多殘存 38 字。

據原碑録文。

［録文］

賜同進士出身、奉議大夫、吏部文選司郎中、前翰林院檢討修國史經筵講官鄠縣……賜進士出身、亞中大夫、陝西等處承宣布政使司右參政□□……賜進士出身、中順大夫、奉敕整飭固靖等處兵備、陝西提刑按察司副使、帝□……嘉靖壬午以來②，陝西邊鄙多事。是時少傅兼太子太傅、吏部尚書、武英殿大學士邃庵先……天子用廷臣集議起公，公辭至再至三，有詔改公兵部尚書兼督察院左都御史，督師西征。公……計，靡所不周，而又廣視聽，益聰明。蓋嘗下令許豪傑言事便宜，于是守備固原都指揮僉事……之區也。弘治、正德中，明

① 咸豐四年：1854 年。

② 嘉靖壬午：嘉靖元年，1522 年。

公奏議于中路預望城增設平虜一所，陝西路紅古城增設一堡。募……寇以撒都城、白馬井爲穴，由此而南，深入至于平凉。而嘉靖壬午虜大舉入寇，時正由撒都城……無一城也。于是下固原衛，苑馬寺勘議指揮符深、圉長張子儀合辭言曰：夫撒都城者，雖界清……其地善，水草頗稱肥饒，宜亟築城以斷虜道，便其白馬井、墩堡，亦宜改築，近水展築月城，占據……患可息，固原其寧靖云。今參政成君文，是時以按察副使兵備固原，公乃進告之曰：夫成功者……都城之役是也。其會同都指揮劉文，卜日興事，乃是年八月初吉工興，十月以成事告。蓋城周圍……高之，幾更其名曰白馬之城。作南北二門，南曰永寧，北曰阜康，皆公命也。城内作官亭二，倉廒若……及清平、萬安二苑，卒凡若干人。食則固原州及彭陽板井廒米以石計。若干器具稍把若釘鐵磚瓦……干。既乃下令照例懸賞募士千餘人，設操守、守堡官各一員。每士給近堡田百畝墾種，俟十年後量……巡撫陝西都御史王公藎行，令布政司于原坐附近城堡，廒米量撥，本城以備，按伏官軍。令既定，公……□内閣理元氣矣。繼公至者，兵部尚書兼都察院右都御史荆山先生王公，以是役之興，禦戎甚切，然……□□□戰馬之填補守備，器具糧儲之規畫，銓倉官，給印信，分屯田，皆以委諸兵備副使桑君溥次……□□□□之地中路則有預望，西則紅古，東則今有白馬，保障之形既建，操備之念恒存。則虎……□□□□□□，君以爲不可無記，乃命之九思，九思曰："于古有之。禦戎之道，守備爲本，……□□□□□□□ □□然必有南仲而後明方可城也。白馬之役固善，向非邃……□□□□□□□□□□□□□□□□□□□則亦未能完金湯之……"

白馬城四至暨題名碑

（明）嘉靖元年（1522 年）立。

碑存於甘肅省慶陽市環縣蘆灣鄉境内白馬故城西墻外，碑石為粉紅色砂岩質，今已殘損，殘碑高 210 釐米，寬 108 釐米，厚

19釐米，兩面刻，此碑陰爲“白馬城四至及題名碑”。碑陰文字分上下兩部分，楷體，記白馬城四至及創修白馬城官佐將士暨鄉老題名。

據原碑録文。

[録文]

□□□□□□□□□場四十里爲界。

南至三岔口清平苑草場五十里爲界。

西至天城山群牧所地界五十五里爲界。

北至阿思籃嶁峴平虜所地界五十里爲界。

欽差提督軍務、兵部尚書：王瓊。

欽差鎮守陝西等處地方、御馬監太監：晏宋。

欽差鎮守陝西等處地方、前軍都督府都督同知：魯經。

欽差巡撫陝西等處地方、都察院右副都御史：寇天叙。

巡安陝西監察御史：張珩、端廷赦。

欽差整飭固靖兵備、陝西提刑按察司副史：郭鳳翱。

欽差分守關西道、陝西布政司右參議：陳毓賢。

欽差分巡關西道、陝西提刑按察司僉事：任維賢。

欽差分守固靖環蘭等處地方參將：李佐。

中軍陝西都指揮：張鎬。

都指揮僉事：黄振　揚振　趙杲　楊信

操守白馬城地方、秦州衛：劉凱

坐堡百户：郭潤。

延綏改銓固原衛、白馬城官隊

領軍百户五員：林山　張聰　王顒　郭潤　李銘

倉攢：惠万良　劉高金

醫士：蕭韻

術士：郝羌

鄉老：李賢　何信　李芳　馮友才　陳夫慶　蘆敬　夏景名夏武　□西榮

官隊總甲：楊得林　李友倉　張得仁　許貞　韓文演　路廷禄　周成　常英　趙贊　陳□英　劉乃良　張見　党懷　李仁　朱□　蘇□　孟虎　□實　趙懷　屈江　孫玉　任錫　吴夫　任虎　張才　劉錦　高尚仁　蘇廷禄　施得　張仲良　□□　孫世□　□□□　吴洪　潘仲敖　夏景春　劉鳳雲　張□雷　岳堂　薛玄　張鋼　武長　武天順　劉景　金名　吴貴　殷臣　□景玉　高盤　汪朝　陳源　韓雄　何義　杜遷　陸慶　郝仁禮　蘇太　高鏡　馮保　王交然　郭景先　丁□□　吴廷西　韓清　高本　□□　姬□甫　□□　高景　白□良　張泉　唐斌　屈□□　馬景才　楊得□　付寶　□雲　李永山　趙□

慶成縣

城防地理圖序碑

（明）成化十一年立。

碑存於甘肅省慶陽市慶成縣博物館，爲石灰岩質，碑高234釐米，寬95釐米，厚20釐米，兩面刻，碑陽刻有明成化年間“重建有宋范韓二公祠堂記碑”，此“城防地理圖序碑”爲碑陰。碑上刻有慶陽城防堡寨分布圖，及各重要堡寨修建時間始末。

據原碑録文。

［録文］

予奉命訓兵以防胡虜，寓於環慶者將五載，今年冬，虜賊舉衆入寇，各路將官協謀，軍士效勇。賊大遭挫，渡河而北，邊境用寧，九重紓西顧之憂，三軍無北伐之苦，而關中黎庶亦得以息轉輸之勞。兼瑞雪屢降，來歲豐登，已兆其祥，是皆可喜之事也。停車之暇，故書此以見意耳。讀者勿哂其不工云。幾載提兵寓慶陽，凱旋南去喜洋洋。關中黎庶停供億，塞外羌胡遠遁藏。聖主永紓西顧慮，王師盡返北征裝。時來屢有雪盈尺，來歲豐登已兆祥。

成化癸巳冬十二月廿有二日[①]，後東軒吟。右詩。今欽差提督軍務、巡撫陝西都憲馬公所作也。

成化己丑[②]，虜賊潛牧河套，大肆猖獗，皇上命公以捍禦之。公不憚艱危，遍歷邊境，相度地里形勢，凡所以堤備之策，靡不周密。其在環慶也，修靈武、洪德、木鉢、馬嶺四城，以遏賊西入之路。修懷安、柔遠二城，以遏賊東入之路。創韓家山等堡洞五百六十餘所，以便屯伏。增塌兒掌等墩台一百五十餘座，以便瞭望。慮汲飲之困乏也，則濬鵝池、葫蘆之泉。利師旅之往來也，則植衢道、郵亭之樹，精選士馬分守要害。賞罰嚴明，聲威大震。四五載間，賊不復敢深入。癸巳秋，公適撫巡歸陝，賊乃伺隙侵掠平鞏。公得報，即率輕騎數百，出其前，逆戰於隆德縣湯羊嶺。彼衆我寡，日薄暮，公合城中老稚各授薪草，然火四出以疑之，賊遂宵遁。公戴星馳逐，抵韋州，會軍邀戰。賊大敗，走逾河而西，公凱旋，作是詩志喜也。隆德人既表嶺名爲得勝坡，慶陽同知薛禄復刻公詩於范韓二公祠堂碑陰矣。予因次其實一二于左，方以見公之所以成功者有所本云。公名文升，字負圖，河南人，登辛未柯潛榜進士。後樂，别號也。

成化乙未夏五月既望[③]，右參政、同榜、池陽孫仁跋。

環川臺

臺三座，東西相望，控扼環縣川口。川口平漫，北交黑城。成化六年[④]，達賊擁衆，循川而下，掠曲阜，逼近郡城。明年，公率兵至，遂命郡通判薛禄築今臺。連臺有墻，墻復立朵臺，高二丈四，周二十八丈，可容千人。墻高一丈五尺，長一百二十一丈，朵二百一十有八。賊或入川，則東西據臺注兵爲掎角之勢。環河西、河北岸有山，皆鑿其北麓，深溝固塹，使不可上下，即臺之翼也。臺成，賊不復入矣。

---

① 成化癸巳：成化九年，1473 年。
② 成化己丑：成化五年，1469 年。
③ 成化乙未：成化十一年，1475 年。
④ 成化六年：1470 年。

槐安城

槐安在郡城北一百八十里，最爲要害之地。唐置縣，宋改置鎮，元因之。國朝置巡司，舊有城狹小，墻垣久圮。成化八年[①]，公命參政胡欽、郡同知馬聰增築。四周三里有餘，門鑰、樓櫓、倉庾悉備，足以控制虜寇云。

柔遠城

郡東北有川，北通寧塞、金堂諸處。柔遠去郡一百四十里，控扼川腹。宋置巡司，國朝因之，更名定邊。然舊無城，倚山爲寨。成化七年[②]，公命參政胡欽、同知薛禄增築城。二余里許，城之樓櫓、倉庾悉備，足永捍禦云。

靈武城

靈武去郡二百里，去環里許，即古環州。漢置縣，屬北地郡。唐宋間，或興或廢，遺址尚存。成化六年，達賊數入侵掠，以無城也。公命同知薛禄修城，周二里有奇，軍民奠居，無復虜患矣。

馬嶺城

馬嶺，隋及唐皆爲縣，宋金元廢縣爲鎮。鎮枕山，山形如馬，領因名焉。西通寧夏，北通大拔寨。地饒，居人殷裕。賊摽掠必先焉。成化七年，公命參政胡欽、郡守王貴率土著之民築城。四周六百丈許，條布街衢，軍民附鎮者，徙實其中，皆得保全焉。

紅德城

城，考郡志，乃宋章楶遣折可適破夏人於此。城切邊，北通寧塞，東接安定，達賊出没必由焉。成化八年，公提兵禦賊，路出城下，城廢垣存，或起或伏，遂命郡同知薛禄因垣修城，西削山根，東削高崖，城復屹立。近城有川，立塹屯軍，以扼其口，如環縣川口作臺之計。又徙批驗所於内，以詰商鹽，軍民稱便。蓋經久保障之册也。

---

① 成化八年：1472年。
② 成化七年：1471年。

木鉢鎮

鎮屬環縣，環切邊，鎮爲達賊所必掠之地。古人嘗有城以壯防禦。歲久城廢，鎮亦鞠爲草莽矣。成化七年，達賊無忌，數入侵掠。逮公提兵禦邊，遂命郡同知薛禄城鎮。鎮既城，兵糧俱聚，軍民逋亡就招者，旬月鎮以大實中，復立遞運所以轉軍資，賊自此無敢南入矣。

葫蘆泉

泉出環縣北，故城即古環州。州廢，泉亦堙塞，不知若干歲矣。環水鹹苦，飲者爲病，按縣志，泉獨清甘。成化八年，郡同知薛禄具白其事，公遂命浚道如故，泉涌出，若有神焉。又修砌街衢以便居人。旬月間，軍民就居者三百餘家，翕然一城焉。

鵝池

池在郡城中左，水暗通城外東河。慶人飲水於河，此池防水困也。按池上碑，出唐人所鑿，宋人嘗重修之。池水去平地百尺許，易就湮塞。成化十年[1]，參政池陽孫仁詣池，遂白公重浚之。伐石砌階，便人負汲，實爲經久之利。當時督工郡守馬傑、衛指揮使張瑛也。

堡洞

慶陽邊郡，古今有虜患。比年尤甚，民心惶惶，弗寧有居。公駐兵，遂命僉事河間左鈺、郡同知薛禄遍歷郡内，相度形勝。或枕山立堡，或竅山爲洞，共五百六十餘所。賊來收民入居，賊不能迫焉。

墩臺

郡東西二川，古人立墩以資瞭望，歲久址存墩廢。成化七年，達賊數肆侵掠及門，民猶弗覺，公帥兵至，遂命郡同知薛禄自環縣塔兒掌，折西而南，直抵郡城，又東折金湯、西陽諸川，因高爲墩一百五十有奇，視古倍半矣。墩成編集近民，更迭瞭

① 成化十年，1474年。

望。賊入，然火相警。民以有備，賊多就擒者，墩之利也。

樹木

郡極西陲，風土苦寒，道路從古無樹木。公按郡，遂命郡同知薛禄擇地所宜，樹如椿、楸、榆、柳植道兩傍，及郵舍遍植桃杏，上地鑿池，下地甃井，以資灌溉。迄今三年，樹皆成陰。行人忘暑，果亦有實，人以收利。公用心細密，此特一端云。

大明成化十一年歲次乙未秋七月望。

慶陽府知府祁丘龐瑄，同知臨泉薛禄，南陽徐禄，通判東晉李萼，莆田林孟和謹志并圖。

寧縣（寧州）

寧州復修郭城記[①]

（明）嘉靖丙申十五年（1536年）三原馬理撰。

原碑民國時仍存於寧縣城内，今佚。

碑文收於馬理撰：《谿田文集·續補遺》，道光二十年（1840年）三原宏道書院刻《惜陰軒叢書》本。又收於趙本植纂修：（乾隆）《新修慶陽府志》卷四十二《藝文·上》，乾隆二十一年（1756年）刻本。

録文以《谿田文集·續補遺》爲底本。

[録文]

寧州南臨九龍[②]，西北臨寧江、馬蓮、三河。舊有南關城，後梁時[③]，牧守司空牛知業所築，後無考。成化初，參政朱公英葺之，歲

① （乾隆）《新修慶陽府志》題作“復修城郭記”。

② 寧州：甘肅省寧縣古稱，秦始置縣，西魏改稱寧州，一直沿襲至清代。民國二年（1913年）始稱寧縣。

③ 梁：（乾隆）《新修慶陽府志》作“樑”。

久就頹。嘉靖甲午夜[①]，大雨非常[②]，百川驟溢，三山河水懷山襄陵而下[③]。遂冒頹城[④]，入捲闤厢，人家幾盡[⑤]。間有漂至臨潼、渭南而出者，有駕出三門砥柱山巔至汴而出者；亦有居傍大城阜地波淺得避而生者，然十有二三[⑥]。維時九川吕中丞謂巡撫南皋王中丞，當以修城爲急。于是坐委滇南瀘濱李公文中，以左轄少參分守此地[⑦]，弔民至斯，不勝悲嘆，召集撫綏之餘，受議築鑿之舉。乃白於上官，詢謀僉同[⑧]，乃詢於下民，徯志丕應。遂鳩工集財，卜日行事，令州守趙侯秉祝董之，同知陳侯潾副之，指揮唐侯江參焉。下地築高二丈，闊一丈五尺，女墻高三尺，長二百七十丈有奇。高城築一丈五尺，下闊五尺，長一百八十四丈有奇，女墻如前。東西南各門，門各有樓三間，下闊各四丈，高各三丈，下包鉅石，上叠精磚，膠用石泥，和用糯□。經始於丙申七月十有五日[⑨]，落成於十月廿有九日。固矣，美矣，災患免矣，寇盜遠矣。于是州人致仕二守楊子純具狀，舉人吕生顒寓書，僉曰："是役也，少參公援我於溺，又從而衛之，費在官而下無斂，役非久而民不勞。《詩》曰：'愷悌君子，民之父母。'公其有焉，願吾子記之。"某閲之而嘆曰[⑩]："少參公明而執，廣而貞，廉而不隅，易而儉[⑪]，有弗爲，爲斯底績[⑫]。"愚承乏於同寅[⑬]，且知公非徒今也，蓋一十有四年矣[⑭]，是故美斯役而樂爲之書云。

---

① 嘉靖甲午：嘉靖十三年，1534 年。
② 非常：（乾隆）《新修慶陽府志》缺。
③ 三：（乾隆）《新修慶陽府志》缺。
④ 冒：据（乾隆）《新修慶陽府志》补。
⑤ 幾：（乾隆）《新修慶陽府志》作"殘"。
⑥ 十：（乾隆）《新修慶陽府志》作"千"。
⑦ 此：（乾隆）《新修慶陽府志》作"北"。
⑧ 詢：（乾隆）《新修慶陽府志》作"訐"。
⑨ 丙申：据（乾隆）《新修慶陽府志》補。丙申：嘉靖十五年，1536 年。
⑩ 某：（乾隆）《新修慶陽府志》作"理"。
⑪ 儉：（乾隆）《新修慶陽府志》作"險"。
⑫ 底績：指獲得成功，取得成績。
⑬ 承乏：指暫任某職的謙稱。同寅：即指同僚，舊稱在一個部門當官的人。
⑭ 蓋一十有四年矣：（乾隆）《新修慶陽府志》無。

六 天水市

秦州區（秦州）

重修秦州衛城樓記

（明）嘉靖十三年（1534 年）胡纘宗撰。

原碑民國時仍在天水縣城，已佚。

碑文收於費廷珍纂修：（乾隆）《直隸秦州新志》卷之十一《藝文中》，乾隆二十九年（1764 年）刻本。

[録文]

秦國也，漢唐爲郡，宋爲軍，國朝稽古建制爲秦州，爲秦州衛。有城隸於衛，衛者，衛也。州曰牧，内也；衛曰禦，外也。城有門與樓焉，創於元，逮於國初，今若干年矣。嘉靖丁亥[1]，掌衛都指揮尹君謨欲重修之，不果。己丑[2]，尹君復掌衛。庚寅[3]，復欲修之。春正[4]，侍御史兩河胡君臨州，既視城，乃進謨，語之曰："秦名郡也，城與樓所以衛也，城不竣奚以武，樓不崇奚以威，修樓爾分也，爾之武不在是也，然亦在是也，爾勉之。"於是尹君欣然，乃取材於中麓，假車於上農。不閲月，取者達，運者集，乃咨於州太守王君卿，與恊心焉。乃鳩工於二月初[5]，訖工於三月之季，不逾時，樓告完矣。於是郡之人僉曰："美哉，奂哉，視昔麗哉。"衛之人僉曰："美哉，輪哉，視今壯哉。"工不煩於郡，財不藉於帑，不既難哉。

---

① 嘉靖丁亥：嘉靖六年，1527 年。

② 己丑：嘉靖八年，1529 年。

③ 庚寅：嘉靖九年，1530 年。

④ 正月。

⑤ 鳩：鳩鴿科部分種類的統稱，聚集。

乃復於胡君，胡曰："其然爾，其武哉。"乃報於都御史劉公，乃報於右參政范君、按察副使許君、僉事高君，皆許可。于是郡大夫以告纘宗，屬之記。記曰："惟兹樓也，奚止麗哉，其惟仰高哉。奚止壯哉，其惟視遠哉。内不有編氓哉，外不有兵旅哉。夫秦，雍之西鄙也，其東南中原也，其西戎狄也。苟登城與樓而望焉，京國巍巍然，河山恢恢然，孰不深羹墻之忱哉？俯若戎，殆毳茸耳[①]，我城既竣，彼以我爲金湯矣；俯若狄，殆蠛蠓耳[②]，我樓既崇，彼以我爲麗譙矣；孰不有山立之威，虎視之勢哉。然秦之守稱吴璘[③]，璘非守干城乎？秦之才稱李廣，廣非漢長城乎？能師廣而法璘，安編氓、安兵旅，其衛之也，又奚翅百雉與九仞哉。故諸氏懷諸葛武侯，以德不以力；諸番服郭令公，以信不以兵。則夫我之所以禦外捍内者，果轉在是哉，果轉在是哉，請以質於胡君。

修秦州西郭城記

（明）嘉靖十三年（1534 年）胡纘宗撰。

原碑在天水縣城，民國時已佚。

碑文收於費廷珍纂修：（乾隆）《直隸秦州新志》卷之十一《藝文中》，乾隆二十九年（1764 年）刻本。

［録文］

隴以西，昔近西戎，今戎與狄雖皆遠，然狄深入，勢亦可突至，故諸郡縣無有無城與池者，而諸城池無有不高與深者，其或城夷池湮，亦民安於承平而吏習於因循耳。庚子之秋[④]，北狄勢熾，秦隴之間，邊檄遞馳，虜若即日至者，秦父老曰："吾秦昔警於戎，今警於

---

① 毳：鳥獸的細毛。

② 蠛蠓：昆蟲名，體微細，比蚊子小，褐色或黑色，雌虫吸人、畜血，能傳染疾病。

③ 吴璘（1102—1167 年）：字唐卿，德順軍隴幹（今甘肅静寧）人。南宋抗金過程中保障秦隴、巴蜀，封新安郡王。

④ 庚子：嘉靖十九年，1540 年。

狄，非城與池曷倚？然州人不下萬，衛人亦不下萬，勢不皆居是城也。而州人居西郭者倍於城，盍築西郭城？”是冬，總督司馬劉公逐狄北去，恐復入也，以隴西郡縣城當培，池當浚也，特奏允之，下有司。凡邊檄城池，咸加高深焉。乃先後敕憲副韓君、朱君督其事，故隴西郡縣城池咸加培浚焉。辛丑之春[1]，虜忽寇蘭州，西郭被掠，秦隴之間戒嚴。敕使朱君曰：“蘭，西郭故城也，然蘭之人不下萬，藩衛之人錯居者倍於州，曷築西郭城？”乃并秦西郭，白之當路，曰：“凡縣之郭、之城，不可無築也。凡州之郭、之城，不可無築也。”諸當路咸以爲宜城，乃檄下吾郡，郡大夫李侯曰：“是吾之責也，尤吾今日所宜急也”，乃下令西郭之居民量其力而築之。西郭之民久不見兵革也，曰：“郭何必城，久不聞夷虜。”曰：“郭何爲城。始則譁，繼猶疑，已將從，終乃定。夫修若墉，衛若氓，何爲譁？外虜吾當備，内寇吾當禦，何爲疑？因民之力，而力乎民，何弗從？雖爲國，實爲民也，何弗定？”乃興工於壬寅之夏[2]，訖工於今歲之春。初告之神，而諭之衆也。曰：“是郭也，北負山，宜屏；南俯水，宜障；東頻溪流斷崖，宜堤；西距河洮路，宜限。”于是郭人晨起孳孳，暮歸粟粟，倡者諄諄，和者坎坎，老者勞勞，少者僕僕，經始兢兢，垂成屬屬，而侯日監臨焉。逾月，西城成。遠眺之，與天水湖若相拒。不三月，北城成，仰視之，與天靖山若相抗。然又不三月，南城成；又不逾月，東城成，近閱之，與藉水與魯谷水若相據。然下闢四門，上創四樓，皆壯麗也，而西郭城與州衛城并稱矣。於是敕使朱君環城而視之，曰：“秦民不有倚哉。”顧侯曰：“子之力也。”侯謝不敏。分守少參高君、分巡憲僉孟君環城而視之，曰：“秦民今得棲息矣。”顧侯曰：“子之力也。”侯謝不敏。郡中諸大夫、士與諸父老環城而視之，曰：“吾今而後，不虞外侮矣。虜警雖急，吾得帖然安矣。”詣侯曰：“凡墜皆舉，莫非功也，是功爲大；

---

① 辛丑：嘉靖二十年，1541 年。

② 壬寅：嘉靖二十一年，1542 年。

凡傯皆濟，莫非惠也，是惠爲遠；州人敢忘侯耶?”侯謝不敏。于是郡賫其巔末，乃復直指伊君。伊君曰：“秦郡故翊隴[1]，西郭今翊秦矣。”乃復於中丞路公。路公曰：“秦有西郭，隴有西壘矣[2]。”乃復於總制楊公。楊公曰：“秦與蘭今有西郭矣。”諸大夫、士及諸父老過予而屬之記。曰：“西郭之築，子嘗謂不可緩也，今築且完矣，子盍記之。”予乃述其概，爲侯記之，而屬之郭人，勒之石以垂之後，侯之政績不與西郭同不朽耶？是不可不記也。

秦州修橋築建城樓碑記

（明）萬曆二十六年（1598 年）胡忻撰。

原碑在天水縣城，民國時仍存，今佚。

碑文收於姚展等修，任承允纂：民國《秦州直隸州新志續編》卷之六《藝文第九・補遺》，民國二十八年（1939 年）鉛印本。

[録文]

秦古成紀郡。大城之西舊有中城，接踵西關，間以羅玉河深溝，險不可渡，有橋以通之。至萬曆癸巳歲[3]，暴雨驟至，河水涌猛，橋斯圮焉。越歲余，莅是任者，視若罔聞，奚翅徒涉輿行之病[4]，諸臺史至，皆由曲徑奔走，褻體殊甚。甲午歲[5]，滇南王公至，甫下車，即慨然嗟嘆曰：“斯橋也，誠天水之通衢，曷可弗舉?”于是請命兵巡曾公[6]，允而下之，隨走安定，仿折橋體模修之，鳩材木，庀金石，課勤能，不數旬，橋卒業焉。嗣是，水不能爲患，民咸利涉之。洎乙未歲[7]，中城父老僉謀投告，城垣卑損，年遠坍塌，不惟虜變難

---

① 翊：古同“翌”，明日。

② 壘：古代軍中防守用的墻壁。

③ 萬曆癸巳：萬曆二十一年，1593 年。

④ 翅：古同“啻”。但，只。

⑤ 甲午：萬曆二十二年，1594 年。

⑥ 曾公：曾如春，字仁祥，號景默，江西臨川人，明朝著名大臣，曾任陝西按察司副使。

⑦ 乙未：萬曆二十三年，1595 年。

防，且盜賊騷擾，深爲地方大害。前此居民往往告呈，各上司憚興工之艱，屢寢其謀，無能慮始者。公撫掌稱嘆："是誠在我。"遂申呈曾公，移檄制府、中丞，直指諸臺，各報如議，命州佐黄公督理之。編丁夫，議工食，給口糧，分爲四工，工各十甲，甲各若干名，咸于省椽李若松等管修之。公偕黄公朝夕親詣城，犒賞興作，靡日弗然。越三月，中城周圍告竣焉，南北相距若干丈，東西相距若干丈，高若干尺，厚若干尺。堅以女墻，峻其防也；塗以粉壤，焕其觀也；設以門扇，嚴其守也。然有城無樓，胡以資瞭望？公又申請曾公各捐贖鍰，共若干金。命工輸材，雕榱刻桷[1]，丹漆黝堊，則樓之成也，巍然成一雄鎮矣。時適新巡李公至，題匾曰鳴玉樓，爲中城保障，非所以慶厥成乎，觀者以爲中城之修，儼然有金湯之固也。斯舉也，小之以弭賊盜，大之以禦夷虜，近之以堅河防，遠之以垂永賴，不特中城父老赤子永永無患，實一州文風士氣每每增奇也。君子陟斯橋也，思公道濟之仁與橋俱永矣；閲斯城也，思公保障之恩與城俱崇矣；登斯樓也，思公藩屏之德與樓俱高矣；誠盛績也，豈可泯滅乎？公將行矣，州人思之不忘，故徵余爲文，用勒之石以垂不朽云。公諱吉人，號范菴，雲南己卯省試第一[2]，大理衛官，籍江都人，今遷山東登州府。同知黄公諱金殿，號對陽，山西選貢，五林衛人，殫心分散，協力襄事，故并書之。時萬曆歲次戊戌[3]。

重修秦州城垣記

（清）順治十一年（1654 年）隴西右道僉事宋琬撰。

原碑已佚。

碑文收於費廷珍纂修：（乾隆）《直隸秦州新志》卷之十一《藝文中》，乾隆二十九年（1764 年）刻本。又收於余澤春修，王權、

---

① 榱：椽子，即放在房檁上支持屋面和瓦片的木條。桷：方形的椽子。

② 己卯：萬曆七年，1579 年。

③ 戊戌：萬曆二十六年，1598 年。

任其昌纂：（光緒）《重纂秦州直隸州新志》卷二十一《藝文三》，光緒十五年（1889年）刻本；許容等修，李迪等纂：（乾隆）《甘肅通志》卷四十七，清文淵閣四庫全書本；宋琬：《安雅堂文集》卷二，康熙三十八年（1699年）宋思勃刻本。

録文以（乾隆）《直隸秦州新志》爲底本。

［録文］

隴以西爲州者五，惟秦爲最鉅。官之所莅爲衛城，環郭而城者有四，睥睨相屬如聯珠。南通巴僰，北控朝那，東則關山峻險，此爲上游，轅蹄絡繹，冠蓋接武；西則燉煌、大夏、張掖。述職、修貢、織皮、琛玉之使，歲無虗日[①]。故其規模閎壯，麗譙雉堞之雄，非他郡所敢校。陽九以來，生齒凋耗，哀我黔黎，鑿山穴窾，麋鹿散而熊虎鄰也。順治甲午六月乙未[②]，坤維失馭，陽驕陰奮，載震載崩，邱夷淵實，氓居蕩圮，覆壓萬計，屹屹堅墉，壞爲平壤，三版靡存，跛羊可越。考之前代書契所載，災異之徵，未有甚於兹土者也。余小子躬率吏民，素服郊哭，遍禱群望，旁行原隰，飛鴻爰集，百堵斯作。但城罔遺堞，疆圉是憂，夙夜徬徨，當餐廢箸。或曰："楨幹之需，鄉遂是徵[③]，徒輦之役，邱甸是問，鈞金束矢之入，可以庀材木焉。子大夫下尺一以令國人，其誰敢不從？"余曰："吾聞之也。"國有大祲[④]，咎在邦伯，是以澤中之謡，子晳興刺，城築不以其時，則《春秋》書之。今天方降威，俾我民不康厥居。余小子省愆毖往災患之不恤[⑤]，而興土工以召怨，余則曷敢？爰出匪頒之賜，購杞梓於岷山，已而遣徤足，括故園、囷廩以益之。於是秦人乃讙，知其非厲已也。勝衣之男、呫嗶之士連肩踴躍，負蕢而趨，郡守姜君身自編於畚鍤之間，量廣狹，准尋尺，視其勤窳，而先後之縮版既興，馮馮登登，曾未期月，而厥工告成。太子太保總制

① 虗：古同"虚"。

② 順治甲午：順治十一年，1654年。

③ 鄉遂：出自《周禮·夏官·大司馬》。周制，王畿郊内置六鄉，郊外置六遂。諸侯各國亦有鄉遂，其數因國之大小而有不同。後亦泛指都城之外的地區，也指鄉大夫。

④ 祲：不祥之氣，妖氛。

⑤ 省愆：亦作"省僁"，反省过失。

尚書金公憑式天水[①]，顧而嘉之，即日拜疏列狀以請詔，增僉事臣琬秩一級，賜蟒服，知州臣光□予紀録。嗚呼，余于是而知朝廷激勸之典，與秦人風義之盛也。夫《詩・雅》所稱玄黄朱芾之錫，惟功德之顯爍者當之。今微末小臣以區區版築之勞，蒙天子之錫賚，恩至渥也。然小臣何功之有，亦惟是父老子弟執功而急社稷之務，故得藉手成事，以免復隍之虞。君子謂是役也，庶幾有小戎袍澤之遺義焉。語曰："十人樹楊，一人拔之。"此言成功之難。今秦之爲秦，其城郭峙如也，其樓觀翬如也，其舘廨翼如也，其壇壝亭鄣巍如也，烟火萬家，嗚吠之聲相聞也。皇華之使攬轡而至止，幾以爲未始有災焉；而不知余與姜君躬丁大厄，篳路襤褸，呼號於荆榛瓦礫之場者。秦之人，實耳目焉。後之君子念前人音羽之勞，軫兆姓阽危之苦，禦之以恕，載之以寬，爲保障，勿爲繭絲；爲韋珮，勿爲束濕；二三孑遺，庶有賴焉。而不然者，雖金城湯池，安知不鑿山穴谷，相率而去我也。世不乏尹鐸[②]、召信臣其人[③]，因記城工之始末，而并致相勖之意如此。

重修秦州東關城記

（清）趙時熙撰[④]。

原碑已佚。

碑文收於姚展等修，任承允纂：民國《秦州直隸州新志續編》卷之六《藝文第九・藝文一》，民國二十八年（1939年）鉛印本。

録文以民國《秦州直隸州新志續編》爲底本。

---

① 憑式：亦作"憑軾"，原指倚在車前横木上，意指駕車、出征，如晋潘岳《西征賦》："潘子憑軾西征，自京徂秦。"又借指做官，如晋陸機《長安有狹邪行》："鳴玉豈樸儒，憑軾皆俊民。"

② 尹鐸：少昊的後裔，晋卿趙鞅的家臣。

③ 召信臣：字翁卿。九江郡壽春（今安徽壽縣）人。生卒年不詳，活躍于西漢初元至竟寧年間（前48—前33年）。

④ 趙時熙（1835—1903年）：字春台，号靄臣，河南开封府郾城縣（今河南省郾城縣）人。同治七年（1868年）進士，歷任侍郎、京畿道等職。

[録文]

城郭所以衛民也，然爲之於無事之時，與有事而倉皇苟且以爲之，則情事異而工窳亦殊，此曲突徙薪之説也。秦州城，晋以前無可考。據《後魏書·侯莫陳悦》暨《後周書·李弼傳》[①]，則東西各一城。酈道元《水經注》云："兩城之間，濛水流其中，上有橋。"則今之城爲東城，其西城則今之西關也。然則東關城之創於何時，仍無可考焉。或曰宋韓魏公知秦州[②]，與西關城、小西關城同築。此父老傳聞之説，於史弗徵，可勿論。惟自國朝以來，遞有興築。近人所知，則嘉慶時州舉人閻德、道光戊戌知州事會稽邵煜[③]、同治壬戌知州事滿洲托克清阿[④]、光緒初署秦州游擊李良謀皆葺治焉，然版幹削度草草焉，其爲塌損者如故。聞今制軍陶知此州時欲卜工，因卸事而止。乙未[⑤]，河州回變作，前巡道丁欲卜工，因費缺而止。己亥春[⑥]，前署秦州事無錫朱銑奉制府檄令籌款興工，適歲歉，議以工代賑。時值更换水磨牙帖，遂請於制府取藩司州署書吏所舊得規費，悉數以佽土工。而制軍陶升任廣東[⑦]，藩司丁、署州朱、知州事張各捐廉以襄其事，余亦薄有所助焉。顧城大而圮，蕆事爲難[⑧]，又請於制府。凡所不足由釐金局暫假，檄秦州計歲攤補，而大工始得以藉手。經始於己亥二月，落成庚子六月。其增高者十之二，培厚者十之七，東舊一門，今重焉，更房計若干，輪廓一因舊址，毋減毋縮。垣墉直竪，埤堄高峙，曩之苦傾垝者，今於諸關城獨雄厚焉。凡土木金石之工若干，雇夫若干，費緡錢一萬幾千有奇。夫此城也，西連官城，東北枕

① 侯莫陳悦：復姓侯莫陳，名悦，代郡人，南北朝時期北魏將領。《魏書》有傳。

② 韓魏公：韓琦，北宋名臣，字稚圭，自號贛叟，相州安陽人。好水川之戰後貶知秦州。

③ 戊：原作"戍"，误，應爲道光戊戌，道光十八年，1838 年。

④ 戌：原作"戍"，误，應爲同治壬戌，同治元年，1862 年。

⑤ 乙未：光緒二十一年，1895 年。

⑥ 己亥：光緒二十五年，1899 年。

⑦ 制軍陶：即陶模，光緒元年（1875 年）知秦州，光緒二十六年（1900 年）自陝甘總督調任兩廣總督。

⑧ 蕆：完成，解决。

濛水，南臨耤水[①]，間以磨渠，天然壕塹，固易守也。而歷代以來，各城皆漸次修理，而此獨闕然。豈不以人稀而貧，創事爲難，則其藉力於官也？固宜顧官輒數年一易，居民則室廬在此長子孫焉。貨不可强，力則易出。自今以後，有罅則補[②]，有漏則塞，水潦不時勿怠，而委官斯土者，雖不敢永以爲恩，吾民則庶幾有桑土牖户之風也夫。

改建羅玉橋碑記

（清）任承允撰[③]。

碑原在羅玉橋旁，已佚。

碑文收於任承允撰：《桐自生齋文集》卷三，民國十四年（1925 年）南京國華印書館鉛印本。

［録文］

秦爲隴右一大州，由來舊矣。城一而爲郭者五。藉水襟帶於南，北山之麓，濛水出焉，俗名“羅玉”。東流，折而南，貫中城入藉，《水經注》尚可考也。百餘年來，水之正流改由東直下，不行故道矣。然支流之蔓延，與别派之錯出則如常。中城横亘官城、西關之交，冠蓋之往來、士商行旅之駢闐，必由於此，非有橋焉以利涉，不第阻斷通途，而全州之氣脉不且窒歟。橋創於何時，文獻無徵。其可考者，明萬曆戊戌[④]、清乾隆庚申皆經重修[⑤]。雖蕆新工，仍因舊貫，木腐土蝕，久豈能支。今年六月中[⑥]，橋忽全圮，行人迂道而

---

① 耤水：耤河，渭河上游支流，源于甘肅省天水市秦州區和甘谷縣交界處的龍臺山景東梁東麓，流經天水市城區，至北道埠峽口匯入渭河。古名“洋水”，《山海經·西次四經》記載，邽山“蒙水出焉，南流注于洋水”。

② 罅：縫隙。

③ 任承允（1864—1934 年）：字文卿，秦州人，隴南文宗任其昌長子。光緒甲午（1894 年）中進士，授内閣中書，後回鄉，著有《桐自生齋詩文集》等。

④ 萬曆戊戌：萬曆二十六年，1598 年。

⑤ 乾隆庚申：乾隆五年，1740 年。

⑥ 今年：民國十六年，1927 年。

履險，遇雨則尤病。邑長楊君過而憫焉[①]，立即召集士商，等款鳩工，且議易木以磚石，以爲一勞永逸之計。舊橋用大木架成三間，中一間爲水道，東西兩間，上實下空，備横决也。然無水時，窟穴流丐，時出爲盗。蓋昔時水勢大，防其暴漲，不能不廣爲之地。自正流他徙，無虞泛濫矣。今中同用石築洞，取其堅而非如木之易朽蠹也；餘皆以土築而實之，取其持久且不容奸也。邑長親督於上，士民奔走於下，不四十日，工事告成。人人歡慶，以其便也，蒲生慰霖乞紀顛末。余維吾鄉人士，曩遇義舉，不苶而奮。兹值民窮財匱之餘，尚能竭蹶畢此大工，亦可謂用力勤而爲利溥焉。若夫數百年後塞罅補漏，則又來者之責也。是役也，先估工二千元，寅支若干元，首事某，督工某，例得并書。

重修秦州伏羲城記

（清）伏羌王權撰[②]。

碑原在秦州城，已佚。

碑文收於王權：《笠雲山房詩文集》，清鈔本，吴紹烈、路志霄、海呈瑞校點，蘭州大學出版社 1990 年版，第 192—193 頁。

［録文］

秦在關西爲大州，州治負壽山面藉水，閭閈衔接，填城溢郭。東西郛之翼城而立者四，而伏羲城居其表，《志》所謂小西關城也，太昊宫在焉，故又曰伏羲城。西關城創自嘉靖辛丑[③]，伏羲城之始建，則史失其傳。順治甲午地震後，墻垣頹陁無存。嘉慶九年[④]，州

① 邑長楊君：指民國時期天水縣長楊展雲。

② 王權（1822—1905 年）：字心如，號笠雲，甘肅伏羌縣（今甘谷縣）人。道光二十四年（1844 年）舉人。咸豐八年（1858 年），任文縣教諭。後歷任陝西延長、興平、富平知縣等職。著有《笠雲山房詩集》《笠雲山房文集》等。

③ 嘉靖辛丑：明嘉靖二十年，1541 年。

④ 嘉慶九年：1804 年。

牧王公督築西偏數十丈[①]。道光十八年[②]，邵刺史煜起徒增修[③]，工皆未半而罷，蓋動衆若斯之難也。同治改元之秋，陝西回匪度隴，土回坌起應之，州東北賊巢林立。其明年，鹽官、伏羌賊繼起，刺史托公戰死[④]，勢危甚。邑孝廉任君其昌、明經董君自立集居人而商之曰："吾郡五城中，獨此城乏商賈，居人最貧，亦最弱。且三面無垣墉，寇來則首當其衝，非吾父老子弟擲錢粟，并膂力，克其興築，事且不測，可若何。"衆皆曰："惟二君命之。"於是請之巡。城郭所以衛民也，然爲之於無事之時，與有事而倉皇苟且以爲之，則情事異而工窳亦殊，此曲突徙薪之藐也。

秦州城，晋以前無可考，據《後魏書·侯莫陳悦》暨《後周書·李弼傳》，則東西各一城。酈道元《水經注》云：兩城之間，瀠水流其中，上有橋。則今之城爲東城，其西城則今之西關也。然則東關城之創於何時，仍無可考焉。或曰宋韓魏公知秦州，與西關城、小西關城同築，此父老傳聞之説，於史弗徵，可勿論。惟自國朝以來，遞有興築。近人所知，則嘉慶時州舉人閻德[⑤]、道光戊戌知州事會稽邵煜、同治壬戌知州事滿洲托克清阿[⑥]、光緒初署秦州游擊李良謀皆葺治焉。然版幹削度草草焉，其爲塌損者如故。聞今制軍陶知此州時欲卜工[⑦]，因卸事而止。乙未[⑧]，河州回變作，前巡道丁欲卜工[⑨]，因巡道林公[⑩]、知州張公[⑪]，咸報可。退而量資傧費，計

---

① 州牧王公：指秦州知州王賜均。王賜均，陝西神木人，嘉慶二年（1797 年）任秦州知州。

② 道光十八年：1838 年。

③ 邵刺史煜：即秦州知州邵煜。邵煜，浙江會稽人。

④ 刺史托公：即秦州知州托克清阿（？—1863 年），滿洲正藍旗人。道光舉人。曾充甘肅環縣、安化知縣、土魯番同知。後被降級。咸豐元年（1851 年）捐復原官，歷皋蘭知縣，昇秦州直隸州知州。同治二年，與起事民衆作戰，被殺。後追謚剛烈。

⑤ 閻德：秦州舉人。光緒《秦州直隸州新志》卷六《選舉》："閻德，官寧遠訓導。"

⑥ 同治壬戌：同治元年，1862 年。

⑦ 制軍，總督之雅稱。制軍陶，即陶模（1827—1902 年），光緒元年至四年任秦州知州。

⑧ 乙未：光緒二十一年，1895 年。

⑨ 前巡道丁：前分巡鞏秦階道丁體常，字慎五，貴州人。

⑩ 巡道林公：分巡鞏秦階道林之望，字遠村，安徽懷遠人。

⑪ 知州張公：秦州知州張徵，陝西三原人。

丁鳩工，擇賢能者分督其役，而二君總監之。自三年□月至四年□月，凡用人工日計者□萬□千□百有奇，錢以緡計者□千□百□十，皆出自伏羲城居民，未曾外募一錢。爲城垣□千□百□十丈，而中城士民亦以時創築南北墉，先後并落成。當工作之方殷也，賊以五月突至城南，九月又至環城，噪攻者五晝夜，幸城基已固，二君率居民乘垣守禦，得不敗。任君以是冬赴春官試，成進士，廷授户部主事。其未竣工，董君卒成之，而以記工之文屬權。

權嘗慨道光、咸豐間，部臣以帑藏支絀，牒十七行省，凡府州縣城郭圮剥，地方官籌款興工，不許動用庫儲。自是科財營繕者比比，率就墜甓頽垣，略施圬墁，甚或鏟削剜剔，苟飾耳目，一旦風塵四起，所至墮陷，城且如是，郭於何有。今二君無事權，無蓄資，同閈又皆貧弱下户，非有豪商巨族之助也，顧能使老幼歡躍，争出貨力，甫期年而大工立竣，且堅致厚實，卒用折衝，是遵何道哉。天下事莫患乎意其難而不爲，又莫患乎姑爲之而不必爲。誠必爲也，事無難；誠必行也，道無遠。果以破疑，誠以孚衆，始雖杌隉，終必蕆成，兹役非其明驗歟。抑聞賈子有言[①]："人之所設，不爲不立，不修則壞。"今二君既立之矣，修而勿壞，又不能無望於後之人。後之人倘以貧弱爲患，以率作爲難，則二君之事可觀也。

城門碑記

（清）碑文撰者無考。

清嘉慶元年（1796 年）立石。

碑鑲于天水市城隍廟前院東樓二樓走廊南墻壁。高 110 釐米，寬 60 釐米。拱首條形，碑首飾以龍紋，正中豎行篆書"城門碑記"四字；碑文楷體，左行豎書，19 行，滿行 31 字。碑身邊緣飾祥雲紋，碑面下部多殘損。

---

① 賈子：西漢文學家賈誼。

據原碑録入。

［録文］

竊思小民供役，分所應爾；按地出差，始爲平允。如州門口，地小户稀，舊來止支承行供棹[①]，坐忌辰牌位單棹，以及逃更坐堆而已。他如一切夫役，出輿夫，地方承應。枷示犯人，發交犯事，地方看守，州門口并未應及。

自乾隆四十七、八年以來[②]，無論城鄉枷犯，多發州門口看守，一切夫役亦唤州門口往應，鄉保居民多受其累。致每年更唤鄉約之時，往往推諉躲避，實爲掣肘。因而鄉約劉超與方民周孝等，以照舊應役情節，公同具懇州主胡大老爺案下，蒙批，如所議行，方民老幼無不焚香□祝矣。刑、工二房存有卷案，以後本方照舊應事。其每年認□鄉約些須使費，在於黄恩厚、黄登甲鋪面并各鋪面凑措，以免鄉約墊賠之累，誠恐日久生變，特立石以志。

署直隸秦州事安西直隸州正堂加三級記録五次胡紀謨；

秦州直隶州督捕廳俸滿候陞加四級沈本立；

住持道正司張正詔[③]；

大清嘉慶元年歲次丙辰春三月穀旦勒石。

州門口士庶劉建圖、箔倡蓮、王典、李芝、劉逢時、李發春、劉覩、周仲、周乃啓、于文仲、劉玠、黄易、周□、李尚寅、赵琮、马□、黄恩□、劉珍、劉藏、釗樹、周逋、劉相、王□熊、周明士、縣正周敬，李绪峪，劉本祥、陳廷達、周見德、李美、王安、肖文□、劉必□、馬天駿、劉□昇、□□□、□□、周□、趙□□、朱□仝立

① 承行供棹：承行，明、清時期府、州、縣署中承辦某項案件的書吏。供棹，供桌。

② 乾隆四十七、八年：即1782、1783年。

③ 道正司：明清時期秦州道正司設在玉泉觀。

公修堡寨碑記

（清）張明亭於嘉慶二十三年（1818年）撰并書，立石。

碑現存於天水市社棠鎮新堡村堡門。高123釐米，寬60釐米。圓額，上横刻“公修堡寨碑記”六字，碑文楷體，左行竪書，正文9行，滿行47字。小字書捐善人某及銀兩，13行，行字不等。碑身有殘損，部分字迹不清。

據原碑録入。

［録文］

今夫圖强□艱，功成説易者，人情大抵然也。鎮有老虎溝，距城五十里，而新堡子在其中焉。夫新堡子，古迹也，迨其後垣墉傾圮，□塄階級，居止數家，亦幾等於有亡。不意嘉慶四年[①]，賊匪竄入州境[②]，社之老幼强弱往來，時形其首竄山入，更恨無家拂，岌岌乎手足無措矣。有寨主張、孟、劉三公，挺身而出，亟欲辦理，但功程浩大，三人之勢力渺，滄海之一粟。因約族孫錦旺，而錦旺亦欣然道從。自是不謀而合者，業有數人。夫一人之心千萬人之心也，縱有愚頑或不能通曉理□，未有不愛惜身家則見夬。散石基置，紛如繡錯。度之薨薨，既忘私以圖公；救也陾陾，亦争先而恐後[③]。熙熙然父詔兄，勉□以成之矣。是固集衆人之力以爲功，實賴三公倡於前，數人督於後也，不亦當時享其福，後世亦得其所哉。所慮者閱世生人，閱人成歲，人心之變□矣，無常也。或以尺地，其有挾私意而存不容之見；或以王事，獨勞偏數庸而廢不均之争。絮短説長，甚至獄訟難免矣，不將所以謀福者反爲禍之弊端乎。所以合衆

① 嘉慶四年：1799年。

② 賊匪竄入州境：清嘉慶四年（1799年）四月，白蓮教楊開甲率義軍由陝西轉戰進入秦州，義軍輿民團、官兵發生多次激戰。嘉慶五年（1800年）七月，在清兵追剿下，白蓮教義軍經徽縣退走陝南。

③ 救也陾陾：出自《詩經・大雅・綿》“救也陾陾，度之薨薨”。

立石，使租座於人者，毋得即爾心以予奪；遇患思避者，難言功誰少而誰多。相友相助，無失先輩通力合作之意耳。

庠生張明亭撰并書

賽主張書紳錢二百串，又地五埫典。孟宗聖三串八百廿八，加貳千五百。劉正□三串六百。督工張□□□串七百一十四。張□□□串八百。劉世太兩串五百。劉正江三串九百。張爾敏兩串四百。劉祰兩串一百。張景新，張景玉。楊炘二十串。王元三串。王膺選七百。王仲選七百。王廷選七百。王義選七百。王特選七百。王朝選五百。王見選二百。秦和財三百。楊仲堂二百。潘爾運五百。田進業七百。孔志堯三百。田逢年一串七百。蘆□三百。蘆旺三百。汪漢二百。汪懷二百。張景立三百。宋得成二百。李二奇二百。劉治一百。晋義號一串五百。高多文一串。閆思成一串。師湘五百。高闖禄五百。高建功一串。高麻子一串五百。吴正有二百。李國楝三百。李得時六百。張權彦一百。張五五子一百。劉應時二百。劉材二百。李映西五天。李滿五天。何度四天。唐國强九天。陳得旺十四天。常效慧六天又錢五百。楊銀五天。申於五天。常又春兩天。張□貴七天。張景堂十四天。楊保五天。張循世五天。田遇年五天。侯儉兩天。庠生張明亭撰。

大清嘉慶二十三年歲次戊寅仲春月穀旦立[①]。

秦安縣

重修秦邑城池記[②]

（明）嘉靖十三年（1534年）胡纘宗撰。

原碑在天水縣城，民國時已佚。

碑文收於胡纘宗纂修：（嘉靖）《秦安志》卷之一《建置志補》，

① 嘉慶二十三年：1818年。

② （乾隆）《直隸秦州新志》作“重修秦州城記”。

嘉靖十四年（1535年）刻本。又收於費廷珍纂修：（乾隆）《直隸秦州新志》卷之十一《藝文中》，乾隆二十九年（1764年）刻本。

録文以（嘉靖）《秦安志》爲底本。

［録文］

《易》曰："王公設險，以守其國。"城與池亦險也，關隴西北迫近羌戎，城與池所當設者。秦邑有城自金及元矣。國朝成化癸巳[①]，虜深入，巡撫者御史馬公文升扎令修之，未厚也。弘治乙丑[②]，邊警總制尚書楊公一清扎令葺之，未高深也。君子曰："豫也。"嘉靖壬寅[③]，虜犯塞，總督尚書劉公天和擊之，虜敗去。乃奏列城，欲高深之。既得，請特敕按察副使督之[④]，乃扎令諸郡邑高深之，咸如奏。君子曰："盡豫之道也。"暨辛丑，邑令陳侯檄典膳麟[⑤]、時秀，訓術元甫[⑥]、宗仁分工築之，浚之。陳尋去，四工起，邑丁若干人高深之，咸如扎。于是東南元甫，西南麟，東北宗仁，西北時秀，鷄鳴趣工，鷄栖罷工，壯者杵，少者筦，掘者錯，運者登[⑦]，官臨之，甲監之，登登之聲相和，勃勃之色相先，而鄉大夫士有携酒肴慰勞者[⑧]。未逾歲，城裒然厚[⑨]，池剷然坼矣[⑩]。比見各丁，於城將半[⑪]，日憊憊然曾無告勞者；於工將訖，日懇懇焉曾無告疲者[⑫]。而二典膳以裕稱，二訓術以毅稱[⑬]，道路

---

① 成化癸巳：成化九年，1473年。

② 弘治乙丑：弘：（乾隆）《直隸秦州新志》作"宏"，避乾隆諱。乙：（乾隆）《直隸秦州新志》作"己"。弘治乙丑，弘治十八年，1505年。

③ 嘉靖壬寅：嘉靖二十一年，1542年。

④ 使：原文無，據（乾隆）《直隸秦州新志》補。

⑤ 典膳：官名，掌供膳饈之事。

⑥ 訓術：明代縣級地方陰陽學官名稱。明代，地方設立陰陽學官。府級稱正術，州級稱典術，縣級稱訓術。（乾隆）《直隸秦州新志》作"訓述"，當誤。

⑦ （乾隆）《直隸秦州新志》下有"高"字。

⑧ 鄉：（乾隆）《直隸秦州新志》作"卿"，當誤。

⑨ 裒：聚集。

⑩ 剷：（乾隆）《直隸秦州新志》作"畫"。

⑪ 半：（乾隆）《直隸秦州新志》作"丰"。

⑫ 懇懇焉：彎腰耕耘，本義真誠、誠懇。

⑬ 術：（乾隆）《直隸秦州新志》作"述"。

籍籍也，緼署邑經歷希顔至，卯出酉入，督東、北城尤力。蓋東加三之二，南加五之半，西加五之二，北加四之三。城高三丈有五尺，厚二丈有三尺，池深三丈有三尺。鞏臨郡邑皆築皆浚也，率多補葺之爾。吾邑加厚與高與深，若另修一城然者。故見者曰："是城何堅邪？"丁曰："土厚爾。"曰："是城何嚴邪？"丁曰："力專爾。"蓋訓術[①]、典膳日僕僕督之，咸如檄。鄉大夫士所目睹也。是城也，起工於辛丑春末，訖工於壬寅秋初。工將成，次及二月，城將起，而四城樓未創也。按察君亟欲報完，而不知吾邑工加於他城池數倍，乃禮獎曾未到工之幕史以文幣。遂報完，而希顔、元甫、宗仁、麟、時秀曾無尺帛之勞，聞者訝之。殆諸君先後捧敕於蘭，駐節於蘭，而諸城之力弗力，堅弗堅，高弗高，深弗深，皆禾目擊心，惟若日憑几以待報焉爾。然遂遷矣[②]。於戲[③]，此豈獨修城然哉。既邑令楊侯至，且督且甄，甃曰門以石如盤，壘以磚如蓋，而門屹然矣。肆署邑判官信至，乃助乃促，幬四樓以脊若衡，端以獸若螭，而城翼然矣。元甫督北門及樓，曰凭隴，曰斗共。宗仁督南門及樓，曰濱渭，曰龍翔。翬飛鱗次，翛翛翩翩[④]，雄於隣邑。城次第將完也，若囱欞之星列，角樓之峰峙，堞鋪之雲布[⑤]，城扉之銀鋪，檻垣之璧粲，橋紐之虹垂。其維邑侯古城君落成焉，然亦既籌畫矣。嗟夫，莫不曰禦侮在城[⑥]，愚則曰在人，蓋城之堅，孰若人之堅？莫不曰在人；愚則曰在人之心，蓋人之固，孰若人心之固？城高矣，而人不力，如守何？人衆矣，而心不一，如戰何？敢（告之）西北設險以守郡邑者。

嘉靖乙卯仲冬之望泉胡纘宗記[⑦]。

---

① 術：（乾隆）《直隸秦州新志》作"述"。
② 矣：（乾隆）《直隸秦州新志》無。
③ 於戲：亦作"於熙"。犹"於乎"。感嘆詞。
④ 翛：（乾隆）《直隸秦州新志》無。
⑤ 雲：（乾隆）《直隸秦州新志》作"臺"。
⑥ 侮：（乾隆）《直隸秦州新志》作"武"。
⑦ 嘉靖乙卯：嘉靖三十四年，1555 年。

承事郎秦安縣知縣楊綸、梁高；例侯典繕曹麟、令時秀；從侍郎河州判官喻信，訓術李元甫，鞏昌府衛經歷李希顔，候選劉宗仁。

學生胡初、胡襘校。[①]

清水縣

永清堡記[②]

（明）崇禎五年（1632年）羅世錦撰并立。[③]

碑原在永清堡，今佚。

碑文收於劉福祥、王鳳翼修，王耿光纂：民國《清水縣志》卷十二《藝文志》，民國三十七年（1948年）石印本。

録文以民國《清水縣志》爲底本。

［録文］

□□□□□業□□尚□。而此世五星未出，秦寇鴟張[④]，豕喹數千里，朱殷郡縣，武備□□，無可如何。壬申三月[⑤]，怙狡捷爲氄愈甚，負險闗隴，上邽實當敵衝。觀察李公以文武壯猷[⑥]，備兵隴右，聞警即督兵東援，法威燀赫，竟汛掃攙槍，□□以西，始得安枕，厥功懋哉。自公之躬歷行間，駐節清邑，上下山阪，圖所以善後計，指城西南隅高原謂令□："□□□□□□□朝夕，賊

① 按：（乾隆）《直隸秦州新志》無"嘉靖乙卯"以下文字。

② 永清堡：遺址在今清水縣第一中學附近。民國《清水縣志》卷二《建置志・縣市》有記，永清堡，創建於明崇禎年間。經流寇及同治之亂，縣城恃斯塢爲保障。現清水縣立中學設置其中，有明山西巡按羅世錦視察《李公邑侯蕭公創立清水縣西關山城永清堡落成碑記》，乃此碑之原名。

③ 羅世錦：字焕宇，兩當人。天啓二年（1622年）進士。歷任山東臨淄、蓬萊縣令，巡按山西御史，官至大理寺丞。

④ 秦寇：指起事於陝北的高迎祥、李自成農民起義軍。

⑤ 壬申：崇禎五年，1632年。

⑥ 觀察李公：李虞夔。李虞夔，字和亭，山西平陸人。天啓二年（1622年）進士。曾任耀州知州，歷兵部郎中、陝西參議、寧夏巡撫，累官右僉都御史。明亡後，在家鄉組織抗清，敗亡。

據此下瞰，城中有若掌。果欲伐寇，謀城之便。”令君曰：“吾固欲爾爾。”遂各捐俸，爲甃石犒工之費，刻期舉事，庶民樂趣。未幾，而屹然告成，四面削立，巋然一天塹也。賊再至，而兩城夾擊，禽獮草薙，京觀已累累在望矣。自是，賊不復以秦隴爲意。四障孛霧，一旦霅然，伊誰之功。僉曰：“唯新保障之力，是以非李公不足開；令君之先，非令君不足以畢李公之志。”上下相與有成，士民一時遭際已過，盛矣。昔范文正經略西夏，築大順城，與白豹金湯封峙，而環慶不復有隻騎闌入。兩公與韓、范後先□□[1]，無他，識勝故也。識勝不難，審天下之全局於胸中，有如聚米，然所以吏不餮，兵不譁，民不讟，一當潢池告警，出其胸中藏甲，即烏合百萬，不足辱大黄之弩。兩公大有造於我秦人也。陳倉，不數雉山城耳，抗武侯十萬之衆；盱眙，乃彈丸地，老魏太武百萬之師。雖居中制勝有人，然亦城險足恃。上邽自是免抄鹵之慘。豈惟上邽，天水、皋蘭，迄張掖、酒泉以形勢相維，當亦秋凈絶塵，數千里之長城，永賴在兹歟。是役也，時至事起，天預以嵲嵲者，待至人之位置，是謂因天。山川效靈，突出一奇巒，以壯百二之雄關，是謂因地。兵法云：先趨上山者勝。士民各爲桑土，或親持畚鍤，或出資傭夫，令不煩而趨事敏，是謂因人。三善備而像祠烏容已乎，宜即此城，以當燕然（不□）誼附鴻呼。（按：羅世錦兩當進士，時避亂常住清邑）又治氓也，忻有同心。爰因進士王公門弼，及貢士王子國楨、羅廷弟子員頓生善言，高子攀龍、張子錦輩之請泚筆，叙數語以泐諸石，欲後之君子樹德，務滋無俾城壞。李公諱虞夔，字和亭，山西平陸縣人，登壬戌進士。蕭公諱嵺芳，字五華，四川榮昌縣人，繇拔貢恩選。

---

① 韓、范：北宋名臣韓琦和范仲淹，二人駐防西夏，名重一時。

伏羌縣

奉新縣老東門記

（清）黄虞再撰。

原碑已佚。

碑文收於周銑修，葉芝纂：（乾隆）《伏羌縣志》卷十三《藝文志》，乾隆三十五年（1770 年）刻本。

録文以（乾隆）《伏羌縣志》爲底本。

［録文］

今東門外二百步許，存廢基，巋然猶存，詢之，蓋舊東門也，因富陽水沿北城東流，又沿東城南流，寖爲城害，古稍内徙以避之。門屬於垣，舊者隨以在外而廢焉。予觀水脉由此會，歸渭川，環環繞繞，有益風氣。但既内徙，而水則殺而漫，直而疾，不復蜿蜒之態，何有之元之奇，或非作者初心。亦予就而葺其基，監文昌閣於上，以迎巽氣，且用以關鎖水脉云。復堤焉，護而收之，似覺曲折有勢，非復殺而漫，直而疾矣。不寧此也，臺閣外峙，屹然屏障，設伏守險，以備捍衛守土者，意固如是乎。若徒狃地理之説[①]，而故爲不經之役，又非予之所敢出也。

徽縣

重修城郭記

（明）嘉靖二十四年（1545 年）贾士元撰[②]。

---

① 徒狃：徒，衹、僅僅；狃，因襲、拘泥。

② 賈士元：鳳翔人，嘉靖壬辰科進士，任户部郎中。

原碑已佚。

碑文收於張伯魁纂修：（嘉慶）《徽縣志》卷之八《藝文志》，嘉慶十四年（1809年）刻本。

録文以（嘉慶）《徽縣志》爲底本。

［録文］

居有城郭，古也。《博物志》曰："禹作城，彊者攻，弱者守，敵者戰。"孟軻氏曰"七里之郭"，"章句"以爲外城。雖然有司之重務也，亦有司之樞機也。何以？故自昔外户不閉，道不拾遺，比閭樂業，五尺之童莫欺，城郭亦無需資也。然稽世論常，治日少而亂日多，善人少而不善日多，防微扞暴，察出禦入，則城郭豈容於不設耶？雖然職司保障，志存惠安，若守勿失，則舉制公而操御一，民弗勞而事畢舉，孰善是焉？否則因緣爲奸，黎元罹毒矣，謂非有司之樞機可乎？寧陽許公釗以世廕，擢京朝官，尋守徽州。視篆之餘，察瘁舉弊，見其城垣卑且圮。喟然曰："此固有司之責也。"子雲箴雍州，而治不諱亂，鄧艾入蜀，而寄徑自兹，是故不可以尋常論也。乃訏謀協慮，儲材蓄食，既備乃事，且次第其事，不驟不悚，而城咸備。公於職位，可謂敬共矣乎。儒庠生趙宗舜輩、鄉民何世禄請言，以紀其原。予曰："嗟乎，安而思危，治平之軌鑑也；動而莫擾，惠廉之標幟也。是故地重邱陵之險，邦需屏翰之力，澤滅鴻雁之什，野息萑葦之剽①，較之勤督捕而詳條約者，非不知職位修而法網密也。"然沱流標枝，君子弗與也。矧率履之，發蟹筐之，感絃誦之，風仁讓之，興謂不自兹，托始而引伸乎哉。公之來守是邦也，其性直，其政平，其事簡。直則無奸回以欺民，平則無刻苛以殘民，簡則無紛張以擾民。不欺則民信，不殘則民懷，不擾則民安。由是而之焉，可以宣化洽德矣。猶且汲汲於城郭、關禁是務，惟恐滔天起於涓涓之泉，燎垣由於星星之烟②，一蹈乎倉皇束手之轍，公於職

① 萑葦：一説蒹葭，另一説竹類的一種。

② 垣：当作"原"。

位，可謂敬共矣乎。使後之繼公者，歲久弗輯，復傾且圮，樓櫓爲丐者之復，垣墉竄室家之好，寧不有負於公乎？公之爲兹役也，州有舊城，僅二丈餘，繕完葺墻，高增三分之一。城有板屋一千三百二十七間，創建者過半，上設邏卒，外建月城，又引長峪、峽口二水以環衛焉。城外謂之郭，主客人止旅乃密[1]，各建郭門，規制視城爲三之二，堅緻牢固相稱。遂扁其額，東曰望重畿輔，西曰威鎮羌戎，南曰雲聯蜀漢，北曰山衡秦鳳，抱關擊柝，啓閉出入之禁，視制稍嚴密焉。是爲記。嘉靖二十四年孟春日[2]。

七　隴南市

武都區（階州）

重建階州城碑記

（清）葛以簡撰[3]。

碑現存隴南市武都區博物館門旁，高169釐米，寬94釐米。圓額，右豎刻“重建階州城碑記”七字，碑文楷體，左行豎書，正文20行，滿行42字。碑身略有殘損，部分字迹不清。

碑文又收於葉恩沛修，吕震南纂：（光緒）《階州直隸州續志》卷之三十一《藝文・上》，光緒十二年（1886年）刻本。

據原碑録入。

[録文]

皇帝御極之二十有六年丙午冬[4]，簡以忠蔭出知階州直隸州

---

① 止旅乃密：指前來定居的人口日漸稠密。語出《詩經・大雅・公劉》。

② 嘉靖二十四年：1545年。

③ 葛以簡：山陰人，道光二十八年（1848年）知階州，《階州志》有傳。

④ 丙午：道光二十六年，1846年。

事①。下車之日，吏白：巡城，禮也。則見夫圮而夷者，城壁也；剥而落者，城蝶也；窪而窟者，城漫也；而城闉則污而窒矣②，城闍則倚而張矣③，城櫓則摧而折矣。嘻，甚矣哉，是尚得謂有城也哉。乃顧謂吏曰："設險以守，非僅城郭之謂也，而城郭其尤要者也。刺史非守土者乎，政由茲始，其亟修之。"吏趨而進曰："噫，公其休矣。今聖明在上，夜户不閉，曾鰓鰓焉，捍禦是慮乎？且事從乎因，功賴乎創，傾圮既多，修理匪易，資亦安出也？噫，公其休矣。"簡曰："惡，是何言與。"爰進吾民而詔曰："守備不嚴，刺史之責也；經費不敷，刺史之憂也。獨立難成，衆擎易舉，則又刺史所厚望，刺史所深願也。父老其何以教我乎？"而曰："惟命是從"，而曰："惟力是視"。簡喜此邦人士可與其始也④，始也愀然，繼也躍然矣。未幾而金錢絡繹，畚鍤追隨，官既倡捐於前，民即樂輸於後。庀材焉，鳩工焉，經始於丁未孟冬⑤，告成於己酉暮春⑥。凡用錢三千萬有奇，而以下剩之餘資，作歲修之零費焉。蓋峻三尋，廣二仞，周七里。壹是規模，悉遵前制，惟堵一門以避江漲，開四竇以洩霖潦，視舊稍有增損⑦。而圮而夷者，則增而崇矣；剥而落者，則理而整矣；窪而窟者，則築而平矣。而通而達者，即污而窒者也；正而合者，即倚而張者也；翼而聳者，即摧而折者也。佳哉，蕩蕩。壯觀瞻於舉矚，銷奸宄於未萌，所謂安不忘危而綢繆於未雨者，其在斯乎，其在斯乎。今而後，階之民生於斯，聚於斯，億萬年永永無虞，以沐我聖天子涵養生息之恩者，其有既極耶？則階之民抑何幸也。雖然，簡於此則竊有慮焉，創始踵修，理有相需。創茲者，開之於先；踵茲者，繼之於後。則增而彌崇者，亦久而益固，非然者，江

① 距：民國《新纂康縣縣志》誤作"竊"。
② 窒：堵塞。
③ 城闍：城門。
④ 始：（光緒）《階州直隸州續志》作"事"。
⑤ 丁未：道光二十七年，1847年。
⑥ 己酉：（光緒）《階州直隸州續志》作"乙酉"，誤。己酉年爲道光二十九年，1849年。
⑦ 舊：（光緒）《階州直隸州續志》作"舊制"。

波嚙其前，山漲噬其後，數十年而下，傾頽零落，後之視今，不猶今之視昔哉。然則簡即裒羡餘，權子母以備歷年土木，以期永古金湯[①]，而事亦權輿，并須後繼，其所望於將來司牧諸君子者，豈淺鮮哉，豈淺鮮哉。是爲記。[②]

道光二十九年歲次己酉夏四月穀旦

誥授奉政大夫、晋授昭武都尉、甘肅階州直隸州知州、世襲騎都尉又一雲騎尉加三級山陰葛以簡[③]

敕授□□□職佐郎侯選訓導州人李林[④]

成縣

新建上城縣治碑記

（明）崇禎十五年（1642年）邑令謝鏞撰[⑤]。

碑民國時仍存于成縣上城，今佚。

碑文收於黄泳修，汪於雍等纂：（乾隆）《成縣新志》卷之四《藝文》，乾隆六年（1741年）刻本。

[録文]

崇正九年秋七月[⑥]，鏞奉命起補于成。爾時仇池兩經寇禍，民殘地荒，城空事廢，官衙焚毁，民舍邱墟，孑遺逃匿山谷[⑦]，郊圻盡爲荆棘[⑧]，僅存者上城一塊土，寥寥百餘家而已。鏞受事之日，殺傷殘黎擁馬首泣曰："成之不臘不可支矣，賊騎尚未出境，其來叵測，君侯毋以

① 古：應爲"固"。

② 以下（光緒）《階州直隸州續志》無。

③ 以下碑泐。

④ 以下碑泐。

⑤ 谢镛：字禹銘，顺天良乡（今屬北京）人。崇禎九年（1636年）知成縣。

⑥ 崇正：應爲"崇禎"，避雍正諱。崇禎九年：1636年。

⑦ 孑遺：遭受兵災等大變故多數人死亡後遺留下的少數人。

⑧ 郊圻：都邑的疆界，邊境。

身常試，請居上城避其鋒。”鏞曰：“不然，朝廷設官以爲民也，封疆責重，與民守之，效死勿去，令之職也。若愛其身，不顧其民，是諉君命於草莽，毋乃不可乎。”遂率兒輩家僕數十人，各佩弓刀，居於下城頹垣公廨。時值深秋，悲風怒號，木葉黃落，寒蛩滿砌，愁雲慘澹，惟見陰房鬼火青[①]。鏞此時殫精拮据，枕戈城頭者數月，招撫流移，食不下咽。七年之間，兵寇頻仍，力保危疆，九里凋殘，始有起色。奈人丁半死鋒鏑，山田多係抛荒，催科日急，敲朴難完[②]。

嗟乎，料理殘邑，勢同騎虎，如坐湯池。鏞之譾劣，叨有今日者，實賴社稷之靈。鏞今創建縣衙一所於上城，未嘗擾民間一文一粒，蓋踵宋吴將軍之舊址，仿唐杜工部之草堂，雖不能種河陽之花，亦可彈宓子之琴，作者雖勞于一時，而居者實逸於後日。今鏞量移東兖，旦暮且行，當事者慮成爲孤懸之危地，檄催兩當徐令君來署縣事，令君與鏞同譜兄弟，交稱肝膽，其才品雄邁，愈鏞十倍，成得一賢侯，可當數萬甲兵矣。於是與君爲平原十日飲，真千秋快事也。時方季夏，溽暑熱甚，與君登城樓，凭欄乘風，具壺觴，促膝談心，不覺耳熱。把臂少頃，星光在天，凉月照地，酒酣茶話，吾兩人相視而笑，莫逆於心，不知身在俗吏中也。鏞言殊不文，聊筆之於石，時崇正十五年蕤賓月也[③]。

康縣

建修白馬關城垣碑記

（清）光緒八年（1882年）楊作舟撰文并立石。

碑存康縣雲台鎮白馬關古城門洞内壁，碑高140釐米，寬82釐

① 陰房：牢獄。

② 敲朴：鞭笞的刑具。

③ 崇正十五年：崇禎十五年，1642年。蕤賓：原爲古樂十二律中之第七律，古人律曆相配十二律與十二月相適應謂之律應，蕤賓位於午，在五月，故代指農曆五月。

米，長方形，右豎刻“建修白馬關城垣碑記”九字，碑文楷體，左行豎書，正文19行，滿行39字。碑身略有殘損，字迹尚清。

碑文又收於王士敏修，吕鍾祥纂：民國《新纂康縣縣志》卷之五《建置・城池》，民國二十五年（1936年）石印本。

據原碑録入。

［録文］

距階州之東二百餘里，有白馬關。馬，州别駕分駐之所[1]，原無城，軍興以後，苦於蹂躪，又因地處邊隅，匪徒易起，時慮滋事，官民惴惴，不安置眷口者[2]，若無城，無以衛民。光緒三年[3]，前州刺史石公心田，諱本清，石君本循吏之首，乃陳情稟請爵閣部堂左公，奏准，撥款創修城垣。以管帶安左營陳梅村軍門率部承其役，是年四月即肇工焉。但關治狹隘近河，沙礫雜糅，難於施諸板築[4]，遂取材於山，全城胥甃以石，體重質堅，不可猝辦。迨光緒七年十月始蕆厥工[5]。城頁崇二丈，厚一丈五尺，周圍二百八十一丈，炮臺四，門樓二，計需用匠工、磚石、鉄器、灰料等項，共銀三千餘金。石城告成，民爭聚處，誠以有恃而無恐也。庚申秋季[6]，乞假回川，白馬關城望之，若太華削立，登之，隅方而準平。時軍門已兼權階營游篆，復捐資派弁，添設把總署及建修關帝廟、昭忠祠，更籌獲廟前地租，供香火僧用之需，以爲久計。商旅既集，廛市生色，雖斗大一城，居然氣象維新矣。壬午夏[7]，階營來弁，爲言城工竣後，地屢大震，其他城多傾毁，惟關石城毫無髮損，是其可爲金湯也者，請余記之。嘗聞子與氏之言“天時不如地利，地利不如人和”。若徒以城爲足恃，似不足昭後世，然軍門之承是役也，因超距股石之暇

① 馬：民國《新纂康縣縣志》無。
② 安：民國《新纂康縣縣志》作“敢”。
③ 光緒三年：1877年。
④ 板：民國《新纂康縣縣志》作“版”。
⑤ 光緒七年：1881年。
⑥ 庚申：似應爲庚辰，光緒六年，1880年。
⑦ 壬午：光緒八年，1882年。

而鼓舞之，仕伍不覺其勞，捐資建修廟宇，未派地方分厘之費。徐圖之四年之久，軍民雜居而無擾，雖古之善政無以加此，將謂區區一城即足以覘提督軍門乎，抑亦於斯城可徵覘軍門之措施耳。後之任戎行、膺民社者，苟循其念切民依，即下邑偏僻，必爲之經營保障焉。斯城也，豈但憑恃於一隅，并可爲千秋模範。余是以歷叙始末，樂爲記之。

花翎運同銜[①]、甘肅階州直隸州西固州同、壬戌科舉人、劍南華陽楊作舟撰。

頭品頂戴記名提督、軍門管帶安左營兼署階州游府格洪額巴圖魯、上湘陳再益率部屬花翎總兵銜、儘先補用副將楚南長沙張萬勝勒石[②]。

光緒捌年拾壹月吉日立。[③]

八 臨夏回族自治州

臨夏市（河州）

南門城樓碑記

（明）洪武十四年（1381年）唐龍撰[④]。

原碑在臨夏縣城，今佚。

碑文收於吴禎纂修：（嘉靖）《河州志》卷四《文籍志·下》，嘉靖四十二年（1563年）刻本。

① 運同：古代鹽政官名，位僅次於運使。

② 軍門：明代有時用於代稱總督和巡撫，清代則作爲對提督（一省最高緑營長官）的尊稱。

③ 民國《新纂康縣縣志》作“光緒八年十一月吉日立”。

④ 唐龍：嘉靖時人，舊志誤爲洪武。其時尚無巡撫之官，而碑文所叙實爲洪武時事，姑列於兹，以待考證。

［録文］

洪惟皇上繼天立極，撫有夷夏，際天所覆，極地所載，罔不臣服。故河州以洪武三年遂入版圖[①]，其地東連隴屬，西控吐番。積石諸山屹其上，河出崑崙，東流導其下，實西鄙雄藩也。史稱秦始皇築長城，起自臨洮，限塞外。漢武帝通西域，始立亭障，後因爲“河州”，亦名“枹罕”。縣在唐亦曰“鳳林關”，又曰“鳳林縣”。宋神宗熙寧二年[②]，王韶克河州，以隸熙河郡。元置吐蕃宣慰使司，迨其季年，則山後部落諸酋，自相雄長，戰門無靈日，民殲於兵，城池、室廬鞠爲茂草。天兵南下，降者宥，拒者戮，咸畏威懷德，款塞内附，遂置河州府以治民，設河州衛以戍兵。洪武十二年[③]，詔并爲一，改曰河州衛軍民指揮使司，以僉事徐公智勇兼備，陞本衛指揮使。公撫安黎庶，訓練兵戎，動皆有法。城之卑隘，乃謂同列曰：“河州衛，國朝藩維，地隣戎境，今雖寧謐，宜防患於未然，城池樓櫓盍因其舊而新之”。同列是其語，遂廣峻。其城垣加于舊者三之一，命鎮撫李儀董其役，當門之上建城樓，簷閣翬飛[④]，棟宇雲集，壯矣哉。昔唐李衛公守劍南[⑤]，建籌邊樓，左右圖南詔、吐蕃，山川險要，日與習邊事者指畫讁訂，由是知夷虜之情僞。今公建樓於城，時與僚屬登覽，或講孫吴，或談時務，施之政治，舉無不當，故遠近悦服，士民咸得其安，吾知其得衛公之心矣。知事王思道實相其成，請識於壁。徐公名景，壽春人，時與同列者，則安遠將軍僉事楊進、秦鼎、姜豫、章文也。洪武十四年辛酉五月記[⑥]。

---

① 洪武三年：1370 年。

② 熙寧二年：1069 年。

③ 洪武十二年：1379 年。

④ 翬飛：形容宫室高峻壯麗。

⑤ 李衛公：李靖（571—649 年），字藥師，雍州三原（今陝西三原縣東北）人。隋末唐初軍事家，爲唐王朝的建立及發展立下赫赫戰功，歷任檢校中書令、兵部尚書、尚書右僕射等職，封衛國公，世稱李衛公。

⑥ 洪武十四年：1381 年。

取正州前街道記

（明）樊相撰。

原碑已佚。

碑文收於吴禎纂修：（嘉靖）《河州志》卷四《文籍志下》，嘉靖四十二年（1563年）刻本。

［録文］

河州，舊本隸衛。成化丁酉①，創立州治，其州衙仍前都督府舊貫堂，後設正衙公廨，廨後基苦短狹。固安蘇寒村翁以謫守至，乃拓買民地，北抵城下，長叁拾餘丈，東西闊貳拾捌丈餘，北面搆書舍叁間，舍下豎碑記，鎸小影，周垣下遍樹花木，中種蔬爲圃，扁曰“抱罕園”。宅背洪廣，眼界修明，公餘遣興，誠盛舉也，倚歟休哉。予自嘉靖丙辰冬②，叨守此州。既至，登園覽記，殊切懸仰。既而閱州儀門外，路向偏曲，自西轉東，甚非體制，且左右寥寂，渾無居民，因詰前面阻塞地基，半系民之居屋，半係衛之局廠，遂不見州之閑曠之地。瀆諸衛主蔣韓妙諸公□，以易前局地，而通州之巷道。諸公即樂偕予請，遂使州前街向改曲爲直，變偏爲正，巷道洞開，體面軒豁③，昔日之側陋，一旦釐正矣。蘇翁開拓州之後向於先，予乃取正州之前向於後。竊仿前修，益彰前美也。尼父曰：“君子成人之美。”蘇翁厥美，翁自克成也，予無與焉。予奚美？蔣韓妙錫予以美也，諸公其君子哉。向往既正，予更於州門前街之東首建東街坊壹座，街之西首建西街坊壹座。東列申明亭、巡更、冷鋪④、旌善亭各叁間；西列陰陽學、急遞總鋪、醫學各叁間。其次東西各以償居民之宅第，其前民屋一二，□價者咸捐俸以償之，俾左右拱

---

① 成化丁酉：成化十三年，1477年。

② 嘉靖丙辰：嘉靖三十五年，1556年。

③ 軒豁：高大寬闊。

④ 冷鋪：古時供往來傳遞文書的驛卒或地方兵役歇宿的地方，因大都設在冷僻之處，故稱。

翼乎公室。仍於儀門外建承流坊壹座，巷首建宣化坊壹座，前後基址恢弘，規模肅正，河治庶幾其改觀矣乎。其有未盡者，以俟後之君子，是用爲記。

和政縣

申請拨隊築修寧河堡城

（清）河州知州楊增新撰。

碑文收於馬凱祥修，王詔纂：民國《和政縣志》卷九《藝文志・公牘》，民國十九年（1930年）鈔本。

［録文］

爲申請撥派防營築寧河土堡事。

竊卑州南鄉距城六十里地方，有寧河土堡，爲南路要道。二十一年[①]，逆匪之變，賊以全力圍攻寧河，而以餘力牽制州城。寧河陷，州城可立破矣。逆匪肇畔數月，衆號數萬，未能分股四竄者，畏寧河躡其後也。寧河不破，賊未敢遠出，關係亦綦重哉。卑職於查辦漏網時，詢其所以攻寧河者，則稱各鄉之賊皆有之，以五日爲期，輪班圍堡，後代之賊至，則前至之賊歸，如是者累月，攻益力，而堡無恙，亦爲必深溝高壘，有險可恃也。及親莅其地，求昔日賊鋒出没與防軍民團接戰之所，宛然如或遇之。而閱其城垣，則半多坍塌，内城土牛亦復窄隘薄削，欹側傾倒，甚至架木而行，履其上者如行棧道，如履危橋，慄慄然至不能步，然後知昔日守之之難，而斯城之不破，天也，非人也。窃以爲賊之欲圖州城者，當以圖寧河爲先，官軍之欲守州城者，亦當以守寧河爲急。該堡土城入春以來，倒塌已甚，若不及時補築，久愈不易收拾。查該堡内有土山，取土甚便，而曾旂官永國之土勇向駐扎堡中，靖循前旂張管帶其高

① 二十一年：光緒二十一年，1895年。

之勇駐扎南陽坡及四十里鋪，與寧河最近，河鎮中旂康管帶學義駐扎州城操演，而外實無一事。可否札飭該各旂官多撥兵勇，將寧河土堡會同補築加厚加寬。一則勇丁習爲勞苦，可收養兵之益；一則城垣藉以興築，可備緩急之用。至木椽、芨草、背簍等項，可否酌撥經費若干之處，仍候裁酌。所有請修土堡緣由是否有當，仰祈憲台鑒核批示，飭遵爲此具申，伏乞照驗施行，丁酉三月[①]。

詳報修築寧河堡城工竣

（清）河州知州楊增新撰。

文收於馬凱祥修，王詔纂：《和政縣志》卷九《藝文志・公牘》，民國十九年（1930年）鈔本。

［録文］

爲詳報事：竊據靖循前旗張管帶其高，河鎮中旗周管帶迪升，河標練軍曾管帶永國等，會銜移稱竊敝旗等，二十三年修補寧河城[②]，工丈數、用過經費、犒賞等項銀兩，并去年停工，本年興工各日期，均已移知在案。敝旗等兩載以來親自督率勇丁，同力合作，總期迅速完工，一勞永固，未敢稍涉因循，以副各憲保衛地方之至意。而兵勇以督憲批示，竣事後酌加犒賞，益覺黽勉從公[③]，背負肩挑，以至衣衫濫褸，亦不甚惜。城墻、垛口、炮臺於九月二十七日一律補修完善，百姓歡愉，倚爲屏蔽。敝旗等隨邀堡紳，量過東西南北四面，外城連垛口，計高三丈五尺，内城土牛除女疆外，計寬一丈一尺，其中雖有間殊，亦不甚相懸絶[④]，此城高寬之大略情形也。又東門口起至北城角止，計城身七十丈；

---

① 丁酉：光緒二十三年，1897年。

② 二十三年：光緒二十三年，1897年。

③ 黽勉：意爲勉勵，盡力。《詩・邶風・谷風》："黽勉同心，不宜有怒。"毛傳："言黽勉者，思與君子同心也。"

④ 懸絶：指相差極遠。

北城角起至西城門口止，計城身二百四十丈；西門口起至南門口止，計城身一百四十五丈；南門口起至東城門口止，計城身一百二十五丈，周圍共計五百八十丈。四城垛口共計九百三十五個，東城炮臺三座，南城炮臺三座，西城炮臺一座，北城炮臺五座，共計炮臺一十二座，每臺可扎兵一哨。其炮臺、房屋、更房并三城門，近因天氣寒凍，磚瓦缺乏，未能修造，容俟來歲春暖，再行興工。仍俟工竣，造其圖册，呈請勘驗。竊查本年修築東南兩城，其工較難，而其費稍鉅。因西城角有水溝一道，東城門口有水洞一所，南城根泉水發源，地勢寬大，均於城工大有妨碍，非用石條砌脚，難期堅固。遂購民家廢廟石條九百，工十根，前日移州，批定價目。每塊長五尺、四尺、二三尺不等，長短牽算。每塊發銀一錢，共合價湘平銀九十二兩，由州發給，該堡紳耆親領，以昭公允。所需水椽拉水，將買家巷道旁官樹，擇其稠密者抽用，尚有不敷，亦略爲添買。當雇民車搬運，隨給脚價，以及購辦背簍繩索，朔望犒賞，並陸續搬運石條、車價、修整鐵鍬钁頭、石匠工食等項，共用過九八大錢伍百八十九仟一百八十五文，照寧河時估每兩湘平銀價一十一百文，共折合相平銀五百三十五兩六錢二分三厘[①]。自應遵照前案，在前任河州查收所存寧河紳士手内賑糧價銀八百餘兩項下領用。至添製鋤鏟、石灰、渠石硫各物，將來城門修竣，再行呈繳鎮標軍裝局點收。所有補修寧河城堡工程并應需經費等項，各緣由理合逐一造具細數清摺三份，移請轉詳核銷，實爲公便等情。

據此查寧河堡城，未詳始於何時。考之州志，金治平元年置枹罕縣[②]，九年省爲寧河寨。崇寧四年[③]，陞寨爲縣。明洪武五年[④]，

① 相：應爲“湘”。
② 治平元年：1064 年。治平應爲宋英宗趙曙年號。
③ 崇寧四年：1105 年。
④ 洪武五年：1372 年。

設河州府，領寧河縣，十二年裁之[①]。然則寧河之有城，必建自前朝矣。數百年以來，傾圮坍塌，内城土牛寬一二尺至三尺而止，守陴者如登高，如集水，慄慄不能以步。現經一律改築，内城寬一丈數尺不等，可以兩車并行。外城高三丈餘，視昔亦有過之。而流泉數道，自東南城脚發源，衝激浸潤，於城有碍，均用石塊築基，工尤堅密。查該各旂摺報，内開修城兵勇，兵四百二十名，以此數計算，每月計一萬一千六百工。自光緒二十三年四月二十日動工起[②]，迄十月初一日停工止；又自光緒二十四年閏三月初四日動工起[③]，迄九月二十七日停工止，約計十有二月，合算一十五萬一千數百工。其間亦有雨雪暑溽，兵勇休息之時，約計總不下十萬工之數。假如雇用民夫，每工給銀一錢，需款已逾萬金，以視撥隊修築，勞費奚啻霄壤[④]。今者雉堞屹然，儼爲要鎮。然朝夕畚築以成此堡者，兵勇之趨功也，將士之用命也，總兵官之督率也，而實列憲之恩施也。寧河東三十里即東鄉、三家溝、回莊，西十餘里即買家集、回莊，南爲太子寺等處。漢少回多，北與州城聲勢相援，而又阻於八方回族，僅西南之陡石關道通南番，可爲逃命之地。相度情形，原非樂土。光緒十一年之役[⑤]，解圍稍遲，將有不忍言者，綢繆未雨，非官斯土者之責歟。今而後，寧河之氏可安枕矣。現在該城内外土工，業經一律完竣，城上營房木工以及三城門磚工，應俟明春另案辦理。兩年以來，各旗官弁兵丁極爲出力，應如何獎勵之處，我憲自有權衡。所有寧河堡城上工完竣，及城門、營房、木石等工應另案辦理，以及光緒二十四年各旗動用經費清摺，理合詳賫先台鑒核俯准核銷，實爲公德兩便，除通報外，爲此具申，伏乞照詳施行。

光緒二十四年九月二十七日。

---

① 十二年：洪武十二年，1379 年。

② 光緒二十三年：1897 年。

③ 光緒二十四年：1898 年。

④ 霄壤：原指天和地，天地之間，此處比喻相去極遠，差别很大。

⑤ 光緒十一年：1885 年。

九　甘南藏族自治州

臨潭縣（洮州）

築洮城工峻（竣）碑記[①]

（明）洪武十二年（1379年），金朝興撰[②]。

（光緒）《洮州廳志》記載原碑在城隍廟後殿左廊壁間，民國尚存。"文化大革命"中由臨潭縣新城鄉農民埋入地下，後由臨潭縣新城鄉文物保護小組移置新城隍廟内。碑爲石灰岩質，高46釐米，寬95釐米，厚6釐米，右上角已殘。碑文楷書正字，左行豎書，正文13行，滿行8字。

碑文又收於張彦篤修，包永昌等纂：（光緒）《洮州廳志》卷三《建置·城池》，光緒三十三年（1907年）鈔本。

據原碑録文。

［録文］

大明洪武己未春二月[③]，大軍削平叛逆，賊首何往輸[④]、尕只趙、黨只乩、阿卜商并七站各部落心懷疑二酋長。夏五月庚午，建城垣於洮河之北、東瓏山之南川[⑤]。屯兵鎮守，以靖邊域。城周凡九里餘，不旬日而工完。

僉大都督府事[⑥]，奉國將軍金朝興奉總兵官、征虜左副將軍曹國

---

① 原碑無題額，（光緒）《洮州廳志》題爲"築洮城工峻碑記"。

② 金朝興（？—1382年）：巢（今安徽巢湖）人。明朝開國將領。洪武十二年（1379年），封爲宣德侯。洪武十五年（1382年），在平定雲南時去世，追封沂國公，謚武毅。

③ 洪武己未：洪武十二年，1379年。（光緒）《洮州廳志》無"大明"二字。

④ 往：（光緒）《洮州廳志》作"汪"。

⑤ 瓏：（光緒）《洮州廳志》作"籠"。

⑥ 事：（光緒）《洮州廳志》無。

公鈞旨督工成造[①]。

洪武己未夏五月戊申吉辰立[②]。

舟曲縣

重修西固城垣碑記

（清）光緒八年（1882年）十一月立。

碑原立于舟曲縣城十字街，後移至縣文化館院内，今保存在城關鎮北關村二郎山公園二郎廟内。碑爲石灰岩質，高184釐米，寬68釐米，厚12釐米。碑額圓首，高16釐米，正中楷書陽刻“永垂千古”四字，字約5釐米見方，周邊飾以雙龍騰雲圖案，下方邊飾精美，刻書畫、琴、棋、如意、洞簫等器物。碑面四周飾有卷草紋，正文左行豎書，共26行，滿行70字，每字約1.5釐米見方，共約1500餘字。該碑於2010年被舟曲縣人民政府公布爲縣級文物保護單位。

[録文]

若夫西固之有城垣也，未知始於何時而無所稽考，書缺有間矣。然當其時創治經營，不可謂不堅結也。迨年湮代遠，風雨漂摇，其殘缺傾圮遍無完善，不足恃以保護者，已□□□所及。至光緒己卯夏五月十二日[③]，有地震之災，坍塌尤甚。庚申春[④]，番匪忽蠢動於瓜子溝，將欲作一奪城之計，幾茫然無所措。撫斯土者能不爲之計較乎？時剛也奉檄□□會□，番匪悉數殲除，即駐防是疆，而書也

---

① 曹國公：此處所指爲明朝李文忠，乃明洪武二年（1369年）受封，次年李貞由恩親侯進爵曹國公，父子同爵。後李文忠之子李景隆襲父爵封曹國公。至永樂二年（1404年）被明成祖朱棣削去爵位。左：（光緒）《洮州廳志》無此字。鈞旨：對帝王將相命令的敬稱。

② 洪武己未夏五月戊申：查《明實録》，五月無戊申日，而在閏五月有戊申日，似“夏五月”當爲“閏五月”之誤，“夏五月戊申”應爲“閏五月戊申”，即閏五月十三日。

③ 光緒己卯：光緒五年，1879年。

④ 庚申：光緒無“庚申”，似爲“庚辰”，光緒六年，1880年。

奉檄下車，專任斯土，遍閱難堪，又籌謀日久，驟蒙欽命頭品頂戴、會辦新疆善後事宜、護理陝甘總督部堂楊檄飭會修斯城[①]，工拙所不記也。於是鳩工庀材，踩勘估計，其城身周圍六百六十丈，垛堞則一千有奇，乃取土方□□之□，立窑於鎮番之堡[②]，督勇夫以捄築[③]。歷寒暑以經營，朝而出，夕而入，無或間焉矣。蓋是城也，東跨於高山，西列於平地，南近於河，北依於澗。固無論其曲直高下、原隰險阻□□□□□而興作一轍與同焉[④]。又相其有炮臺舊基四處，不砌以磚則不固，不加以高則難守，分列於城，其威又何壯焉。惟向有穿城之一河[⑤]，由北達南，其源自北山之峽奔騰而來，□□□□，莫可遷移，幾經籌畫，莫若修築兩水關以順其流，故于北水關之左右添修炮臺二座，以備不虞，捍衛尤資焉。彼夫水關之不易修者，試詳載之。取石于西山之上，扛運往返總□廿十里之遥。匠斫成條，平累二面，每於石條兩頭斫以圓眼相對，中門以圓鐵柱，外嵌以鐵扯碼，内灌以三和泥，聯絡一片，縱水勢汹涌不致冲刷，庶久遠而可期也。獨是西、南、北三門□□□以足壯大觀，而東門向無城樓者，渺不知其何故，故未敢逆前人之所見而别創其奇，又莫若因之之爲是。于是相其風水，建奎星閣於東南城之角[⑥]，直矗青雲，俯臨丹水，豎文章而毓秀，培大地以鍾靈。庶幾助兹文脉，俾閤屬之士氣，或可爲之一伸，是亦剛與書跂望於無窮焉。蓋當是時，關隴大難初平，元氣將復，雖領國帑以作費，每念庫款之維艱，固不能力體其難以節其用。得剛之左路後營員弁、勇丁，通力合作，

① 陝甘總督部堂楊：此時的陝甘總督楊，當爲楊昌濬。楊昌濬（1825—1897年），字石泉，號鏡涵，别號壺天老人，湖南湘鄉（今湖南婁底）人。曾隨左宗棠在浙江鎮壓太平天國起義軍，升浙江巡撫。光緒五年至七年，任署理甘肅布政使。著有《平浙記略》《平定關隴記略》等。

② 鎮番之堡：即鎮番堡，又稱鎮番墩，在西固城西五里。

③ 捄築：用器盛土築城，表現築城之艱難。捄，盛土於器。

④ 隰：低濕的地方。

⑤ 河：當指三眼泉，在西固城北三里，于石崖孔中涌出。衝激浩瀚，穿城而過。有水門二，入白龍江。近城田土，賴此灌溉。

⑥ 奎星閣：也稱奎閣、魁星樓等，祀主文運之神。

其中力求撙節者[1]，不知凡幾。壽亭於辛巳八月之中旬權篆西固營□□□□□□[2]、李軍門[3]、周別駕督令工匠修築[4]，幾乎廢寢忘餐。壽亭焉能□記乎？亦督令營兵於西北城之角，修砌石堤一道，倘小河水漲，堪護城脚，并派兵丁時幫工作，雖未助甚大力，亦覺不□□□而□之來者，諒亦有同志焉。及至壬午暮春之初[5]，祥來繼撫斯土，見其工程已成八九，雖未早與協力，亦得以附驥而董成之固，甚與有榮焉耳。計自光緒七年六月中旬而工興[6]，至八年六月下旬而工竣。若非西固城中之紳士襄助其間，未必如是之速且美也。他如建白骨塔[7]，補葺泰山廟[8]，猶其餘事，畚鍤操持，願作千年之保障。規模甫就，聊抒一力於經傳，□刻諸石，以俟後之君子相觀，而亦知其顛末云。

欽加鹽提舉銜[9]、署甘肅階州直隸州西固分州、遇缺儘先前即補分府長白文祥，欽加提督銜[10]、陝甘遇缺題奏總鎮[11]、借補陝西陝安鎮標中衡游府、督帶楚軍左路後營楚北李志剛，欽加同知銜、升用直隸州儘先前即補知縣、前署甘肅階州直隸州西固分州楚南周書，欽賜花翎、留陝甘遇缺即補總鎮、署理陝西河州、鎮屬西固營都闆

---

① 撙節：節制。《禮記・曲禮上》："是以君子恭敬、撙節、退讓以明禮。"孫希旦集解："有所抑而不敢肆謂之撙，有所制而不敢過謂之節。"

② 辛巳：光緒七年，1881 年。權篆：指權且署理某一官職。篆，代指官印。

③ 軍門：官名。清代對於提督的尊稱。

④ 別駕：官名。明清時期爲各府通判的别稱。

⑤ 壬午：光緒八年，1882 年。

⑥ 光緒七年：1881 年。

⑦ 白骨塔：位於西固城（今舟曲縣城）東駝嶺山頂，屬城隍廟建築群的一部分，塔基與城墻相連，八角三層。

⑧ 泰山廟：即坪定東嶽廟，百姓俗稱泰山爺廟，位於坪定鎮。明始建，清光緒年間重修。1949 年後部分建築被拆除，現已修復，寺内現存有清代乾隆年間鑄造的鐵鍾一口。

⑨ 鹽提舉：官名。全稱爲鹽課提舉司提舉，鹽課提舉司長官，掌司事。明朝司設一人，從五品，下設同提舉、副提舉等。清朝亦每司設一人，從五品。例以通判、運判、州同升任。

⑩ 提督：官名。清朝置。爲提督軍務總兵官的簡稱，又别稱提台、軍門。緑營軍的最高長官，從一品，分設於内地各省，掌一省的軍政，并節制各鎮總兵。

⑪ 總鎮：官名，清朝總兵之别稱。即總兵官，清朝緑營軍之高級將領，僅次於提督，正二品。

府楚南游壽亭督修[①]。

左路後營右正哨官、花翎副將周中揚，左路後營前正哨官[②]、花翎副將李遠梁，左路後營左正哨官、花翎副將李長勝，左路後營後正哨官、花翎副將馬源升，左路後營右副哨官、花翎游擊鍾光信[③]，左路後營前副哨官、花翎游擊羅定魁，左路後營左副哨官、花翎游擊喻萬傑，左路後營後副哨官、花翎游擊石國珍。

西固營幫同、監工員弁，岷城千總吕正科，經制外委宋邦漢[④]，額外外委楊錦，世襲恩騎尉洪錫疇[⑤]，提營軍功李夢花，軍功楊凌雲，傳號薛明德、馮倍勳，領旗楊□榮、高鳳德。

城工局經理、候選從九楚黄張逢辛，紳士：武舉李多馥，貢生楊春元，文生劉淵，文生韓運昌，文生洪以范、武生張友士，武生楊炳華，武生薛鳴鳳。催工五品軍功房庭楨。

左路後營督工差官花翎副將王得勝、花翎副將伍慶吾、花翎參將毛岳斌[⑥]、花翎長江都司劉榮華、花翎都司李得勝、花翎都司石天禄、花翎都司蕭正維、花翎守備王崇隆[⑦]、藍翎千總張鹹福[⑧]、藍翎千總劉文山、藍翎千總劉雲義、藍翎千總周耀勝。

欽加同知銜、留陝儘先補用知縣、總理楚軍左路後營文案處余邦穀撰并書。

---

① 都閫府：指領兵在外的將領所駐軍的行營。

② 哨官：清朝對緑營兵中管哨（百人爲一哨，五哨爲一營）武官之稱呼。

③ 游擊：官名。清朝緑營軍將領，即營之統兵官。位在參將之下。初制正三品，順治十年改從三品，統領一營之軍務。

④ 外委：清代武官名。清代對緑營軍官於限額之外委任者的通稱，是緑營中的低級軍官。

⑤ 恩騎尉：爵名。清朝於公、侯、伯、子、男五等世爵之下所加四級世職的最末一級。上有輕車都尉，騎都尉，雲騎尉。

⑥ 參將：官名。清朝緑營軍之將領，即營之最高統兵官。位於副將之下，正三品，統理一營之軍務。分屬總督、巡撫、提督、總兵管轄。或專守一城，或與上級武官同守一城。又有爲提督、巡撫總理營務者，稱提標中軍參將、撫標中軍參將。

⑦ 守備：官名。清朝緑營軍官，即營之最低級統兵官。位在都司之下。初制正四品，康熙三十四年（1695 年）定爲正五品。管理營務，職掌糧餉，屬提督、總兵管理。又有充當參將、游擊中軍官者。

⑧ 藍翎：清朝低級官員冠飾。用鶡鳥翎製成，賞給官階六品以下的有功之臣，插於冠後，以示榮耀。

西固廳工房李春和。

木匠：戴春山，石匠：馬進理，鐵匠：談英雄，鐵匠：蔣玉華，畫匠：李朝鳳，石匠：奐二，窑匠：鄭玉春，窑匠：趙生成，石匠：魯老四，瓦匠：陳興順，泥匠：□子□，泥匠：王兆元，泥匠：趙□□，木匠：劉心□，泥匠：惠是本。

鐫石蔣克成。

大清光緒八年歲次壬午仲冬月吉立[1]。

十　武威市

凉州區（凉州）

修凉州城記

碑文收於（清）張澍輯録：《凉州府志備考》之《藝文卷十·明》，周鵬飛、段憲文點校，三秦出版社 1988 年版，第 793—794 頁。

［録文］

陝西布政司使整飭分守凉莊道僉事加三級何廷圭

監督凉州等處屯田倉場事務鞏昌分府加三級蔡名輔

凉州衛儒學教授董元善

凉州鎮標中營游擊路山

凉州鎮標前營游擊王士温

凉州鎮標左營游擊趙國壐

前任山東即墨縣知縣高上達

凉州鎮標後營游擊吴之晋

---

① 光緒八年：1882 年。

凉州城守營都司高錦

凉州鎮標右營游擊房世淳

凉州衛正常掌印守備薛必顯

凉州衛副堂兼理屯事朱方

凉州衛城，原係土築。於萬曆二年九月内[1]，該巡撫廖逢節、總督石茂華議題用磚包砌[2]，尚未興工，本年十一月内巡撫侯東萊至，督率分守道先任參議趙焞、接管參議張九一、副總兵盛愈謙并各碑陰文武大小官員匠役方投燒運磚石，於萬曆四年四月内落成[3]。備記歲時，以俟後之撫兹土者知所從來，以便修繕云。

萬曆八年歲次庚辰夏六月上旬吉日建立。[4]

民勤縣（鎮番縣）

侯翁東萊磚抱鎮番城垣碑[5]

（明）萬曆邑人劉道揆撰。

原碑在民勤縣城，今佚。

碑文收於張玿美修，曾鈞等纂：（乾隆）《五凉全志》之《鎮番縣志・藝文志》，乾隆十四年（1749 年）刻本。又收於許協修，謝集成等纂：（道光）《鎮番縣志》卷之二《建置考》，道光五年（1825 年）刻本；馬福祥等主修、王之臣等纂修：民國《民勤縣志》之《藝文志・碑記》，民國鈔本。

録文以（乾隆）《五凉全志》爲底本。

---

① 萬曆二年：1574 年。

② 石茂華（1522—1583 年）：字君采，號毅庵，益都（今青州）人。嘉靖二十三年（1544 年）進士，萬曆元年（1573 年）任都察院右都御史兼兵部左侍郎，總督陝西三邊軍務，萬曆五年（1577 年）升任兵部尚書。

③ 萬曆四年：1576 年。

④ 萬曆八年：1580 年。

⑤ （道光）《鎮番縣志》題名爲“磚砌城垣記”。

［録文］

今寓内談形勝必首秦。秦四鎮皆扼塞處，而甘肅爲最，鎮番地最平，漫延無崇嶺山谷之險。上御極二年，遴耆碩以乂五郡，進東海掖公侯夫子於闕下，手持中丞節，授之公，拜命西轅，宣於衆曰："余屈首受書，誓以此身殉國家，今待罪行間，奉揚明威，兹非時乎？"乃夙夜殫厥精力，以計長策，按部問夷險。至吾邑，視其城僅二三仞，實以寫鹵土，四顧川原，求待虜亭障[①]，百不能得十一。公爲之憮然曰："用兵守國[②]，古王公所不廢，此何以哉。"即上疏條便宜事，鎮番爲蔽凉永地[③]，当甌脱，墉垣之綢繆不可須臾懈。虜今且備屬國，我得以餘日繕治，报曰可。乃敕封人慮計，量功命日，石取於山，木取於林，力取於久逸之健兒，猶慮時或得代以去，自請留聿覘成事。朝爲晋秩大司馬，七年不移鎮。易吾城以陶，高三丈有奇，又爲防虜，城三百里，起中沙，連綿永昌。相与協相良謀者，先後藩伯爲平原趙公焞、新蔡張公九一、任邱李公汶。張、李二公居鎮，各計二年，往來躬親，勞勛實倍。其櫛沐風雨，躬環版築者，副帥汪公廷臣之力也。同知監山趙公行可[④]、萊州張公栢[⑤]、通判真定晏公飫[⑥]、武定胡公松年督役轉餉，績均先後。經始於萬曆三年[⑦]，告竣於六年[⑧]。今年秋，虜三帥控弦十萬[⑨]，由海西歸，过我城垣下，仃仃咋舌，轉相告語，此胡以翼如歸如[⑩]，竟退三十舍而去。邑人都督何君淮、李君震謂劉生道撰曰："公莅吾土，其明見秋

① 亭：（道光）《鎮番縣志》作"停"。
② 用兵：民國《民勤縣志》"曰"下有"川兵"，（道光）《鎮番縣志》無。
③ 鎮番：民國《民勤縣志》作"民勤"。
④ 焞新蔡張公九一……同知監山：民國《民勤縣志》無。
⑤ 萊：民國《民勤縣志》作"菜"。
⑥ 飫：民國《民勤縣志》作"沃"。
⑦ 萬曆三年：1575 年。
⑧ 六年：萬曆六年，1578 年。
⑨ 帥：民國《民勤縣志》作"率"。
⑩ 歸：民國《民勤縣志》作"肖"。

毫而惠溥春雨，七年猶如一日。今爲吾興城垣，不止先登之伐[1]，汗馬之勤，坐令胡遠徙，使吾免於被髮左衽者[2]，吾與尔享賜於未艾也[3]，何以誦茂德哉。”道撲曰：“我聞樂只君子，民之父母，小人樂利，没世不忘，請礱石銘之，以告後人。”諸君曰：“善。”因不辭蕪，陋叙其事[4]，而係之銘。

奏請添築西關疏

（清）都御史楊博撰。

文收於許協修、謝集成等纂：（道光）《鎮番縣志》卷之二《建置考》，道光五年（1825年）刻本。

［録文］

鎮番地方，北出涼州二百餘里，曠遠寥廓，實與宣府、獨石、馬營相類。昔人謂於涼州北境迹中建置城垣，控其衝要，自是寇不敢復至涼州城下，即此處也。乃今風沙雍積，幾與城埒，萬一猾虜突至，因沙乘城，豈惟涼永坐撤藩籬，實甘肅全鎮安危所係。雖嘗屢議修築，衹緣無人任事，旋議罷。今右参政張璽欲於鎮番添築關厢，一則消除沙患，一則增置重險。謀之父老，咸謂可行；質之官僚，殊無異議。急當整理，疏上允其請。博即飭璽同涼州副總兵蕭漢、守備蔡勳等，督理修築，鎮邑恃以保障焉。

---

① 止：民國《民勤縣志》、（道光）《鎮番縣志》作“上”。
② 被髮左衽者：指胡虜。
③ 未艾：未尽。
④ 陋：民國《民勤縣志》作“一”。

十一　張掖市

甘州區（甘州）

華亭復古南門記

（明）嘉靖十四年（1535年）中丞趙時春撰。

原碑在華亭縣城，今佚。

碑文收於（明）趙時春撰：《趙浚谷文集》卷二，浙江汪汝瑮家藏本。

［録文］

古之貴於今者，何耶？苟其非有宜於今，則其存焉者寡矣。軒轅氏之弓，啓之劍，夏后氏之鼎，有殷氏之輅，周之錋彝罍罼，更秦火砥礪，世代之兵革，彼其社稷已丘墟，宗廟已不血食，而其器物陳迹歸然獨傳至今。異哉，世之人何其薄於今而珍於古歟？將其古之可薄者，固無以至於今，而其珍於今者，将古之所同歟？使其善政流俗不幸不與器物而俱存，而猶幸不熄於衆情之所不能已者，則謂之復古也尤宜。

華亭縣之有南門，與縣始；門之内設横逵，與門始。方縣之盛，爲儀州[①]。由州而爲縣，故縣之邑井宜繁，而逵衢宜衆。遭兵凶乃廢，盛時遺老睹之靡不疚心而歔嘆。蓋咨嗟於人，順者凡數十有餘年。嘉靖辛卯春[②]，内畿人齊君宏自蓬萊令尹兹邑，愍其荒蕪，則下令曰："願復故逵者聽：地之没官者輸其直；逵之宜通者通之，門之宜復者復之；其埴以培之，閣以覆之，重垣以翼之；令當償其估唯

① 宋初，華亭縣屬義州，隸秦鳳路。太平興國二年（977年），避宋太宗趙匡義諱，改義州爲儀州。熙寧五年（1072年）廢儀州，華亭屬渭州，仍隸秦鳳路。

② 嘉靖辛卯：嘉靖十年，1531年。

力。”乃役之民，工未盈而齊君罷去，後尹廣人莫君如德[1]、崇信令泗水薛君麒、邑文學襄陵王君廷弼，共竣厥役。于是邑之耆耄咸欽諸君之善復古也，且良其宜於今之人也。又將冀見盛時邑井之繁，而古人之善政流俗可興也，咸請余記而勒之石，且曰以示後人。

山南關記[2]

（明）嘉靖二十七年（1548 年）巡撫楊博撰。

原碑立于張掖縣北，今佚。

碑文收於杨春茂纂：《重刊甘鎮志》之《兵防志第三・關隘》，順治十四年（1657 年）重刊本。又收於鍾庚起纂修：（乾隆）《甘州府志》卷十三《藝文志上》，乾隆四十四年（1779 年）刻本；許容等修，李迪等纂：（乾隆）《甘肅通志》卷四十七《藝文・記》，清文淵閣四庫全書本；昇允、长庚修，安維峻纂：（宣統）《甘肅新通志》卷九十一《藝文志・碑記》，宣統元年（1909 年）刻本。

録文以《重刊甘鎮志》爲底本。

［録文］

甘州城北四十里，有人祖山，内通瓦窯、太平、草湖諸寨，外連硯瓦、孤山、木架諸墩。兩峰夾峙，殆若紫荊[3]、居庸然[4]。驕虜每襲甘州[5]，率多由此，蓋虜衝也[6]。先是，鎮守太監陳公[7]浩於硯瓦溝南，嘗伐石作疊水一丈四尺，疊水之南，又鑿石井，深三丈許[8]。丙申十

---

① 莫如德：宣化（今廣西南寧）人，正德八年（1513 年）舉人，生平不詳。

② （乾隆）《甘肅通志》作“楊博甘州山南關記”。

③ 紫荊：即紫荊關，在河北易縣紫荊嶺上，爲河北平原進入太行山的重要關口。

④ 居庸：即居庸關，在北京市昌平縣西北部，長城要口之一。

⑤ 驕虜：（乾隆）《甘肅通志》作“敵騎”。

⑥ 虜：（乾隆）《甘肅通志》作“敵”。

⑦ 公：（宣統）《甘肅新通志》無。

⑧ 三：（乾隆）《甘肅通志》、（宣統）《甘肅新通志》作“一”。

月[1]，虜三萬騎突至疊水[2]，上不能逾，遲回良久，始由城兒溝入。烽燧所到，藉以收保，甘之人至今誦陳公之功不衰[3]。

博撫政少暇，得與副總兵吉象遍閱諸隘。東自東樂大口子、灰溝、烟墩、大小盤道、觀音山，抵逃軍溝；西自紅墻[4]、青山小口子，抵茨兒溝。上下山坂[5]，靡不究極幽顯，稍有缺漏不舉之處，尋即繕治如法。已而至人祖山，博謂象曰："丙申之虜[6]，初不知有疊水，以故倉皇無以爲計。今若來，人持束草可以飛渡，此險不足恃也，必須大建關城，屯兵戍守，庶幾萬夫莫敵之義。"象曰："山形北仰南俯，時值陰雨，水瀰漫一二丈，前人不設關者，惟恐其衝决故爾。都司柳棟熟知地利，可令棟相度之。"棟承檄周爰咨諏[7]，三宿始遷[8]，曰："石井迤南，半山有原如掌，天造地設，可以作關。近關更作疊水一道，惟可免壅淤之患[9]，自是重險疊嶂矣。"

時總兵王公繼祖甫至，議亦克合[10]。懋簡屬吏之精敏者[11]，得指揮曹鳳、千户張勛董其事。鳳與勛議曰："是關一成，實爲扼吭先制之計，但役夫千人，晨夕炊爨，苦於無水。"相與拜祝於神[12]。一日，偶於岩石間掘地盈尺，泉流沛發，役夫賴焉。棟曰："維漢壽亭侯關公，自我明啓運以來，歲歲有功河右。此泉靈異，或壽亭侯錫也[13]，請作廟以答神貺。"博曰："善"。爰即關城之中，構屋一楹，敬塑

---

① 丙申：嘉靖十五年，1536 年。
② 虜：（乾隆）《甘肅通志》作"敵"。
③ 公：（宣統）《甘肅新通志》作"浩"。
④ 墻：（宣統）《甘肅新通志》作"橋"。
⑤ 山坂：山嶺和山坡。
⑥ 虜：（乾隆）《甘肅通志》作"後"。
⑦ 周爰咨諏：多方面訪問商酌。
⑧ 遷：（宣統）《甘肅新通志》作"還"。
⑨ （宣統）《甘肅新通志》"惟"上有"不"字。
⑩ 克：（宣統）《甘肅新通志》無。
⑪ 懋簡：選擇任命。懋：（宣統）《甘肅新通志》無。
⑫ 拜：（宣統）《甘肅新通志》無。
⑬ （乾隆）《甘州府志》、（乾隆）《甘肅通志》"壽亭侯"下有"關公"。錫：《乾隆甘州府志》、（乾隆）《甘肅通志》作"賜"。

公像，飾以丹青，蔽以幃幕，左鐘右鼓，百爾咸備[①]。輸兵三十人戍之，官一人領之，兼以司神之香火云。

是役也，肇工於嘉靖二十七年四月十有二日[②]，迄工於是年六月十有九日[③]。關城高一丈七尺，四面凡二十丈有奇，城墩三面，凡三十丈有奇。城有懸樓，如矢如翬，頗爲壯觀。增舊疊水九尺，通高二丈三尺。新疊水高一丈三尺，尾長八丈。斬城兒溝崖二丈。廟之左右，小屋各二楹，爲戍兵棲止之所。關之北山絶頂，又作一墩，防虜乘高擊射[④]，且大書題諸關門，曰“山南關”。其他工之微者，不復具載，後之守斯土者，幸時加修濬，俾勿壞焉。

重修關記

（明）嘉靖年間魏謙吉撰[⑤]。

碑文收於杨春茂纂：《重刊甘鎮志》之《兵防志第三·關隘》，順治十四年（1657年）重刻本。

[録文]

謙吉自乙卯冬十月由皋蘭歷涼莊山水入張掖[⑥]，隨至蒐戎而振飭之。既焕以裕，復閲墩壕堡隘，或嶔然以高，或淵然以深，欣然曰：“是足以守矣。”間有略而未備，葺而未竟，完而復圮者，又□然曰：“是匪異人任。”即移檄守巡兵備四道參政王君汝楫、前副使今參政

① 百爾：一切，所有。

② 有：（乾隆）《甘肅通志》、（宣統）《甘肅新通志》作“又”。

③ 有：（乾隆）《甘肅通志》、（宣統）《甘肅新通志》作“又”。

④ 虜：（乾隆）《甘肅通志》作“敵”。

⑤ 魏謙吉（1509—1560年）：字子惠，號槐川，北直隸柏鄉縣（今河北柏鄉）人。嘉靖十七年（1538年）進士，授監察御史，歷甘肅、山西巡撫，兵部侍郎，陝西三邊總督。死后贈右都御史。

⑥ 乙卯：嘉靖三十四年，1555年。

孟君淮、副使黄君元白、陳君其學[①]，遍歷諸隘，選能鳩徒，亟相予成，擬以次第究厥工復重。惟人祖山口，居鎮城近地坎方，大虜入襲故道也。視諸隘尤緊且要，奚會同總戎王公繼祖委官堪計以圖狀上[②]，謙吉披圖閲之曰："關上有舊疊水一道，乃前鎮守太監陳公作也。有城有墩及新疊水一道，乃前撫院、今大司馬楊公作也。成績俱在，今無大更，舉以法故。"因指圖曰："某某可增飭也，某某可補葺也，某某可加高也，某某可加深也。"總戎王公見亦克合，委官受成。惟謹乃於□下用石新砌疊水一道，高二丈三尺，頂闊四丈八尺，底闊五丈，長十有二丈。北山傍用坯增砌邊墻一道，長五丈五尺，高五尺五寸，頂闊九寸，底闊一尺五寸。關墻左右山坡鑿開地基一處，長各五丈八尺，闊各一丈四尺，上盖營房各六間，共十二楹，作木橋一道，山南墩已就圮，補砌完固，上盖天棚。山下兩崖舊營房四間，亦補葺若新。鑿石井一眼，深一丈八尺，長二丈五尺，闊一丈九尺，浮橋一道。南山坡用石增砌邊墻一道，長三丈，高七尺五寸，頂闊七寸，底闊三尺。北山坡增砌邊墻一道，長四丈，高七尺五寸，頂闊七寸，底闊三尺，離石井五十步。舊石井一眼，原深一丈五尺，長二丈七尺，闊一丈六尺，今增鑿深三尺共一丈八尺，長五尺共三丈二尺，闊二尺共一丈八尺。城兒溝舊疊水一道，原高一丈六尺，長三丈八尺，今用石增砌高六尺，共二丈二尺，長一丈二尺共五丈。山南舊邊墻一道，原長一十二丈，高三尺，頂闊五寸，底闊一尺五寸，今增修長一十九丈二尺共三十一丈二尺，增高三尺共六尺，頂闊五寸共一尺，底闊一尺五寸共三尺，上盖營房一間。北山舊邊墻一道，原長八丈，高三尺，頂闊五寸，底闊一尺五寸，今增修長一丈三尺共九丈三尺，增高三尺共六尺，頂闊五寸共一尺，

---

① 陳其學（1508—1593年）：字宗孟，號行庵，登州蓬萊人。嘉靖二十三年（1544年）進士，嘉靖二十八年至嘉靖四十三年（1549—1564年）間，先後調任慶陽、榆林、肅州、大同、陝西等地，管理邊防軍政。隆慶年間，陳其學升宣大總督。隆慶四年（1570年）升南京刑部尚書，次年致仕。

② 總戎：統管軍事，統率軍隊。亦用作某種武職的别稱。如唐人稱節度使爲總戎，清時稱總兵爲總戎。

底闊一尺五寸共三尺，上盖營房一間。

工既竣，帶管分巡陳君其學請予爲記。謙吉曰：“夫《易》爲‘王公設險，以守其國。’險即山川丘陵也，悉由天造而復責之，王公則增飭而締構之，以成天地之所不及，豈非守國者之急務哉。”今我明天子統一函夏，聖文神武，百貊譻眼，而峻防四夷以盤石萬葉者，復於設險之道恒惓惓焉。矧河西界在羌番回虜之間，中惟一綫，非他鎮内連省，復而一面鄰邊之北，尤難爲守。所幸萬山環抱，三峽重圍，紅岸青海，峙□左右，東西南北綿亘千餘里，高可爲垣，隘可爲關，我可憑藉此天造地設自然之險。□恃天而不修之以人，是棄險也。雖有赳赳百萬，何所用之。正如當家不幸居巨盗之藪，墉垣弗設，惟操戈焉。巨盗卒至，戈未及施，而盗已入室矣。嘻，可懼哉。故山川自然之險，天之所以開河西也。而爲垣爲關，以成天地之所不及。又守臣之所以奉□明后，以鞏河西萬葉之安者也。謙吉履任之初，即重爲是懼，蒐戎修隘，惶惶并舉，蓋誠見夫河西之守，莫重於險而不專恃夫武也。今諸險俱將次第告成，而人祖山關克先竣事。謙吉與諸君之懼其少酬乎。雖然謙吉復有懼焉。夫人祖山自開闢以來舊矣，而有舊疊水乃自陳公始，有城有墩有新疊水又自楊公始。然則謙吉與諸君今日所共圖惟者，寧無遺慮矣乎。是又不能不致望於後之如陳公、楊公者也。是役也，前分巡黄君元白曾親視缺狀，帶管分巡陳君其學繼督抵成，而承委事事者都指揮吴鸞、指揮趙琬、原任指揮尹鉞、經歷毛柱、知事顔陽也。經始於三月二十一日，成於七月初七日。謙吉擬與王公繼祖、太僕卿敖君宗慶、分巡副使王君繼洛閲關有期，因命所司礱石碑刻之。

防邊碑記

（明）嘉靖三十八年（1559年）陳斐撰[①]。

---

① 斐：（乾隆）《甘州府志》、（乾隆）《甘肅通志》作“棐”。

原碑立于張掖縣城，今佚。

碑文收於楊春茂纂：《重刊甘鎮志》之《兵防志第三・關隘》，順治十四年（1657年）重刊本。又收於鍾庚起纂修：（乾隆）《甘州府志》卷十三《藝文志上》，乾隆四十四年（1779年）刻本；許容等修，李迪等纂：（乾隆）《甘肅通志》卷四十七《藝文・記》，清文淵閣四庫全書本。

録文以《重刊甘鎮志》爲底本。

［録文］

關中出崤函之西，去今京師二千七百里。皋蘭大河所經，與禹導水積石相接[1]，去關中一千二百里。而張掖去皋蘭復一千二百里，酒泉尤遠六百里。撑突河外[2]，孤懸絶塞，開一路以通西夷之貢，所謂斷北虜之臂[3]，義則次矣。乃我境開拓於戎狄之區，而迤邐祁連，北阻龍荒，南遮青海，西引陽關之外。瓜沙之墟[4]，皆自古氈毳息喙之區[5]，千里昃途，三面鄰虜。今之勝算，不在於能逐之，在能禦之耳。禦之方，城守爲上。而河西城堡，土沙鹹而制低薄，全無磚石，券洞皆板[6]，門關無鐵，窆之即頹，燒之即煨。乃知金墉玉關，徒爲稱美，全無事實也。

予歲丁巳夏以陝臬廉訪[7]，奉命撫茲土，大以弗稱爲懼。渡河即行四道各將，令於大小城堡俱築垣陴，浚池湟，券更甓石，門表鐵葉。切慮近歲囊、俺黠酋[8]，導以周、丘[9]，攻城輒以鉤竿、梯繩、

① 積石：山名，即青海阿尼瑪卿山，傳説禹導河自此。

② 撑突：延伸突出。

③ 北虜：（乾隆）《甘州府志》、（乾隆）《甘肅通志》作“匈奴”。

④ 墟：（乾隆）《甘州府志》、（乾隆）《甘肅通志》作“區”。

⑤ 氈毳：游牧民族住氈帳，穿獸皮，故借代異族。區：（乾隆）《甘州府志》、（乾隆）《甘肅通志》作“所”。

⑥ 券洞：城門洞弧形部分。

⑦ 丁巳：嘉靖三十六年，1557年。陝臬廉訪：陝西按察使。明清時稱按察使爲臬台。元代的肅政廉訪使司至明代改稱提刑按察使司，作者用了别稱。

⑧ 囊、俺：指韃靼首領吉囊、俺答。

⑨ 導以周、丘：以周、丘爲嚮導。周原、丘富，白蓮教徒，因犯法逃入韃靼，與趙全等助敵擾邊。丘，（乾隆）《甘州府志》、（乾隆）《甘肅通志》作“邱”。

扎架、空墱、填壕、洞堤、鑿門、燒櫓[①]，諸巧并力，環以甲騎，層射陴人，陴人不敢倚堞而瞰，彼即毀堞登陴，雖垣塹稍修，仍不足恃。乃鎮城先築敵臺，屹倚城外，臺圍夾墻，墻開放火器孔洞，向外者遠擊出壕堤；向两傍者，順城雉而擊。孔洞留三層，下層用石鑿孔，徑五七寸，可放將軍炮，擊賊近城下者；中層用木刳通中孔[②]，徑三四寸，可放盞口諸炮，擊賊附城上者；上層孔可放快槍强弩，擊賊已攀近睥睨者。每臺周圍洞孔，開向八方，而城每面六臺，則火器往來交擊，繞一城矣。鎮城先築東南面十二臺，乃照式行。各衛所城堡，各設四隅四座，雖小堡亦各一座。河西新設敵臺，一時僅千座。以聯接不可無大墩，因敵臺之式推廣之。先製木墩爲式，令各築大墩，中建實臺，臺用懸洞天橋而上[③]。墩外築城垣，四面暗砌鐵門，放將軍大炮，多安放火槍孔，券名曰“鐵城迅擊臺”。復廣前墩之式，於墩之圍城外二隅，建火洞炮眼敵臺二座。臺制如城堡者而差小，中厝火器向外點放[④]，二臺護城四面，名曰“轟電却胡臺”。復廣前墩之式，中建一臺，即安火炮鐵門券洞於臺之下，通出四面，以大將軍炮諸火器，向外擊賊。臺上有房，多儲器糧，臺中之底鑿井，防久攻困，名曰“玉空飛震臺”。復廣前墩之式中建墩臺，四隅築二實臺、二虚臺。虚臺中設火洞炮眼，懸空安門置梯，從此以上下，名曰“風雷太極臺”。造轉軸、翻拍、鹿角[⑤]、陷馬品字坑、木鑽、地網，總名曰“阨邊六險”。

以城堡敵臺雖增，而守之不可無械，乃造諸械：一曰夜叉懸木儡并架，一曰懸石并架，一曰流星鐵飛砲并架，一曰鈎頭銃，一曰鐵巨斧，一曰四股飛义，總名曰“守城六將”。鎮城造一千二百座件，衛所次之，雖城堡小者，亦造六十座件。計河西各城堡總造萬

---

① 燒櫓：燒毁城墻上的望樓。
② 刳（kū）：挖空。
③ 臺：（乾隆）《甘肅通志》無。
④ 中：（乾隆）《甘肅通志》無。
⑤ 鹿角：用帶枝的樹木削尖埋在營地周圍，以阻止敵人。因形似鹿角，故名。

餘，又鑄鐵飛炮萬餘。以諸械雖可守，而行可爲陣，止可爲營，尤莫便於火車。乃竭智殫思，先造飛輪游刃八面應敵萬全霹靂火車一百两，召選家丁勇士千二百，立一營，考火車陣圖爲書，付主者習演；修整舊旋風炮火車百两，令洪水、黑城等五堡共造百两；修整衝槍飛火獨脚車四百两。諸種車通行各道各衛，照樣製各千餘两，安置兵火器各萬餘，名爲“破虜三車”。以勝敵莫利於火器，而大炮尤可以擊厚敵，破堅陣。乃奏討京製大將軍、二將軍炮各十位，三將軍十五位；討京製鳥觜銃二十杆，隨用火藥什物及皮袋、藥規、藥管等皆備。再行分巡道行局，用京降式造鳥觜銃，造金剛腿諸大炮，連珠雙頭諸槍，及鑄生鐵石榴炮共二千餘。行分、守、兵備三道，各造炮數稱是。再發價山西造快槍等近千件。以火器尤資於硝黄、馬子[①]，行闔鎮地方各熬硝，各俾人赴局學製，未幾各處俱能熬硝製火藥，藥逾數萬。且令局鑄石榴炮一千餘，鑄生鐵馬子三萬。各處俱令鑄鐵及磨石者，而尤慮鉛則難繼，泥則易碎，有獻計謂：“磁窯造磁子，可多辦試之，大小八等，堅圓光滑可用。”乃令鎮城燒百萬個，每萬個量一石，今已造五十餘石，行各道俱如式造。先是，委官向京領年例硫黄，逾年未返，予遣騎督責，乃領硫黄三千斤來。而往晋省造火器者，亦鬻硫黄二千斤至。顧火器已夥，煮硝更繁，硫足配合鐵磁子，盈屋堆積，剩供習放。于是河西火器雄甲諸鎮矣。此皆分巡王憲副繼洛協謀效力，分守張大參玭、兵備陳憲副其學[②]、太僕寺黎卿堯勳，咸資晝理諸務[③]。稍次第，而總戎徐雙峰公仁適至[④]，將城垣敵臺未完者，相與督責築完，即議并堡浚壕。凡闔鎮之堡，城隘人鮮者歸大堡，而堡垣之址俱浚壕[⑤]，深闊以三丈

---

① 馬子：子彈。

② 分巡王憲副繼洛：指分巡西寧道王繼洛，因由陝西按察司副使擔任，故稱“憲副”。分守張大參玭：指分守道（駐凉州）張玭，因由陝西布政司參政或參議擔任，故稱“大參”。兵備陳憲副其學：指兵備道（駐肅州）陳其學，由按察司副使擔任。

③ 咸資晝理：都幫助謀劃料理。

④ 總戎徐雙峰公仁：總兵徐仁，字雙峰，綏德人，以都督僉使任總兵，鎮守甘肅鎮。

⑤ 堡垣之址：城堡墻脚下。

爲準，足堪障禦。

予惟在昔哲臣，問學功業，致極中和，寅亮天地①。而今膺籌邊之寄者，衹從事於制度修爲之間。雖悉心綜理，未免馳情機械，宜乎來曲智之評，而非輔世之略也。客乃謂予曰："古人因時創物，隨用治具，咸運謀涉巧，構思入神。顧皆經濟之方，關用兵之要，乃應世之不容已，行所無事之智也。如伶倫之律管灰室②，羲和之璇璣玉衡③，禹之治水鑄鼎，周公刻漏土圭④，及與越裳之指南車⑤。斯數聖臣，合德成務，制器尚象，而其精微元奥之處，得造化之藴，成天地之撰，以通神明之秘，觀數類物，通變宜民，實神智之運，而不可以偏智目之者也。"

自後如漢之諸葛孔明，宋之范文正，稱百代殊絶人物。諸葛之治兵，流馬木牛，以供運餉，制作精妙，後世莫傳，而營成八陣⑥，開合奇正⑦。予觀魚復江邊之壘，見者稱爲天下奇才。文正之治邊，通斥堠，城十二砦，細微纖悉。予觀其峽山之屯，取水秘井，偵卒間道，舊迹故在也。二公當中夏稍弱，敵勢方張，故於此求殫心盡職，隨事補裨，固開誠布公之運用，先憂後樂之敷施，豈可以煩細而議二臣哉？不此從事，而清談廢事，沉湎玩時，以惜陰爲俗吏，以名教爲贅物，卒至荒媮墮落，靡可收拾，此晋魏之所宜戒。

而近世亦或崇尚浮虚，論議空寂，鈎奇延譽，至目經略爲曲智。

---

① 寅亮天地：恭敬信奉天地之教，語出《尚書·周官》"二公弘化，寅亮天地。"

② 伶倫：傳説爲黄帝時的樂官。律管灰室：古人把音的高低分爲十二律，即十二個音階，又把十二律與十二月相對應，據説是用葭莩（蘆葦中薄膜）的灰塞在粗細相同而長短不同的律管里，某個月份到了，和它相應的律管里的葭莩灰就飛動起來了。這個律管吹出的音就是對應的十二律的某一個音階。

③ 羲和：羲氏與和氏，唐虞時掌管天地四時的官，觀察曆象日月星辰，敬授人時。璇璣玉衡：以玉爲裝飾的天體觀測儀器，即渾天儀的前身。

④ 刻漏：古代計時器；土圭：古代用以測日影、正四時和測度土地的器具。

⑤ 越裳：古南海國名。相傳周初越裳氏來朝，使者迷其歸路，周公賜軿車以指南。

⑥ 八陣：八陣圖，古代作戰時的一種戰鬥隊形及兵力部署。相傳諸葛亮在魚復（今重慶市奉節東白帝城）平沙之下，壘石爲八行，行相去二丈，名八陣圖。

⑦ 奇正：古時兵法術語，以設伏掩襲爲奇，對陣交鋒爲正。

彼自謂弃知之學，不自覺其爲不智之歸矣。以若人而任之，鎖鑰其能克副哉？後來者以兹爲鑒，庶修此防邊之緒，而不使墜焉矣。

建關帝廟及修城碑記

（清）富斌撰。

原碑已佚。

碑文收於鍾賡起等纂修：（乾隆）《甘州府志》卷十四《藝文中・文鈔》，乾隆四十四年（1779 年）刻本。

［録文］

關帝廟舊址在南甕城内[①]，城既坍塌，廟亦傾頹。乾隆癸未冬[②]，余承乏兹土，值黎民阻飢，乃有以工代賑之舉。明年三月，率作興事，九月告成。隨擇地建廟，規模一新，爰握筆以志之。

粤惟設險守國，自古爲昭。我朝拓土開疆，奄有萬里，彈丸之地，尚切垣墉[③]，而况張掖北控居延，南扼青海，羌夷雜使，出入朝貢，往來冠盖輪蹄，絡繹輻凑，使任其圮壞，奚由資保障而壯觀瞻？然城長十有餘里，計費數倍於他所，是以列於急工，而畏葸遷延[④]，久無成議。辛巳癸未[⑤]，甘凉諸郡連被秋灾，大憲俯念民瘼，奏請寓賑於工。荷蒙天子俞允，刻期經始[⑥]。余躬膺斯任，不敢告勞，二三紳士，鳩工庀材，若木若土，若石若磚，分途而治，接踵而來。聚遠近枵腹群黎[⑦]，謀食於所事。丁丁然，馮馮然[⑧]，缺者補之，廢者舉之，凡越六月，而雉堞参列，樓櫓交輝[⑨]，堂哉皇哉，誠邊陲之一

---

① 甕城：城門外的小月城，用以掩護城門，增强防禦力量。

② 癸未：乾隆二十八年，1763 年。

③ 尚切：尚且重視。

④ 畏葸（xǐ）：葸意爲害怕、胆怯；畏葸，指害怕困難。

⑤ 辛巳：乾隆二十六年，1761 年。

⑥ 經始：開始動工。

⑦ 枵腹：腹内空虚，飢餓。

⑧ 丁丁然，馮馮然：象聲詞，砍木敲石等的聲音。

⑨ 樓櫓：指城樓和守望台。

大都會也。

夫甘城在河西爲最巨，西夏以來，蓋已有之，但典籍無存，不詳所始。自元洎明，雖頻紀修繕，而歷年既久，葺治維艱。今忽起此大工，似因實創意，非星霜屢易，難以奏功，不期數月之間，遽爾完固，是豈鼛鼓之驗歟[①]？良由皇仁之普遍，民力之奮興，及二三紳士同心協力，遂相與以有成，余又何敢矜言况瘁哉[②]？

乙酉孟夏[③]，重建關帝廟於甕城之南，梓材丹雘[④]，與城并麗。因勒石以載顛末，俾后之守此土者知大憲之遠猷辰告，天子之澤被遐荒，不惟無俾城壞，且惠康小民，掣曳之虞[⑤]，毋庸厝意者也。是爲記。

乾隆三十年立。

撫彝修城碑記

（清）通判高沅撰。

原碑已佚。

碑文收於鍾賡起等纂修：（乾隆）《甘州府志》卷十四《藝文中·文鈔》，乾隆四十四年（1779年）刻本。

[録文]

蓋聞設險有常經，而救荒無奇策，此兩不相蒙之勢矣。自昔范文正公大興工作以惠貧者，趙清獻公僦民完城[⑥]，使得傭力自食。一時之民，獲蘇輯屨，而金城湯池，成於暇日。假恤災以集事，資固圉以成民，此異代之訏謨遠猷，而我國家取之，著爲功

---

① 鼛鼓：大鼓，古代主要用於役事。

② 况瘁：勞累。

③ 乙酉孟夏：乾隆三十年，1765年，農曆四月。

④ 丹雘：雘，同“艧”，赤石脂之類的顏料。

⑤ 掣曳之虞：顧慮互相牽制。

⑥ 趙清獻公：北宋趙抃（1008—1084年），字閱道，號知非子，衢州西安（今浙江衢州市柯城區）人。景祐元年（1034年）進士，元豐二年（1079年）以太子少保致仕。死後謚“清獻”。

令者也。

甘州府西百二十里曰撫彝。今使相楊公撫軍甘肅[1]，相厥地宜，別置半刺[2]，逮今幾二十年。余以戊寅承乏兹土[3]，登覽之餘，顧念蕞爾，西距樂涫，北倚懷城，當張掖之名塞，屬蓼泉之要衝[4]。而崇墉傾圮，雉堞崩頹，無論邊徼備禦攸嚴，即以郵傳之所出入，而城郭諸國往來朝貢，其於觀瞻，亦非所宜；是用慨然，每切葺治之思，而輸輓方殷，不暇及也。暨軍興少間，又奉憲檄，攝篆凉州，畚鍤之務，不得不俟諸異日矣。及曩歲言旋，日月既悠，坍塌尤甚。方是時，我國家拓土萬里，彈丸之區，枕席之上，良非先務所急也。歲在辛巳[5]，民用阻飢，方徘徊莫措之日，爲輾轉圖安之計。伏念我皇上以工代賑，仿古芳規[6]，久垂令甲，蹶然興曰："此可以兼濟術也。"于是備述荒歉之狀，懇從經築之役，荷蒙大憲俯念民瘼，仰承睿慮，星言入告，遂鳩厥工。以七八載莫伸之隱願，而克自靖於一朝，以千萬口無告之窮民，而獲食力於所事，苟非遭際昌期，依倚良輔，其何以暢兹微志，而濟災眚也乎？

爰自四月十有一日，夙興夜寐，徒必自庀材[7]，亦親程用，竭蝜蟻於萬一，而孑遺競奮，無鼛鼓之催；庶民攻之，不啻身家之計。四方奚騁，事非類於嗟來；百堵皆興，功允成于不日。洎兹仲秋，凡四閱月而告竣焉。

今瞻井幹之壯麗，睹雉堞之參差，撫閭閻之生遂[8]，快婦子之

① 使相：清代稱呼兼大學士的總督。楊公：楊應琚（1696—1766 年），字佩之，號松門，奉天正白旗人。歷任兩廣、閩浙、陝甘、雲貴總督。

② 半刺：指州郡長官下屬的官吏，這裏指通判。

③ 戊寅：乾隆二十三年，1758 年。

④ 樂涫：西漢酒泉郡屬縣名，治所在今酒泉市清水鎮附近。懷城：在撫彝城北，北凉沮渠蒙遜大敗西凉李歆於此。蓼泉：在今臨澤縣。

⑤ 辛巳：乾隆二十六年，1761 年。

⑥ 芳規：指前賢的遺規。

⑦ 徒必自：事務必親自處理。

⑧ 閭閻：本指里巷内外的門，後代指百姓。

恬熙[1]。想大憲定命辰告之所敷施，戴聖天子酌古準今之所宏濟，然後知生逢盛世者之無難，靖共爾位，左右厥民也。至於以區區之懷抱，而時至事起，卒克自慰，猶其末焉者矣。爰勒貞珉[2]，用志顛末。

乾隆二十九年甲申仲秋立[3]。

高臺縣

補修鎮夷城工記

（清）閻汶撰。

原碑已佚。

碑文收於徐家瑞纂修：民國《高臺縣志》卷七《藝文上》，民國十四年（1925 年）鉛印本。

[録文]

從來補修城垣，守土官詳請動國帑，用民力，上以壯皇圖，下以衛民生，遠禦敵虜，近防姦宄，典至重也，役至大也。吾儕士庶，曷敢妄興此舉哉。顧人情有不能已者，聖人亦所不禁。同治四年[4]，歲次乙丑二月二十四日，肅州突遭回變，陷城池，殺傷人民約數十萬，又復擄掠附近鄉村，戕害民命，遐邇胥受害。自春徂秋，迄未克復。鎮夷相距一百七十里，並無關隘險阻，所隔者衹一黑河耳。本堡居民約五百餘户，逼近鋒鏑[5]，朝夕隱憂。爰以三月間，齊集闔堡父老子弟，相與謀守禦策，僉曰："肅州乃河西巨鎮，爲吾堡屏蔽，一遭兵變，化爲焦土。况吾堡區區彈丸之地乎？輔車相依，唇

① 恬熙：安樂。
② 貞珉：石刻碑銘的美稱。
③ 乾隆二十九年：1764 年。
④ 同治四年：1865 年。
⑤ 鏑（dí）：箭鏃，也指箭。鋒鏑，指戰争。

亡則齒寒，爲今之計，臨變預防，盡人事以聽天命，非鑿池築城與民守之不可。”溯斯城之建創，自前明成化初年，迄今垂四百餘年，墻垣依然而睥睨傾圮，門闌雖設而啓閉維艱，且風雨剥落，沙土擁埋，倉卒寇至，防守實難。時有原任沙州營部廳守備荊毓芝、齋長秦崇德[1]、農官呂發美倡率，約甲耆老、士庶、客商捐貲出力，鳩工庀材，補修城垛門洞，安置門扇。又復挑浚城壕，挖去擁城沙坡，轉運守垛石頭。自七月初一日起，至九月初一日止，閱二月而觀成。可見吾堡士庶顧全梓里，共濟時艱。不愛財，不惜力，呼子兄勉弟，不事督責，而趨事赴公，其於妄動之愆、德名之相，概不暇計也。今而後，吾堡數百户及鄰封村堡，莫不依之爲金湯之固，豈曰小補之哉。於以壯皇圖，衛民生，禦敵虜，防姦宄，均賴此一舉。是不可以不記，敢以告出入守望之友，助其事者，時相敬省焉。

同治六年秋[2]。

民樂縣（東樂縣）

築六壩堡城新建真武廟碑記

（明）翰林岳正撰。

原碑已佚。

碑文收於徐傳鈞修，張著常纂：民國《東樂縣志》卷四《文藝·碑記》，民國十二年（1923年）石印本。

[録文]

北極真武之神，唐宋以來，屢加贈謚。迨於我朝，神貺益顯，而神祀益崇。文宗在御之日，神能以真威靈翊衛寶祚，庥庇生人[3]。詔於京師作廟，泰和建宫，牲帛、祝號比秩帝者，載在祀典，莅有

---

① 齋長：舊時稱學校齋舍中指導學生的人。
② 同治六年：1867年。
③ 庥庇：猶蔭庇，庇護。

司，是以天下化之，所在立祠。若甘州虔祀真武者，蓋亦權輿於是哉。天順改元，歲在丁丑[①]，宣城伯衛公源正以平羌節制甘凉軍馬出鎮河西。越二年己卯[②]，人心雖和，而邊防是慮。凡城隍之不利居守者，皆以次作之。六壩者，距甘城東南百里，據張掖河上流，屯者引河渠概置爲閘壩，以時瀦洩此[③]，於次爲六，故云。蓋其地於田宜稼，於畜宜牧，於要害宜守者。然三農承平，擇便棊處，猝有突寇，勢分莫救，識者病之。公曰："無事散耕，有警聚保，以有巨障，斯出萬全。"明年庚辰[④]，東作未啓，畚鍤斯具，乃以其情謀諸同寅，諸公是之。於是命指揮楊冕、王謙、楊雄，分衆將士各千餘衆，往城其地。土圭法定，陰陽位宜，曾不閱月，大功告成。城之外深池重壁，金湯堅固；城之内公廬私舍，鱗次櫛比。形勢既阻，威力加壯，若一都會然。于是因人情，嚴廟祀，直據坎位，作真武祠，配以衛房、河伯、聖母、城隍、地靈之神。妥神有殿，殿有正位，翼殿有廊，廊有繪像。以致鐘鼓有樓，牲殺有庖，巋然崇重，壯與城埒，可謂巨麗者矣。嗟呼，萃誠心一衆，慮使人有所仰瞻而起敬者，莫祠廟若也。先王以此設教，我文宗體之以化天下，不直報本報德報功力而已也。在《易》亦曰"王公設險"，而《孟子》以"天時不如地利，地利不如人和"誠諭嘉兵之君。公之所以體國經野，徇俗立教，皆本原如此，亦賢矣哉。廟飾有備，將有事焉，僉謂不可無記，姑爲書此，以志歲月，刻之貞瑉[⑤]，用告來者，使知公志之有在如此哉。

明天順六年春三月[⑥]。

---

① 丁丑：天順元年，1457 年。
② 己卯：天順三年，1459 年。
③ 瀦洩：瀦，水積聚的地方；洩，水排泄的地方。
④ 庚辰：天順四年，1460 年。
⑤ 貞瑉：石刻碑銘的美稱。
⑥ 天順六年：1462 年。

十二　酒泉市

肅州區（肅州）

請添築瓜州城堡疏

（清）文爲瓜州官員奏請朝廷于瓜州添築城堡安置回民以及朝廷的批復。

文收於黄文煒、沈青崖纂修：（乾隆）《重修肅州新志·安西下册·文》，乾隆二年（1737年）刻本。

［録文］

爲欽奉上諭事，臣等前因瓜州安插回民幾及萬口，請于安插回民五堡之外再添築一堡，添設參將一員，守備一員，千總二員，把總四員，兵丁六百名，就近居住彈壓。并請將安西同知移駐瓜州，同教導回民之部即侍衛亦居堡内。又以踏實堡直通青海，防兵單弱，請添兵丁一百名，墩臺二座。百齊堡地方無水，請那至東南二十餘里[①]，并設墩臺四座。繕摺具奏，經辦理軍需大臣議奏，奉旨依議，欽遵在案。臣等即檄飭安西兵備道王全臣，切實料估去筏。今據安西兵備道申稱：查得瓜州地方，奉旨准允添設官兵，建築營堡。遵即於回民頭堡正南八里，建築城堡一座，計城内應建文武大小衙署十座，倉廒一處，廟宇二座，神器庫一座，小教場一處。兵六百名，每名給房二間，該房一千二百間。但擬將來招户民數百家居住，須多留餘地。其城周圍佑四里一方，較回民頭堡稍大，因修建衙署、倉房、廟宇，須用磚瓦石灰等項，工程亦較回民頭堡稍大。再移建百齊堡一座，築墩臺六座，又踏實堡添兵一百名，每名給房二間，

① 那：應爲“挪”。

该房二百間。合計共需夫役、匠作五十萬七千四百二十二工。其工價、口糧照屯田雇夫之例支給，每工給銀六分六厘六毫零，粟米四合一勺五，炒麵一觔半，共該工價銀三萬三千八百二十四兩七錢五分零。該口糧京斗粟米二千一百五石八斗零，請於内地運送，該麥麵七十六萬一千一百三十三觔，請於本年屯田項内支給。至應需一切鐵器、麻繩等項，請於内地製買運送，另行報銷。謹將估計工料細數清單，申請核奪等情，具詳前來，臣等覆核無異，理合奏聞。再查安西兵丁，蒙皇上格外賞給口糧工價，感激争奮，工程甚爲迅速，除頭堡及近北之三堡、五堡俱已築完，現築近南之二堡、四堡。其官兵城堡亦擬即行合并聲明，所有工料清單恭呈御覽。

雍正十一年八月[①]，户部諮。雍正十三年十二月二十一日[②]，内閣鈔出，總理事務和碩莊親王籌議覆署陝督劉奏稱[③]，安西等處各衛所屯田撥給安西鎮兵丁耕種一案：從前通計下籽種四千五百八十京石有零，内有昌馬湖二千零二十石，天氣甚寒，收成難必，故未撥給兵丁，應實下籽種二千五百五十五石，内有踏實堡地八百七十石。經臣另折奏懇，賞給回民實存籽種地一千六百八十五石四斗，應給安西鎮兵丁承領屯種。但事屬創始，籽種料豆，無項可動，應請於屯種内借給，俟來年秋收後還項。其牛車農具，可於屯田内撥給。叩懇天恩，免其扣還價值。至昌馬湖，既不便駐兵，且天寒地凍，轉運艱難，屯種無益。應請停止所給兵丁屯地，應令該管營□□加督率□石荒蕪及收多報少等弊，俱着兵備道查察，或有徇隱，將該

---

① 雍正十一年：1733 年。

② 雍正十三年：1735 年。

③ 和碩莊親王：清封爵從親王、郡王、貝勒、貝子以下共十四等，其爵位并不世襲，每世遞降一等。惟有禮親王、睿親王、肅親王、鄭親王、莊親王、豫親王、順承郡王、克勤郡王八個家族，被賜世襲不降封典。和碩莊親王爲太宗文皇帝脉下宗支，始祖爲太宗文皇帝第五子碩塞，後由嫡長子博果鐸繼承。雍正元年，博果鐸去世，身後無嗣，雍正帝讓近支宗室出身的允祿承繼爲嗣，繼承大宗。允祿，爲聖祖仁皇帝第十六子。康熙三十四年六月十八日卯時生，生母爲順懿密妃王氏。康熙六十一年十一月，管理内務府事務。雍正元年三月，奉旨過繼與博果鐸爲嗣，襲封和碩莊親王。先後掌宗人府、數旗都統事務。雍正十三年八月，欽命總理事務。乾隆年間又先後掌管理藩院、宗人府事務。乾隆三十二年病逝，年七十三歲，謚曰恪。

道并行議處等語。

查昌馬湖不便駐兵，且天寒地凍，屯種無益，自應照劉所奏，停止屯種。其踏實堡地畝，經臣等另摺議准劉所奏請，昔賞給回民實存地一千六百八十五石四斗，□□籽種料豆。應俱照劉所奏，在屯糧内借給，俟來年秋收時還項。其牛車農具，亦准於屯田内撥給，免其扣還價值，至各營員督率稽查之處，悉照劉所奏辦理等□奉。

朱批：知道了。

重修酒泉碑記

（清）乾隆二十七年（1762 年）肅州知州徐浩撰文。

原碑已佚。

碑文收於黄文煒、沈青崖纂修：（乾隆）《重修肅州新志・河西總敘全册》，乾隆二年（1737 年）刻本。又收於（光緒）《肅州新志・文藝》，上海書店影印清鈔本。

録文以（乾隆）《重修肅州新志》爲底本。

[録文]

泉何以酒名也？漢時開鑿河西水道，引通泉脉，里人相傳，此泉如醴，故曰酒泉。塞垣内外，誇都邑之雄富者，此爲最。班定遠於永光十二年疏曰[①]："臣不敢望到酒泉郡代馬依風。"一言酸楚，其遠勞繫戀之私，抑何極與？宋棄河西，明棄敦煌，山川城郭都入穹廬[②]，而一亭一關，大復何有。我朝聖德神功，無遠弗届，雕題萬里[③]，悉歸聲教，而况酒泉猶逼近卧榻之間，宜其屢廢而輒興也。乾隆元年，分巡道黄公又□□而治之，室兴而廊疏以遠。翼然而起者

① 班定遠：班超（32—102 年），字仲升，扶風郡平陵縣（今陝西咸陽東北）人。東漢時期著名軍事家、外交家，史學家班彪的幼子，在西域三十年，立下豐功，被封定遠侯，世稱"班定遠"。

② 穹廬：泛指北方少數民族。

③ 雕題：古代南方少數民族的一種習俗，在額上刺花紋，此處指古代南方雕額文身之部族。

有亭，淵然而深者爲泉，洵乎一巨都之勝□也。然而風霜剥盡，殘垣斷瓦，寂寞荒烟，過而覽者不能無黄鶴樓空之感矣。丙子歲[1]，予承乏兹土，適邊鋒不靖，戎馬馳驅，未遑籌劃。越三年，大功底定，從楊公經略西陲歸，即有鳩工庀材之議。壬午[2]，時和年豐，民氣踴躍，觀察□公議及郡中修舉諸大端，遂請命宫師，令予董率其事，次第興舉，而酒泉亦焕然一新。是修也，星軺雨嫓，暫息幨帷，旅客驛人，怡情憑眺。長河草緑，逍遥北海之樽；高座風清，雜遝南皮之會，不何謂　非形勝之一助也？雖然去來靡定，寒暑當□，□□□者愛而不忘，則□東山之絲竹[3]，與宋廣平之梅花[4]，繁華正未有極，予能無顧呺而躊躇耶？因爲記。

乾隆二十七年九月上浣，知肅州事山陰徐浩撰。

敦煌市（敦煌縣）

建設沙州協鎮議

（清）岳鍾琪撰[5]。

文收於蘇履吉修，曾誠纂：（乾隆）《敦煌縣志》卷六《藝文志》，道光十一年（1831年）刻本。

[録文]

竊惟沙州係極邊要地，宜改設副將，以資彈壓。盖此地西通衣

---

① 丙子：乾隆二十一年，1756年。

② 壬午：乾隆二十七年，1762年。

③ 東山之絲竹：東晋政治家謝安做官前曾在東山（今浙江上虞縣南）隱居，不理朝廷召用，游山玩水并讓從人帶着樂器，走到哪里，音樂絲竹之聲就響到哪里。因此，人們把他帶着樂器游玩的事，叫作“東山絲竹”，後來這一典故被那些無意功名之徒奉爲佳話。

④ 宋廣平：宋璟（663—737年），唐邢州南和（今河北邢臺市南和區）人。唐玄宗時名相，耿介有大節，以剛正不阿著稱於世。因曾封廣平郡公，故名。宋氏性喜梅花，所作《梅花賦》全篇560字，以花喻人，詞麗言切，倍受歷代文人稱譽。

⑤ 岳鍾琪（1686—1754年）：字東美，號容齋，四川成都人，原籍凉州莊浪（今蘭州永登）。康熙、雍正、乾隆“三朝武臣巨擘”，多次鎮邊立功，官至川陜總督、兵部尚書。著有《薑園集》《蛩吟集》等。

孫、揷漢齊老圖，南連得布特爾[①]，北接哈密，實屬緊要之區，是以臣前曾奏請設鎮。今看得杜爾柏津地方[②]，係各隘口適中之地，若有應援之事，較之沙州更爲得宜，故臣等今復請于杜爾柏津設鎮。既移鎮于杜爾柏津，則沙州相離新城止二百餘里，聲勢聯絡[③]，似可不致孤懸。但沙州地方遼闊，招民開墾方護宜周，且離哈密甚近，恐有行走之處，應於安西兩路分兵并進。今鎮標議裁二營，止設三營，皆駐杜爾柏津，則沙州亦通各處要路，且有領兵應援哈密之任，非改爲沙州協，特設副將駐扎，誠恐游擊等員聲勢稍輕，猶未足以彈壓。其現兵一千名，亦屬單弱，應再添兵五百名，分作左右二營，每營設守備一員，千總二員，把總四員，仍歸安西統轄。查杜爾柏津西去沙州二百餘里，東去舊安西鎮城一百餘里，其間必得設營分汛，方能聲勢聯絡，呼應更靈。伏乞皇上睿鑒，飭下施行。

雍正四年七月[④]，奉部文允行。

開設沙州記

（清）石之瑛撰。

文收於蘇履吉修，曾誠纂：（乾隆）《敦煌縣志》卷六《藝文志》，道光十一年（1831年）刻本。

［録文］

敦煌户口，漢唐極盛，迨於明季，而西醜蹂躪兹土，遂同昏墊[⑤]。我朝定鼎，德教遠施，四裔賓服[⑥]。雍正三年[⑦]，皇上命設沙

---

① 得布特爾：察合臺語“dɛptɛr”的音轉，書册的意思，位於新疆温宿縣上托甫村西北。
② 杜爾柏津：源自蒙古語，爲“方城”之意。
③ 聲勢聯絡：指軍隊間遥相呼應，互爲支援。
④ 雍正四年：1726年。
⑤ 昏墊：陷入困境與災難中。
⑥ 賓服：歸順臣服。
⑦ 雍正三年：1725年。

州所。四年[①]，川陝總督岳公巡邊至沙州[②]，相度地利，題請改衛，并招甘省無業窮民二千四百户，開墾屯種。蒙聖恩，特發帑金給沿途口糧、皮衣、盤費，及到沙州，借與牛具、籽種、房價。又念户民初到，尚未耕種，借與七月口糧。皇仁高厚，委曲周詳，賞渥頻頒，獎勸疊至。

雍正七年十一月[③]，奉上諭：據陝西署督查郎阿奏稱[④]，招往安西、沙州等處地方屯墾民户，今年到者，統計共有二千四百零五户。屯種既廣，樹藝益繁[⑤]，所種小麥、青稞、粟穀、糜子等項計下種一斗，收至一石三四斗不等，共收獲糧一十二萬餘石，確計分數十有二分，其餘各色種植亦皆豐厚，家給人足，莫不歡欣樂業。臣恐口外奸販囤户，聞知糧多價賤，興販射利，已令總兵道員嚴行查禁，并傳諭户民按一年所需扣存外，其餘即在本處糶賣，以資兵丁商民之口食等語。安西屯墾地畝，今年人力既勤，天時復稔，各種糧穀俱獲豐收，朕心深爲慰慶，今查禁止奸徒興販射利，辦理甚是，惟是飭令民户多餘之穀只須在本處糶賣。朕思民户等盈餘之穀，原期糶價以爲日用之資。若本地糴穀者少，則出糶未免艱難，不可不爲計。及着該地方官酌量本地情形，不必相强。若有將盈餘之穀情願出糶者，着動支官銀照時價糴買，存貯公所，明年倘有需用之處，聽辦理軍需之大臣及該督撫行文支撥。安西既有備用銀兩即可動用採買，再于西安藩庫撥補還項。此朕體恤户民，俾糶穀得價，用度豐腴之至意，着地方官善於奉行，不可勒令糶賣，生事滋擾。特諭。

又奉上諭：據署陝西總督查郎阿奏稱，安西、沙州等處地方招

---

① 四年：雍正四年，1726年。

② 岳公：即岳鍾琪，雍正三年（1725年）七月接任川陝總督。

③ 雍正七年：1729年。

④ 查郎阿（？—1747年）：納喇氏，字松莊，滿洲鑲白旗人，清朝大臣。雍正七年（1729年），署川陝總督兼西安將軍，加太子少保。九年，析置四川、陝西兩總督，查郎阿改署陝西總督。

⑤ 樹藝：語出《周禮・地官・大司徒》：“辨十有二壤之物，而知其種，以教稼穡樹蓺。”即種植、栽培。

民屯墾，仰蒙天恩，賞給沿途口糧、盤費，借給牛具、籽種、房價。又因民户到沙之日，尚未耕種，借與七月口糧，以資口食，養育之恩，無微不至。於輸賦年限，原以三年升科①。自雍正六年②，户民到齊之日計算，至雍正辛亥年③，正届升科之期。凡此無業窮民得以安居樂業，又蒙上天賜佑，兩歲豐收，煖衣飽食。即三年起科，亦屬小民之常分，第以新經移住之家，一切費用取給於田畝。又值軍興之際，物價未免稍昂，民力尚未饒裕，或照前議於辛亥年升科，或稍寬其年限，出自聖恩等語。安西、沙州等處招民屯墾，原爲惠養邊民之計。是以累年以來，備極籌畫經營，期於得所。今從民户到齊之日計算，至辛亥之歲，乃例當輸賦之期，但念小民甫經安插，公私兼顧爲難，着寬期二年，於癸丑年升科④，俾民力寬裕，俯仰有資，以副朕格外加恩之至意。特諭，欽此。

大哉，王言沙州户民屢蒙皇上曠典特恩，有加無已。四載以來，復荷天心昭格，屢兆豐年，户有蓋藏，民歌安宅。以數百年蕪穢之區，一旦竟成上腴，化神效捷⑤，實千古所未有也。前總理屯務漢興副使道尤公莅事三年⑥，凡築室治田以養以教之事，仰體聖心，纖悉具舉，歷有成效。尤公勤勞屯務，卒於沙州。今漢興副使道姚公繼之，慈祥惠愛，益後德化，户民愛戴，二公同於召杜焉⑦。

---

① 明清定制謂開墾荒地滿規定年限後，即按照普通田地收税條例徵收錢糧。

② 雍正六年：1728 年。

③ 雍正辛亥：雍正九年，1731 年。

④ 癸丑：雍正十一年，1733 年。

⑤ 效捷：亦作“効捷”，立功、取勝之意。

⑥ 副使道：清沿明制，於各省按察使之下，設副職若干人，稱按察使副使或按察使僉事，分巡一定地方，掌理刑名等事。凡由掌印給事中、知府補授此職者爲副使道秩正四品；凡由郎中、主事、同知補授此職者爲僉事道，秩正五品。乾隆十八年（1753），廢按察使副使、按察使僉事之銜，概稱分巡道，秩正四品。

⑦ 召杜：指西漢召信臣和東漢杜詩，二人均曾任南陽太守，行善政，使人民得以休養生息，安居樂業。南陽人爲之語曰：“前有召父，後有杜母。”（見《後漢書》卷 31）後因以“召父杜母”頌揚地方官政績。

青　　海

一　西寧市

西寧市（西寧府）

重修西寧衛記

（明）都御史許宗魯撰[①]。

原碑在西寧縣城，今佚。

碑文收於蘇銑纂修：（順治）《西鎮志》（不分卷）之《碑記》，順治十四年（1657 年）刻本。又收於楊應琚編纂：（乾隆）《西寧府新志》卷三十五《藝文志四・記》，乾隆二十七年（1762 年）改定補刻本。

録文以（順治）《西鎮志》爲底本。

［録文］

西寧，古湟中地也。華夷雜處，自古羈縻之，至國朝始歸附，

---

① 許宗魯（1490—1560 年）：字伯誠，一字東侯，號少華山人，陝西西安府咸寧（今屬西安市）人。正德十二年（1517 年）進士。明代中後期著名文學家、版刻家，長安三才之一，其詩與書法被譽爲"二絶"。著有《少華山人文集》等作品。

于是開設軍民指揮使司，鎮撫其地。國初，長興侯耿公秉文建衛治[1]，閎偉壯麗，屹然鉅鎮，蓋非徒事炫飾，正以懾服遠人爾[2]。歲久就敝，至於覆壓，不可以居。嗟夫，作者勤心，繼者怠事，有識者慨焉。嘉靖戊戌[3]，憲使澶西王公分巡其地，下車視政，顧衛之敝也，嘆曰："兹土懸遠中域，濱處羌胡[4]，凡以發政施令，用華變夷，修武威遠，皆於衛乎？在乃兹頹廢若是，是將何爲者耶？"于是下令於官，計工程費，庀材鳩匠，治因其舊而悉新之。始於己亥八月[5]，迄庚子十一月而畢工[6]。于是堂寢榮序，門廡司屬，焕然改觀，有華於初矣。工成而命記於許子，許子曰："凡事之頹廢者，因循致之也。夫事始無不善，久無不敝，當其未敝，思作者之艱以節之，則事乃恒善。惟夫因循者當之，玩日愒月，目其初敝，則曰小小罅漏不治可也。及其漸敝，則曰更張動作爲力艱矣。以是自存，故有坐視其大敝而不爲之所者。嗚呼，造始之人固如是耶？凡事之敝，豈獨於屋？網紀法度，罔不皆然。得人以舉，匪人以敝，古今無二也。《詩》曰：'迨天之未陰雨，徹彼桑土，綢繆牖户。今此下民，孰敢侮予。'其斯之謂乎。"澶西公之巡西寧，不遠其地，不夷其人，不因循其政，居之三年，憲度聿貞。于是西寧之人愛之如父母，畏之如神明。乃其衛治之修，則亦政之一端也。兹役也，董事者爲掌印指揮使嚴威，兼理者爲指揮同知韋勳，督工者左所正千户王堂云。

重修西寧衛城記

（明）萬曆四年（1576年）參議張問仁撰。

---

① 秉："秉"當爲"炳"。耿炳文（1334—1403年），濠州（今安徽鳳陽）人。明朝開國功臣，官至大將軍，以功封長興侯。朱元璋去世之後，燕王朱棣起兵，耿炳文受命率軍討伐朱棣，不久兵敗。朱棣即位次年，耿炳文因遭彈劾而自殺。

② 服：（乾隆）《西寧府新志》作"伏"。

③ 嘉靖戊戌：嘉靖十七年，1538年。

④ 胡：（乾隆）《西寧府新志》作"戎"。

⑤ 己亥：嘉靖十八年，1539年。

⑥ 庚子：嘉靖十九年，1540年。

原碑在西寧縣城，今佚。

碑文收於蘇銑纂修：（順治）《西鎮志》（不分卷）之《碑記》，順治十四年（1657年）刻本。又收於楊應琚編纂：（乾隆）《西寧府新志》卷三十五《藝文志四・記》，乾隆二十七年（1762年）改定補刻本。

録文以（順治）《西鎮志》爲底本。

［録文］

萬曆四年秋九月戊戌[①]，西寧衛城修理峻事[②]。西寧，古湟中地，即漢充國屯田以困先零者[③]。城始建于高皇帝十有八年[④]，規劃既鉅，雉堞斯崇。開闢經略之始，蓋有深意。二百年來，土垣漸圮，虜亦不時竊擾[⑤]，馴至可憂。嘉靖庚戌以後[⑥]，勢益岌岌矣。今上以氈裘内附[⑦]，士飽無事，詔令諸鎮督撫及時相度邊垣修飭，以寓桑土之計。先是，大中丞固始廖公、兵備副使新城平公始相料理，役方興而廖公有南遷之命，平公亦以疾請。萬曆二年十一月[⑧]，上命中丞東海侯公來代。公遍歷五郡，晝度思惟。既乃下檄曰："湟中右控青海，左引甘、凉，内屏河、蘭，外限羌虜，輔車之勢[⑨]，所繫非輕[⑩]。而城單敝至此，工亟不舉[⑪]，其何以禦不虞。"于是復下檄，圖形勢，議工力，料物用，分職攝，約程限，申法令。會同制府益都石公以請以發，而兵備河東董公、監督别駕獻陵潘公、分守左參

① 萬曆四年：1576年。

② 峻事：（乾隆）《西寧府新志》作"事竣"。

③ 先零：漢時羌族的一支，居於今甘肅省導河以西至青海省境間，後與西北其他民族逐漸融合。

④ 高皇帝十有八年：高皇帝即明太祖朱元璋。洪武十八年，1385年。

⑤ 虜：（乾隆）《西寧府新志》作"夷"。

⑥ 嘉靖庚戌：嘉靖二十九年，1550年。

⑦ 氈裘：爲邊疆民族所穿毛皮衣物，此處指代當時的邊疆民族。

⑧ 萬曆二年：1574年。

⑨ 輔：頰骨。車：齒床。頰骨和齒床互相依靠，比喻兩者關係密切，互相依存。

⑩ 非：（乾隆）《西寧府新志》作"匪"。

⑪ 工：（乾隆）《西寧府新志》作"上"。亟不：（乾隆）《西寧府新志》爲"不亟"。

將延安蕭公、游擊將軍莊浪吴公及掌衛篆祁萬户德等[1]，各以職掌趨事。而侯公、董公則拊循鼓勸，指畫調停，躬先勞悴，罔有晝夜。是以民樂輸力，波涌雲從，不驅而趨，不促而急，功之成若有神焉。城以圜計，則一千七百一十三丈有奇；以高計，則四丈六尺有奇；底之闊五丈，頂之闊三丈有奇。而關厢之役，其數仍不與存。薄者厚之，卑者高之，傾頹不可經久者，必易築之。膚磚基石，深闊乎其池，備益乎其壯。樓櫓、鋪舍、桿具，無一不精，炳如翼如，且固且麗。磚之費計一千二百四十萬五千，灰之費計二萬六百餘石，石條合底之圜丈。其材木薪爨之屬，則伐山浮河，便而取足，數不可得而計也。告成，左司馬保定吴公閲視適至，登而驚曰："壯哉，萬年之固，可以紓聖天子西顧之憂[2]，封疆之臣勞苦矣。"疏上其績，于是董公設宴于西城之鎮海樓，率其寮佐官屬，高會落之，釃酒而言曰："昔人謂笑談樽俎，折衝千里，乃今豈不信哉。金湯一壯，雷霆萬里，不陣而戰勝，不言而化孚，攻心之善，伐謀之機，一舉而盡收之，孰謂禦戎無上策哉。"夫無虞之儆，惟聖天子惟能明見萬里。其祇奉宸慮，克成威嚴，則督撫二公之忠；趨事效職，惟諸執事者之勞；其發蹤指示，使動無遺誤，則督撫二公之勤也。《春秋》：凡城，聖經必書，彌年營始之善，左氏備而録之。非常之功，苟非有述，後其何考乎[3]。予勒石以記焉。

皇清修西寧城碑記

（清）散秩大臣范時捷撰[4]。

碑文收於楊應琚編纂：（乾隆）《西寧府新志》卷三十五《藝文

---

① 篆：（乾隆）《西寧府新志》作"掾"。

② 紓：（乾隆）《西寧府新志》作"紆"。

③ 後其何考乎：（乾隆）《西寧府新志》作"從後何考"。

④ 范時捷（？—1738年）：字子上、敬存，漢軍鑲黄旗人。曾任陝西巡撫、固原提督、西寧總兵等，雍正八年（1730年）、乾隆二年（1737年）授散秩大臣。

志四・記》，乾隆二十七年（1762 年）改定補刻本。

［録文］

西域通自天漢①，而兩河東西，地方闊遠，番夷雜猱，曠且難制。漢武所爲置武威、張掖、酒泉、敦煌，以斷匈奴右臂者也。西寧，古湟中地，漢屬金城郡，舊爲先零、罕幵諸羌所居②。右接青海，背倚天山，與四郡相爲犄角。西寧固則四郡得輔車之倚，匈奴不得旁脅諸羌，兩河東西乃無邊鄙之警。是西寧實四郡之唇齒，而兩河之藩籬也。嘗考之志，西寧於漢始置縣，歷魏、晋、唐、宋，旋得旋失。自我朝定鼎以來，揆文奮武，耆定廓清，薄海内外，咸凜聲教，遠至雕題、靺鞨、禿髮、瓜哇之屬③，罔不來享來王，固已化南洽而威北暢矣。惟古爲國，守在四夷，斥堠亭障之設，初不可以既安廢。惟兹郡城，創自有明，迄今年久，不無傾圮。臣范時捷于雍正壬子歲以散秩大臣恭膺簡命④，經理青海事務。於其始至，宣上德意，以安攘内外。旃裘之君長，服教畏威，罔弗慕義嚮風，無敢或後。四年之間，士狎于伍，羌安其居，暇巡城堞，頗多頹缺，無以謹疆圉，嚴守禦。爰請於朝，承命僝工，竣其墉隍，益其壘培，池道有蕩平之視，柝門無沮洳之虞，樓櫓足以資憑陵，雉堞有以堅扞蔽。城周八里有奇，徑長爲丈者一千五百三十有六。内裒實土，外甃用磚。東西南北爲門爲樓者四，增修者二，加甃如之。四隅增瞭望樓四，爲睥睨者一百九十有八，爲炮臺者三十有一，爲馳道、爲権門者各四。土之功三萬四千二百二十有七⑤，磚之工一萬二千五百八十有六，木石之工二萬六千三百一十有二，合用帑金一萬四千一百兩有奇，倉穀一千二百十三石有奇。始事于雍正十一年癸丑夏

① 天漢：漢武帝年號。

② 罕幵：漢時羌族的一支，是罕和幵的部落聯盟，與先零錯居。

③ 雕題：《禮記・王制》載："南方曰蠻，雕題交趾。"指以額上刺青花紋并塗以丹青習俗爲標志的南方民族。靺鞨：東北的一支古老民族。禿髮：漢時鮮卑族拓跋氏的一支，先居於塞北，後在拓跋匹孤時期遷入河西，亦稱河西鮮卑。爪哇：古東南亞地區的民族。

④ 雍正壬子：雍正十年，1732 年。

⑤ 功：應爲"工"。

六月[①]，迄十三年乙卯秋八月，凡三閲歲而告厥成功焉。《春秋》凡城必書，重國是也。兹城孤懸絶塞，外控番夷，中衛華夏，合四郡爲聲援，統兩河而屏翰。於以横萬里之折衝，重三秦之保障，則斯城之役，所繫甚鉅，不可以不志也。首其議、董其役者，爲散秩大臣臣范時捷；襄其事、蕆其功者，爲原任西寧道臣楊滙、署北川營游擊臣晏嗣漢、原辦署城守營都司臣馮寅、接辦署城守營都司臣孫蘭、西寧縣知縣臣沈于績，應得附書，用勒諸石，以垂永久。

補修西寧郡城碑記

（清）道光二十三年（1843 年）福長撰[②]。

原碑已佚。

碑文收於鄧承偉修，張價卿、來維禮等纂，基生蘭續纂：民國《西寧府續志》卷九《藝文志》，民國二十六年（1937 年）刻本。

［録文］

湟中郡爲先零、罕幵之舊居，漢武以來，始達中華。其地右通海藏，左引甘涼，内接河蘭，外達羌虜，所以爲邊陲屏翰，中原保障。建諸郡唇齒之邦，制匈奴縱横之勢，而能弭數百年邊鄙之警，俾群黎安居樂業者，惟賴兹城。由漢以來，代有沿革，至明始定厥，歷年既久，漸爲傾圮。我聖朝開天立極，怙冒西土，華夏蠻貊，罔不懷德畏威，而柔遠保邦之略，不以治安廢。雍正間，散秩大臣范公慮疆圉之未固[③]，請帑金萬餘，仍舊而更新，薄者厚之，卑者高之，傾者培之，缺者增之，是以腹土膚磚，基石門鐵，仡仡言言，曠古罕觀。自乾隆三十一年邑令焦公補修後[④]，又歷七十餘載。其間頽缺覆敗，復不一而足。不惟無以壯厥觀，亦非所以嚴守禦也。況

① 雍正十一年：1733 年。
② 福長：蒙古正白旗人。道光二十一年（1841 年）任分巡撫，治西寧道。
③ 散秩大臣：清官名，從二品。
④ 乾隆三十一年：1766 年。

番虜時有竊擾之虞，大兵出塞，攻之必克矣，守之不宜固乎？前署觀察易公、太守許公、邑宰明公謀所以補葺之，以經費無自，乃委典史徐君暨紳士之勤慎者十人，使之勸捐督工，邑之士庶亦争先樂輸之恐後。於是儩工購料[1]，蠲吉興工，而監工諸紳士頗能盡心竭力，公而忘私，朝夕從厥事。及易公致政，既以工程爲予囑，予仍協同寅，敦勉士庶，以考其成。自昨歲中秋既望經始，至今歲七月以次落成。内衺實土，平其凸凹；外甃用磚，彌其脱落。馳道悉平，無沮洳虞；女墻備修，無坍塌處。台址則築其坎窗，樓櫓則易其棟榱。攻金以爲門之衣，設色以繢樓之采。巍乎焕然，所以控番部而禦羌虜者，實藉衆志於成城矣。工將竣，值制府富公師凱抵湟，閲視之而欣然曰："築城伊域，固官守之責，而兆民捐金以趨事，紳士宣力而效勞。美哉，此邦之人，莫不向義也。要非在上者，有以得其心，鼓其力，不能是役也。"磚瓦之需、灰土之費、木石金碧之資與匠工人夫諸項雜費，計糜若干金。倡其議、董其役者，爲前署觀察易公、太守許公也；指示鼓勵、籌度工料金費者，則邑宰明公、王公先後贊劃之力也；親其事、蕆其功者，又徐委員、諸紳士之勤勞也。予與新任太守莊公，亦樂襄其成焉。《春秋》凡城必書，重其事也。爰勒諸石，以期後之官斯土者，有固圉之計，捐助者盡媢兹之忱，任事者竭先公之力。俾崇墉雄壯，雉堞巍峨，邊氓享樂土之福，皇上無西顧之憂。則金湯鞏固，帶礪常新，實萬世無疆之休也，豈曰小補之哉。

築黑古、巴燕戎等九城堡碑記

（清）楊應琚撰[2]。

原碑已佚。

---

① 儩工：籌集工料。

② 楊應琚（1696—1766年）：字佩之，號松門，奉天漢軍正白旗人。乾隆元年調西寧道，主持纂修（乾隆）《西寧府新志》。《清史稿》卷三百二十七有傳。

碑文收於楊應琚編纂：（乾隆）《西寧府新志》卷三十五《藝文志四・記》，乾隆二十七年（1762 年）改定補刻本。

［録文］

背郡城東南馳一日，二日抵雪山下，爲黑古城、千户莊、亦雜石、乩思觀、什扎巴、巴燕戎、甘都堂，折而西百五十里，爲河拉庫托。渡河而南，爲康家寨。皆故羌戎地，逼近諸番，歲爲商旅邊氓害，以貽官憂。今皇上即位之三年，前制府相國查公巡閱至郡[①]，余與古鄯游擊將軍楊君普，條悉其事，謂非就險建城，設官增兵，不可以理。制府毅然以俞奏可。適四年寧郡饑[②]，余任其責，鉅細必躬親，半歲未嘗蓐寢。小民倖免於轉死，而少壯者不可俾以坐食。爰請於大府[③]，割工價六分之一，加糧升六合[④]，以價自養，以糧養家。檄西寧靳令夢麟、碾伯徐令志丙分督之。始于四年之孟夏，迄工於五年之仲秋[⑤]，完城堡九，周回自一百二十丈至三百八十四丈，咸相其陰陽，依其岩阻，隨其廣袤而成。言言仡仡，實墉實壑，諸番悉縮項撟舌[⑥]，屏氣而伏。起視四境，羊牛滿野，一童子牧之矣。帑以兩計，凡九萬四千九百七十；廩以石計，凡一萬四千八百。增兵將，益奉餉，其爲役亦大矣哉。然小民不以爲勞，度支不以爲多，皆仰荷聖主寬大之德也。嗚呼，國家設一官而帑廩增一費，將以利民也；地官設一官而百姓增一累，以其有害也。何謂利？慎固封守，撫番恤下是也。何謂害？鍵閉不修，征私擾衆是也。同一官耳，利害如反覆手，可不懼哉。昔人云："有其惠而圖之無其具，有其具而守之非其人，皆足以致敗。"故紀其俶末[⑦]，以告後之司險者知所儆云。

---

① 制府相國查公：制府又稱制臺，都督之別稱。相國：謂大學士。查公：查郎阿，滿洲鑲白旗人，姓納喇，時爲文華殿大學士兼兵部尚書、川陝總督。

② 四年：乾隆四年，1739 年。

③ 大府：指上級官府，明清代稱巡撫、都督。

④ 合：重量單位，十合爲一升。

⑤ 五年：乾隆五年，1740 年。

⑥ 縮項撟舌：形容驚恐之狀。

⑦ 俶末：始末。

大通回族土族自治縣（大通縣）

重修大通縣城垣衙署廟宇書院義學碑記

（清）同治年間大通縣知縣黄仁治撰。

原碑已佚。

碑文收於鄧承偉修，張價卿、來維禮等纂，基生蘭續纂：民國《西寧府續志》卷九《藝文志》，民國二十六年（1937 年）刻本。

［録文］

余嘗曠觀於盛衰興廢之故，固有出乎天運之自然，而非人力所可致者，上下千古，大抵如斯。通邑自乾隆二十六年改衛爲縣①，創建城垣、文武衙署，并文武聖廟、文昌宫、文昌閣、奎星樓、馬王廟、福神祠、大雅書院，鉅典煌煌，有舉莫廢，亦盛矣哉。洎乎同治二年②，郡城兵起，其黨蔓延四出，而縣城淪陷。向之有舉莫廢者，至是悉化爲荒烟蔓草，斷瓦頽垣。往哲之精神，倏焉澌滅。嘻，可慨也。同治十一年壬申秋③，陝甘總督部堂左乘甚勝之軍威，檄劉京卿毅齋，率湘軍擊破小硤口，直搗郡城。明年春，合果軍進攻縣屬之向陽堡，克之。前山西按察使陳公舫仙以楚師出河州，克巴燕戎城，擒渠魁，而湟中底定。是役也，督師者僉曰："殲厥渠魁，脅從罔治。"時余以單騎來治斯土，餘匪率衆稽首馬前，欣欣嚮化，余亦開誠布公，曉以咸與維新之義。該回衆懇將城垣、文武衙署一律修復，以贖前愆。其各廟宇，余乃設法籌款，派紳董候選教諭梅魁、貢生張錦文、附生張海鯉等次第舉修。偕訓導楊潮曾、典史李元琳督勸殷實，集資萬金，度大雅書院舊址，重構崇山書院。復於縣城

---

① 乾隆二十六年：1761 年。

② 同治二年：1863 年。

③ 同治十一年：1872 年。

東、西關及東硤、衙門莊、永安堡之北川營城[1]、紅山堡之大通營城，建義學五處，幸天不遺斯民，賜以雨暘時若，人和年豐，俾一切可相與從容展布。蓋自是而庶、富、教三者舉而措之不難矣。嗚呼，十載干戈，甫經勘定，不期月而百廢俱興，視疇昔之忽廢，俱不可以人力争者，殆同一轍。矧余以半生迂拙，不能求合於世宜乎，一事無成，而乃得假一日之斧柯，使克稍盡人事，爲凋敝地方，力圖興復，此固盛衰興廢之理，有其自然而亦數之適然者，夫豈非天運哉？工既竣，謹書其略如此。後之君子，亦將有感於斯云。

湟源縣

重修丹噶爾城記

（清）光緒十年（1884 年）鎮海協營副將鄭連拔撰。

原碑立於廳東關甕城内碑亭，今佚。

碑文收於楊治平纂[2]，張庭武修：（光緒）《丹噶爾廳志》卷七《藝文志》，甘肅官報書局鉛印本。

[録文]

丹噶爾城爲三藏通衢[3]。西濱青海，北連蒙古[4]。群山羅列，兩澗迴環。洵邊徼名區，西維重地也。惟歷年久遠，經風雨飄摇，舊垣半皆坍塌，殊不足以資保障而壯觀瞻。方今時值承平，磐石之安，實賴金湯之固。連拔仰沐皇仁，鎮撫斯土，思補葺而繕修之。明知國帑支絀，不敢冒昧陳請。而睹此情形，尤不容置之度外。爰捐廉督率所部安西中營弁勇，鳩工庀材，同心協力，於傾圮處而培築之，於罅隙處而補苴之。東西兩城門及更樓、炮臺等處，一律修砌完善；

① 之：原無，據下文句式補。

② 楊治平（1867—1936 年）：字景昇，號癡屏，晚年號稱潛園老人，青海湟源縣人。

③ 三藏：指康區、衛藏、安多。

④ 蒙古：這裏指居於柴達木盆地的蒙古和碩特部。

城樓、墻壁、樑柱加以粉漆，懸匾額於其上。自夏歷秋，閲五月工竣。而向之敗瓦頽垣，不堪寓目者，今乃焕然一新焉。除勇工不計外，計需磚瓦、石灰、木料、油漆等項銀四百八十餘兩，由連拔捐廉濟用，未動公款。安西中營幫帶官補用副將朱德明暨哨官譚光高、戴君虎、彭大有督率監修[①]，勤勞最著。安西馬隊幫帶官補用游擊楊國治及哨官王翰文、吕登科幫理工程，均與有勞。爰陳巔末，以志成功之所在云，時光緒十年也[②]。

二　海東市

樂都區（樂都縣）

增修巴暖三川堡寨山城記

（明）嘉靖十六年（1537年）御史李復初撰。

原碑在樂都縣南，民國時已佚。

碑文收於蘇銑纂修：（順治）《西鎮志》（不分卷）之《碑記》，順治十四年（1657年）刻本。又收於楊應琚編纂：（乾隆）《西寧府新志》卷三十五《藝文志四·記》，清乾隆二十七年（1762年）改定補刻本。

録文以（順治）《西鎮志》爲底本。

[録文]

談兵禦戎，術亦多矣。我皇明既定河朔，恢扼諸鎮[③]，列戍屯

---

① 幫帶：清末新軍制，統轄一營的長官爲管帶，其副職稱幫帶。副將、游擊：是緑營軍職。哨官：團練中的軍職。

② 光緒十年：1884年。

③ （乾隆）《西寧府新志》作“拓”。

兵[①]，戰守并用，得上策矣。聖天子軫念三邊重地，簡命都御史松石劉公，以左司馬督軍務。公練兵蓄士，除器繕城，兵威大震，夷衆驚遁，烽火偃然。三邊既靖，乃念西寧素號内地，而巴暖三川延袤二百餘里，又内附河、蘭，西有文小山[②]，北阻大通河。每歲雪消水澌，山澗河流，任意耕牧，散處荒野。雖有堡寨十八所，山城六所，率寡邈頹壞，往年虜賊得深入肆掠[③]，無備故也，遂檄兵備副使及公往修築焉。及公悉心經理，遍歷險要，形相晝野，因水以山。以分水嶺之北，厥水皆趨大通河，中逕紐兒都溝[④]、米刺溝、巴州溝、暖川溝[⑤]；嶺之東南，厥水逕趨黄河[⑥]，逕美都溝三川及支蹊小澗[⑦]，計可聚落創居者，得二十餘地。復擇其平原曠野者，則築堡焉；臨壑附巖者，則築寨焉。山顛垣平[⑧]，四壁可削可短，以垣爲山城焉[⑨]。其舊寨之頹壞者，則修補之；舊壕之壅填者，則挑浚之。高深繚繞，皆可守可居焉。工費之計，則巡撫都御史東梧牛公晝也。工事之役，則土居番漢諸民力也。創築者凡十七所，修葺者十八所。始於丁酉春二月[⑩]，終秋七月也。會余按部湟中，省方問俗，乃見川陵襟帶，形勝據矣。垣塹高峻，保障崇矣。星布絡繹，守望便矣。當時立覽三嘆，已復許之。兵法曰："先爲不可勝，以待敵之可勝。"故李牧修邊，日饗士習射，匈奴入則急令收保[⑪]，一戰大破之，十餘歲不敢近趙邊。顧劉公之謀、牛公之力及公之賢勞，與得策於一時，有功於百世，不可泯也。余又聞松石公曰："邊民永於守業[⑫]，一可

① （乾隆）《西寧府新志》作"成"。
② 有：（乾隆）《西寧府新志》作"距"。文：（乾隆）《西寧府新志》作"大"
③ 虜：（乾隆）《西寧府新志》作"夷"。
④ 逕：（乾隆）《西寧府新志》作"徑"。
⑤ 川：（乾隆）《西寧府新志》作"州"。
⑥ 逕：（乾隆）《西寧府新志》作"徑"。
⑦ 逕：（乾隆）《西寧府新志》作"徑"。
⑧ 顛：（乾隆）《西寧府新志》作"巔"。
⑨ （乾隆）《西寧府新志》"爲"下有"之"字。
⑩ 丁酉：嘉靖十六年，1537 年。
⑪ （乾隆）《西寧府新志》"入"下有"道"字。
⑫ 永：（乾隆）《西寧府新志》作"勇"。

當百，更欲給之甲胄，則所向無前，戍守之利，顧次第允蹈之。邊民實則藩籬固，藩籬固則盜賊遠，而中原高枕無虞矣。”松石公諱天和，楚麻城人。東梧公諱天麟，齊聊城人。兵備公諱宦，燕交河人。僉謂役事孔難[1]，匪述罔鑒，後之君子，其永保無斁也哉。

碾邑會景樓記[2]

（明）進士陳仲録撰。

原碑現存樂都縣碾伯鎮東關村，碑為紅砂石質，碑首、碑座佚失，碑身高177釐米，寬86釐米，厚23釐米。碑陽楷書陰刻“鳳山書院碑記”，道光二十三年（1843年）刻，碑文26行，行62字，全文982字。碑陰刻“碾邑會景樓記”，碑文15行，行20字，全文共320字。

碑文收於楊應琚編纂：（乾隆）《西寧府新志》卷三十五《藝文志四·記》，乾隆二十七年（1762年）改定補刻本。

據碑文録入。

［録文］

碾伯四城皆有樓，是樓當城之南，舊制窗牖皆北向，制亦隘陋。朗谿子以清刑至斯地[3]，兵憲及公相拉始登樓，四顧皆山，而湟流亦環抱可愛。獨異創是樓者，胡乃北其牖而負此山川之秀乎？于是及公改而南向，隘者啓之，陋者文之，一舉目可以挹四望二谿之概矣。因題曰會景樓。朗谿子曰：“天地四時，景象攸異，春雨夏雲，秋花冬雪，皆景也。凡登是樓，隨其時而可觴可詠，無異意焉。謂之‘會景樓’，宜也。”夫唐、虞、夏、商、周爲時之會，山川人物爲地之會，伊、傅、周、召爲人之會[4]。是樓爲碾伯景物之會，豈虚語

---

① 難：（乾隆）《西寧府新志》作“艱”。

② 張維考此碑爲嘉靖十五年或十六年刻，其時已佚。見張維編《隴右金石録》卷十《明·五》，民國三十二年甘肅省文獻徵集委員會校印本，收於國家圖書館善本金石組編《明清石刻文獻全編》第三册，北京圖書館出版社2003年版，第65—66頁。

③ 清刑：疑爲“黥刑”之誤。

④ 伊、傅、周、召：分别指伊尹、傅説、周公、召公等商周時四名相。

也哉。矧是樓之作，初無期於今日之游，而景物之會，適有觸於一時之興。以今之勝而思古人，王元之構一竹樓[1]，其地賴以不朽。崔子題《黄鶴樓》詩，范文正作《岳陽樓記》，亦一時登眺所寓，至今聞者欣羡不已。自古山川，未嘗不因人以爲勝，又安知是樓他日不以今日之會爲美談乎。于是朗谿子走筆書此，爲《會景樓記》。

創建定西門記

（明）嘉靖三十年（1551）兵備副使范瑟撰。

碑原在樂都老鴉城東三十里，今佚。

碑文收於楊應琚編纂：（乾隆）《西寧府新志》卷三十五《藝文志四・記》，乾隆二十七年（1762 年）改定補刻本。

［録文］

定西門者，蓋冰溝之谷口，西寧之要害云。西寧衛設所有六，而右所别設在碾伯。冰溝乃右所屬地，去老鴉城三十里，兩山壁立，中通鳥道，泉水自山陰流出，春夏不枯，皆凝爲冰，號曰冰溝。其北曰改板坡，其南曰碾綫溝，林木蓊鬱，山岩巀嶪，番人時潛伏之，以爲寇資。故冰溝延袤百三十里，雖舊號通衢，而人踪斷絶者五年矣。間有由之者，非喪其軀，則亡其資斧，岌岌乎其殆也。即冰溝驛遞之土人，大半逃去，存者無幾。庚戌歲[2]，守備唐勇率其卒二千人合戰于坡，夷中流矢而退。千總指揮陳龍、趙威死之，士卒亡者百餘人。番夷肆毒，人益遠避。其嶺背有徑路，名曰小冰溝。南通大山，可入古鄯地，賊亦由之以掠巴州。巴州之人患之，無計，乃收人畜，日困城中，因而自斃者又過半焉。辛亥歲[3]，予至聞之，召父老而進曰："我有不可犯之威嚴，邊防是也。能嚴邊防，則天下之

① 王元之：王禹偁（954—1001 年），字元之。北宋政治家、詩人、散文家。宋真宗咸平元年（998 年）被貶知黄州，作《黄州新建小竹樓記》抒貶抑心境。

② 庚戌：嘉靖二十九年，1550 年。

③ 辛亥：嘉靖三十年，1551 年。

險在我，可不戰而戢人之兵矣。”父老咸跪泣曰：“善。”因相與步壑攀岩，歷險覽勝，至谷口，見諸路之總會焉。兩山如門，長河如帶，宛如天設。喜而嘆曰：“偉乎，奇哉。此西寧之險也，可以扼塞矣。”遂呈諸兩臺，曰：“可。”乃以九月興工，逾歲告竣。工始於大通之河壖，止於碾綫溝之西巘，百四十里。爲墩臺者四，爲暗門者三，爲夫役二千六百有奇，而定西門又視諸門峻且厚焉。墻五十三尺，闊三十尺，繚以女墻，砌以白石，中分爲二門，門即疏水道也。門之上爲戍樓，樓之南爲墩，稍卑，視門不稱，欲崇之而未果，增兵守之。兵取之於莊浪者三十人，西寧者三十人。誠所謂一人守隘，萬夫莫向者矣。前史氏范瑟登而嘆曰：“壯哉，麗乎。萬世之固也，可以爲寶矣。”因題曰定西門，言西寧從此無羌戎之患也。嗚呼，天時不如地利，地利不如人和，人和固尚矣。然而天子守在四夷，山川邱陵之險可少乎哉。是役也，議者指揮爲冶鷟氏、王堂氏、星鎮氏；督工者操守爲任堂氏、羅福氏；提兵者千總爲趙芳氏、盧經氏、張承恩氏、談天錫氏；輸夫者指揮爲白昂氏；分工者千百户，爲俞寵氏、周寶氏、錢仁氏、趙莞氏、霍世爵氏、王廷相氏、張威氏。取農於暇日，不敢以病正業；分班以更役，不敢以重民勞。就食於近地，而人無飢色；伐木于隣邊，而用自饒裕。歡聲遍野，和樂興工。蓋不但得地利矣，喁喁然固上古之民也。美哉其風歟。

循化撒拉族自治縣（循化縣）

建城記

（清）雍正十年（1732 年）游擊胡璉撰。

原碑立于循化廳參將署，今佚。

碑文收於龔景瀚纂修[①]：（道光）《循化廳志》卷二《城池》，道光二十四年（1844 年）鈔本。

［録文］

雍正九年[②]，歲在辛亥，以河湟關外撒喇地方，新設營汛。特奉簡命，估修城池告竣。于是，闔營屬員、兵丁，請余勒石以記之。余惟經國之模莫大於防邊，而守邊之道莫要於建城。番性難制，我進則彼退，我去則彼來。以無定之行踪，而與之騁逐沙漠，雖制勝於一時，非計之得者也。欽惟我皇上御極十年，化治中外，間有邊寇竊發，則出師征討，旋發帑建城，以嚴保障。謂番人水草爲宅，出没無常，城池一建，則土地漸闢，彼無所恃之利，自將潛蹤斂迹，所謂哀旅截所，不戰而自屈者也。撒喇僻處河州西界，番回雜處，土俗驕悍，保安堡雖設守備彈壓，而營堡守兵仍屬番族部落，以致土千户王喇夫旦得挾其所恃，漸肆猖蹶。我皇上特允少保公岳題請，遣河協副將冒爲統師[③]，大通參將馬爲截殺，鎮標左營游擊李爲監軍，分兵進剿，直搗巢穴，生擒土千户王喇夫旦，而境以清。又念保安彈丸蕞爾，不足以樹威邊塞，更議内地募卒，去其番卒，增其式廓。適原任翰林左春坊左中允張[④]，自以世受國恩，欲圖報效，詳請捐修。奉旨以其事付之大中丞，擇僚才能者三人，俾襄厥事。時則有若洮岷道吴、署河協張、鞏糧廳方，相率協力，而工匠夫役亦皆趨事。甫一載，百堵皆興。而凡官弁衙署、兵民營舍，俱已落成大部。奏請欽賜佳名"循化"。特設游擊一員，千總一員，把總二員，馬步兵八百名，鎮撫其地。一時聲靈所布，頑梗歸心，德化所孚，禎祥畢至。自積石至插漢打思[⑤]，河清百里，一洗撒喇濁穢。河

① 龔景瀚（1747—1802 年）：字惟廣，一字海峰，福建閩縣（今福州）人。乾隆三十六年（1771 年）進士。歷任靖遠知縣，中衛、循化同知，固原、邠州知州，慶陽、蘭州知府等職。

② 雍正九年：1731 年。

③ 統師：疑爲"統帥"之誤。

④ 左中允：清詹事府左春坊之屬官。滿、漢各一人，正六品，漢員兼翰林院編修銜，掌記注撰文之事。

⑤ 插漢打思：查漢大寺工也。

州牧顧目睹瑞兆，申請各憲疏聞，命于城北建立龍神廟宇，以應天休。而撒喇之役，遂垂不朽之宏功焉。余以西蜀武弁，謬爲制憲器使，由四川署副將管建昌鎮會鹽營游擊事，調補兹土。自愧譾劣無能，翊贊高深，幸勒貞岷，聊述一二，是爲記。

時雍正十年[①]，歲在壬子仲秋桂月穀旦。

---

① 雍正十年：1732年。

寧　夏

一　銀川市

銀川市（寧夏府）

重修朔方北城門樓記

民國馬福祥撰[①]。

原碑已佚。

碑文收於馬福祥等修，王之臣纂：民國《朔方道志》卷二十六《藝文志三・記序中》，民國十五年鉛印本。

［録文］

寧夏自漢唐宋明以來，歷爲西北重鎮，繕備嚴整則國家資爲屏蔽，否則英雄割據，如晋代赫連勃勃、宋代李元昊類，皆帝制自爲，抗衡上國，或數十年，或至百年。明代套患三百年，全恃朔方一隅爲西北保障。前清馴擾蒙古[②]，康乾同光之間用兵西陲，亦以朔方爲

---

① 馬福祥：字雲亭，回族，甘肅河州人。曾任宁夏镇总兵，后任蒙藏委员会委员长、安徽省主席等职。

② 馴擾：順服。

樞紐，如殷化行軍門及劉忠壯、襄勤叔姪[1]，勳業爛然，炳燿史册。福祥自入民國護軍是邦，六年於兹，初則觀兵河套，計擒王德呢嗎。迨後校獵隴東，會師陝北，以及助剿綏區，仰仗國家之靈，餘威振於殊俗，斬巨逆金占魁於靈武，馘僞皇帝達兒六吉于賀蘭[2]，積年逋寇漸以鋤拔。外患既去，乃從事於内治。于是修葺城堞，增培斥堠，而於北城門樓特加擴充。頹者補之，腐者新之，繚以檻，使可倚；環以牖，使可坐；晝宜風，夜宜月；春夏觀稼，秋冬講武，暇則寅僚賓從公宴其中，雅歌投壺，觥籌交錯。西望賀蘭，東瞰黄河，名山大川，沃野千里，周秦形勝奚資以守，漢唐水利奚濬以溥，魚鹽奚以致富，米粟奚以積多。登斯廔也，贊皇籌邊之志勃然興矣。若夫明湖千頃，載酒飛觴，雙塔凌空，邀月對影，此又風人之餘事，太平之景象也。及時閑暇，修明軍政。《詩》云："迨天之未陰雨，綢繆牖户。"能治其國，誰敢侮之，福祥不敏，竊有志焉。抑又聞之有國家者，在德不在險。寧夏屢經兵燹，民力雕殘。所賴守斯土者，興學育才，培養風俗，使民智日以闢，民德日以淳，出入相友，守望相助，則官識民意，民得官心，斯尤無迹之城池，無形之樓堞，歷千世萬世而可與圖存者也，後之君子用資覽焉，庶不負福祥經營斯樓之意乎？斯樓經始於民國六年四月十一日，落成於六月二十九日，凡閲月三，閲日七十八，用土木陶墁之土五百有奇，都費錢一千二百五十六緡，皆福祥所自籌辦，不以累公，不以累民，既畢役，爰爲文記之如此。

---

① 殷化行（1643—1710年）：字熙如，西安府咸陽縣靳里村（今陝西省咸陽市渭城區北杜鄉靳里村）人，因幼年撫于王姓家中，遂稱王化行。升任提督後，始奏請回復本姓。康熙二十六年（1687年）爲首任福建省臺灣總兵，後調任襄陽總兵、登州總兵、寧夏總兵。康熙三十五年（1696年）在征討噶爾丹的戰役中屢立戰功，升任廣東提督。軍門：明代有稱總督、巡撫爲軍門者，清代則爲提督或總兵加提督銜者的尊稱。

② 馘：戰争中割取敵人的左耳以計數獻功，此處意爲處决。達兒六吉：本名吴生彦，漢族，静寧人，曾以此名冒稱清朝王室後裔，1917年被高士秀等擁立爲皇帝，後被馬福祥派兵鎮壓，在寧夏處决。

靈武市（靈州）

東關門記[①]

（明）齊之鸞撰[②]。

原碑在靈武市東，今佚。

碑文收於楊守禮修，管律等纂：（嘉靖）《寧夏新志》卷之三《寧夏後衛》，嘉靖十九年（1540年）刻本。

碑文節録本又收於楊壽纂修：（萬曆）《朔方新志》卷四，萬曆刻本；張金城修，楊浣雨纂：（乾隆）《寧夏府志》卷十九《藝文二》，乾隆四十五年（1780年）刻本；楊芳燦修，郭楷纂：（嘉慶）《靈州志迹》卷四《藝文志第十六（下）》，嘉慶三年（1798年）刻本；佚名纂：（光緒）《花馬池志迹·藝文志》，光緒三十三年（1907年）鈔本；陳步瀛纂：民國《鹽池縣志》卷十《藝文志》，民國三十八年（1949年）鉛印本。

録文以（嘉靖）《寧夏新志》爲底本。

［録文］

今寧夏河東，棄不毛千里，皆古朔方地。周漢以來，獫狁、匈奴率由是内侵，以其澶漫夷衍，虜悍騎迅，長驅莫制，毒痡秦雍舊矣。出車有之："王命南仲，往城于方。"則是地之爲要害也，匪自今哉。國朝成化間，始即其處築長城三百餘里，捍衛以資，顧虜日黠狡，鈔掠中土，因鐵於銷器，得工於解縛，寢堅隳高，智有具濟，而城復卑薄，安足爲南牧障乎。嘉靖己丑[③]，虜入寇，總制軍務、光禄大夫、

① 東關門記：其他各本均作"東長城關記略"，爲節選録文，故只收録節略信息，供參考。

② 齊之鸞（1483—1534年）：字瑞卿，號蓉川，安徽桐城縣城太平坊（今桐城城南）人。正德六年（1511年）進士。學識淵博，著有《蓉川集》《南征紀行》和《人夏録》等，其詩歌直面現實，出語新奇，被稱爲桐城派詩祖。

③ 嘉靖己丑：即嘉靖八年，1529年。

柱國、太子太保、兵部尚書太原王公瓊，奉天子命，以夏六月仗鉞，提重師宿塞上，破走之，乃從石臼憑城極目套壤，慨然興嘆曰："險以守峙，守以險固也。今城去軍營遠，賊至不即知，設險守國，不如是也。賊夷城入，信轡飛掣，無復藩籬之限，重門禦暴，不如是也。吾欲沿營畫塹，聯外内輔車犄角之勢。姑試之花馬池、定邊間，使鹺道四達，則資之竟厥工，以救三秦生齒之糜爛，可乎。"乃疏論之。以之鸞與僉事張大用領其事，庚寅秋就緒[①]。及冬，虜入，果不能越大小池，增鹽利千緡。公因復疏請，自紅山堡之黑水溝，至定邊之南山口，皆大爲深溝高壘，峻華夷出入之防。會巡按御史朱公觀奏亦上，詔大發内帑佐之。且進之鸞、張大用俱按察副使，分督築浚，之鸞實督夏境。遵公所部分圖説，自黑水東五十里，參將史經以所部兵二千作之。又自毛卜剌堡東二十四里，都指揮吴吉、鄭時以夏防秋兵三千作之。又自興武營東四十八里，征西將軍周公尚義並諸將士、他工之先訖者萬二千有奇作之。又自安定堡東十七里，參將王璣，以所部兵千二百作之。又自紅石崖東至鹽場堡四十七里，游擊將軍彭棫、指揮穆希周，以陜游兵三千、延綏防秋兵二千作之，始事辛卯春三月[②]，越秋九月告竣。塹深廣皆二丈，堤壘高一丈，廣三丈，沙土易圮處，則爲墻，高者二丈餘有差，而塹制視以深淺焉。關門四：清水、興武、安定，以營堡名。在花馬池營東者，爲喉襟總要，則題曰"長城關"。高臺層樓，雕革虎視，憑欄遠眺，朔方形勢，畢呈於下，可以折衝樽俎。毛卜剌堡設暗門一。又視夷險，三里、五里置周廬敵臺若干所，皆設戍二十人，乘城哨守。擊刺射蔽之器咸具，方役之未就也，公隨所駐，步屐跋履，意匠經營，堙山塹谷，必得其勝，勤瘁至矣。我巡撫、右僉都御史胡公東皋復提撕綜理，孜孜贊督，之鸞兢惕受事，幸兹有成。公偕胡公巡閲至，登樓舉落成酒，酹曰："天險

---

① 庚寅：嘉靖九年，1530年。
② 辛卯：嘉靖十年，1531年。

不是過矣。”復榜以“朔方天塹”四字，命之鸞僭記歲月如右。若夫公百世保障之勛，三秦樂利之澤，天下所必公頌而特書者門墻。奔走吏宜闕以俟之。

中路寧河臺記[1]

（明）翰林修撰王家屏撰[2]。

碑文收於楊壽纂修：（萬曆）《朔方新志》卷四，萬曆刻本。又收於張金城修，杨浣雨纂：（乾隆）《寧夏府志》卷十九《藝文·記》，乾隆四十五年（1780年）刻本；許容等修，李迪等纂：（乾隆）《甘肅通志》卷四十七《藝文·記》，清文淵閣四庫全書本；昇允、长庚修，安維峻纂：（光緒）《甘肅新通志》卷九十一《藝文志·碑記》，宣統元年（1909年）刻本；馬福祥等修，王之臣纂：民國《朔方道志》卷二十五《藝文志二》，民國十五年（1926年）鉛印本。

録文以（萬曆）《朔方新志》爲底本。

［録文］

河從崑崙、積石，歷河州，注于硤口[3]，流經寧夏東南，直北穿障下。其于寧夏，猶襟帶之固也。顧自東勝既棄，虜入據套中[4]，時時猖獗侵我並河諸寨[5]，疆事玆棘矣[6]。

---

① 寧河臺：在明寧夏中路黄河之東岸，横城渡口附近（今靈武市區北35千米）。

② 王家屏（1535—1603年）：字忠伯，號對南，謚號文端，明代大同府山陰縣（今山西山陰縣）人。隆慶二年（1568年）中進士，選翰林院庶吉士，授編修，萬曆三年（1575年）晋升爲修撰，萬曆十九年（1591年）官至内閣首輔，萬曆二十年（1592年）辭官歸鄉，後著書立説，有《王文端公詩集》《復宿山房文集》傳世。

③ 硤：（光緒）《甘肅新通志》作“峽”。

④ 虜：（乾隆）《甘肅通志》作“敵”。

⑤ 並：（乾隆）《寧夏府志》、（乾隆）《甘肅通志》、民國《朔方道志》作“濱”，（宣統）《甘肅新通志》作“瀕”。

⑥ 玆：（乾隆）《甘肅通志》作“滋”。

會大中丞羅公以文武儁望被上簡命[①]，填撫寧夏[②]。至之日，率諸將暨憲大夫按行塞，西望賀蘭，北眂高闕，東瞰洪流，南游目於環慶之野。還至渡口，見津人操舟渡焉，渡者蟻集河壖[③]，而無亭以守之。則顧謂諸將曰："嗟乎，天設之險以扞蔽[④]區夏，而棄與虜[⑤]共之，又弛要害不爲備，奈何欲卻虜使毋數侵也[⑥]？吾兹揣虜[⑦]所嚮，一旦有變，不逾河而西繞賀蘭之北以臨廣武，則有乘長城，泝流而南下，以窺横城之津耳。然逾河之虜，有河山以闌之，有列屯以間之，我知而爲備，猶距之外户也。虜即南下，地無河山之闌、列屯之間，飆馳而狎至，賊反居内，我顧居外，急在堂奥間矣。計宜益築長城塞用遮虜[⑧]，使不南下。而建亭堠於河之東涯，以護横城之津，此要害之守也。"諸將敬諾，乃約日發卒築長城塞，横亘凡五百餘里。别徵卒築臺河上，臺高五丈五尺，周環四倍之[⑨]，上構亭三，楹厢房四，墁前施迤橋數級上，嶒嶒翼翼如也。外列雉爲城，城周環九十餘丈，高二丈四尺，繚以重門，設津吏及堠卒守焉。是役也，卒皆見兵，材皆夙具，不五旬而告成事。衆且以爲烽堠，且以爲津亭。登跳其上[⑩]，而山岩隴阪，委蛇曲折，歷歷在目。偉哉，誠朔方一壯觀矣。

憲大夫解君馳狀征記王子。王子曰：昔南仲城朔方而玁狁襄[⑪]，

---

① 羅公：羅鳳翺（《乾隆寧夏府志》作羅鳳翔），山西蒲州（今山西永濟縣西）人。萬曆元年至萬曆八年（1573—1580年）任寧夏巡撫，萬曆八年九月卒於任上。儁：（乾隆）《寧夏府志》作"雋"。

② 填：（乾隆）《寧夏府志》、（乾隆）《甘肅通志》、（宣統）《甘肅新通志》、民國《朔方道志》作"鎮"。

③ 河壖：亦作"河堧"，河邊地。

④ 扞蔽：猶屏藩。

⑤ 虜：（乾隆）《甘肅通志》作"敵"。

⑥ 虜：（乾隆）《甘肅通志》作"敵"。毋：（乾隆）《寧夏府志》、（宣統）《甘肅新通志》、民國《朔方道志》作"毋"。

⑦ 虜：（乾隆）《甘肅通志》作"敵"。

⑧ 虜：（乾隆）《甘肅通志》作"敵"。

⑨ 倍：（乾隆）《寧夏府志》、民國《朔方道志》作"部"。

⑩ 跳：（乾隆）《寧夏府志》、（宣統）《甘肅新通志》作"眺"。

⑪ 襄：古同"攘"，掃除。

重在守也。趙阻漳滏之固[①]，用能抗秦；漢據白馬之津，終以蹙項，則守要之謂矣。今並河亭堠[②]，牙錯袛布[③]，守非不堅顧[④]。徒知守疆而不知守要，要地不固，即列堠數萬，舉烽蔽天，安所用之？寧夏雖邊鎮，而京朝之使、藩臬之長、列郡之吏[⑤]，下逮行商、游士、工技、徒隸之人，往來境上者，繩相屬也。有如津吏不戒，猝直道路之警，曾不得聚廬而託處，安能問諸水濱，豈惟客使。是虞横城之津厄，則靈州之道梗；靈州之道梗，則内郡之輸輓不得方軌而北上，而寧夏急矣。此公所計爲要害者也。人見是臺之成，居者倚以爲望，行者恃以爲歸，乃指以爲烽堠，以爲津亭。嗚呼，公之意，豈直爲烽堠、津亭計哉[⑥]。公甓坒鎮城，石甃閘壩，築控夷堡，修勝金關，建庾興學，疆理之功，不可殫述。述其防河者，如此，後之登斯臺者，尚其有味乎余言。

鐵柱泉記

（明）管律撰[⑦]。

碑原在靈武市東，今佚。

碑文收於楊守禮修，管律等纂：（嘉靖）《寧夏新志》卷之三《寧夏後衛》，嘉靖十九年（1540 年）刻本。又收於楊壽纂修：（萬曆）《朔方新志》卷四，萬曆刻本；汪绎辰編：（乾隆）《銀川小志·古迹》，舊鈔本；張金城修，楊浣雨纂：（乾隆）《寧夏府志》卷十九《藝文二》，乾隆四十五年（1780 年）刻本；許容等修，李

---

① 阻：（乾隆）《寧夏府志》作“沮”。

② 並：（乾隆）《甘肅通志》、（宣統）《甘肅新通志》作“瀕”。

③ 袛：（乾隆）《寧夏府志》、（乾隆）《甘肅通志》、（宣統）《甘肅新通志》、民國《朔方道志》作“棋”。

④ 顧：（光緒）《甘肅新通志》作“固”。

⑤ 臬：（乾隆）《甘肅通志》、（宣統）《甘肅新通志》作“集”。

⑥ 豈直：难道只是；何止。

⑦ 管律：明朝寧夏名士。字芸莊，寧夏衛（今寧夏銀川）人。

迪等纂：（乾隆）《甘肅通志》卷四十七《藝文·記》，清文淵閣四庫全書本；楊芳燦修，郭楷纂：（嘉慶）《靈州志迹》卷四《藝文志第十六（下）》，嘉慶三年（1798年）刻本；佚名纂：（光緒）《花馬池志迹·藝文志》，光緒三十三年（1907年）鈔本；馬福祥等修，王之臣纂：民國《朔方道志》卷二十五《藝文志二》，民國十五年（1926年）鉛印本；陳步瀛纂：民國《鹽池縣志》卷十《藝文志》，民國三十八年（1949年）鉛印本。

録文以（嘉靖）《寧夏新志》爲底本。

［録文］

去花馬池之西南、興武營之東南、小鹽池之東北，均九十里交會之處，水涌甘洌[①]，是爲鐵柱泉。日飲數萬騎弗之涸[②]。幅員數百里[③]，又皆沃壤可耕之地。北虜入寇，往返必飲於兹。是故散掠靈、夏[④]，長驅平、鞏，實深藉之[⑤]。以其嬰是患也[⑥]，并沃壤視爲棄土[⑦]，百七十年矣。嘉靖十有五年丙申[⑧]，都察院左都御史兼兵部左侍郎松石劉公奉聖天子命[⑨]，制三邊軍務，乃躬涉諸邊，意在悉關隘之夷險、城寨之虚實、兵馬之强弱、道路之急緩[⑩]，而

---

① 洌：（萬曆）《朔方新志》作“列”。

② 之：（乾隆）《甘肅通志》無。

③ 幅員：（乾隆）《甘肅通志》作“左右”。

④ 是故：（乾隆）《甘肅通志》無，民國《鹽池縣志》作“故”。靈：民國《鹽池縣志》作“寧”。

⑤ 深藉之：（乾隆）《甘肅通志》作“自兹始”。深，（乾隆）《寧夏府志》、（嘉慶）《靈州志迹》、（光緒）《花馬池志迹》、民國《朔方道志》、民國《鹽池縣志》無。

⑥ 其嬰是患：（光緒）《花馬池志迹》作“嬰其患”。

⑦ 并沃壤視爲棄土：（乾隆）《甘肅通志》作“委沃壤爲曠土者”。棄，（嘉慶）《靈州志迹》作“葉”。

⑧ 嘉靖十有五年：嘉靖十五年，1536年。有，其他各本無。

⑨ 都察院：民國《鹽池縣志》作“督察院”。部：（嘉慶）《靈州志迹》作“都”。聖：（乾隆）《甘肅通志》無。

⑩ 道路之急緩：民國《鹽池縣志》無“之”字。急緩，（乾隆）《寧夏府志》、（乾隆）《甘肅通志》、（嘉慶）《靈州志迹》、（光緒）《花馬池志迹》、民國《朔方道志》、民國《鹽池縣志》作“緩急”。

後畫禦戎之策[①]，以授諸將。是故霜行藿食[②]，弗避厥勞。至鐵柱泉，駐瞻移時，喟然諭諸將曰："禦戎上策[③]，其在茲矣[④]。可城之，使虜絶飲[⑤]，固不戰自憊，何前哲弗於是是圖哉[⑥]？"維時巡撫寧夏右副都御史宇川張公，謀與公協，乃力襄之。即年秋七月丙申，按察僉事譚大夫誾[⑦]，度垣墉、量高厚、計丈尺。鎮守總兵官、都督效帥師徒[⑧]，具楨幹，役鍁鍤[⑨]，人樂趨事，競效乃力。越八月丁酉，城成，環四里許，高四尋有奇，而厚如之。城以衛泉，隍以衛城，工圖永堅，百七十年要害必争之地，一旦成巨防矣。置兵千五，兼募土人守之。設官操馭，皆檢其才且能者。慮風雨不蔽之患，則給屋以居之；因地之利而利，則給田以耕之。草萊闢，禾黍蕃[⑩]，又可以作牧而庶孳蓄[⑪]。棄於百七十年者，一旦大有資矣。其廨署倉場[⑫]，匪一不備[⑬]；宏綱細節，匪一不舉[⑭]。炫觀奪目，疑非草創之者。先時，虜常内覘，河東諸堡爲備甚勤，而必先之以食。雖翔價博易，猶虞弗濟。泉既城，虜憚南牧，則戍減費省，糴之價自不能騰，實又肇來者無窮之益[⑮]。是皆出於公

---

① 後：（乾隆）《甘肅通志》無。

② 行：（乾隆）《銀川小志》無。藿食：粗劣的飯食。

③ 上策：（乾隆）《甘肅通志》無。

④ （乾隆）《銀川小志》"其"下有"將"字。

⑤ 虜：（乾隆）《寧夏府志》作"寇"，（嘉慶）《靈州志迹》、（光緒）《花馬池志迹》作"冦"，民國《朔方道志》、民國《鹽池縣志》作"寇"。

⑥ 哉：（光緒）《花馬池志迹》作"耶"。

⑦ 僉：（光緒）《花馬池志迹》、民國《朔方道志》、民國《鹽池縣志》作"簽"。

⑧ （乾隆）《甘肅通志》"效"上有"王"字，"帥"作"率"。

⑨ 役鍁：（乾隆）《銀川小志》、（乾隆）《寧夏府志》、（乾隆）《甘肅通志》、（嘉慶）《靈州志迹》、民國《鹽池縣志》作"從畚"；（光緒）《花馬池志迹》作"役畚"。

⑩ 蕃：（乾隆）《甘肅通志》作"茂"，（嘉慶）《靈州志迹》作"苗"。

⑪ 又可以作牧而庶孳蓄：（乾隆）《銀川小志》作"又可以庶孳蓄"，（乾隆）《甘肅通志》作"孳畜蕃"，（光緒）《花馬池志迹》作"又可以作牧而厚孳蓄"。蓄：（萬曆）《朔方新志》、（乾隆）《寧夏府志》、（嘉慶）《靈州志迹》、民國《朔方道志》、民國《鹽池縣志》作"畜"。

⑫ 廨：（光緒）《花馬池志迹》作"廳"。署：其他各本均作"宇"。

⑬ 匪：（乾隆）《甘肅通志》無。

⑭ 匪：（乾隆）《甘肅通志》無。

⑮ 炫觀奪目……實：（乾隆）《甘肅通志》無。

之卓識特見，而能乎人所未能[①]。今年丁酉[②]，去兹泉南又百里許[③]，亘東西爲墻塹[④]，於所謂梁家泉者亦城之。重關疊險，禦暴之計益密矣[⑤]。借虜騁驕忘忌入之[⑥]，騎不得飲，進則爲新邊所扼，退則爲大邊所邀，天授之矣[⑦]。用是以息中原之擾，以休番戍之兵[⑧]，以寬饋餉之役[⑨]，豈啻徵公出將入相之才之德而已焉[⑩]。功在社稷，與黄河、賀蘭實相遠邇[⑪]，謂有紀極哉[⑫]。是故不可以不記也[⑬]。

松石名天和[⑭]，湖南麻城人，字川名文魁，中州蘭陽人[⑮]，俱正德戊辰進士[⑯]。譚闇，四蜀蓬溪人[⑰]，正德辛巳進士[⑱]。王效，陝西榆林人，正德丁丑武舉[⑲]。法得備書[⑳]，芸莊管律撰。[㉑]

---

① 未：（乾隆）《銀川小志》作“不”。

② 丁酉：（光緒）《花馬池志迹》無。

③ 又：（乾隆）《甘肅通志》無。

④ 亘：民國《鹽池縣志》無。

⑤ 益：（光緒）《花馬池志迹》作“亦”。

⑥ 忘：（乾隆）《甘肅通志》作“亡”。之：（乾隆）《甘肅通志》作“境”。

⑦ 授：民國《鹽池縣志》作“受”。

⑧ 以：（乾隆）《甘肅通志》無。

⑨ 以：（乾隆）《甘肅通志》無。役：（嘉慶）《靈州志迹》作“後”。

⑩ 豈啻徵公出將入相之才之德而已焉：（乾隆）《甘肅通志》無。啻：（乾隆）《寧夏府志》、（光緒）《花馬池志迹》、民國《朔方道志》、民國《鹽池縣志》作“第”；（嘉慶）《靈州志迹》作“苐”。焉：（乾隆）《寧夏府志》、（嘉慶）《靈州志迹》、（光緒）《花馬池志迹》、民國《朔方道志》、民國《鹽池縣志》無。

⑪ 遠邇：（乾隆）《銀川小志》、（乾隆）《寧夏府志》、（乾隆）《甘肅通志》、（嘉慶）《靈州志迹》、（光緒）《花馬池志迹》、民國《朔方道志》、民國《鹽池縣志》作“悠久”。

⑫ （乾隆）《甘肅通志》“謂”上有“公之功”。

⑬ 是故不可以不記也：（乾隆）《甘肅通志》無；（光緒）《花馬池志迹》無“故”字。

⑭ 名天和：（光緒）《花馬池志迹》無。

⑮ 州：（光緒）《花馬池志迹》無。蘭陽：（光緒）《花馬池志迹》作“南陽”。

⑯ 正德戊辰：正德三年，1508 年。

⑰ 四：（乾隆）《銀川小志》、（乾隆）《寧夏府志》、（乾隆）《甘肅通志》、（嘉慶）《靈州志迹》、（光緒）《花馬池志迹》、民國《鹽池縣志》作“西”。

⑱ 正德辛巳：正德十六年，1521 年。辛巳：其他各本均誤作“辛未”。

⑲ 正德丁丑：正德十二年，1517 年。

⑳ 備：（乾隆）《銀川小志》作“舊”。

㉑ 芸莊管律撰：（乾隆）《銀川小志》、（乾隆）《寧夏府志》、（乾隆）《甘肅通志》、（嘉慶）《靈州志迹》、（光緒）《花馬池志迹》、民國《鹽池縣志》無。

二　吴忠市

同心縣（平遠縣）

重修平遠縣城記

（清）撰者不詳。

原碑已佚。

碑文收於陳日新纂修：（光緒）《平遠縣志》卷十《藝文》，光緒五年（1879 年）刻本。

［録文］

固原東北，其土大荒，古義渠地，秦文公逾隴而有之。迨始皇以陰山爲限，而疆宇闢矣，屬斯土於新秦中，多磽瘠，不可皆播種，故宋以前爲不甚愛惜之地。明但裂之，以賜藩臣芻牧。宏治以後[1]，邊事日迫，三邊總制楊一清築邊墻於兹[2]，以爲屏翰，踵其事而成之者，袤五百里。越數十年，總制王憲築城於墻西控制之，命之曰“長城關”。秋防總制必先於是關下馬，關之名所由起也。關城外磚内土，高厚皆三丈五尺，周五里七分，極雄峻。國朝康熙二十五年，地震傾，雖司城守備略爲補葺，然力簿不能復其舊。同治間，回逆鬩秦隴[3]，湘陰左相國平之，以平寧幅員遼闊，控制維艱，請於朝建縣下馬關，而以古平遠所之名名者，從觀察使魏公之請也。時東路兵皆觀察使節制，潢池既靖，無事乎戰争，凡雄藩要隘、勝地名區，

① 宏治：當爲“弘治”，避乾隆“弘曆”諱。

② 楊一清（1454—1530 年）：字應寧，號邃庵，别號石淙，鎮江丹徒人。成化八年進士，曾三任三邊總制。歷經成化、弘治、正德、嘉靖四朝，爲官五十餘年，官至内閣首輔，時人稱其爲“四朝元老，三邊總戎，出將入相，文德武功”。

③ 鬩：争鬥。

莫不因其力而百廢具興，匪獨平遠縣也。平遠督工主將，先之以張鎮軍九元，申之以李鎮軍瑞林，未幾皆移病去，而吴軍門禧德、魏鎮軍發沅相與籌度於予，以西城爲谿水所嚙，悉没於河，退數尋新築，内外皆土，并舉三隅之傾陷者補葺之，尚周四里七分，雉堞七百有二，其成功之速，蓋弁目兵丁勇於趨役，承觀察使志也，于是乎記。

鹽池縣

重修邊墻記[①]

（明）巡撫趙時春撰。

碑原存于鹽池縣城，今佚。

碑文收於楊守禮修，管律等纂：（嘉靖）《寧夏新志》卷之三《寧夏後衛》，嘉靖十九年（1540 年）刻本。又收於楊壽纂修：（萬曆）《朔方新志》卷四，萬曆刻本；趙時春撰：《趙浚谷文集》卷二，萬曆浙江汪汝瑮家藏本；張金城修，楊浣雨纂：（乾隆）《寧夏府志》卷十九《藝文二》，乾隆四十五年（1780 年）刻本；楊芳燦修，郭楷纂：（嘉慶）《靈州志迹》卷四《藝文志第十六（下）》，嘉慶三年（1798 年）刻本；佚名纂：（光緒）《花馬池志迹・藝文志》，光緒三十三年（1907 年）鈔本；成谦纂修：（光緒）《寧靈廳志草・藝文》，光緒三十四年（1908 年）稿本；馬福祥等修，王之臣纂：民國《朔方道志》卷二十五《藝文志二》，民國十五年（1926 年）鉛印本；陳步瀛纂：民國《鹽池縣志》卷十《藝文志》，民國三十八年（1949 年）鉛印本。

録文以（嘉靖）《寧夏新志》爲底本。

---

① 《趙浚谷文集》作“重修花馬池邊墻記”。該文於（嘉靖）《寧夏新志》保留最完整，故以此爲底本録入。

［録文］

國家威制四夷，岩岨封守，而陜西屯四鎮强兵，以控遏北虜，花馬池尤爲襟喉。減其卜而益之墉[①]，樓櫓、臺燎、鋪墩、守哨之具，星列棋布[②]，式罔不備[③]。成化以來，其制漸渝。黠酋乘利[④]，稍益破壞，以便侵盜。而大將率綺紈纓弁子[⑤]，莫或耆禦。朝議益少之，始務遴梟將[⑥]，以功首級差相統制，而巡撫都御史居中畫其計，督監司主饋餉。更請置總制陜西三邊軍務，以上卿居之。士衆知爵賞可力致則飆起[⑦]，而諸將奏功相繼，虜頗慴伏，北引矣[⑧]。嘉靖十年[⑨]，總制兵部尚書兼右都御史王公瓊始興復之[⑩]。虜倘屯結[⑪]，恫喝未克[⑫]，即叙時用。唐公龍來代[⑬]，博采群獻[⑭]，惟良是是。凡厥邊保[⑮]，悉恢故制。寧夏夾河西[⑯]，邐亘數百里，頹垣塹洫，於崇於濬。嘉靖十四年秋[⑰]，工乃告竣。請給官費僅二萬兩，役不逾數千人，無敢勞怨。行者如居，掠敚用息[⑱]。是役也，相其謀者，則巡撫

---

① 減：（光緒）《花馬池志迹》作“域”。卜：《趙浚谷文集》作“下”；（萬曆）《朔方新志》、（乾隆）《寧夏府志》、（嘉慶）《靈州志迹》、（光緒）《花馬池志迹》、（光緒）《寧靈廳志草》、民國《朔方道志》、民國《鹽池縣志》作“北”。

② 列：（光緒）《花馬池志迹》作“羅”。

③ 罔：《趙浚谷文集》作“無”。

④ 乘：（嘉慶）《靈州志迹》作“來”。

⑤ 綺紈：（光緒）《花馬池志迹》作“紈綺”；民國《鹽池縣志》作“騎紈”。

⑥ 將：《趙浚谷文集》作“票”。

⑦ 力：（光緒）《花馬池志迹》作“立”。

⑧ 虜：（嘉慶）《靈州志迹》作“虜”。慴伏：因懼怕而屈服。“慴”同“懾”。

⑨ 嘉靖十年：1531 年。

⑩ 王瓊：字德華，山西太原人。嘉靖七年（1528 年）任兵部尚書兼右都御史提督三邊軍務。

⑪ 虜：（嘉慶）《靈州志迹》作“虜”。

⑫ 恫：民國《鹽池縣志》作“同”。

⑬ 唐龍：字虞佐，號漁石，蘭溪縣城北隅人。嘉靖十一年（1532 年）領兵部尚書總制三邊軍務。

⑭ 群：（嘉慶）《靈州志迹》作“郡”。獻：《趙浚谷文集》作“猷”。

⑮ 保：（光緒）《花馬池志迹》作“堡”。

⑯ 河西：《趙浚谷文集》作“河東西”。

⑰ 嘉靖十四年：1535 年。

⑱ 敚：同“奪”。《趙浚谷文集》作“駭”。

寧夏都御史楊公志學、張公文魁[①]；繩其任者，則巡按御史毛君鳳韶、周君鉄[②]；督其事者，則按察司僉事劉君恩、譚君誾[③]；至於擁衛士衆，遏絶軼突[④]，則總兵官、都督王效[⑤]，咸協共王役[⑥]，贊襄洪猷[⑦]。是用勒銘，以永後範。銘曰：

夐高墉兮繚坤維，踞蓐收兮環彪螭[⑧]。鎮貊貉兮伏猰貐，揚威稜兮永庚夷[⑨]。

平凉趙時春撰。[⑩]

三　固原市

固原市（固原州）

固原鎮新修外城碑記略

（明）大學士馬自强撰文。

原碑民國時仍在固原縣城，今佚。

碑文收於劉敏寬修，董國光纂：（萬曆）《固原州志》下卷《文藝志第八・記》，萬曆四十四年（1616年）刻本。又收於王學伊纂

① 宁夏：《趙浚谷文集》無。楊公志學、張公文魁：《趙浚谷文集》作“楊公某”“張公某”；民國《鹽池縣志》脱“楊”字。

② 巡按御史：《趙浚谷文集》作“巡撫按監察御史”。

③ 按察司僉事：《趙浚谷文集》作“按察僉事”。譚君：《趙浚谷文集》作“譚公”。

④ 突：（嘉慶）《靈州志迹》作“哭”。

⑤ 總：（嘉慶）《靈州志迹》作“緫”。

⑥ 至於……咸：《趙浚谷文集》無。

⑦ 洪：（光緒）《花馬池志迹》作“鴻”。猷：民國《鹽池縣志》作“獻”。

⑧ 收：（嘉慶）《靈州志迹》作“牧”。兮：（嘉慶）《靈州志迹》作“弓”。

⑨ 揚：（嘉慶）《靈州志迹》作“楊”。永庚夷：（乾隆）《寧夏府志》、（嘉慶）《靈州志迹》、（光緒）《寧靈廳志草》、民國《朔方道志》、民國《鹽池縣志》作“世永熙”，（光緒）《花馬池志迹》作“永世熙”。

⑩ 平凉趙時春撰：其他各本均無。

修，錫麒纂：(宣統)《新修固原直隸州志》卷八《藝文志二》，宣統元年（1909 年）官報書局鉛印本。

録文以（萬曆)《固原州志》爲底本。

[録文]

陜西西北部有鎮曰固原，弘治中從守臣請增築内外城，宿重兵守之。軍民土著，城以内不能容，乃漸徙外城。外城又單薄，聚土爲垣[①]，歲久多廢。萬曆二年[②]，總督毅菴石公至，有增甃意[③]。巡撫文川郜公以防秋至，見與毅菴公合，遂會議改築。兵備副使晋君應槐遂請以身任之。晋君以憂去，代者爲劉君伯燮。督視二年，以遷去。亡何，郜公召還朝，而代者爲嵩河董公，代劉君者爲郭君崇嗣。董公復從中相繼調督察。之至五年秋八月，城成。城高三丈六尺，袤二千一百一十七丈[④]。崇墉疊雉[⑤]，鮮次上下，環以水、馬二道各若干。而創角樓、敵臺、鋪房、牌坊各若干座，表之。越歲，郜公復受命總督固原，并得理其未備，于是，固原内外城屹然如金湯焉。

重修固原州城碑記

(清）那彦成撰。嘉慶十七年（1812）立，富平仇文發刻石。

原碑立于固原州武廟門前臺階北側，民國時期拓展街面時移於台階上的院内。1986 年徵集于固原縣（今原州區）城關，現藏于寧夏固原博物館。碑身分一組兩件，青石質。碑首圭形，高 82 釐米，寬 82 釐米，厚 13. 5 釐米。碑身長方形，高 192 釐米，寬厚如碑首。碑額陰刻篆書“重修固原州城碑記”八字兩行，兩側綫刻

① 垣：矮墻，也泛指墻。
② 萬曆二年：1574 年。
③ 甃：砌，壘。
④ 袤：長度，特指南北距離的長度。
⑤ 崇墉：高墻，高城。雉：計算城墻面積的單位，長三丈高一丈爲一雉。

游龍各一條，二龍首攢集於額頂，共頂一火珠。碑額下部飾水波紋，龍體以外空地飾流雲紋。行楷 17 行，行滿 48 字，全文 700 餘字。

碑文又收於王學伊纂修，錫麒纂：（宣統）《新修固原直隸州志》卷九《藝文志三》，宣統元年（1909 年）官報書局鉛印本，文字略有異。

據碑文録入。

［録文］

兵部尚書兼都察院右都御史、總督陜甘等處地方軍務兼理糧餉、管巡撫事兼理茶馬那彦成撰并書。[①]

蘭郡迤東，形勢莫如隴，隴之險，莫若六盤[②]。六盤當隴道之衝，蜿蜒而北折，有堅城焉，是爲固原州治。州本漢高平地，即史稱"高平第一"者也[③]。北魏於此置原州，以其地險固，因名固原。城建自宋咸平中，明景泰三年重築[④]，疑就"高平第一"舊址爲之，今年遠不可考。然觀其城内外二重，内周九里，外周十三里許，規模閎闊，甲於他郡。國初特設重鎮，康熙庚寅[⑤]、乾隆己卯修葺者再[⑥]。歲久日傾圮，有司屢議修而未果。嘉慶庚午[⑦]，余奉命再莅總制任。甫下車，有司復以請。時州苦亢旱，民艱於食，余方得請，賑貸兼施，爲之焦思徬徨，頒章程、剔賑弊，俾饑民沾實惠，顧敢用民力修作致重困？既而思之，城工事固不可緩，且來歲青黄不接時，民食仍未足，奈何？莫若以工代賑，爲一舉兩得計。會臯蘭亦給賑，情形相同，因并縷陳其狀以聞，得旨如所請。行已，乃遴員

---

① （宣統）《新修固原直隸州志》無此段文字。

② 六盤：六盤山。

③ 高平第一：語見《後漢書》卷一六《寇恂傳》："初，隗囂將安定高俊，擁兵萬人，據高平第一"。注曰："高平縣，屬安定郡。《續漢志》曰高平有第一城也。"

④ 景泰三年：1452 年。

⑤ 康熙庚寅：康熙四十九年，1710 年。

⑥ 乾隆己卯：乾隆二十四年，1759 年。

⑦ 嘉慶庚午：嘉慶十五年，1810 年。

董工役，相度版築，以十六年閏三月興工[①]，次年秋工竣。計是役募夫近萬人，用帑五萬餘金，民樂受雇而勤於役。向之傾者整，圮者新，垣墉屹然，完固如初。方余之議重修也，或疑爲不急之務，謂是州之建在明，時套虜窺伺，率由此入，惟恃一城以爲守御，州境延袤千里，北接花馬池，迤西徐斌水，諸處又與敵共險，無時不告警，當時之民憊甚，故城守不可不講。若我國家中外一統，邊民安享太平之福百有餘年，城之修不修，似非所急。余曰不然，夫城郭之設，金湯之固，本以衛民，體制宜然，猶人居室，勢不能無門户，守土者安可視同傳舍，任其毁敗，致他日所費滋多，使其可已，余曷敢妄爲此議。況地方每遇灾祲，仰蒙聖天子軫念痌瘝[②]，有可便吾民者，入告輒報可，立見施行，民氣得以復初，歡忻鼓舞，若不知有儉歲者[③]，兹非其幸歟。救荒之策既行，設險之謀亦備，從此往來隴西者，登六盤而北眺，謂堅城在望，形勢良不虚稱矣。雖然在德不在險，保障哉，無忘艱難，余願與賢有司共勖之，是爲記。

嘉慶十七年歲在壬申[④]，秋七月朔日。

富平仇文發刻石。[⑤]

重修鎮戎城碑記

（明）撰者不詳。

景泰二年（1451 年）刻，1979 年固原縣（今原州區）城墻内出土，現藏固原博物館。碑石爲灰陶質，呈正方形，边長 38 釐米，厚 6.5 釐米。楷書，17 行，行滿 27 字。

據碑文録入。

---

① 十六年：嘉慶十六年，1811 年。

② 痌瘝：病痛；疾苦。

③ 儉：（宣統）《新修固原直隸州志》作“險”。

④ 嘉慶十七年：1812 年。

⑤ （宣統）《新修固原直隸州志》無最後兩句。

［録文］

維□□□□□□□初□日，忽有達賊入境，將各處人口殺死、擄去，官私頭畜、家財盡行搶掠，不下萬計，軍民驚散，苦不勝言。有陝西苑馬寺長樂監監正王，爲因本處民無保障，申奏朝廷，敕鎮守陝西興安侯徐、左都御使陳、差委右布政使胡、按察司僉事韓、都指揮僉事榮、平凉府太守張、苑馬寺寺丞党、平凉衛指揮馬甘，會同監正王，督集各所屬官員、人匠、軍民夫五千余人，於景泰二年七月二十二日興工重行修補①，掘出方磚一塊，上刻大金興定三年六月十八日巳時地動②，將鎮戎城屋宇摧塌，興定四年四月二十一日③，差軍民夫二萬餘人，興工修築，五月十五日工畢。既見古迹，可刻流傳。景泰二年八月終工完。雖勞衆力之艱辛，永爲兆民之保障。

上願：皇圖鞏固，德化萬方。虜寇潛藏於沙漠，臣民康樂於華夷。國泰民安，時和歲稔。思王公惠民之心，德無酬報，刻斯爲記，千古留名。

景泰二年歲次辛未九月初一日。

陝西苑馬寺帶管黑水□總甲劉彬、張純刻。

涇原縣

重修瓦亭碑記

（清）分巡甘肅平慶涇固鹽法兵備道魏光燾撰④。

原碑已佚。

---

① 景泰二年：1451 年。

② 興定三年：1219 年。

③ 興定四年：1220 年。

④ 魏光燾（1837—1916 年）：字午莊，别署湖山老人，清邵陽縣金潭（今隆回縣金潭鄉）人。同治年間，因鎮壓回民起義有功，補平慶涇固鹽法兵備道；光緒初補甘肅按察使，繼升甘肅新疆布政使。著有《慎微堂詩稿》《文稿》《新疆志略十四年》等，惜均毁於兵。有自傳體《湖山老人述略》1 卷，載民國《邵陽魏氏族譜》卷首。

碑文收於王學伊纂修，錫麒纂：(宣統)《新修固原直隸州志》卷九《藝文志》，宣統元年（1909 年）官報書局鉛印本。

［録文］

自來守土，先保障之策，關隘爲重。瓦亭者，據隴東陲，爲九塞咽喉，七關襟帶。北控銀夏，西趨蘭會，東接涇原，南連鞏秦，誠衝衢也。漢建武初，隗囂攻來歙于略陽，使牛邯屯瓦亭以拒援。晋太元十二年[1]，苻登與姚萇相持，軍于瓦亭。唐至德元年[2]，肅宗幸靈武，瓦亭爲牧馬所。宋建元年間，金陷涇原，劉錡退屯瓦亭整軍伍。吴玠及金人瓦亭會戰，皆在於此。近年戡靖西、北兩路，亦嘗設重防，通饋運，又用兵扼要之地也。群峰環拱，四達交馳，屹爲雄鎮。㠾忝巡隴東，百廢漸舉。光緒三年二月[3]，爰及斯堡，請帑重修，并出廉俸佽之。募匠製器具，飭所部武威後旗、新後旗，伐木錘石，偕工匠作。舊制周七百四十七步，坍塌五百四十餘步，甕洞堞樓，悉傾圮無存。乃厚其基址，增其寬長。新築六百九十五步有奇，補修一百八十八步有奇。依山取勢，高二丈七八尺至三丈六七尺不等。面闊丈三尺，底倍之。爲門三：曰鎮平，曰鞏固，曰隆化。上豎敵樓，雉堞五百二十四，墩台大小八座，水糟七道。越明年四月告成，役勇二十餘萬工，凡以通郵驛、聚井閭、塞險要也，豈惟是壯觀瞻也已哉。夫德政不修，徒憑山川之阻，負隅自固，幾何不爲地利？愚而侈談仁義，棄險不守，俾寇乘其疏，長驅深入，在昔失策者，更不知凡幾。是故先王疆理天下，亦未嘗不嚴司管鍵，隱樹藩籬，崇關山之險，爲閭閻之衛也。瓦亭之城，由來已久，兹因其陋而完之，蓋亦爲國家重其守云爾。司是役者，後旗管帶彭參將桂馥、新後旗管帶翁參將經魁。功垂成，翁歸，接理者鄒副將冠群，例得備書。

---

① 太元十二年：387 年。

② 至德元年：756。

③ 光緒三年：1877 年。

隆德縣

邑令常景星修城記[1]

（清）撰者不詳。

原碑已佚。

碑文收於常星景修，張炜纂：（康熙）《隆德縣志》上卷《沿革》，康熙二年（1663年）刻本。又收於桑丹桂等修，陳國棟等纂：民國《重修隆德縣志》卷四《藝文》，民國二十四年（1935年）平凉文興元書局石印本。

録文以（康熙）《隆德縣志》爲底本。

[録文]

隆邑在六盤以外，其地儉於百里[2]，固宋元曹瑋廉汪諸公戰守處也。城舊址不及十里，明憲宗時，以空曠難於捍禦，請削其南隅三之一。憲宗末年[3]，歷遭殘破，復請削西北隅二之一。今兹彈丸尚不及三里許，以覆土也，雨霖亟潰，所頹塌百十餘丈[4]，飄摇及於樓櫓，蕩折殆盡。夫設險域民[5]，匪城曷衛？矧壤接西番，衝衢孔道，時有奸人窺伺之憂。誰司守土，顧忨日懷安[6]，不一規劃，爲未雨之防，可乎哉？若長吏蘧廬其官慮不信宿[7]，諉之後來已耳，乃前者諉之後來，後來又復諉之，則此蕞爾土城，其頹塌有不可問者矣。余因是亟謀修葺，鳩工庀材，倡勸輸貲，以是上請，輒報可。而百堞於焉維新，崇墉飛樓亦以敞麗，且增築重垣焉。工始於順治十七年

---

① 令：民國《重修隆德縣志》作“人”。
② 儉：民國《重修隆德縣志》作“限”。
③ 年：民國《重修隆德縣志》無。
④ 百十餘丈：民國《重修隆德縣志》作“百丈餘”。
⑤ 設險域民：民國《重修隆德縣志》作“設險以域民”。
⑥ 忨：苟安之意。民國《重修隆德縣志》作“玩”。
⑦ 蘧廬：古代驛傳中供人休息的房子。

七月[1]，越十八年四月而告竣。是役也，不敢糜公家之餉[2]，不敢勞吾民之力[3]，取諸捐助，以觀於有成云。

重修隆德縣城記

（清）邑令白鍾麟撰。

原碑已佚。

碑文收於黄景纂輯：（道光）《隆德縣續志·藝文續志》，道光六年（1826 年）刻本。

［録文］

隆德城築於有宋，日久傾頽，幾成牧養地。明洪武二年[4]，始重修之。成化十九年[5]，邑進士王銓因曠闊難守，建言削去南城三里三分。崇禎八年[6]，流寇七次破城。知縣蔣三捷復因人寡難守，請再削去西北三里許，而於中築曲尺以自固。迨我朝定鼎，邑令常公星景來莅兹土。以開闢之初，因陋就簡，捐資勸輸，僅修所存曲尺，而郛墉猶未睹其嵯峭。至今四百餘年，霪雨傾圮，民人陶穴，不特城之雉堞麗譙無寸木片瓦，而土牛之存者，亦蹂躪不堪，人畜出入，如履坦途。噫，隆德雖屬彈丸，而近在邊疆，强令睥睨之不完全，墻垣之不堅實哉。況當今聖天子御宇金甌，鞏固保世，滋大開新，疆數萬餘里，星使之往來，重譯之朝貢，殆無虚日，豈直啓閉宜防，而金湯帶礪之勢，尤不可不先壯其管鍵之嚴。歲癸未[7]，余承乏斯土，急思所以繕之。適屢值災祲，除賑恤外，念工作之事，不無少補，因以工代賑，請於各憲，蒙奏可者凡七屬，隆德與焉。遂於乾

---

① 順治十七年：1660 年。

② 家：民國《重修隆德縣志》無。

③ 吾：民國《重修隆德縣志》無。

④ 洪武二年：1369 年。

⑤ 成化十九年：1483 年。

⑥ 崇禎八年：1635 年。

⑦ 癸未：乾隆二十八年，1763 年。

隆甲申五月興工[1]，木則購之岷州，灰鐵各物則覓之平凉，鳩工庀材。穴者塞，缺者補，無者增。以其地之高寒也，或作或停，越次年乙酉而工始成。奉海大方伯察核而報焉，計周五里三分，凡九百六十丈有奇。添大城樓四座、角樓三座；復添甕城、甕城樓三座，縻帑金三萬二千四百有零。是役也，總理者則鞏秦階武觀察；督修者則平慶涇黄觀察、平凉府鐙太守。余則承理匪懈，而幸落成焉。今工竣矣，周環四顧，見其城樓之聳峙，崇墉之雄壯，啓閉惟嚴，保障周護，於以威遠夷而固中華，實扼西陲之要衝焉。豈復如前之因陋就簡，聊以固吾圉者可比哉。

四　石嘴山市

平羅縣

平羅虜北門關記略[2]

（明）齊之鸞撰。

原碑在平羅縣北，今佚。

碑文收於楊壽纂修：（萬曆）《朔方新志》卷四，萬曆刻本；又收於張金城修，杨浣雨纂（乾隆）《寧夏府志》卷十九《藝文二》，乾隆四十五年（1780）刻本；徐保字編纂：（道光）《平羅紀略》卷八《藝文・記》，道光九年（1829 年）刻本。

録文以（萬曆）《朔方新志》爲底本。

［録文］

自河東黄沙之長城百里，烽臺十八，廢不能守。于是河西三關

---

① 乾隆甲申：乾隆二十九年，1764 年。

② （道光）《平羅紀略》題作“齊之鸞北門關記”。

遂棄，而虜得取徑賀蘭，以侵軼莊浪、西海。朝下其議於總督王公瓊，瓊謂副使牛天麟與之鸞："河東西之障烽[①]，遺墟故在也，何名爲復？第未有必守之策耳。如可復也，亦可失也。"因上議，請於唐朔方軍故址北數里，爲深溝高壘，連屬河山。徙堡之無屯種者近之，以助守望，則虜自不能入，可漸恢復。有詔鎮巡官舉行，時之鸞實董其役。由沙湖西至棗溝兒，凡三十五里，皆内墻外塹。爲關門二：東曰平虜，中曰鎮北。爲二堡，圍里百二十步，徙故威鎮、鎮北軍實之。又徙内堡軍之無屯種者於西隈，爲臨山堡，爲敵臺四、燧臺八。沙湖東至河五里，漲則澤，竭則壖[②]，虜可竊出，皆爲墻，以旁室其間道。于是河山如故，而險塞一新矣。

① 河東西之障烽：（道光）《平羅紀略》作"河東西之障烽燧"。
② 壖：河边的空地。

新　　疆

一　烏魯木齊市

烏魯木齊市（迪化府）

鞏寧城廟宇碑記關帝廟東亭碑記[1]

（清）乾隆三十九年（1774年）索諾木策凌撰[2]。

碑文收於和寧纂修：（嘉慶）《三州輯略》卷之七《藝文門上》，嘉慶十年（1805年）鈔本。

［録文］

皇帝龍飛禦極三十有七年，以烏魯木齊向爲準夷游牧，今歸版圖十餘載，生聚教養與内地無異。又值準夷舊部落土爾扈特人等數萬户疑關内附，因設重兵於要衡，建鞏寧城，築舍九千五百餘間，分駐滿洲官兵三千員名。

---

① 鞏寧城：亦稱滿城。位於迪化舊城（今新疆烏魯木齊市）西六里。舊有準噶爾舊城，乾隆三十八年（1773年）建，周十餘里。烏魯木齊都統、新疆鎮迪道駐扎。同治戰亂城毀。光緒六年（1880年），於迪化舊城東北重建新滿城，周三里五分，改設迪化府。十二年（1886年），以新疆置省，毀新滿城西南兩墻及迪化城東北二墻，合二城爲一，重建新城，爲省府駐地。城周十一里餘。

② 索諾木策凌（1739—1782年）：鈕祜禄氏，滿洲鑲黄旗人。乾隆十七年（1752年）世襲一等男二等伯爵爵位。烏魯木齊首任都統（乾隆三十八年，1773年補授），乾隆四十五年（1780年）授盛京將軍。

命臣索諾穆策凌總統烏魯木齊等處屯田、營制事宜，責綦重也。伏念皇上神武威加海内外，於平定準夷一事，拓土二萬。考巴里坤爲古蒲類、大小高昌國，烏魯木齊或即漢之輪臺、車師前後王觙，自漢唐以來，未嘗列爲郡縣，如今日之盛者也。唯我皇上聖不自聖，凡新闢疆土，咸歸功於神，以祈靈佑，而保敉寧[①]，乃于鞏寧城敕建關帝廟。索諾木策凌督率文武官弁，實司其事，於乾隆二十九年九月望日告成[②]，敬泐碑書，襄事銜名，恭紀其盛。至神之靈佑顯應，載在國史，達於九有[③]。凌何人，斯敢贅辭於揚詡頌禱之間乎？

乾隆三十九年，歲次甲午[④]，秋九月。

誥受光禄大夫、總統烏魯木齊、巴里坤等處滿漢屯田官兵事務，世襲一等男，長白索諾木策凌撰文。

鞏寧城廟宇碑記關帝廟西亭碑記

（清）乾隆四十二年（1777 年）索諾木策凌撰。

碑文收於和寧纂修：（嘉慶）《三州輯略》卷之七《藝文門上》，嘉慶十年（1805 年）鈔本。

[録文]

烏魯木齊去伊犁千三百餘里，爲新疆諸路咽喉重地。自昄章歸附[⑤]，欽命大臣統屯防兵，於置糧務官司，始有户民，作城邑。請於上賜名迪化城，州治昉此。厥後開營制、駐眷兵，復築城於北，爲迪化新城。今統稱二城爲漢城，以鞏寧城爲滿城云。我皇上威德誕敷[⑥]，

---

① 敉（mǐ）：安撫，安定。

② 乾隆二十九年：1764 年。

③ 九有：指九州。《詩・商頌・玄鳥》："方命厥後，奄有九有。"毛傳："九有，九州也。"

④ 甲午：乾隆三十九年，1774 年。

⑤ 昄章：出自《詩・大雅・卷阿》："爾土宇昄章，亦孔之厚矣。"毛傳："昄，大也。"朱熹集傳："昄章，大明也。或曰，昄當作版，版章，猶版圖也。"

⑥ 誕敷：遍布，出自《書・大禹謨》："帝乃誕敷文德，舞干羽於兩階。"

八荒在宥[1]。西域既平，南定回疆，北通哈薩克一帶貢道，而土爾扈特部落人等歸誠内屬，又不下數萬户。若塔爾巴哈臺，若烏什、喀什噶爾諸回城，設防增戍，咸倚伊犁八旗駐防兵爲重。

乾隆三十有六年冬[2]，皇上允廷臣請，移内地駐防滿兵于烏魯木齊、巴里坤與伊犁爲犄角，時議烏魯木齊分駐涼莊兵三千，乃别築城爲駐防所，卜于迪化城之西北十里許，曰“吉”。越明年壬辰，余奉命以參贊大臣統軍務，始荒度土功，爰董所司，各恭乃事。鳩工則奏調近邊各營鎮兵千數百名，教之版築，增之廪餼，而兵不疲。庀材則伐木於山，開冶於礦，輦載以官之車馬牛，而民不擾。

迄一年，城成，城周九里三分之一，徑三里許，城内恭建萬壽宫、關帝廟如制。都統署一領隊，副都統署一理事，通判署一協領，六佐領以下官四倍之，自協領以下官兵房皆如額。其他公廨、賓館、義學、庫藏、街衢、市井，悉治是後也。計費帑金十萬有奇，糧萬二千餘石。奏上，皇上察其費廉而工巨也，不下所司議悉准銷，且命嗣後新疆工程奏銷著爲例，特恩也。乃錫城名曰鞏寧，門曰承曦、曰宜穡、曰軌同、曰樞正。自軍機處題額備滿、漢、托特、回部四體書，謹刊懸城之上方。

是時新疆底定垂二十年，土地闢，户口蕃，新附之民益衆。自烏魯木齊以東始改糧務官司置郡縣，改巴里坤同知爲鎮西府，改迪化州同知爲迪化直隸州。州郡各率其所屬隸兵備道，道率其屬隸都統。其自道以下舊治迪化者，悉移治鞏寧，與都統同城。于是都統之任益重，而鞏寧城遂爲滿漢官民兵吏群聚而待事之所。輶軒之使[3]，冠帶之倫，出於其塗者，莫不於是觀政焉。今之稱鞏寧者，從

---

① 在宥：《莊子・在宥》：“聞在宥天下，不聞治天下也。”郭象注：“宥使自在則治，治之則亂也。”成玄英疏：“宥，寬也。在，自在也……《寓言》云，聞諸賢聖任物自在寬宥，即天下清謐。”後因以“在宥”指任物自在，無爲而化。多用以讚美帝王的“仁政”“德化”。

② 乾隆三十六年：1771 年。

③ 輶軒：原指古代使臣乘坐的一種輕車，後作爲古代使臣的代稱。

其朔也。城工竣於癸巳[①]，今五載矣。屢欲執筆爲之記，顧以部勒公務未遑也，惟祇遵聖天子命名鞏寧之義。日三復焉，其在《書》曰："民惟邦本，本固邦寧。"[②] 撫兹城者，必將以民岩爲基址，以治行爲垣墉，以武備爲扞衛，以忠悃爲金湯。然後可以聯三邊之門户，壯八表之規模，而弼億萬年之平成於勿替也。是以夙夜兢兢，惟恐不克副皇極敷言之萬一。兹乃申繹厥旨，用自勖懋，因并建城之顛末，而詳志之，以告後之君子。是爲記。

乾隆四十二年，歲次丁酉[③]，秋九月。

誥授光禄大夫，總統烏魯木齊、巴里坤、古城等處滿漢屯田官兵事務，世襲一等男，長白索諾木策凌撰文。

二　伊犁哈薩克自治州

伊寧市（惠寧城）

惠寧城關帝廟碑[④]

（清）乾隆三十五年（1770 年）伊勒圖撰[⑤]。

碑文收於格琫額纂：《伊江匯覽・文獻》[⑥]，見馬大正、華立

---

① 癸巳：乾隆三十八年，1773 年。

② 民惟邦本，本固邦寧：語出《尚書・五子之歌》。

③ 丁酉：乾隆四十二年，1777 年。

④ 惠寧城：乾隆二十六年至四十五年（1761—1780 年），清政府築伊犁九城，其中惠寧城規模僅次於惠遠城，周六里三分，移駐滿漢蒙古官兵駐扎，同治四年（1865 年）戰亂被毁。

⑤ 伊勒圖（？—1785 年）：納喇氏，滿洲正白旗人。乾隆初，以世管佐領授三等侍衛，累遷鑲紅旗蒙古副都統。出駐烏魯木齊，移阿克蘇。三十二年（1767 年），授伊犁參贊大臣，移喀什噶爾。内擢理藩院尚書，外授伊犁將軍。四十八年（1783 年），加太子太保，賜雙眼花翎。五十年（1785 年）七月，卒，謚襄武，封一等伯，入祀賢良祠。

⑥ 格琫額編輯《伊江滙覽》不分卷，清乾隆四十年（1775）鈔本，2 册，新疆維吾爾自治區圖書館藏。

主編《清代新疆稀見史料匯輯》，全國圖書館文獻縮微復製中心1990年版。

［録文］

伊犁爲新疆總會之地。惠遠城東七十里爲惠寧城，前將軍明（瑞）公之所築也①。今年春，移西安八旗官兵來駐於此。于是置府庫，立解舍，築室萬堵，列市百重，工作既興，乃相度城北面南爽之地，建立關帝廟，未逾年，而廟成。圖適自滇南還，拜瞻神宇，輪奂式崇，猗歟盛哉。惟神之忠義浩氣，充塞於宇宙之間，如日月之經天，江河之行地，無乎往而不在也。我朝發祥以來，神聿昭顯，應是於歲時報饗典禮綦隆，而天下郡邑州縣，以及荒遠徼外之民，亦無不立廟祀神。蓋神之保又我國家②，寧靖我邊陲，非一朝一夕之故，百餘年於兹矣。往者天兵西指，電擊霆誅，準噶爾之衆，不崇朝而耆定，規方二萬餘里，無不賓服向化。外則哈薩克、布魯特各部落，皆延頸面内，願爲臣僕，唯恐後時。自古聲教所不通，政令所不行，我皇上膚功迅奏，殊方重譯，罔有不庭，此豈盡人力也哉。即以兹城之經始也，其地僻處荒徼，曩特爲準夷回部往來游牧之場耳。今一旦焕然與之更始，建城郭，立制度，同文共軌，人物嬉恬，商賈輻輳，四郊内外，煙火相望，雞犬相聞，一轉移間，遂稱極盛。斯固由聖人在上，禎福錫極，獨能過化而存神，要其潛期啓默，俾萬里之外，軍民安堵，年穀順成，無一物失所之患者，豈非神威布獲有以襄此太平之盛烈也乎。圖膺簡命之重，受任閫外，亦唯願與莅斯城者，朝夕黽勉，仰休皇上軫念新疆之至意，相與固根本，慮久遠，以爲八旗官兵休養生息之計。則庶乎神之降鑒有赫，而垂佑無疆，自兹以往，當益增式郭也，夫于是謹拜手稽首而爲之記。

---

① 明（瑞）公：富察明瑞（？—1768年），字筠亭，滿洲鑲黄旗人，清朝中期名將、外戚。乾隆二十七年（1762年），出任伊犁將軍。乾隆三十二年（1767年）二月，以雲貴總督兼任兵部尚書，出征緬甸。次年，其軍隊被緬軍包圍，力戰後自縊而死。乾隆帝親臨其府奠酒，謚果烈。

② 又：應爲“佑”之誤。

領侍衛内大臣兵部尚書總統伊犂等處將軍世襲雲騎尉世管佐領伊勒圖撰并書。

駐扎惠寧城領隊大臣護軍統領世襲騎都尉伍岱監修。

乾隆三十五年[1]歲次庚寅五月吉日建立。

三　塔城地區

烏蘇市（庫爾喀喇烏蘇）

庫爾喀喇烏蘇城工落成碑記[2]

（清）刻立時間和撰者不詳。

原碑已佚。

碑文收於和寧纂修：（嘉慶）《三州輯略》卷之七《藝文門上》，嘉慶十年（1805年）鈔本。

［録文］

《禹貢》稱："析支渠搜，西戎即叙。"《周書》紀："九夷八蠻，西旅底貢。"[3] 自是而外，西域之山川、都會弗載圖經。歷覽史册，三代而還，漢唐御宇，亦云廓矣。然漢武擊匈奴，勒兵十八萬，僅置張掖、酒泉諸郡。李貳師伐大宛[4]，旌旗徑千餘里，

---

① 乾隆三十五年：1770年。

② 庫爾喀喇烏蘇：今新疆烏蘇市。志稱：烏蘇地在天山北麓，乾隆二十二年平定準部……三十七年（1772年）置城曰慶綏城（原遂城堡）。周三里有奇，高丈六尺，門四，東撫仁、西同義、南溥澤、北奉恩，即爲今本城。名曰庫爾喀喇烏蘇，襲準噶爾部之舊稱也。因而立碑年份應爲乾隆三十七年。戴良佐編著《西域碑銘録》（新疆人民出版社2012年版，第367頁）收入此文。

③ 《尚書·禹貢·雍州》：織皮崑崙，析支渠搜，西戎即叙。《尚書·周書·旅獒》：惟克商，遂通道于九夷八蛮，西旅底貢厥獒。

④ 李貳師(？—前88年)：李廣利，中山（今河北定縣）人。西漢名將。武帝聞西域有良馬，號稱"汗血馬"。于是派使者前去購買，使者被殺，錢物被劫，乃封他爲貳師將軍。於太初三年（前102年）率軍攻取大宛，取得良馬三千餘匹，後出擊匈奴，兵敗投降。不久被匈奴貴族所殺。

師行二十三年，海内虚耗，所得不償所失。唐太宗經略四方，控弦百萬，僅與突厥盟於渭水。嗣侯君集戍交河[①]，群臣諫以軍行萬里，恐難得志，且天界絶域，縱得之不可守。是二君者勤於遠略，雖能威行天山迤南，建官設都，而天山迤北，則不能至也。即有一二羈縻之國，然叛服不常，徵調弗應，又安能履其地而疆索之哉。我皇上文武聖神，擴清邊徼，準噶爾以元人牧圉，竄伏西荒，蠶食諸蕃，寖成四衛[②]。昭代以來，屢干撻伐，皇上戢兵禁暴，保定大功。自窾以西[③]，擴地二萬餘里，收邃古未附之龍荒，蔵列聖待，成之鴻業。凡古烏孫、康居、莎車、鄯善、疏勒、姑師、勃律、于闐諸部，悉入版圖。于是經駐防，簡侯尉，啓庠序，範幣帛行國。而土著之廬帳，而城郭、棟宇之式，闢污莱遂成沃壤[④]，花門之俗，蒸蒸於變，月異而歲不同。庫爾喀喇烏蘇介乎其中，實爲玉陲扼要之地。雄關屹屹，東控北庭；重鎮峨峨，西連伊水；以葱嶺爲屏，以鹽澤爲帶，雪山綿亘，冶鐵熔金；墨水瀠洄[⑤]，苞原抱隰。於乾隆壬午歲[⑥]，制其地而屯戍之，編成户籍，隸在司徒，定以租庸，統於都護。至辛卯春[⑦]，土爾扈特種落率衆歸誠，聖天子念其向化情殷，爲之封汗位，建臺吉[⑧]，立宰桑[⑨]，分置諸邊。而濟爾噶浪之地[⑩]，屬其游牧，莫不延頸跂

---

① 侯君集（？—643年）：豳州三水（今陝西旬邑縣）人。唐初名將。貞觀十四年（640年）任交河道行軍大總管。次年率軍平定高昌（今新疆吐魯番）。

② 寖：逐漸。四衛：綽羅斯部、都爾伯特部、和碩特部、土爾扈特部。其輝特一部，本附庸于都爾伯特，後土爾扈特，竄入俄羅斯，遂别輝特爲一部，仍稱四部。

③ 窾（cuì）：地穴。原意爲墓穴。

④ 污莱：指荒地。《宋書·五行志三》："宫室焚毁，化爲污莱。"

⑤ 瀠洄：水流迴旋。

⑥ 壬午：乾隆二十七年，1762年。

⑦ 辛卯：乾隆三十六年，1771年。

⑧ 台吉：封爵名。原爲蒙古族、藏族等地區貴族的尊稱。清朝沿用這一名稱，位在公之下，公一至四等。

⑨ 宰桑：宰相之音譯。一般是世襲的，統屬可汗。一宰桑管理一鄂拓克，或三四宰桑管理一鄂拓克。宰桑下設達魯葛、德齊克、收楞額和碩齊等。承擔軍事、民政、監察、司法、徵税等職務。

⑩ 濟爾噶浪：今烏蘇市。

踵，遐邇傾心。余仰承簡命，節制輪臺，乘秋獮之期，簡蒐軍政。由伊吾、高昌巡閲，而至是區，見其川原清曠、草木華滋，雉堞崇墉，與晶河相犄角。念此地介突厥東、西兩部最是要樞，當單于南、北二庭，更爲衝路。曩者乙酉歲出師烏什[①]，曾取道於斯。歷年以來，修其郛郭，繕其堂隍，三市九衢，通闤帶闠，廬井鱗次，亭隧星繁，環貨川流，腴塍繡錯，建牙守土，大啓岩疆，其風景之富庶繁昌，迥殊疇昔。爰是延攬勝概，不禁穆然深思，竊謀綏邊之略，非經營控制之爲難，而養安無事之足慮。聞之《禮》，諸侯歲三田，講武閲兵，皆乘農隙。入而振旅，歸而飲，至以數軍，實明貴賤，辨等威，順少長，凡此者非以爲苟勞而已，将以馴致服，習邊氓之心，不至養安而貽患也。方今邊部寧謐，百穀順成，寢甲包戈，一意與民體息，非不足以布天子德化于翎侯、大禄、騎君、西夜之鄉[②]。然而有備無患，安不忘危，是在守土者撫育訓練，振士卒，以安易怠之氣，收遠人畏威懷德之心，表皇輿之有截，拓土宇于無疆，從此驗分野于諸躔已出二十八星之外；頒正朔於蕃服，悉准七十二候之宜矣。讀《西域圖志》及《西域同文志》[③]，煌煌乎大一統之模，雖三五未臻斯治也，彼漢、唐之幅員版籍，詎可同年而語哉。是役也，守城副都統力任辛勞，勤襄乃事，剋期落成，爰書顛末，勒諸堅珉，以垂永久。若夫城堞之尋尺，丁乎之多寡，田宅之廣狹，則有營制可稽，兹特詳言其大者，是爲記。

---

① 乙酉：道光五年，1825年。

② 翎侯：翎原爲鳥的硬羽毛，翎侯爲匈奴官名。

③《西域圖志》：清代官修的第一部新疆地方志，全稱《皇輿西域圖志》。乾隆年間由劉統勳奉敕編成初稿。乾隆四十七年（1782年）由傅恒等撰成。《西域同文志》：書名，録用滿、漢、藏、托忒、蒙古、維吾爾六種文字對照地名、人名的辭書，清大學士傅恒等奉敕編撰，乾隆二十八年（1763年）成書，共24卷。

塔城市（綏靖城）

重建綏靖城碑[①]

（清）伊犁副都統、塔爾巴哈台參贊大臣額爾慶額親自撰文并書寫，於光緒十七年（1891 年）立于楚爾楚。

碑爲木質，長 245 釐米，寬 155 釐米，厚 8 釐米。約 880 餘字，正文楷書。現藏于塔城地區文物保護管理所。碑文收於姚克文主編《塔城市志》，新疆人民出版社 1955 年版。又收於戴良佐編著《西域碑銘録》，新疆人民出版社 2012 年版，第 486—488 頁。

據《西域碑銘録》録入。

[録文]

國家龍興遼沈，綏靖萬幫，聲教所訖，南至於濮鑚，北至於祝栗，西極壽靡，東極開梧，莫不候月獻琛，瞻雲奉律，猗歟盛哉[②]，幅員之廣，古未嘗有也。唯準噶爾夷部怙其險遠，不貢蒼茅。乾隆年間，高宗純皇帝聖謨廣遠，命將出師，掃雪黎庭，騷除氈毳，拓地萬餘里，收名城數十，塔爾巴哈臺其一也。按《漢書》康居國[③]，即今塔爾巴哈臺地，自隸版圖後，建城于伯雅爾，命設參贊大臣鎮撫之。即以其地嚴寒，軍民不堪其苦，經阿文成公奏請，改建于楚呼楚地方[④]，命曰“綏靖城”。舉牧興屯，生聚教誨，民夷向化，蔚爲西北重鎮。

---

① 綏靖城：又稱塔爾巴哈台城。位於塔爾巴哈台楚呼楚（今新疆塔城市），乾隆三十一年（1766 年）由參贊大臣阿桂奏建。城周二里七分，塔爾巴哈台參贊大臣駐扎。有滿營、錫伯營、索倫營、察哈爾營、厄魯特營兵千餘，緑營兵千餘人駐防。同治三年（1864 年）戰亂，城遭毀，被棄置。光緒十四年（1888 年），於舊城東南許建新城，爲塔爾巴哈台直隸廳治，是爲今新疆塔城。

② 猗歟（yī yū）：嘆詞。表示讚美。

③ 康居：西域古國名，位於吉爾吉斯斯坦巴爾喀什湖和咸海之間，東界烏孫，西達奄察。

④ 楚呼楚：地名。舊爲準噶爾鄂畢特部游牧地，地處塔爾巴哈台之陽，清政府平定準噶爾後駐兵。乾隆三十一年（1766 年）築城。

同治三年[①]，庫車逆回變亂，蔓延新疆，殘破州邑，塔城亦毀於賊。昔之崇墉巍焕者，僅存瓦礫，聞者慨之。光緒初元，官軍戡定全疆，前任參贊大臣錫子猷都護莅任之始[②]，即擬修復城垣，以資守禦。旋因餉絀不果，遂於額敉勒河草創公廨[③]，聊備棲止，非得已也。歲次丁亥[④]，余蒙恩承乏，是邦以極邊要地，逼近强鄰而無城廓可憑，其何以維後系人心，捍衛邊圉？且舊城狹隘，頽敗不堪，奏請飭撥帑資，擇地重修，奉旨報可。

余因射敉巡視，距舊城里許，得地一區，負山帶河，形勢扼要，卜云其吉，詢謀僉同。遂乃鳩工庀材，筮口營建。而僻處偏隅，罕通貨殖，磚瓦則自行陶造，禾植則迪遠伐運，即工徒鍬鍕之資，亦須就地處準備。不得已，則以各營戍卒助後，皆冒暑揮汗，負畚築版，幸不煩射稽雲謳而通力合作，尚存順利。自光緒十五年四月十五日興工，至十七年九月二十日告竣[⑤]。麗譙圪立，雉堞雲連，規模頗爲壯闊，而名稱則仍其舊云。通計城身高二十八尺，厚二十二尺，圍長五里三分奇，共費帑銀十九萬九千餘兩。

塔城地氣早寒，每年四月動工，九月雪凝冰凍，即須停作。以故名雖三年，實則凡閲十有七月耳。

工既落成，同僚以碑記爲請。余謭陋不文，何敢藺厠金石？第能舉斯城廢興之由，述工作之苦，并經營起訖之歲月。于世若史，鞏固金湯，著力詳備，講求敦睦之道，修明撫馭之方，使聖天子端拱清穆，永無西顧憂。不徒恃高城深池，兵甲堅固，爲守邊之助，是則有待地後之賢者。余不敏，叨竊寵榮，備位稍久於是役也，幸得觀厥成而已，豈敢當創始之責哉。

---

① 同治三年：1864年。

② 錫猷：錫綸（？—1888年），字子猷。博爾濟吉特氏，滿洲正藍旗人。歷任哈密幫辦大臣、烏魯木齊領隊大臣、古城（今奇臺）領隊大臣、塔爾巴哈臺（今塔城）參贊大臣、伊犁將軍。

③ 額敉勒河："額敏勒河"之誤。

④ 丁亥：光緒十三年，1887年。

⑤ 光緒十五年：1889年；十七年，1891年。

時總司監工者爲額魯特游牧領隊大臣圖瓦强阿、前署塔城屯防副將白占春，司款目造銷者爲候選知州姚佩賢，司勘驗收工者爲前代塔城理事通判熊克瑤、撫民同知本清等。例得備書，是爲記。

欽命頭品頂戴接辦塔爾巴哈參贊大臣務印、伊犁副都統、法福靈阿巴圖魯長曰額爾慶額謹撰并書[①]。

大清光緒十七年歲次辛卯。

四　阿克蘇地區

庫車市（庫車廳）

庫車官兵民回等公立德政碑記

（清）佚名撰。

碑文收於（清）慶林《奉使庫車瑣記》，見吴豐培整理《絲綢之路匯鈔》（清代部分）上，全國圖書館文獻縮微復製中心 1996 年版，第 22—23 頁。

［録文］

蓋聞唐虞之名臣，獨推五人[②]；周朝之俊哲，咸稱八士[③]。是明良之喜起固甚罕覯，而英才之掘出亦不易逢也。然如我熙朝其功垂奕鼎名列史册者固不乏人，而德澤遍於東西，仁政普乎南北，莫如

① 法福靈阿巴圖魯：滿語，對英雄的美稱。長曰：長白之誤。額爾慶額（？—1893 年）：字藹堂。格河恩氏，滿洲鑲白旗人。歷任參領、凉州副都統、古城（今奇臺）領隊大臣、科布多（蒙古科布多省）幫辦大臣、伊犁新設副都統、塔爾巴哈臺參贊大臣等職。同治十三年（1874 年）曾出關征討阿古柏侵略軍。

② 五人：傳説舜有五位賢臣，即禹、稷、契、皋陶、伯益。

③ 八士：周朝八位賢人，即伯達、伯适（kuò）、仲突、仲忽、叔夜、叔夏、季隨、季騧（guā）。

我恩憲也。恭維恩憲大人慶閥閱家聲，簪纓世胄[1]，備兼文武，業紹箕裘，不獨媲美於前，允堪照兹於後，憶昔服官筮仕也[2]。供職秋畝，治臻明允，挑補十五，善射技，近穿楊。迨出守黔陽黎衆，沐慈祥之德，遷升東粤鞫獄，多平反之功，屬在宇下者，孰不感戴仁恩，咸推碩晝哉。然負大任者，必歷艱辛；□介自持者，每多坎坷，此固天道之常，人情之恒。如我恩憲大人慶，前在臬司任內，因公降謫，在他人必介介於懷，忍然難釋。惟我恩憲大人坦然自若，隨遇而安，其處變安，常樂天知命，固非念切功名者，所可同日語也。但天之報施善人，絲毫不爽，而國家之擢用輔弼，經濟爲先，是以不數月之間，仰蒙宸眷，簡任庫車，當即虎拜於北闕，旋移蜺旌於南疆。莅任伊始，查閱城垣兵房，在在傾圮，處處頹敗，隨時捐□修理，上報聖主知遇之隆。逐日率領職等，督飭修理，未及三月，普律完竣。回户沐其保障，兵丁得以安居，歡呼之聲實迎夾道，此所以歷任未將一載而恩德感戴萬姓者，此也，且也。持躬以敬，潔若秋霜；臨下以寬，温如春日。薄收錢穀，倍極詳明，操練戎行，悉成勁旅。有文事必有武功，洵足爲我恩憲大人頌也。然“躬自厚而薄責人”，聖人垂訓；“精於勤而荒於嬉”，先正有言。而我恩憲大人則勤於騎射，永無輟作之時，博覽墳典[3]，常以習勤爲念，庫車官兵人等自謂永依廣厦，常叨樾蔭之庇乃不易[4]。帝念蓋臣復遷觀察之職，彼都人士自興來暮之歌[5]，此邦回民時深去速之嘆。職等親隸帡幪時，叨覆載窺視範圍之莫大，實非筆墨所能傳略，擇實迹敬撰兼詞，恭頌德政云爾。是爲序。

---

① 簪纓世胄：指世代做官的人家。

② 筮仕：古人將出做官，卜問吉凶；亦指初出做官。

③ 墳典：三墳、五典的并稱，後泛指古書。

④ 樾蔭：語本《淮南子・人間》：“武王蔭暍人於樾下，左擁而右扇之，而天下懷其德。”指群木聚成的樹蔭。後比喻獲得仁德的庇蔭。

⑤ 萊暮：稱頌地方官德政之詞。如（唐）王勃《上绛州上官司马书》：“藩维克振，既參來暮之歌；邦國不空，自有康沂之相。”源於《後漢書・廉範傳》：“成都民物豐盛，邑宇逼側，舊制禁民夜作，以防火災，而更相隱蔽，燒者日屬。範乃毁削先令，但嚴使儲水而已。百姓爲便，乃歌之曰：‘廉叔度，來何暮？不禁火，民安作。平生無襦今五褲。’”

圖　版

圖版 1　咸陽縣・重修咸陽縣城碑記

重修咸陽縣城碑記

咸陽去京兆五十里東達京畿西通巴塞羽檄輩輸晝夜交馳無不取道於此則咸為西北首衝而咸之城固秦中一大

保障也乾隆十四年前縣令尹重修後越八十餘載兵燹蕪剝史字斯邑時議捐輸工未及半值調任事遂寢道光八

年冬予承乏茲土詢悉由來踌躇者久之逾年不屢豐未忍以土木擾去歲雨暘時若百穀順成爰集邑紳商義舉期未

浹旬輸錢三萬六千九百餘緡予甚喜急公好義吾邑不乏其人也因堅擇誠謹介潔者董其事陶司甄瓴工選木石一

時築砌並舉或全建新壘或增修舊垣又於城之東南二隅分建奎樓以補文星工成之日登陴四眺河水環流雉堞整

齊樓臺聳固洵金湯之形勝也歟是役也十二年閏九月肇工十三年九月竣事予捐廉為倡固司牧者分內事所賴諸

君子慷慨不惜財皆率不辭瘁以相與有成焉今

國家承平日久家裕戶饒士庶沐浴

皇仁曉然大義未敢以一方之保障上費

帑金此意可嘉此風近古也是為記其在事捐貲出力姓氏及度支條目皆載於碑陰俾循名覈實有所稽考云

道光癸巳仲冬知咸陽縣事榕城陳堯書撰文　龍門郭均書丹　督工李廉方正南應選篆額

教諭慶陽李芳　訓導榆林劉濟　縣丞山陰陸世烈　典史廣東蕭乃陵　城守營靖遠劉鳳彩

督工紳士　武舉吳清璽　監生魏來贒　庠生馮傑　富平仇文法刻

圖版2　咸陽縣・重修咸陽縣城碑記（拓片）

圖版 3　三原縣・清重修城樓碑記（拓片）

圖版 4　澄城縣・重修崖畔古寨碑記（拓片）

圖版 5　華陰縣・修築華陰城垣碑記（拓片）

圖版6　沔縣·修築沔縣城垣河堤碑（拓片）

圖版 7　天水市·（秦州）城門碑記

圖版8　天水市·（秦州）城門碑記（拓片）

圖版9　天水市·（秦州）公修堡寨碑記

圖版 10　環縣・重修城垣記（拓片）

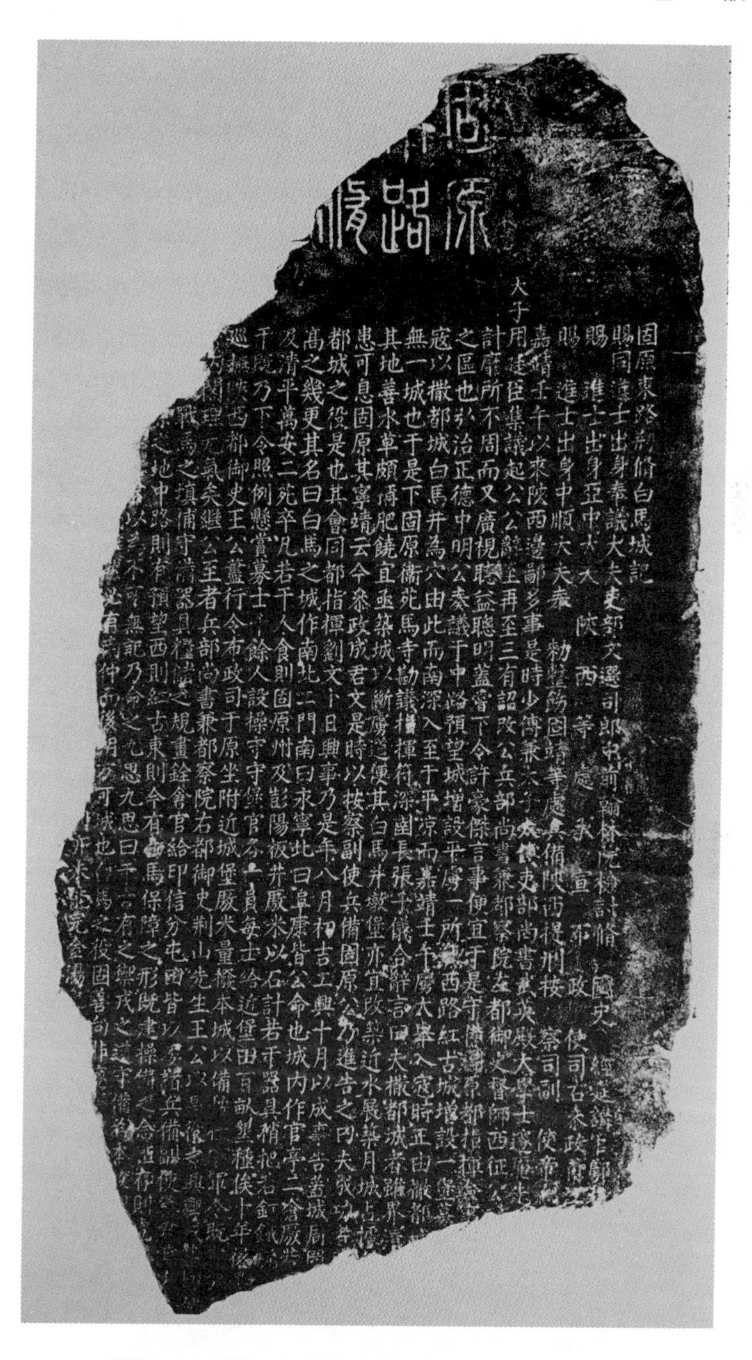

圖版 11　環縣・固原東路創修白馬城碑（碑阳拓片）

圖版 12　環縣・固原東路創修白馬城碑（碑陰拓片）

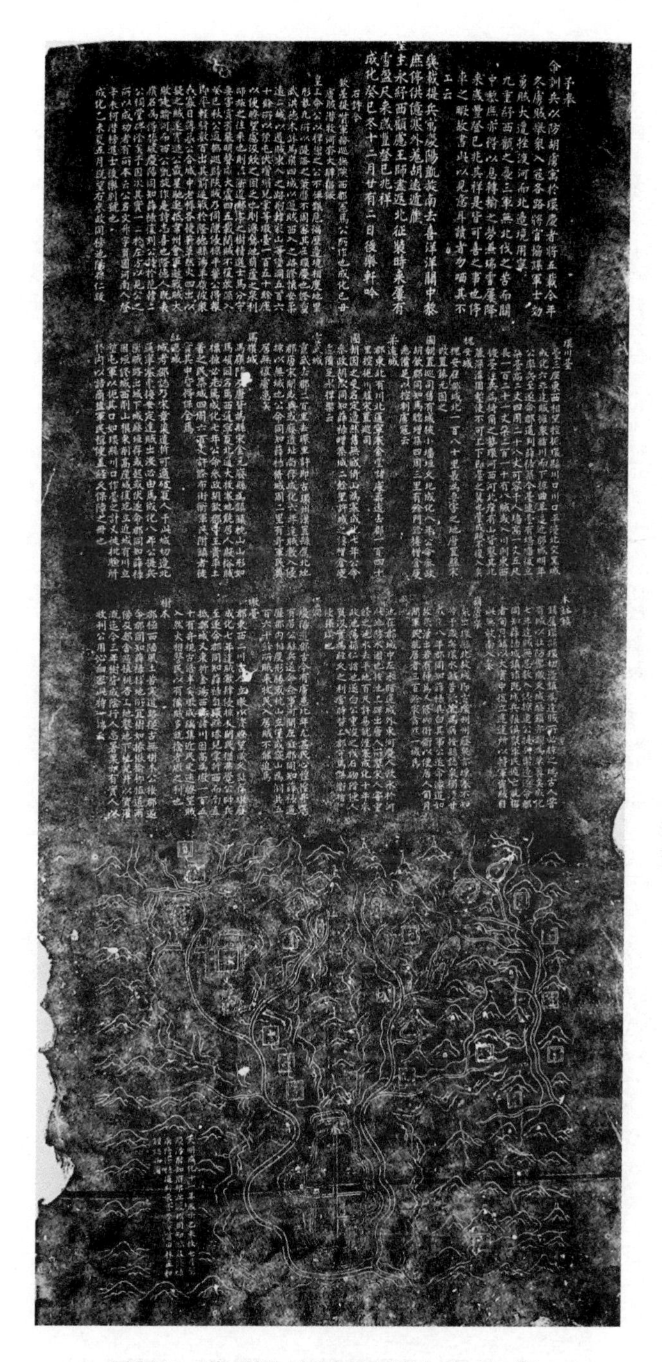

圖版 13　慶成縣・城防地理圖序碑（拓片）

圖版 14　隴南市·重建階州城碑記（拓片）

圖版 15　隴南市・建修白馬關城垣碑記（拓片）

圖版 16　靈臺縣・重修靈臺記

圖版 17　靈臺縣・靈縣城沿革考碑記

圖版 18　臨潭縣・築洮城工峻碑記（拓片）

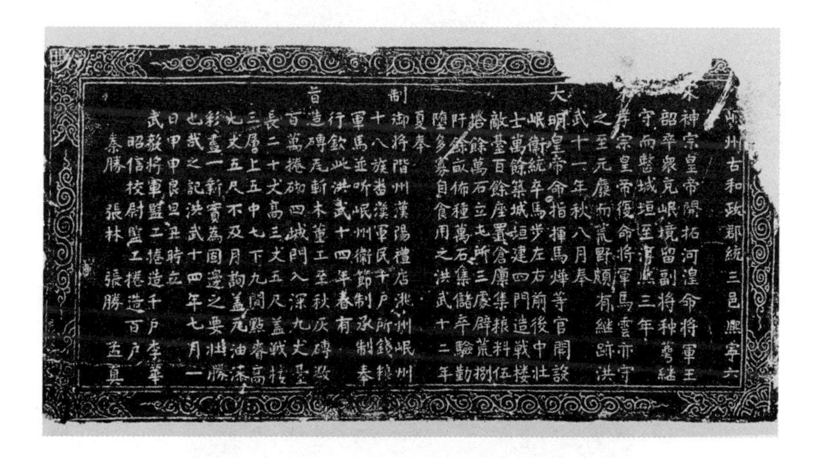

圖版 19　岷州岷縣・岷州衛建城碑（拓片）

圖版 20　舟曲縣・重修西固城垣碑記（拓片）

圖版 21　固原市・重修固原州城碑記

圖版 22　固原市・重修镇戎城碑记

後　記

當年做博士論文，選定了明清陝西商業地理研究。在查閲資料的過程中，發現李之勤教授引用過一通咸陽縣“創建花商會館碑”的碑文。該碑是清代嘉慶年間，當地花商創建會館時所立。碑文記録了咸陽花商創建會館的全過程，也記述了清中期咸陽作爲西北棉花集散中心，聯繫各方商幫的興隆盛況，是一方難得的歷史商業地理資料。但由於軍閥戰亂，會館在民國時就已毀壞，碑石更是難得一見。我爲此多次專程到咸陽訪碑，却毫無蹤跡。後問詢李先生，他説“50 年代還見過此碑，只鈔録了相關文字，并未全文輯録。”目前所存，只有他文中所引的片斷，碑文也未被它書所載。至於該碑的存佚，已無從查找。可以説這方碑讓我魂牽夢繞了許多年，每次去咸陽，總想着是不是能突然在哪兒見到它。這件事給我的印象很深，也讓我更加關注西北地區明清碑石的存佚狀況。

西北地區是絲綢之路的交通要道，西北五省都應算是文物大省，西安又是十三朝古都。陝西人總愛説“南方的才子北方的將，陝西的黄土埋皇上。”漢唐帝王將相的遺跡、文物遍地都是，從來考古的重點都是漢唐，其文物都保護不過來，誰還會去關注明清碑石的存佚呢！近年來，拆了明清真文物，改建仿唐新建築的事也不少。看着這些真實的歷史記録一天少於一天，實在是痛心！因此，關注并收集明清時期碑記就成了一種習慣，每到一個地方見碑就盡量拍下來。

關注搜集、整理築城碑記，一是與近年來研究方向有關，需要相關資料；二是覺得這些碑石應是毁佚最嚴重的部分，應當加緊保護。因爲築城碑多立於城門附近，攻城掠地，政權更迭，城池毁損最嚴重，往往殃及這些碑石，這在前言中已做了説明。今天再整理此類碑石，可以將相關部分全面收集，録文匯輯，不再留下遺憾。只可惜此類碑記今已十不存一，能見原碑的更是少之又少。保存於地方志書中的這類碑記較多，但文字也較爲混亂。一些存于方志中的《藝文志》中，這部分碑記保存較爲完整，但各時期方志纂修，録文又有參差。還有一些存于方志的《城池志》中，這部分録文大多僅節取相關内容，删節較多，有些還有失原意。另外，有一些名人所撰碑文，不僅存於地方志當中，還會收入個人文集。方志中的文字多來源於碑石，而文集中保存的文字則多爲作者最初的手稿，刻録碑石時，往往又有删改。從文獻學角度，考鏡源流，彙集整理，校勘注釋，十分必要。

碑記整理過程中，我的博士、碩士研究生徐雪强、周明帥、吕强、羅聰、裴欣、胡宇蒙、尤倩倩、張鵬飛都參與了録文與標點工作，對於他們來説是一個學習的過程，對於本書稿，他們又是整理工作的參與者，對他們的辛勤付出，在此表示感謝！出版過程中還得到中國歷史研究院給予的資助；責任編輯李凱凱對書稿進行了細緻審核加工，也深表謝忱！希望本書的出版能給予明清城鎮保護和築城史研究提供相關史料，也不負大家對它的重視和爲此付出的辛勞。

張　萍

辛丑臘月冬至